Herausgegeben von
Caspar Hirschi
Christian Joas
Veronika Lipphardt
Kärin Nickelsen
Sylvia Paletschek
Margit Szöllösi-Janze

WISSENSCHAFTSKULTUREN
Reihe III:
Pallas Athene
Geschichte der institutionalisierten Wissenschaft
Bd. 57

https://www.steiner-verlag.de/brand/Wissenschaftskulturen

Marie-Christin Schönstädt

WISSENSCHAFT EVALUIEREN

Der Wissenschaftsrat und das
ostdeutsche Wissenschaftssystem
während der Wende (1989/90)

Franz Steiner Verlag

Gedruckt mit freundlicher Unterstützung der Deutschen Forschungsgemeinschaft.

Umschlagabbildung: AdW-Demo am Platz der Akademie in Berlin am 12.02.1991
Foto: ddrbildarchiv.de/Ulrich Winkler

Bibliografische Information der Deutschen Nationalbibliothek:
Die Deutsche Nationalbibliothek verzeichnet diese Publikation in der Deutschen
Nationalbibliografie; detaillierte bibliografische Daten sind im Internet über
dnb.d-nb.de abrufbar.

Dieses Werk einschließlich aller seiner Teile ist urheberrechtlich geschützt.
Jede Verwertung außerhalb der engen Grenzen des Urheberrechtsgesetzes
ist unzulässig und strafbar.
© Franz Steiner Verlag, Stuttgart 2024
www.steiner-verlag.de

Zugl.: Dissertation Universität Duisburg-Essen, Dr. phil. 2020.

Layout und Herstellung durch den Verlag
Satz: SchwabScantechnik, Göttingen
Druck: Beltz Grafische Betriebe, Bad Langensalza
Gedruckt auf säurefreiem, alterungsbeständigem Papier.
Printed in Germany.
ISBN 978-3-515-13590-0 (Print)
ISBN 978-3-515-13594-8 (E-Book)
https://doi.org/10.25162/9783515135948

Danksagung

Bei diesem Buch handelt es sich um die überarbeitete Fassung meiner Dissertation, die im Oktober 2019 von der Fakultät für Geisteswissenschaften der Universität Duisburg-Essen angenommen und im Juni 2020 verteidigt wurde. Der Weg zur Vollendung dieses Buches war sowohl schön als auch anspruchsvoll. Während der verschiedenen Phasen meiner Promotion erhielt ich wertvolle Unterstützung von zahlreichen Menschen, die mich inspirierten, motivierten und gegebenenfalls von den Herausforderungen ablenkten, wodurch sie zur Fertigstellung des Buches beitrugen.

Von Beginn an begleitet und gefördert hat mich meine Betreuerin und Gutachterin Ute Schneider, wofür ich ihr aufrichtig dankbar bin. Bereits während meines Studiums betreute sie mich in allen Abschlussarbeiten und auch während der Promotion engagierte sie sich weit über das erwartbare Maß hinaus, indem sie nicht nur für fachliche Fragen, sondern auch für Perspektiven über die Promotion hinaus als Ansprechpartnerin zur Verfügung stand. Des Weiteren möchte ich mich bei Margit Szöllösi-Janze bedanken, die als Zweitgutachterin und Reihenherausgeberin der Wissenschaftskulturen den Überarbeitungs- und Veröffentlichungsprozess maßgeblich unterstützte.

Die Deutsche Forschungsgemeinschaft hat das Forschungsprojekt durch die institutionelle Förderung im Graduiertenkolleg Kontingenzbewältigung durch Zukunftshandeln an der Universität Duisburg-Essen ermöglicht. Das Kolleg bot nicht nur finanzielle Unterstützung, sondern schuf auch einen idealen Rahmen für wertvollen wissenschaftlichen und persönlichen Austausch mit den Kollegiat*innen. An dieser Stelle möchte ich insbesondere dem Post-Doc Jan-Hendryk de Boer sowie meinen früheren Bürokolleginnen Anna Maria Schmidt und Claudia Berger herzlich danken. Sie hatten immer ein offenes Ohr für mich und trugen mit klugen Anregungen und Ideen zum Gelingen des Projekts bei. Das Essener Graduiertenkolleg war ein wunderbarer Ort des Austauschs und der Freundschaft, an den ich mich sehr gerne erinnere, weshalb mein Dank dem gesamten Leitungsgremium gilt. Ebenso möchte ich dem Oldenburger Kollegium aus der Zeit des Bibliotheksreferendariats danken, das mir während meiner Disputation inmitten der Corona-Pandemie Beistand leistete, die digital im Bibliothekssaal stattfand.

Danksagung

Entstehen konnte diese Untersuchung erst durch die zahlreichen Institutionen und Archive, die ihre Akten für das Forschungsprojekt öffneten. Dies war insbesondere der Wissenschaftsrat selbst, dessen Akten aus der Wendezeit die Grundlage dieser Studie bilden, wofür ich dem Generalsekretär Herrn May herzlich danke. Zudem wurden Quellen aus dem Bundesarchiv Koblenz/Berlin, der Constructor University in Bremen, der Stasi-Unterlagenbehörde, dem Archiv der Berlin-Brandenburgischen Akademie der Wissenschaften sowie dem Montanhistorischen Dokumentationszentrum beim Deutschen Bergbau-Museum in Bochum gesichtet und flossen in die Untersuchung ein. Für die Hilfe der dort tätigen Archivar*innen möchte ich mich ebenfalls bedanken. Darüber hinaus standen einige der früheren Beteiligten und Gutachter als Interviewpartner zur Verfügung, wodurch spannende Innenansichten möglich wurden. Für die Gesprächsbereitschaft und Unterstützung meines Projektes danke ich ihnen sehr.

Schließlich gaben mir meine Familie und meine Freunde den nötigen Rückhalt im gesamten Promotions- und Publikationsprozess, da sie immer an mich glaubten. Meine Eltern haben mir alles ermöglicht, was ihnen möglich war und mein Mann Benjamin hat mich in jeder Phase der Buchentstehung begleitet. In der abschließenden Überarbeitungsphase hat unsere Tochter Carla gleichermaßen für den nötigen Druck und die notwendige Ablenkung gesorgt. Dieses Buch ist Carla Charlotte gewidmet.

Essen, im August 2023
Marie Schönstädt

Inhaltsverzeichnis

1. Einleitung 9

2. Wissensgeschichte 30
2.1 DDR-Forschung in der Bundesrepublik 31
2.2 Wissenschaftsabkommen 44

3. **Wissenschaft in beiden deutschen Staaten vor 1990** 54
3.1 Zentralismus und Föderalismus 55
3.2 Universitäten und außeruniversitäre Einrichtungen 60
3.3 Finanzierungsmodelle 70

4. **Zwischen Wende und Wiedervereinigung**
   Die Wissenschaftspolitik im Sommer 1990 74
4.1 Wissenschaftliche Träume: Reformvorstellungen in Ost und West 76
   4.1.1 Zukunftsvorstellungen im Osten 77
   4.1.2 Ein Wissenschaftsrat der DDR? 82
   4.1.3 Visionen im Westen 86
4.2 Politische Realitäten: Wahrung des Status quo 93
   4.2.1 Das Geflecht aus Wissenschaft und Politik 94
   4.2.2 Wie der Wissenschaftsrat zu dem Auftrag kam 99
   4.2.3 Wissenschaft und Forschung im Einigungsvertrag 106
4.3 Die Stunde des Wissenschaftsrates 111
   4.3.1 Das Evaluationskonzept 112
   4.3.2 Ansehen und Wahrnehmung des Rates im Osten 116
4.4 Von der Begutachtung zur Evaluation 119
   4.4.1 Entwicklung des Begutachtungswesens 120
   4.4.2 Die Evaluation der Akademieeinrichtungen 131

5. Ein allgemeiner Schließungsvorschlag
Die Evaluationspraxis der AG Wirtschafts- und Sozialwissenschaften 141
- 5.1 Vorbereitung der Evaluation 143
  - 5.1.1 Die Zusammensetzung der Kommission 144
  - 5.1.2 Die Beantwortung des Fragebogens 152
- 5.2 Die Evaluation 155
  - 5.2.1 Die örtlichen Begutachtungen 156
  - 5.2.2 Eine Evaluation der Hochschulen? 164
  - 5.2.3 Entscheidungsfindung und Aushandlung 173
  - 5.2.4 Ostdeutsche Bewältigungsstrategien 184
  - 5.2.5 Das Evaluationsergebnis 193
- 5.3 Umsetzung der Empfehlungen und Probleme 203
  - 5.3.1 Öffentliche und interne Kommunikation im Wissenschaftsrat 204
  - 5.3.2 Wie sollte es weitergehen? Unsicherheit und Kritik an den gesellschaftswissenschaftlichen Instituten 207
  - 5.3.3 Transformation als Forschungsgegenstand – die KSPW 210
- 5.4 Neue Gremien entstehen 217
  - 5.4.1 Die KAI-AdW 217
  - 5.4.2 Die Umsetzungsdelegation 223

6. Der Wissenschaftsrat nach der großen Evaluationsaufgabe 225
- 6.1 Der Fall Neuweiler 226
- 6.2 Themen und Empfehlungen bis in die 2000er Jahre 232
  - 6.2.1 Die Konsolidierung der Blauen Liste 232
  - 6.2.2 Stärkung der Lehre durch Evaluation 238
  - 6.2.3 Frauen in Wissenschaft und Forschung 240
  - 6.2.4 Systemevaluation 244
- 6.3 Zehn Jahre danach – die Akteure des Jahres 1990 blickten zurück 248

7. Fazit 261

Anhang 278
Abkürzungen 278
Quellenverzeichnis 280
Interviews 281

Literaturverzeichnis 282

Personenregister 298

1. Einleitung

Der Wissenschaftsrat legte im Juli 2020 sein Gutachten zur grundlegenden Reform der Stiftung Preußischer Kulturbesitz (SPK) vor. Die SPK stellt nicht nur die größte Kulturinstitution Deutschlands, sondern sogar die größte Kulturstiftung Europas dar. Sie wird gemeinsam vom Bund und den 16 Ländern finanziert und umfasst neben den Staatlichen Museen zu Berlin auch die Berliner Staatsbibliothek, das Geheime Staatsarchiv, das Ibero-Amerikanische Institut sowie das Staatliche Institut für Musikforschung. Etwa 2.000 Mitarbeitende sind in den verschiedenen Häusern der Stiftung tätig.

Das Gutachten des Kölner Wissenschaftsrates stellte eine tiefgreifende „Zäsur in der gut 60-jährigen Geschichte der Stiftung"[1] dar, wie die damalige Staatsministerin für Kultur und Medien, Monika Grütters (2013–2021), erklärte. Denn der Wissenschaftsrat empfahl nicht weniger als die Auflösung der Dachorganisation, was einer grundlegenden Reorganisation der Stiftung als solcher gleichkam. Anstelle der behäbigen Großorganisation SPK sollten mit den Staatlichen Museen zu Berlin, der Staatsbibliothek, dem Geheimen Staatsarchiv und dem Ibero-Amerikanischen Institut vier rechtlich selbstständige Bereiche treten. Die Dachorganisation mit ihren strukturell verankerten Hierarchien und langwierigen Entscheidungsprozessen sei „dysfunktional"[2] für die Leistungsfähigkeit der einzelnen Einrichtungen, wie der Wissenschaftsrat feststellte. Dorothea Wagner, die damalige Vorsitzende des Wissenschaftsrates, betrachtete die grundlegende Neuordnung der hiesigen Kulturinstitution als unabdingbar, schließlich bewahre die SPK Sammlungen „von immenser internationaler Bedeutung".[3] Eine Verbesserung der Leistungs- und Strategiefähigkeit der Stiftungseinrichtungen sei ent-

---

[1] Die Bundesregierung: Wissenschaftsrat stellt Strukturempfehlungen zur Stiftung Preußischer Kulturbesitz vor – Staatsministerin Grütters: ‚Beginn eines substanziellen Neubeginns'. Pressemitteilung 205 (13.07.2020).
[2] Wissenschaftsrat: Strukturempfehlungen zur Stiftung Preußischer Kulturbesitz (SPK), Berlin 2020, S. 51.
[3] Ders.: Pressemitteilung. Herausragendes Potenzial für Kultur und Wissenschaft heben. Wissenschaftsrat empfiehlt grundlegende Neuordnung der Stiftung Preußischer Kulturbesitz (13.07.2020).

sprechend der hohen Erwartungen aus Öffentlichkeit, Politik und Wissenschaft nur folgerichtig, wie die Pressemitteilung des Wissenschaftsrates zusammenfasst.

Dem kritischen Gutachten des Wissenschaftsrates ging eine zweijährige Evaluierung der Stiftung voraus. Im Zentrum dieser Evaluation standen die Organisationsstrukturen, die Dienstleistungsorientierung, die Rolle der Forschung sowie die Digitalisierungsstrategie der Stiftung.[4] Grütters selbst hatte im Juli 2018 über das Bundesministerium für Bildung und Forschung um die Begutachtung gebeten. Nun lag eine umfassende Bestandsaufnahme der SPK auf dem Tisch, die neben einem großen Medienecho auch kritische Stimmen in der Politik von Bund und Ländern hervorrief. So titelte Die Zeit am 8. Juli 2020 mit der Überschrift *Das war's Preußen*.[5] Und während auf politischer Bühne die FDP die Reformanregungen begrüßte, bewertete der Grünen-Politiker Erhard Grundl die Reformvorschläge des Wissenschaftsrates als „Springteufel aus der neoliberalen Mottenkiste".[6] In der Stiftung selbst wurden die Empfehlungen mit gemischten Gefühlen aufgenommen. Stiftungspräsident Hermann Parzinger sah in den empfohlenen Reformen eine Chance, merkte aber im gleichen Zuge an, dass die SPK im Förderatlas der Deutschen Forschungsgemeinschaft im Jahr 2018 unter den außeruniversitären Einrichtungen besonders erfolgreich gewesen sei, weshalb der Verbund als solcher auch positiv wirke.[7] Welchen Weg die größte deutsche Kulturinstitution in den nächsten Jahren beschreiten wird und wie radikal der Neuanfang tatsächlich ausfällt, bleibt zunächst abzuwarten.

Einen fundamentalen Einschnitt stellten die Empfehlungen des 1957 gegründeten Wissenschaftsrates jedenfalls zu Beginn der 1990er Jahre für die frühere Akademie der Wissenschaften der DDR dar. Wie auch im Falle der SPK empfahl der Kölner Wissenschaftsrat hier infolge der Wiedervereinigung die Auflösung der Akademie der Wissenschaften. Die Akademie fungierte zur Zeit der deutsch-deutschen Teilung zugleich als Gelehrtengesellschaft und Dachorganisation etlicher Forschungsinstitute der DDR. Sie unterhielt als größte Trägerorganisation im Jahr 1990 über 90 Institute und beschäftigte etwa 24.000 Mitarbeitende. Mit dieser Größenordnung war die ostdeutsche Akademie mit keiner der westdeutschen Einrichtungen vergleichbar. Im Jahr der Vereinigung stand die westdeutsche Wissenschaftspolitik vor der Herausforderung, die-

---

4 Wissenschaftsrat: Strukturempfehlungen zur Stiftung Preußischer Kulturbesitz (SPK), Berlin 2020.
5 Anna-Lena Scholz / Tobias Timm: Das war's Preußen. Die Stiftung Preußischer Kulturbesitz sei handlungsfähig, unterfinanziert und solle aufgelöst werden, sagt ein lange erwartetes Gutachten. Diese Kritik birgt eine historische Chance, in: Zeit Online 29 (08.07.2020) [https://www.zeit.de/2020/29/stiftung-preussischer-kulturbesitz-gutachten-aufloesung-wissenschaftsrat?utm_referrer=https%3A%2F%2Fwww.google.de%2F; zuletzt aufgerufen am 27.09.2022].
6 O. A.: Reform der Stiftung Preußischer Kulturbesitz. Kritische Reaktionen auf das Gutachten zur SPK, in: Der Tagesspiegel (08.07.2020) [https://www.tagesspiegel.de/kultur/reform-der-stiftung-preussischer-kulturbesitz-kritische-reaktionen-auf-das-gutachten-zur-spk/25987638.html; zuletzt aufgerufen am 27.09.2022].
7 Hermann Parzinger: Reform als Chance. Die Stiftung Preußischer Kulturbesitz nach der Evaluation durch den Wissenschaftsrat, in: Politik & Kultur 10 (2020), S. 6.

se Großorganisation mit dem bundesrepublikanischen Wissenschaftssystem sowohl strukturell zusammenzubringen als auch inhaltlich an internationale Standards anzupassen. In einem aufwendigen und einmaligen Evaluationsverfahren sollte es der Wissenschaftsrat in seiner Funktion als wissenschaftpolitisches Beratungsgremium der alten Bundesrepublik sein, der dazu eine umfassende Begutachtung der ostdeutschen Wissenschaftseinrichtungen vornahm. Dabei hatte sich das Wissenschaftssystem der DDR seit der Staatsgründung 1949 in Abgrenzung, teilweise aber auch parallel zum bundesrepublikanischen System entwickelt.[8] So folgte der Gründung des westdeutschen Wissenschaftsrates 1957 im selben Jahr die Errichtung des Forschungsrates der DDR. Die Geschichte der beiden deutschen Staaten ist somit vor dem Hintergrund spezifischer Verflechtungs- und Abgrenzungstendenzen zu sehen. Dabei gingen die ost- und westdeutschen Wissenschaftssysteme von ganz unterschiedlichen Grundhaltungen und Prämissen aus. Während dem westdeutschen Wissenschaftssystem die Freiheit und Autonomie der Wissenschaft zugrunde lag, lenkte in Ostdeutschland vor allem die Parteilinie der Sozialistischen Einheitspartei Deutschlands (SED) die Forschung.

Die über 40-jährige Teilungsgeschichte hatte zudem unterschiedliche Kulturen und Identitäten in beiden deutschen Staaten hervorgebracht.[9] Infolge der ‚Friedlichen Revolution' vom Herbst des Jahres 1989 und mit der deutsch-deutschen Vereinigung wurden diese Unterschiede nun offenkundig. Einerseits waren sich Ost- und Westdeutsche durch die gemeinsame Sprache und Geschichte nahe, andererseits führten die langjährige Trennung und spezifische Ost-West-Sozialisierung zu Fremdheitserfahrungen. Dieses Spannungsverhältnis aus deutsch-deutscher Nähe und systemisch bedingter Fremdheit prägte die Wendezeit und schlägt Wellen bis in die heutige Gegenwart. Mit der Wiedervereinigung erfuhren viele ostdeutsche Lebensbereiche dann massive Einschnitte: Politik, Wirtschaft und Sozialsystem wurden durch den Beitritt der DDR zur Bundesrepublik vom 3. Oktober 1990 grundlegend transformiert und dem Referenzrahmen Bundesrepublik angeglichen.[10] Dabei unterlagen die Ost-West-Beziehungen und die Verhandlungen zum Einigungsvertrag einem asymmetrischen Machtverhältnis. Das galt auch für den Bereich der Wissenschaft. Hier schlug die ungleiche Machtkonstellation durch das Evaluationsverfahren ganz besonders durch, wie die vorliegende Untersuchung zeigt. Denn in der Evaluationskonstellation standen westdeutsche und vor allem männliche Gutachter[11] ostdeutschen Begutachteten

---

8 Vgl. Manuel Schramm: Von Asymmetrien und Parallelen. Die wechselseitige Wahrnehmung von Technik in der DDR und der Bundesrepublik Deutschland, in: Deutschland Archiv (DA) 1 (2008): 59–68.
9 Siehe dazu Marcus Böick / Constantin Goschler / Ralph Jessen: Die deutsche Einheit als Geschichte der Gegenwart. Einleitung, in: Dies. (Hg.): Jahrbuch Deutsche Einheit 2020, Berlin 2020, S. 9–23.
10 Siehe dazu Thomas Großbölting / Christoph Lorke (Hg.): Deutschland seit 1990. Wege in die Vereinigungsgesellschaft, Stuttgart 2017 (= Nassauer Gespräche der Freiherr-vom-Stein-Gesellschaft, Bd. 10).
11 Da es sich bei den Gutachtern und Kommissionsmitgliedern, die in dieser Untersuchung eine Rolle spielen, ausschließlich um Männer handelte, wird der Begriff Gutachter nicht gegendert, um die histori-

gegenüber, die sich kaum mit der Verfahrensweise der Evaluation auskannten und dennoch den Spielregeln dieser wissenschaftspolitischen Praxis zu folgen hatten.

Die Evaluation hatte sich in Westdeutschland als Verfahren der Forschungsbewertung mit Einführung der Sonderforschungsbereiche seit den 1970er Jahren herausgebildet. In den beginnenden 1980er Jahren wurde sie auf die Forschungseinrichtungen der sogenannten Blauen Liste übertragen, woraus später die Leibniz-Gemeinschaft hervorging. Das Verfahren hatte sich allmählich im Bereich der außeruniversitären Forschung entwickelt, die zu dieser Zeit eine randständige Position im wissenschaftlichen System der Bundesrepublik innehatte. Dennoch konnte es sich bisher noch nicht auf breiter Fläche etablieren. Zu groß war die Kritik an vergleichenden quantifizierenden Verfahren und den daraus folgenden Einschränkungen der Forschungsautonomie. Dennoch befürwortete die Wissenschaftspolitik dieses Verfahren für die ostdeutschen Akademieinstitute, sodass westdeutsche Gutachter im Herbst des Jahres 1990 in Ostdeutschland auftraten, um dort eine Evaluation im großen Stil durchzuführen. Dabei besaßen die ostdeutschen Akademikerinnen und Akademiker keine bis wenig Kenntnis über das westdeutsche Begutachtungswesen, seine Kriterien und Bewertungsmaßstäbe. Somit handelte es sich um eine westdeutsche Evaluation auf ostdeutschem Terrain, wie die vorliegende Studie zeigen wird. Die Evaluation war zudem ein Instrument, um den Wettbewerb im Wissenschaftssystem zu verankern.[12]

In der spezifischen Begutachtungssituation machten Gutachter und Begutachtete wechselseitige Lern- und Fremdheitserfahrungen, die vor dem Hintergrund systematisch und kulturell bedingter Unterschiede der Wissenschaftssysteme von Bundesrepublik und DDR zu sehen sind. Gegenstand der Untersuchung ist das Aufeinandertreffen der beteiligten ost- und westdeutschen Akteure, das heißt der Wissenschaftlerinnen und Wissenschaftler der Akademie der Wissenschaften der DDR und den Mitgliedern des westdeutschen Wissenschaftsrates. Im Zentrum stehen die Evaluation als Verfahren und der Wissenschaftsrat als Institution. Die leitenden Fragen der zeithistorischen Studie lauten: Wie handelte der Wissenschaftsrat als Institution und wovon war sein Handeln geprägt? Welche Rolle spielte das Wissen über die DDR und ihr Forschungssystem in diesem Zusammenhang? Wie gingen der Wissenschaftsrat und seine Gutachter mit der offenen, gestaltbaren und kontingenten Jahreswende 1989/90 um? Diesen Fragen wird vor dem Hintergrund der getrennten Wissenschaftssysteme und ihrer Transformation, die im Wesentlichen aus einer Übertragung west-

---

schen Umstände nicht zu verzerren. In Bezug auf andere Akteursgruppen wie die Forschenden nutzt die Untersuchung das Partizip oder die weibliche und männliche Form, um weibliche Akteure sichtbar zu machen.

12 Siehe dazu auch Schönstädt, Marie-Christin: Transformation der Wissenschaft. Die Evaluation des ostdeutschen Wissenschaftssystems als Impuls für den Westen, in: Marcus Böick / Constantin Goschler / Ralph Jessen (Hg.): Jahrbuch Deutsche Einheit 2021, Berlin 2021: 215–242.

deutscher Strukturen auf Ostdeutschland bestand, nachgegangen.[13] Dabei wird die These vertreten, dass die Strukturen und Besonderheiten des ostdeutschen Wissenschaftssystems für das Vorgehen des Kölner Wissenschaftsrates keine Rolle spielten. Die Transformation der ostdeutschen Forschungslandschaft galt vielmehr dem Westen der Republik, wie die Studie zeigen wird.

Die Übertragung westdeutscher Standards auf ostdeutsche Institutionen, als Grundstein einer gemeinsamen Wissenschaftslandschaft, hatte zweifelsohne ihren Preis. In der Folge dieses Prozesses verloren etwa 60 Prozent der noch 1989 an Hochschulen und außeruniversitären Akademien der DDR beschäftigten Menschen ihren Arbeitsplatz.[14] Das Thema ist bis heute vor allem durch diese personelle Dimension präsent und mit Spannungen verbunden, weshalb die wissenschaftliche Aufarbeitung einen wichtigen gesellschaftlichen Beitrag leistet. Erst im Jahr 2020 beurteilte Hans-Joachim Meyer, der letzte Minister für Forschung und Bildung der DDR, die „fairen Bewertungen"[15] der Akademieinstitute durch den Wissenschaftsrat als positiv und betrachtete die daraus resultierende Gründung der Leibniz-Gemeinschaft als hilfreich. Dem gegenüber äußerte der ostdeutsche Historiker Ulrich van der Heyden im selben Jahr in der Berliner Zeitung: „In keiner Etappe der deutschen Geschichte wurde so viel ‚Humankapital' auf den Müll geworfen"[16] wie in der Abwicklung der ostdeutschen Geistes- und Gesellschaftswissenschaften durch westdeutsche Gremien. Damit stehen zwei ostdeutsche Perspektiven einander diametral gegenüber, woran deutlich wird, dass die politischen Positionierungen komplexer sind, als sie auf den ersten Blick erscheinen – sie lassen sich jedenfalls nicht in einfache Ost-West-Gegenüberstellungen auflösen.

Über die gegenwärtigen Debatten hinaus war der Themenkomplex Wissenschaft und Wiedervereinigung schon für die Zeitgenossinnen und -genossen an den Akademien und Hochschulen brisant. Denn einerseits kritisierten die ostdeutschen Akteure das westdeutsche Evaluationsverfahren bereits zum Zeitpunkt der Evaluationen und taten diese Kritik öffentlich kund. So stellte Martin Herzig, der ehemalige Leiter der Abteilung Öffentlichkeitsarbeit der Akademie der Wissenschaften, infrage, ob es sich bei dem westdeutschen Begutachtungsprozess tatsächlich um so einen ‚normalen Vorgang' handle, wie die westdeutsche Wissenschaftspolitik unter CDU-Bundesforschungsminister Heinz Riesenhuber suggerierte. Aus Herzigs Sicht handelte es sich

---

13 Vgl. Wolfgang Seibel / Arthur Benz / Heinrich Mäding (Hg.): Verwaltungsreform und Verwaltungspolitik im Prozeß der deutschen Einigung, Baden-Baden 1993.
14 Zu differenzieren ist bei den Zahlen nach Fachbereichen, insbesondere die Unterscheidung der Geistes- und Sozialwissenschaften von den Naturwissenschaften ist relevant, vgl. Peer Pasternack: Erneuerung durch Anschluss? Der ostdeutsche Fall ab 1990, in: Michael Grüttner u. a. (Hg.): Gebrochene Wissenschaftskulturen. Universität und Politik im 20. Jahrhundert, Köln 2010: 309–326, S. 318 f.
15 Hans Joachim Meyer: Nach 30 Jahren. Die ostdeutschen Hochschulen im Vereinigungsprozess, in: Forschung & Lehre 27 (2020): 668–670.
16 Ulrich van der Heyden: ‚Nie zuvor wurde so viel Humankapital auf den Müll geworfen', in: Berliner Zeitung (12.08.2020).

vielmehr um etwas „Einmaliges in der Wissenschaftsgeschichte",[17] da nicht weniger auf dem Spiel stand als die Bewertung des gesamten ostdeutschen Wissenschaftssystems. Diese Einschätzung erweist sich bis heute als treffend, da es kaum eine vergleichbare Situation gab, in der ein Staat das Wissenschaftssystem eines anderen Staates in so einer Form begutachtet hatte. Vergleichbar wäre am ehesten die Entnazifizierung der Hochschulen und der außeruniversitären Forschung nach dem Zweiten Weltkrieg. Doch der entscheidende Unterschied liegt darin, dass die Akteure des Jahres 1990 bereits auf diese Erfahrung zurückblicken konnten. Darüber hinaus lag mit der Bundesrepublik aus ihrer Sicht ein funktionierendes und übertragbares System vor.[18]

Andererseits erfolgten die Evaluationen durch die Arbeitsgruppen des Wissenschaftsrates streng standardisiert und unter großer Geheimhaltung gegenüber den ostdeutschen Instituten, um ein möglichst ‚objektives' Verfahren zu gewährleisten. Dabei wollten und sollten die Gutachter des Kölner Beratungsgremiums sich nicht von persönlichen Motiven oder Beziehungen beeinflussen lassen. Und trotz durchaus kritischer Stimmen der medialen Öffentlichkeit galt der Wissenschaftsrat, anders als die Treuhandanstalt, nicht als „Hass-Behörde" oder „unzähmbares Ungeheuer",[19] sondern ging sogar gestärkt aus der Zeit nach 1990 hervor. Dieser Umstand kann wohl darauf zurückgeführt werden, dass der Wissenschaftsrat im Gegensatz zur Treuhandanstalt auf eine eng mit der bundesrepublikanischen Wissenschaftspolitik verbundene Tradition zurückblicken konnte und auch über die Wiedervereinigung hinaus Bestand hatte. Die Treuhandanstalt hingegen wurde noch von der letzten Volkskammer der DDR im Juni 1990 gegründet und verfolgte das Ziel, die staatlichen Betriebe der DDR zu privatisieren. Damit lagen für beide Organisationen grundsätzlich andere Voraussetzungen und historische Bedingungen vor.[20]

Das Spannungsgefüge aus öffentlicher Kritik und internen Abläufen machte die Evaluation zu einem hochumstrittenen Verfahren, an dessen Ende eine transformierte ostdeutsche Wissenschaftslandschaft stand, die vor allem für die Geistes- und Sozialwissenschaften mit dem ambivalenten Schlagwort der Abwicklung verbunden ist. Nicht nur Akademieinstitute und Hochschulfachbereiche wurden abgewickelt, sondern auch das gekündigte und nicht mehr neuangestellte Personal erhielt das Stigma, abgewickelt worden zu sein. Die Personalpolitik der Nachwendezeit an den Hochschulen und den Forschungseinrichtungen der ehemaligen DDR hatte massiven Einfluss auf etliche ostdeutsche Erwerbsbiografien und wirkt sich bis heute auf die Stellenstruktur an ostdeutschen Hochschulen aus. Für den Bereich der Soziologie konnten Steffen

---

17 Martin Herzig: Ein ganz normaler Vorgang? In: Spectrum 22 (1991), S. 1.
18 Zum Systemumbruch an den deutschen Hochschulen von 1933 und 1945 vgl. Sabine Schleiermacher / Udo Schagen (Hg.): Wissenschaft macht Politik. Hochschule in den politischen Systembrüchen 1933 und 1945, Stuttgart 2009 (= Wissenschaft, Politik und Gesellschaft, Bd. 3).
19 Marcus Böick: Die Treuhand. Idee-Praxis-Erfahrung, Göttingen 2018, S. 14.
20 Zur Organisationsgeschichte vgl. Marcus Böick / Marcel Schmeer (Hg.): Im Kreuzfeuer der Kritik. Umstrittene Organisationen im 20. Jahrhundert, Frankfurt a. M. u. a. 2020.

Mau und Denis Huschka im Jahr 2010 im Rahmen einer Studie zeigen, dass es unter den Professoren an deutschen Hochschulen kaum Soziologinnen und Soziologen mit ostdeutschem Hintergrund gab und sie auch in den zentralen Fachgremien unverhältnismäßig wenige waren. Insofern konnte nach wie vor von einer „Verwestlichung des Fachs"[21] gesprochen werden.

Und auch mit Blick auf die Leitung von Hochschulen hatte im Jahr 2018 keine einzige Präsidentin beziehungsweise kein Rektor einer deutschen Universität einen ostdeutschen Hintergrund. Stattdessen unterlagen die Universitäten, auch diejenigen auf dem Gebiet Ostdeutschlands, zu einem Großteil einer westdeutschen Leitung.[22] Wie auch in anderen Gesellschaftsbereichen sind Ostdeutsche damit deutlich unterrepräsentiert, was als Langzeitfolge der 1990 getroffenen Entscheidungen angesehen werden kann. Westdeutsche Akteure hatten im vereinten Deutschland bessere Netzwerke und Beziehungen, die ihnen zu bestimmten Positionen verhalfen. Außerdem waren ihnen Konkurrenzstrukturen auf dem Arbeitsmarkt und entsprechende Mechanismen damit umzugehen, vertrauter.

Entscheidenden Anteil an diesen Entwicklungen hatte der Kölner Wissenschaftsrat. Er spielte eine besondere Rolle im Vereinigungsprozess, die durch den Einigungsvertrag legitimiert und begründet war. Gemäß dem Vertrag über die Herstellung der Einheit Deutschlands war das Kölner Gremium für die Begutachtung der Forschungseinrichtungen der ehemaligen DDR zuständig. Die ostdeutschen Hochschulen hingegen lagen gemäß dem föderalen System im Verantwortungsbereich der neugegründeten Länder, sodass der Wissenschaftsrat hier keinen Evaluationsauftrag besaß.[23] Folglich liegt der Schwerpunkt dieser Untersuchung auf den Evaluationen an der Akademie der Wissenschaften der DDR mit einem Ausblick auf das vorsichtige Herantasten an die ostdeutschen Hochschulen.

Gegründet wurde der Wissenschaftsrat 1957 auf der Grundlage eines Verwaltungsabkommens zwischen den Regierungen von Bund und Ländern. Er stellte sich seither als juristisch schwer zu definierende Organisation dar. Denn es handelt sich bei dem Gremium weder um einen eingetragenen Verein noch um eine Stiftung oder andere Rechtsform.[24] Das ursprüngliche Verwaltungsabkommen ordnete dem Wissenschaftsrat drei Aufgaben zu, wonach er einen Gesamtplan für Forschung und Wissenschaft,

---

21 Steffen Mau / Denis Huschka: Die Sozialstruktur der Soziologie: Professorenschaft in Deutschland, in: WZB Discussion Paper (2010), S. 25.
22 95 Prozent der Hochschulleitungen haben einen westdeutschen Hintergrund. Die übrigen 5 Prozent haben einen Geburtsort im Ausland, vgl. Isabel Roessler: Check – Universitätsleitung in Deutschland, Gütersloh 2018.
23 Bundesrepublik Deutschland und Deutsche Demokratische Republik: Vertrag zwischen der Bundesrepublik Deutschland und der Deutschen Demokratischen Republik über die Herstellung der Einheit Deutschlands vom 31.08.1990, Einigungsvertrag 1990.
24 Vgl. Olaf Bartz: Der Wissenschaftsrat. Entwicklungslinien der Wissenschaftspolitik in der Bundesrepublik Deutschland 1957–2007, Stuttgart 2007, S. 11; 266 f.

ein jährliches Dringlichkeitsprogramm und Empfehlungen für die Verwendung von Haushaltsmitteln für die Forschungsförderung erstellen sollte. Über die konkreten Aufgaben hinaus nahm der Wissenschaftsrat im föderalen System der alten Bundesrepublik eine Steuerungsfunktion des gesamten Wissenschaftssystems wahr, bewertete wissenschaftliche Programme und evaluierte Forschungseinrichtungen. Dabei entwickelte sich die Evaluation zu einer zentralen, wenn nicht gar der zentralen Aufgabe des Wissenschaftsrates. Sie impliziert die Begutachtung und Bewertung der Leistungsfähigkeit von Forschungseinrichtungen. Auftraggeber für eine Begutachtung kann ein Bundesland, der Bund, die Bund-Länder-Kommission beziehungsweise heute die Gemeinsame Wissenschaftskonferenz oder die Ständige Kultusministerkonferenz sein.

Bis heute tritt der Wissenschaftsrat mit Empfehlungen und Stellungnahmen in Erscheinung. Diese können aus den Begutachtungen, aber auch unabhängig davon entstehen. Dabei barg die Form der Empfehlung zunächst die Gefahr, dass die angesprochenen Einrichtungen oder Institute die Empfehlung nicht umsetzten, da sie nicht dazu verpflichtet waren. Gleichwohl nahmen die Empfehlungen im Laufe der Zeit, insbesondere infolge der Wiedervereinigung, „eine gesetzesähnliche Natur"[25] an, was mit der gesteigerten Reputation des Wissenschaftsrates zusammenhing.

Als wissenschaftspolitisches Beratungsgremium für die Bundesregierung und die Regierungen der Länder begutachtet der Kölner Rat wissenschaftliche Institutionen wie Universitäten, Fachhochschulen und außeruniversitäre Forschungseinrichtungen im Hinblick auf ihre Struktur und Leistungsfähigkeit. Auch einzelne Fachbereiche können zum Begutachtungsgegenstand werden. Die Ergebnisse der Begutachtungen werden den Einrichtungen anschließend mitgeteilt und haben mitunter große organisatorische und finanzpolitische Folgen, wenn es beispielsweise um die Neuaufnahme eines Instituts in die Leibniz-Gemeinschaft geht.

Das Verwaltungsabkommen von 1957 legte eine Anzahl von 39 Mitgliedern für den Wissenschaftsrat fest; eine Personenzahl, die bis 1991 beibehalten wurde. Nach der Wiedervereinigung wurde das Gremium auf 54 Mitglieder vergrößert, woran sich bis heute nichts geändert hat. Dabei ist der Rat seit seiner Gründung mit der Wissenschaftlichen Kommission und der Verwaltungskommission in zwei Gremien organisiert: 32 Mitglieder gehören der Wissenschaftlichen Kommission an und 22 der Verwaltungsseite. In dem Zusammenspiel beider Kommissionen liegt wohl der Erfolg des Wissenschaftsrates begründet. Von Erfolg kann hierbei insofern gesprochen werden, da das Verwaltungsabkommen ursprünglich auf einen Zeitraum von drei Jahren begrenzt war und jeweils der Verlängerung durch Bund und Länder bedurfte. Im

---

[25] Max Kaase: Der Wissenschaftsrat und die Reform der außeruniversitären Forschung der DDR nach der deutschen Vereinigung, in: Karl-Heinz Reuband / Franz Urban Pappi / Heinrich Best (Hg.): Die deutsche Gesellschaft in vergleichender Perspektive. Festschrift für Erwin K. Scheuch zum 65. Geburtstag, Opladen 1995: 305–341, S. 309.

Jahr 2008 wurde das Abkommen jedoch auf unbestimmte Zeit verlängert und sichert so die Zukunft der Institution.[26]

Die Wissenschaftliche Kommission setzte sich bis zur Wiedervereinigung aus 22 Wissenschaftlerinnen und Wissenschaftlern zusammen, von denen 16 vom Bundespräsidenten auf gemeinsamen Vorschlag der Deutschen Forschungsgemeinschaft (DFG), der Max-Planck-Gesellschaft (MPG) und der Westdeutschen Rektorenkonferenz (WRK) ernannt wurden. Sechs weitere Mitglieder der Wissenschaftlichen Kommission waren Persönlichkeiten des öffentlichen Lebens, die hochrangige Funktionen oder Ämter innehatten und auf gemeinsamen Vorschlag der Bundesregierung und der Landesregierungen benannt wurden. Demgegenüber bestand die Verwaltungskommission aus Ministerialbeamten von Bund und Ländern, wobei Bund und Länder jeweils über 11 Stimmen verfügten. Die Vertreter der Länder stammten meist aus den jeweiligen Kultus- oder Wissenschaftsministerien. Eine Ausnahme stellte von Beginn an der Stadtstaat Hamburg dar, der seinen Finanzsenator als Mitglied entsandte, um so eine Rückkopplung an das Finanzministerium herzustellen.[27]

Die Entscheidungen innerhalb des Wissenschaftsrates werden bis heute gemeinsam von der Wissenschaftlichen Kommission und der Verwaltungsseite getroffen, sodass häufig konsensuale Ergebnisse zustande kommen. Der Wissenschaftsrat stellt durch das Austarieren der wissenschaftlichen und politischen Interessen gewissermaßen ein Konsensgremium dar. Für Beschlüsse, die von der gemeinsamen Vollversammlung verabschiedet werden, ist eine Zweidrittelmehrheit erforderlich.[28]

Zwischen Wissenschaftlicher Kommission und Verwaltungskommission hat sich ein Initiativrecht der Wissenschaft herausgebildet, das der wissenschaftlichen Seite die Planung des Arbeitsprogrammes zuordnet. Der Ablauf der Versammlungsstruktur spiegelt ebenfalls die wegweisende Rolle der Wissenschaftlichen Kommission wider, da zunächst die Wissenschaftliche Kommission tagt, darauf die Verwaltungskommission und abschließend die gemeinsame Vollversammlung stattfindet. Die inhaltlichen Schwerpunkte gehen dabei von wissenschaftlicher Seite aus, die die Themen aus der wissenschaftlichen Praxis in den Rat einbringt.[29]

Die Zusammensetzung der beteiligten Akteure führt dazu, dass die Empfehlungen mit großer Wahrscheinlichkeit auch umgesetzt werden. Denn der Verwaltungskommission gehören die Kultusministerinnen und -minister der Länder an, die selbst an den Empfehlungen mitgearbeitet und diese verabschiedet haben. Somit waren die

---

26 Vgl. Wissenschaftsrat: Verwaltungsabkommen zwischen Bund und Ländern über die Errichtung eines Wissenschaftsrates vom 5. September 1957 in der ab 1. Januar 2008 geltenden Fassung, Bonn 2008.
27 Vgl. Bartz, Der Wissenschaftsrat, S. 250.
28 Vgl. ebd., S. 33.
29 Vgl. ebd., S. 261–265.

politische Rückendeckung und die Umsetzung bereits im Aufbau der Organisation angelegt.[30]

Die für die inhaltliche Arbeit zuständige Wissenschaftliche Kommission kann wegen der begrenzten Anzahl ihrer Mitglieder nicht alle Papiere selbst vorbereiten. Daher greift sie seit Beginn an auf kleinere Ausschüsse und Ad-hoc-Arbeitsgruppen zurück, die sich bestimmten Themen widmen. Eine Arbeitsgruppe besteht meist aus drei oder vier wissenschaftlichen Mitgliedern, die um weitere externe Fachleute ergänzt werden. Hierzu werden ausgewiesene Expertinnen und Experten zu verschiedenen Themenbereichen kontaktiert und als Gutachtende für die Visitationen angefragt.[31]

Inhaltlich befasste sich der Wissenschaftsrat in seiner Anfangszeit mit dem Ausbau des Hochschulsystems und veröffentlichte zwischen 1960 bis 1964 in drei Bänden die *Empfehlungen zum Ausbau der wissenschaftlichen Einrichtungen,* die auf eine Vergrößerung des gesamten Wissenschaftsbereichs zielten. Für die Universitäten sahen die Empfehlungen vor allem einen Ausbau der Lehrstühle vor, ohne dabei strukturelle Veränderungen vorzunehmen. Damit stieß der Wissenschaftsrat in Wissenschaft, Politik und Öffentlichkeit auf positive Resonanz, sodass die Empfehlungen entsprechend umgesetzt wurden, wodurch das Gremium „seine Reputation über viele Jahre hinweg"[32] sicherte.

Ab Mitte der 1960er bis in die 1970er Jahre hinein waren die Debatten und Auseinandersetzungen von den Herausforderungen der Bildungsexpansion geprägt. Als Reaktion auf die ‚Überfüllung der Hochschulen' und der sogenannten Massenuniversität entwickelte der Wissenschaftsrat im Jahr 1966 eine Studienreform und präsentierte 1970 einen nationalen Bildungsplan.[33] Die Studienreform implizierte ein gestuftes Studiensystem, wobei nach US-amerikanischem Vorbild dem Grundlagenstudium ein Aufbaustudium folgen sollte. Dieses entsprach allerdings eher einer Promotion als dem amerikanischen Master, womit es einen höheren Anspruch verfolgte. Außerdem war für alle Fachdisziplinen eine einheitliche Studienstruktur vorgesehen. Mit dieser Empfehlung hinterfragte der Wissenschaftsrat die Struktur der traditionsreichen ‚deutschen Universität' und das Modell der Humboldt-Universität. Er versuchte, eine zeitgemäße Antwort auf die gesellschaftlichen Problemlagen zu finden, was zu wissenschaftspolitischem Widerstand führte.[34] Und auch die vier Jahre später veröffentlichten *Empfehlungen zur Struktur und zum Ausbau des Bildungswesens im Hochschulbereich nach 1970* zielten darauf, der Bildungsexpansion mit einer „gigantischen Wissenschaftsmaschinerie mit gewaltiger Ausbildungskapazität"[35] zu entgegnen. Doch mit

---

30 Vgl. ebd., S. 272 f.
31 Vgl. Kaase, Der Wissenschaftsrat, S. 310.
32 Bartz, Der Wissenschaftsrat, S. 50
33 Paraphrasiert nach ebd., S. 81–97.
34 Vgl. ebd., 83 f.
35 Ebd., S. 97.

beiden Empfehlungen, der Studienreform und der Strukturempfehlung, scheiterte der Wissenschaftsrat. Seinen Plänen folgten weder bildungspolitische Maßnahmen noch Strukturveränderungen. Die Bildungsprinzipien der alten Bundesrepublik orientierten sich stark an traditionellen und konservativen Werten, sodass Reformkonzepte auf große Kritik stießen. Auch seine Ideen zum Wettbewerb im Wissenschaftssystem, die der Wissenschaftsrat seit den 1960er Jahren immer mal wieder aufgriff, waren wissenschaftspolitisch noch nicht durchsetzungsfähig. Zwar wurden unter dem damaligen Vorsitzenden Hans Leussink (1965–1969) die Sonderforschungsbereiche eingerichtet, die einen ersten Wettbewerb um größere Fördersummen entfachten, doch gegenüber anderen kompetitiven Elementen zeigte sich das westdeutsche Wissenschaftssystem resistent.[36]

Die gescheiterten Empfehlungen und die Gründung neuer wissenschaftspolitscher Organisationen, insbesondere des 1966 gegründeten Bildungsrates und der 1970 ins Leben gerufenen Bund-Länder-Kommission für Bildungsplanung, bedrohten die Existenz des Wissenschaftsrates. Die insgesamt als krisenhaft gedeutete und durch eine schlechte Finanzsituation gekennzeichnete Zeit ‚nach dem Boom' betraf auch die Wissenschaftspolitik und in besonderer Weise den Wissenschaftsrat: Das wissenschaftspolitische Gremium stand zu Beginn der 1970er Jahre fast vor seiner Auflösung.[37] Hintergrund war, dass über die mediale Öffentlichkeit Zweifel an der Legitimation des Rates aufkamen und die zukünftige Rolle und Abgrenzung gegenüber der Bund-Länder-Kommission ungewiss war. Die prekäre Situation verbesserte sich 1975 als das Verwaltungsabkommen verlängert und die Aufgaben des Rates neu definiert wurden. Von nun an sollte er als reines Beratungsgremium dienen und verstärkt quantitative und finanzielle Aspekte im Wissenschaftssystem beleuchten. Auch die gutachterlichen Tätigkeiten für Bund und Länder entstanden im Kontext des neuen Verwaltungsabkommens.[38] Zeitgleich betrat die Arbeitsgemeinschaft der Großforschungszentren den Kreis derer, die das Vorschlagsrecht für die Mitglieder der Wissenschaftlichen Kommission machen durften. Bislang lag dieses Recht bei der Deutschen Forschungsgemeinschaft, der Max-Planck-Gesellschaft und der Westdeutschen Rektorenkonferenz.[39]

Da sich die vorliegende Studie auf den Wissenschaftsrat und sein Handeln in der ehemaligen DDR konzentriert, liegt der Schwerpunkt auf der westdeutschen Wissenschaftspolitik. Ostdeutsche Interessen und Strategien können hingegen nur schlag-

---

[36] Vgl. Margit Szöllösi-Janze: ‚Der Geist des Wettbewerbs ist aus der Flasche!' Der Exzellenzwettbewerb zwischen den deutschen Universitäten in historischer Perspektive, in: Jahrbuch für Universitätsgeschichte 14 (2011): 49–73.
[37] Bartz spricht für die Zeit von 1976 bis zur Wiedervereinigung von einer Dialektik von Stagnation und Innovation, vgl. Bartz, Der Wissenschaftsrat, S. 132.
[38] Vgl. Ulla Foemer: Zum Problem der Integration komplexer Sozialsysteme am Beispiel des Wissenschaftsrates, Berlin 1981 (= Sozialwissenschaftliche Schriften, Bd. 2), S. 34.
[39] Vgl. Bartz, Der Wissenschaftsrat, S. 123.

lichtartig betrachtet werden. Im Zentrum der Untersuchung steht vielmehr der Wissenschaftsrat als Institution und in seiner praktischen Arbeit. Diese Sichtweise wirft ein neues Licht auf die westdeutsche Wiedervereinigungspolitik und somit auf die deutsch-deutsche Geschichte insgesamt. Die Forschungsperspektive ermöglicht es, das Handeln der westdeutschen Seite neu zu justieren, da die Forschungsschwerpunkte bislang auf der Transformation im Osten lagen.

Der Wissenschaftsrat als Institution kann über seine Akteure auf der Leitungsebene, die Mitglieder und Gutachter der einzelnen Arbeitsgruppen und die Referenten in der Administration greifbar gemacht werden. Die Administration bezieht sich auf die Kölner Geschäftsstelle des Wissenschaftsrates, die mit ihrem rheinischen Standort nah am Zentrum der alten Bundeshauptstadt und den anderen Wissenschaftsorganisationen wie der DFG beheimatet war und bis heute dort verortet ist. In der Geschäftsstelle unterstützten Referentinnen und Referenten nicht nur die Arbeit der Kommissionen, sondern nahmen als neuer Typus von Wissenschaftsmanagern zunehmend selbst eine gestaltende Rolle ein. Dabei trafen im Wissenschaftsrat des Jahres 1990 mit Wissenschaftlern, Ministerialbeamten und Referenten nicht nur unterschiedliche Rollen und Positionen aufeinander, sondern auch unterschiedliche Alterskohorten. Die älteren, männlichen Wissenschaftler und Wissenschaftspolitiker gehörten zu einem Großteil der sogenannten 45er-Generation an. Diese Altersgruppe zeichnete sich durch ein reformorientiertes und am Westen, speziell an Amerika, ausgerichtetes Handeln aus.[40] Dem stand eine jüngere Generation gegenüber, die in den 1970er Jahren sozialisiert und von neoliberalen Denkweisen geprägt war. Mit ‚neoliberal' ist hier und im Folgenden in Anlehnung an Thomas Höhne die Ökonomisierung und umfassende Einführung von Wettbewerbsprinzipien im Bildungsbereich gemeint.[41]

Der Verwaltungsbereich der Wissenschaft, das heutige Wissenschaftsmanagement, stellte für diese Personen einen alternativen Karriereweg im Bildungssystem dar. Schließlich herrschte eine ‚Überfüllungskrise', und die Arbeitslosigkeit unter Akademikerinnen und Akademikern war zu dieser Zeit hoch. Wegen der schlechten Finanzlage der alten Bundesrepublik stellten die Schulen keine Lehrerinnen und Lehrer mehr ein, und an den Hochschulen wurden viele Stellen abgebaut.[42]

Im Wissenschaftsrat der 1980er Jahre trafen somit reformerischer Impetus und der Blick auf die USA, den die ältere Wissenschaftlergeneration vertrat, mit neoliberalen Ansätzen der jüngeren Verwaltungsmitarbeiter aufeinander. Beide Dogmen sollten auch die Vereinigungspolitik prägen, wie die vorliegende Studie zeigen wird.

---

40 Vgl. Ulrich Herbert: Drei politische Generationen im 20. Jahrhundert, in: Jürgen Reulecke (Hg.): Generationalität und Lebensgeschichte im 20. Jahrhundert, München 2003: 95–114, S. 95–114.
41 Das heißt zugleich, dass damit weniger der enge Bezug auf die Milton Friedman-Schule gemeint ist. Vgl. Thomas Höhne: Ökonomisierung und Bildung. Zu den Formen ökonomischer Rationalisierung im Feld der Bildung, Wiesbaden 2015, S. 14 f.
42 Morten Reitmayer: Comeback der Elite. Die Rückkehr eines politisch-gesellschaftlichen Ordnungsbegriffs, in: Archiv für Sozialgeschichte 52 (2012): 429–454.

Der Zuschnitt der Untersuchung und die Forschungsperspektive knüpfen einerseits an institutionengeschichtliche Fragestellungen an, andererseits an zeithistorische zur Geschichte der Bundesrepublik Deutschland und der DDR. Der theoretische Zugriff bedient sich wissensgeschichtlicher Ansätze. Institutionengeschichtlich ist insbesondere die Arbeit von Olaf Bartz zum Wissenschaftsrat hervorzuheben, die eine wichtige Grundlage für diese Studie bildet.[43] Zugleich grenzt sich die vorliegende Untersuchung in einigen Aspekten von Bartz ab, auf die noch genauer einzugehen sein wird. Vor Bartz haben sich bereits die Sozialwissenschaftlerin Ulla Foemer[44] und der Rechtswissenschaftler Hans Christian Röhl[45] mit dem Wissenschaftsrat befasst. Obwohl damit drei Studien zum Wissenschaftsrat vorliegen, hatte bislang keine dezidiert die Wendezeit zum Gegenstand, womit die vorliegende Untersuchung Neuland betritt.

In den frühen 1990er Jahren befasste sich die Soziologin Renate Mayntz mit der Wende- und Transformationszeit auf dem Gebiet der Wissenschaft und legte gleich zwei Studien zur Akademie der Wissenschaften[46] und zu den ostdeutschen Hochschulen vor.[47] Mayntz Untersuchungen sind zwar umfassend, aber auch zeit- und standortgebunden. Denn die Soziologin wirkte zu Beginn der 1990er Jahre selbst an der Neustrukturierung der Sozialwissenschaften der drei Berliner Universitäten im Rahmen der Landeshochschulstrukturkommission mit. Damit war sie zwar nicht als Gutachterin für den Wissenschaftsrat tätig, aber dennoch persönlich an den Strukturreformen beteiligt. Durch diese Verquickung greifen Forschungsgegenstand und persönliche Involviertheit ineinander, sodass die Publikationen aus den 90er Jahren in dieser Untersuchung, abhängig von der Fragestellung, sowohl als Forschungsliteratur als auch als Quellen herangezogen werden. Gleiches gilt für den von Mayntz und Jürgen Kocka 1998 herausgegebenen Sammelband *Wissenschaft und Wiedervereinigung*.[48] Denn auch Kocka war als Mitglied des Wissenschaftsrates und Leiter der Arbeitsgruppe Geisteswissenschaften selbst an den Begutachtungen beteiligt.

Neuere Forschungen zur Transformation der Wissenschaft infolge der Vereinigung liegen insbesondere mit den Aufsätzen des niederländischen Historikers Krijn Thijs vor. Thijs hat sich unter anderem mit der Begutachtung der historischen Institute

---

43 Bartz, Der Wissenschaftsrat.
44 Foemer, Zum Problem der Integration komplexer Sozialsysteme am Beispiel des Wissenschaftsrates.
45 Hans Christian Röhl: Der Wissenschaftsrat. Kooperation zwischen Wissenschaft, Bund und Ländern und ihre rechtlichen Determinanten, Baden-Baden 1994.
46 Renate Mayntz: Deutsche Forschung im Einigungsprozeß. Die Transformation der Akademie der Wissenschaften der DDR 1989 bis 1992, Frankfurt a. M. 1994.
47 Dies. (Hg.): Aufbruch und Reform von oben. Ostdeutsche Universitäten im Transformationsprozeß, Frankfurt a. M. 1994.
48 Jürgen Kocka / Renate Mayntz (Hg.): Wissenschaft und Wiedervereinigung. Disziplinen im Umbruch, Berlin 1998 (= Interdisziplinäre Arbeitsgruppen Forschungsberichte, Bd. 6).

durch den Wissenschaftsrat befasst.⁴⁹ Seine Ergebnisse können komplementär zu den Befunden vorliegender Studie gelesen werden.

Auch zu anderen westdeutschen Wissenschaftseinrichtungen liegen institutionelle Forschungsarbeiten vor, auf die sich diese Untersuchung stützt.⁵⁰ So haben sich Hans-Willy Hohn und Uwe Schimank mit den Akteuren der außeruniversitären Forschung befasst,⁵¹ Margit Szöllösi-Janze mit der Arbeitsgemeinschaft der Großforschungseinrichtungen⁵² und Karin Orth mit der Deutschen Forschungsgemeinschaft.⁵³

Für die Zeit der Vereinigung und der Nachwende existieren inzwischen ebenfalls zeithistorische Untersuchungen, die mit mehr zeitlichem Abstand und wegen der allmählich auslaufenden Archivsperrfristen vermehrt quellenbasiert entstehen können. So ordnet sich die vorliegende Studie in die Überlegungen Thomas Großböltings und Christoph Lorkes zur Vereinigungsgesellschaft ein.⁵⁴ Der Ansatz der Vereinigungsgesellschaft zielt darauf, gesamtgesellschaftliche Veränderungen nach 1990 in Ost- und Westdeutschland integriert in den Blick zu nehmen und nicht auf den Osten zu beschränken. Diesen Überlegungen folgt auch die vorliegende Untersuchung, indem sie sich ausgehend von den getrennten Wissenschaftssystemen seit den 1960er/70er Jahren über die Zeit der Wende und der Vereinigung dem vereinten Forschungs- und Wissenschaftssystem zuwendet. Den aktuellen Forderungen der Zeitgeschichte, die dafür plädieren, die deutsch-deutsche Geschichte stärker integriert zu betrachten und damit Beziehungen, Verflechtungen und gegenseitige Wahrnehmungen in den Blick zu nehmen, wird damit Rechnung getragen.⁵⁵ Auch die Forschungen Philipp Thers zur

---

49 Krijn Thijs: Geschichte im Umbruch. Lebenserfahrung und Historiker-Begegnungen nach 1989, in: Franka Maubach / Christina Morina (Hg.): Das 20. Jahrhundert erzählen. Zeiterfahrung und Zeiterforschung im geteilten Deutschland, Göttingen 2016: 386–448; Ders.: Die Evaluierer aus dem Westen und der Schein der Routine. Zur Begutachtung durch den Wissenschaftsrat am Beispiel der historischen Akademie-Institute in Ost-Berlin, in: Jens Blecher / Jürgen John (Hg.): Hochschulumbau Ost. Die Transformation des DDR-Hochschulwesens nach 1989/90 in typologisch-vergleichender Perspektive, Stuttgart 2021: 169–198; Ders.: Vier Wege in das Aus der Einheit. Strategien ostdeutscher Institutsdirektoren gegenüber der Evaluation des Wissenschaftsrates, in: Marcus Böick / Constantin Goschler / Ralph Jessen (Hg.): Jahrbuch Deutsche Einheit 2021, Berlin 2021: 243–271.
50 Die Untersuchung von Mitchell G. Ash zur Rolle der Max-Planck-Gesellschaft im Vereinigungsprozess ist erst nach der Drucklegung dieses Buches erschienen, sodass das Werk nicht mehr eingearbeitet werden konnte, vgl. Mitchell G. Ash: Die Max-Planck-Gesellschaft im Prozess der deutschen Vereinigung 1989–2002. Eine politische Wissenschaftsgeschichte, Göttingen 2023.
51 Hans-Willy Hohn / Uwe Schimank: Konflikte und Gleichgewichte im Forschungssystem. Akteurskonstellationen und Entwicklungspfade in der staatlich finanzierten außeruniversitären Forschung, Frankfurt a. M. 1990.
52 Margit Szöllösi-Janze: Geschichte der Arbeitsgemeinschaft Großforschungseinrichtungen 1958–1980, Frankfurt a. M. 1990 (= Studien zur Geschichte der deutschen Großforschungseinrichtungen, Bd. 2).
53 Karin Orth: Autonomie und Planung der Forschung. Förderpolitische Strategien der Deutschen Forschungsgemeinschaft 1949–1968, Kempten 2011 (= Studien zur Geschichte der Deutschen Forschungsgemeinschaft, Bd. 8).
54 Großbölting / Lorke, Deutschland seit 1990.
55 Vgl. Frank Bösch (Hg.): Geteilte Geschichte. Ost- und Westdeutschland 1970–2000, Bonn 2015 (= Schriftenreihe, Bd. 1636); auch Detlev Brunner / Udo Grashoff / Andreas Kötzing (Hg.): Asymmetrisch

doppelten Kotransformation,[56] wonach infolge des postsozialistischen Wandels nicht nur das Gebiet der ehemaligen DDR einer Transformation unterlag, sondern auch das Sozialgefüge der Bundesrepublik, spielt für die vorliegende Studie eine zentrale Rolle.

Die Grundlage der Untersuchung bilden umfangreiche Quellenbestände aus verschiedenen Archiven. Dazu zählen das Bundesarchiv Koblenz / Berlin, das Archiv der Berlin-Brandenburgischen Akademie der Wissenschaften, ein Vorlass von Max Kaase an der Constructor University in Bremen, die Zentralstelle des BStU in Berlin, das Montanhistorische Dokumentationszentrum in Bochum sowie insbesondere das Archiv des Wissenschaftsrates. Obwohl die archivarische Sperrfrist zum Zeitpunkt der Forschungen noch nicht ausgelaufen war, öffneten alle angefragten Archive den Zugang zu ihren Akten. Wegen der zeitlichen Nähe zum Gegenstand ist ein sensibler Umgang mit den Quellen und beteiligten Akteuren unerlässlich, weshalb Personen teilweise nur mit ihren Funktionen angegeben oder nur dann namentlich genannt werden, wenn ihre Position der Öffentlichkeit bekannt war.[57]

Besonders ergiebig für die historische Analyse waren die Bestände aus dem Geschäftsstellenarchiv des Wissenschaftsrates. Das Archiv wurde 1992 zu dem Zweck errichtet, die Akten der Wendezeit zu erhalten und zu systematisieren. Damit kommt bereits zum Ausdruck, dass der Kölner Rat die Unterlagen zu den Evaluationsverfahren als sehr wichtig, bedeutungsvoll und erhaltenswert erachtet hatte. In den Akten, die inzwischen im Koblenzer Bundesarchiv untergebracht sind, befinden sich sowohl standardisierte Dokumente wie Protokolle und Fragebögen als auch Briefe. Der Fragebogen nahm im Begutachtungswesen des Wissenschaftsrates von Beginn an eine wichtige Rolle ein. Mit ihm wurde das Evaluationsverfahren eingeleitet, indem die zu begutachtenden Einrichtungen Fragen zur Forschung und Organisation ihres Instituts erhielten. Die Antworten auf diese Fragen lagen den Gutachtenden dann als Vorbereitung auf die Evaluation vor.

Seit den ersten Begutachtungen des Wissenschaftsrates, zu Beginn der 1980er Jahre, differenzierte sich der Fragebogen zunehmend aus und erfragte immer mehr Informationen und Details der Einrichtungen. Auch numerische Kennziffern wurden dabei wichtiger. Diese Entwicklung stand ganz im Zeichen der zunehmenden Bedeutung wissenschaftlicher Verfahren, die auch andere Gesellschaftsbereiche betraf und in der

---

verflochten? Neue Forschungen zur gesamtdeutschen Nachkriegsgeschichte, Berlin 2013 (= Forschungen zur DDR-Gesellschaft).
56 Vgl. Philipp Ther: Die neue Ordnung auf dem alten Kontinent. Eine Geschichte des neoliberalen Europa, 3. Aufl. Berlin 2014.
57 Einige Namen werden den informierten Leserinnen und Lesern oder Zeitzeugen ohnehin bekannt sein. Auf der Internetseite ‚Deutsche Einheit 1990' ist zudem ein aus dem Bundesarchiv kopiertes Dokument frei zugänglich, das die Arbeitsgruppen des Wissenschaftsrates von 1990 mitsamt allen Kommissionsmitgliedern offenlegt [https://deutsche-einheit-1990.de/wp-content/uploads/BArch-DF4-32204_Wissenschaftsrat.pdf; zuletzt aufgerufen am 24.04.2019].

Forschung unter dem Stichwort *Verwissenschaftlichung des Sozialen* verhandelt wird.[58] Mit der Entwicklung und Professionalisierung des Evaluationsverfahrens erfolgte auch eine Standardisierung des Fragebogens. Die historische Entwicklung des Fragebogens bildet einen der roten Fäden dieses Buches.

Neben den Fragebögen stellen auch Protokolle wichtige Quellen dar. Diese sollten kritisch und mit Bedacht gelesen werden, da sie selektive Ereignisse wiedergeben und vor allem von der protokollierenden Person geprägt sind.[59] Dies gilt insbesondere für den Wissenschaftsrat, bei dem sich die Referenten der Geschäftsstelle als Protokollanten herausbildeten. Über diese standardisierten Quellen hinaus liegt eine nahezu vollständige Briefkorrespondenz des damaligen Vorsitzenden des Wissenschaftsrates, Dieter Simon (1989–1992), vor. Darin enthalten sind Briefwechsel mit dem Bundesforschungsministerium und den ostdeutschen Akademieinstituten. Dabei ermöglichen händische Annotationen Einblicke in Simons persönliche Haltung und Bewertung der Umstände.

Auch zahlreiche Briefe aus den ostdeutschen Akademieinstituten befinden sich unter den Materialien. Insbesondere die gesellschaftswissenschaftlichen Institute wandten sich an das Kölner Gremium, für die der Wissenschaftsrat nach westdeutscher Fachzuordnung die Arbeitsgruppe Wirtschafts- und Sozialwissenschaften errichtet hatte. Die Quellenlage zu den sieben gesellschaftswissenschaftlichen Instituten stellt sich deutlich umfassender und vielseitiger dar als die zu den anderen Fachbereichen. Die Gesellschaftswissenschaftlerinnen und -wissenschaftler versuchten offenbar intensiver als andere Disziplinen mit dem Wissenschaftsrat in Kontakt zu treten und auf diese Weise auf das Evaluationsverfahren einzuwirken. Daher wurde die Arbeitsgruppe Wirtschafts- und Sozialwissenschaften, die eine von neun Untergruppen des Wissenschaftsrates darstellte, als Fallbeispiel zur Analyse der Evaluation herangezogen.

Zudem veröffentlichte die bundesrepublikanische Sozialwissenschaft der 1960er und 70er Jahre profunde Forschungen zur DDR, wohingegen sich die Geisteswissenschaften zur Zeit der Zweistaatlichkeit weniger mit der DDR als Forschungsgegenstand auseinandergesetzt hatten. Auch die Materialien der naturwissenschaftlichen Fächer wurden gesichtet und fließen stellenweise in die Untersuchung ein.

Nur noch vereinzelt erhalten sind die ‚Verleumdungsschreiben', die einige ostdeutsche Akademiewissenschaftler in der Nachwendezeit an den Wissenschaftsrat richteten, um ihre Kollegen oder Vorgesetzten zu denunzieren. Dieter Simon zufolge haben einige Personen persönliche und den alten Machtstrukturen des SED-Regimes geschuldete Divergenzen über den Wissenschaftsrat austragen wollen und beschwerten

---

58 Vgl. Lutz Raphael: Zwischen Sozialaufklärung und radikalem Ordnungsdenken. Die Verwissenschaftlichung des Sozialen im Europa der ideologischen Extreme, in: Gangolf Hübinger (Hg.): Europäische Wissenschaftskulturen und politische Ordnungen in der Moderne (1890–1970), München 2014: 29–50.
59 Zur Textgattung des Protokolls und zu seinen Spezifika vgl. Michael Niehaus / Hans-Walter Schmidt-Hannisa (Hg.): Das Protokoll. Kulturelle Funktionen einer Textsorte, Frankfurt a. M. 2005.

sich über die Kolleginnen und Kollegen. Heute erklärt Simon, er habe die Konflikte beilegen wollen, indem er diese Schreiben vernichtete.[60] Dabei sollte die physische Vernichtung der Dokumente die Vergangenheit auch symbolisch löschen, um einen Schlussstrich unter die DDR-Vergangenheit und ihre Praktiken zu setzen. Aus Simons Sicht ließen sich auf diese Weise die Voraussetzungen für einen unbelasteten Neuanfang der vereinten Wissenschaftslandschaft schaffen.[61]

Dass es sich um ‚Verleumdungen' handelte, demonstriert Simons westdeutsche Sichtweise. Denn vor dem Hintergrund der SED-Diktatur handelte es sich um eine durchaus gängige und effektive (Herrschafts-)Praxis. In beiden deutschen Diktaturen stellten die Weitergabe von Informationen, das Diffamieren, Melden und Denunzieren etablierte Verfahren und bürokratische Praxis dar. Überwachungsberichte waren in der DDR in allen staatlichen Einrichtungen und Behörden, so auch an Hochschulen und Forschungsakademien, legitimer Teil der Kommunikation.[62]

Die Untersuchung stützt sich hauptsächlich auf schriftlichen Akten und Unterlagen. Dabei muss der Rückgriff auf schriftliche Dokumente auch im Kontext der technischen Gegebenheiten in der zweiten Hälfte des 20. Jahrhunderts betrachtet werden. Insbesondere das Telefon ermöglichte eine schnelle und informelle Kommunikation. Allerdings funktionierten in der wirren Wendezeit die Telefone oder Leitungen teilweise nicht und manche Akademieinstitute besaßen überhaupt keine eigenen Telefone. Daher kann für die ost-westdeutsche Interaktion davon ausgegangen werden, dass die schriftliche Korrespondenz die wichtigste Form der Kommunikation darstellte. Ein Beleg dafür sind die vielen Briefe, die von ostdeutscher Seite aus beim Wissenschaftsrat eingingen.

Über die schriftlichen Quellen hinaus habe ich zudem Interviews mit einigen Zeitzeugen geführt. Unter den Interviewpartnern befanden sich der Rechtswissenschaftler und damalige Vorsitzende des Wissenschaftsrates, Dieter Simon, der frühere Referatsleiter Wilhelm Krull und Max Kaase, Leiter der Arbeitsgruppe Wirtschafts- und Sozialwissenschaften. Die Interviews wurden als leitfadengestützte Experteninterviews geführt. Dabei waren die Interviewpartner als Zeitzeugen und Experten mit spezifischem Insiderwissen über wissenschaftsratsinterne Prozesse und Entscheidungsabläufe von Interesse.[63] Der Leitfaden diente in der Interviewsituation als strukturierendes Instrument, gleichzeitig wurde den Interviewpartnern Raum für eigene Erzählungen eingeräumt. Inhaltlich wurden die Phasen vor der Wende und die indivi-

---

60 Dazu mehr u. S. 181.
61 Zur Praktik des Vernichtens s. Jan-Hendryk de Boer (Hg.): Praxisformen. Zur kulturellen Logik von Zukunftshandeln, Frankfurt a. M. 2019 (= Kontingenzgeschichten, Bd. 6).
62 Zum Berichtswesen in der DDR s. Hedwig Richter: Die Effizienz bürokratischer Normalität. Das ostdeutsche Berichtswesen in Verwaltung, Parteien und Wirtschaft, in: Anita Krätzner (Hg.): Hinter vorgehaltener Hand. Studien zur historischen Denunziationsforschung, Göttingen 2015: 127–136.
63 Vgl. Renate Liebig / Rainer Trinczek: Experteninterviews, in: Stefan Kühl / Petra Strodtholz / Andreas Taffertshofer (Hg.): Handbuch Qualitative Methoden der Organisationsforschung. Quantitative und qualitative Methoden, Wiesbaden 2009: 32–56.

duellen Erfahrung mit der DDR, die aktive Zeit im Wissenschaftsrat sowie die eigene Rolle und Funktion während der Vereinigung thematisiert. Darüber hinaus zielten die Interviews auf Narrativierungen und Erzählstrategien der Beteiligten, die der Plausibilisierung der eigenen Vergangenheit dienten. Wie die Personen heute über die eigene Rolle sprechen und welche Mechanismen der Selbstbeobachtung Anwendung fanden, waren leitende Motive. Die Interviews erfuhren jedoch keine Auswertung im Sinne der Oral History,[64] sondern verhalfen zur besseren Einschätzung der Akteure. Im Rahmen der Untersuchung ergänzen die Interviews die schriftlichen Dokumente.

Methodisch und theoretisch fließen verschiedene Ansätze in die Studie ein. Sie tragen zur Beantwortung der Fragestellung bei und dienen dazu, die historischen Entwicklungen besser erklären zu können. Der theoretische Zugriff erfolgt über die Wissensgeschichte und das Kontingenzmanagement. Dabei zieht sich der Aspekt des Wissens durch das gesamte Buch, wobei Wissen als gesellschaftlich produziertes Gut verstanden wird, das zirkulieren und sich verändern kann und immer historisch gebunden ist. Gleichzeitig können Wissensbestände verloren gehen, wenn bestimmtes Wissen gesellschaftlich nicht mehr als relevant erachtet wird, wie Philipp Sarasin betont.[65] Ein Kapitel zur Wissensgeschichte zeigt, dass es in der Bundesrepublik beachtliche forschungsbasierte Wissensbestände über die DDR gab. Doch inwiefern wurde im Jahr 1990 auf die Ressource Wissen und die verfügbaren Wissensbestände zurückgegriffen? Und spielte die sozialwissenschaftliche DDR-Forschung der 1960er und 70er Jahre eine Rolle für das Vorgehen westdeutscher Gutachter? Hierbei verschränkt sich der Ansatz der Wissensgeschichte mit dem Kontingenzmanagement: Nutzten die Akteure das vorhandene Wissen, um die sich überschlagenden Ereignisse infolge der Wende zu bewerkstelligen? Oder wie gingen die Verantwortlichen der westdeutschen Wissenschaftspolitik mit der offenen und möglicherweise gemeinsamen Wissenschaftszukunft um?

Ausgangspunkt für die theoretischen Auseinandersetzungen mit Kontingenz sind die Überlegungen Arndt Hoffmanns, der eine Unterscheidung von struktureller Kontingenz und Handlungskontingenz vornimmt.[66] In der politisch wirren Zeit während der Wende in der DDR kann von struktureller Kontingenz gesprochen werden, da der gesellschaftspolitische Ordnungsrahmen brüchig und infrage gestellt wurde. Wie sich die DDR als Staat entwickeln würde, war zum Jahresende 1989 vollkommen offen, und die ein Jahr später hergestellte deutsch-deutsche Einheit stellte keineswegs eine Zwangsläufigkeit dar. Daher sollte die Offenheit des historischen Moments starkge-

---

64 Zur Methodik der Oral History s. Julia Obertreis (Hg.): Oral History, Stuttgart 2012.
65 Vgl. Philipp Sarasin: Was ist Wissensgeschichte? In: Internationales Archiv für Sozialgeschichte der deutschen Literatur 36 (2011): 159–172.
66 Vgl. Arnd Hoffmann: Kontingenzerfahrung und Kontingenzbewusstsein aus historischer Perspektive, in: Katrin Toens / Ullrich Willems (Hg.): Politik und Kontingenz, Wiesbaden 2012: 49–64.

macht und die DDR nicht von ihrem Ende her betrachtet werden, wie die Forschung zurecht fordert.[67]

Methodisch orientiert sich die Studie an der Praxeologie und rückt die Praktik der Evaluation ins Zentrum. Dabei werden Praktiken nach Sven Reichardt als „routinisierte Formen von Handlungen" und als „Mischung aus Gewohnheit und Reflexion, aus Repetitivität und kultureller Innovativität"[68] verstanden. Einen fruchtbaren Ansatz für die praxeologische Dimension medizinischer Gutachten haben Alexa Geisthövel und Volker Hess entwickelt,[69] der auf das Evaluieren wissenschaftlicher Einrichtungen übertragen werden kann. Hierbei wird die Evaluation nicht nur als Endergebnis der Forschungsbewertung und damit als schriftlich fixiertes Resultat betrachtet, sondern als praktische Tätigkeit, als Vorgang. Die in den 1980er Jahren noch geläufigeren Begriffe der Forschungsbewertung und -begutachtung werden synonym für Evaluation beziehungsweise Evaluierung verwendet. Im akademischen Kontext kann das Evaluieren zudem als soziale Praxis verstanden werden. Sie umfasst das Begutachten, das kommunikative Aushandeln sowie die Aspekte Nähe und Distanz, Macht und Handlungsraum. Diese konfrontative Gegenüberstellung stellte fundamentale Weichen für die Vereinigungsgesellschaft, wie Krijn Thijs betont.[70]

Bei der Evaluation handelt es sich um eine reflexive Praktik, die von Akteuren der Wissenschaftspolitik vor dem Hintergrund sinkender öffentlicher Forschungsfinanzierung eingeführt wurde, um die Qualität der Forschung zu verbessern und den Wettbewerb zwischen den Einrichtungen zu erhöhen.[71] Dabei haben Evaluationen immer einen inhärenten Zukunftsbezug, schließlich zielen sie auf die Etablierung von Normen und in der Zukunft liegende Veränderungen ab.[72]

Betrachtet man die Evaluation aus Verfahrenssicht, sind zunächst der offene Ausgang und die Kontingenz kennzeichnend. Niklas Luhmann betont, dass Verfahren sich grundsätzlich durch „die Ungewißheit des Ausgangs und seiner Folgen und die Offenheit von Verhaltensalternativen"[73] auszeichnen. Im weiteren Verlauf des Verfahrens führen selektive Entscheidungsprozesse einzelner Beteiligter dazu, dass mögliche Handlungsalternativen in den Hintergrund rücken und schließlich ausgeblendet

---

67 Für eine Betonung der Offenheit der Wendezeit spricht sich auch Wirsching aus, vgl. Andreas Wirsching: Der Preis der Freiheit. Geschichte Europas in unserer Zeit, München 2012, S. 14 f.
68 Sven Reichardt: Praxeologische Geschichtswissenschaft. Eine Diskussionsanregung, in: Sozial.Geschichte 22 (2007): 43–65, S. 48.
69 Alexa Geisthövel und Volker Hess (Hg.): Medizinisches Gutachten. Geschichte einer neuzeitlichen Praxis, Göttingen 2017.
70 Vgl. Thijs, Vier Weg in das Aus der Einheit, S. 244.
71 Zum Wettbewerbsparadigma vgl. Alexander Mayer: Universitäten im Wettbewerb. Deutschland von den 1980er Jahren bis zur Exzellenzinitiative, Stuttgart 2019 (= Wissenschaftskulturen Reihe III, Bd. 52).
72 Vgl. Ulrich Bröckling: Evaluation, in: Ulrich Bröckling / Susanne Krasmann / Thomas Lemke (Hg.): Glossar der Gegenwart, Frankfurt a. M. 2004: 76–81.
73 Luhmann beschreibt die Elemente des Verfahrens vor allem in Abgrenzung zum Ritual, vgl. Niklas Luhmann: Legitimation durch Verfahren, Frankfurt a. M. 1983, S. 40.

werden. Damit wird der Möglichkeitsraum also geschlossen und Komplexität reduziert. Der ursprünglich offene Ausgang des Verfahrens spitzt sich im weiteren Verlauf sukzessive zu einer kohärenten Verfahrensgeschichte zu. Diese Geschichte wiederum zieht Pfadabhängigkeiten und Zwangläufigkeiten nach sich. Mit Blick auf die westdeutsche Wissenschaftspolitik des Jahres 1990 kann davon gesprochen werden, dass die beteiligten Akteure eine Verfahrensgeschichte entwickelten, die die Schließung der vier Akademien der DDR zur Folge hatte. Und auch die grundsätzliche Frage, ob ein anderes Verfahren als die Evaluation oder ein anderer Umgang mit den ostdeutschen Akademieinstituten möglich oder sinnvoll gewesen wäre, wurde nicht diskutiert, wie die vorliegende Studie zeigt. Stattdessen erforderte die Situation schnelles politisches und wissenschaftspolitisches Handeln. Für die Akteure ergab sich daraus eine Umdeutung der Kontingenzwahrnehmung, so die These der Untersuchung: Die Akteure der Wissenschaftspolitik deuteten die strukturelle Kontingenz als Handlungskontingenz. Das heißt, sie versuchten, den brüchigen Ordnungsrahmen auf politischer Ebene durch aktives Handeln zu steuern. Dabei unterbanden sie eine Reflexionsschleife, in der sie ihr Vorgehen überdenken und systematisch auf Alternativen hätten prüfen können.

Niklas Luhmann zufolge sind stets zwei Parteien an einem Verfahren beteiligt, die der Soziologe als schnell und langsam charakterisiert. Die schnelle Seite ist mit dem Verfahren vertraut, richtet ihr Handeln strategisch auf die Zukunft aus und dominiert die Verfahrensgeschichte. In diesem Falle können die westdeutschen Gutachter des Wissenschaftsrates als schnelle und dominierende Akteure beschrieben werden. Die langsame Seite hingegen ist mit dem Verfahren und den einzelnen Verfahrensbestandteilen kaum vertraut und kann nur auf das Vorpreschen und die Forderungen der schnellen Seite reagieren, weshalb sie zwangsläufig in der Gegenwart verharrt.[74] In Bezug auf das Evaluationsverfahren können ostdeutsche Akteure, die die Evaluation im Kontext des staatlich gesteuerten Wissenschaftssystems der DDR nicht kannten, als langsame Seite angesehen werden.

Der Untersuchungszeitraum der Studie setzt in den 1960er Jahren bei der sogenannten alten DDR-Forschung an, fokussiert die Wendezeit und läuft im Wissenschaftssystem der beginnenden 2000er Jahre aus. Aus dieser zeitlichen Folge resultiert der chronologische Aufbau des Buches. Ausgehend von einem Überblick über die sozialwissenschaftliche Erforschung der DDR in der Bundesrepublik erzählt Kapitel zwei eine westdeutsche Wissensgeschichte der DDR. Hierbei stehen Wissensbestände über die DDR-Gesellschaft, die politischen Strukturen und das Wissenschafts- und Forschungssystem im Zentrum. Leitend ist die Frage, was auf westdeutscher Seite über den anderen deutschen Staat gewusst wurde. Das darauffolgende Kapitel drei behandelt dezidiert die Wissenschaftssysteme in beiden deutschen Staaten zur Zeit der Teilung. Dabei geht es um die Gegensätze von Zentralismus und Föderalismus,

---

74 Vgl. Luhmann, Legitimation durch Verfahren, S. 46.

die Universitäten und außeruniversitären Forschungsstätten sowie die unterschiedlichen Finanzierungsmodi. Die beiden folgenden Kapitel befassen sich mit der Rolle des Wissenschaftsrates während der Wende. Dabei thematisiert das vierte Kapitel zunächst allgemeiner die Wissenschaftspolitik während des Sommers 1990 und die unterschiedlichen Reformvorstellungen ost- und westdeutscher Akteure. Auch das Evaluationskonzept und die Entwicklung des Begutachtungswesens werden vorgestellt. Das fünfte Kapitel widmet sich dem Fallbeispiel der Arbeitsgruppe Wirtschafts- und Sozialwissenschaften und geht den einzelnen Phasen der Begutachtung nach. Im sechsten Kapitel stehen der Wissenschaftsrat und seine Agenda nach der Wiedervereinigung im Mittelpunkt. Insbesondere der brisante Fall des nur einjährigen Vorsitzenden Gerhard Neuweiler wird betrachtet, ferner werden einige inhaltliche Themen vorgestellt, mit denen der Wissenschaftsrat sich in den 1990er Jahren auseinandersetzte. Das Kapitel schließt mit einem Rückblick auf das Jahr 2002, als die wissenschaftspolitischen Akteure der Wendezeit eine erste Bilanz der Vereinigung zogen. Abschließend werden im Fazit die Ergebnisse der Studie gebündelt und noch offene Forschungsfragen behandelt.

2. Wissensgeschichte

Bereits vor der Wende 1989/90 entstanden in der westdeutschen Soziologie und Politikwissenschaft beachtliche Forschungen über Staat und Gesellschaft der DDR. Um das Handeln der Akteurinnen und Akteure während der Evaluationsverfahren im Zuge der Wiedervereinigung beurteilen und einordnen zu können, ist die vorhandene und verfügbare Wissensbasis der Zeit vor 1989/90 entscheidend. Wissen bezieht sich dabei auf zeitgenössisches forschungsbasiertes Wissen, das in den 1970er und 1980er Jahren über politische Strukturen und Spezifika der DDR-Gesellschaft erarbeitet wurde. Diese Wissensbasis stellt die Folie dar, vor der das Handeln der Akteure im Wissenschaftsrat betrachtet und eingeordnet wird. Für diese Betrachtung müssen die Wissensbestände in West und Ost erst einmal identifiziert werden. Hierfür wird im Folgenden die fluide, also dynamische und veränderliche Kategorie *Wissen* in Form einer deutsch-deutschen Wissensgeschichte operationalisiert. Dabei sind die leitenden Fragen: Was wussten die beiden deutschen Staaten über den jeweils anderen und auf welcher Grundlage basierte dieses Wissen? Veränderte sich die Kategorie Wissen von den Forschungen der 1960er Jahre bis zu der Zeit kurz vor der Wende? Wer forschte in West und Ost eigentlich über wen? Und welche Akteure gehörten eigentlich zu den wichtigsten DDR-Forscherinnen und Forschern? Durch die Beantwortung dieser Fragen wird der im Jahr 1990 verfügbare Wissensbestand entfaltet.

Die *Wissensgeschichte* geht den sozialwissenschaftlichen Forschungen aus Soziologie und Politikwissenschaft nach, die den ostdeutschen Staat beforschten. Diese Disziplinen sind für den Fortgang der Untersuchung besonders relevant, da später auf die Sozialwissenschaft des Jahres 1990 zurückgekommen wird. Als Fallbeispiel für die Arbeit des Wissenschaftsrates dient nämlich die Arbeitsgruppe Wirtschafts- und Sozialwissenschaften, in der prominente Vertreter des Faches die ostdeutschen Gesellschaftswissenschaften begutachteten. Die Akteure der Arbeitsgruppe gehörten somit einer Fachdisziplin an, die schon vor der Wende über Erkenntnisse und Experten(-wissen) über die DDR verfügte. Inwiefern die Ressource Wissen im Jahr 1990 zum Einsatz kam und Wissensbestände über die DDR praxisrelevant wurden, ist leitender Gedanke.

Anders als die sozialwissenschaftlichen Fächer entdeckte die Zeitgeschichte die DDR-Forschung in ihrer Breite erst nach 1990. Davor befasste sie sich vorrangig mit der Geschichte des Nationalsozialismus. Eine Ausnahme bildete der von Hermann Weber 1981 gegründete Arbeitsbereich DDR-Geschichte an der Universität Mannheim. Insgesamt stellte die DDR-Forschung jedoch eine „Sonderdisziplin"[75] dar und ihre Forscherinnen und Forscher bewegten sich abseits der Mainstreamforschung. Von der Sonderrolle zeugt auch die abschätzige Bezeichnung der ‚De-De-Errologen', wie die DDR-Forschenden 1967 in einem Presseartikel genannt wurden.[76]

Die Zugänge zum Wissen in der Bundesrepublik und der Deutschen Demokratischen Republik sind auf unterschiedlichen Ebenen gelagert. In Westdeutschland existierten in den 1960er und 1970er Jahren rege Forschungen zur DDR, die im Folgenden im Zentrum stehen, während das als relevant erachtete Wissen über die Bundesrepublik in der SED-Diktatur als geheim zu haltendes Staatswissen und damit als streng vertraulich galt. Wissen und Informationen über den ‚Klassenfeind' bedeuteten im Systemwettstreit in besonderer Weise Macht. Das Kapitel zur Wissensgeschichte konzentriert sich deshalb zunächst allgemeiner auf die westdeutsche Erforschung politischer und wissenschaftlicher Strukturen der DDR, bevor im Kapitel Wissenschaftsabkommen west- und ostdeutsche Perspektiven zusammenlaufen und es spezieller um das Wissen über die Wissenschaft am Ende der 1980er Jahre und somit kurz vor der Wendezeit geht.

2.1 DDR-Forschung in der Bundesrepublik

Der Beginn der institutionellen DDR-Forschung in der Bundesrepublik kann auf die Gründung des Forschungsbeirates für Fragen der Wiedervereinigung Deutschlands im Jahr 1952 datiert werden. Anhand dieses bis 1975 existierenden Gremiums können zentrale Aspekte und Kontroversen der Forschung rekonstruiert und gleichzeitig Wissensbestände und -lücken aufgezeigt werden.

Das Bundesministerium für gesamtdeutsche Fragen richtete den Forschungsbeirat zu Beginn der 1950er Jahre ein, um im Falle einer Wiedervereinigung beider deutscher Staaten auf Lösungsoptionen zurückgreifen zu können. Wie der Zeitraum des Bestehens zeigt, wurde das durch den Forschungsbeirat zusammengetragene Wissen während des Bestehens des Gremiums nicht abgerufen. Denn das Wissen über eine mögliche Wiedervereinigung hatte bis zum Jahr 1975 keine praxisrelevante Bedeutung erlangt. Die Wiedervereinigung sollte erst fünfzehn Jahre nach der Auflösung des Bei-

---

[75] Jens Hüttmann: DDR-Geschichte und ihre Forscher. Akteure und Konjunkturen der bundesdeutschen DDR-Forschung, Berlin 2008, S. 44.
[76] Vgl. Ernst-Otto Maetzke: Die ‚De-De-Errologen' sind unfreundlich zueinander. Vorwürfe und Rechtfertigungen auf einer Zonen-Forschertagung, in: Frankfurter Allgemeine Zeitung (25.09.1967).

rates auf die politische Tagesordnung rücken. Aufgelöst wurde der Beirat 1975, weil eine Vereinigung zu dieser Zeit als höchst unwahrscheinlich erachtet wurde und die Neue Ostpolitik durch die Existenz des Gremiums nicht gefährdet werden sollte. Dass die sozialwissenschaftliche DDR-Forschung die Vereinigung nicht prognostiziert, sondern die Zweistaatlichkeit als beständigen politischen Status bewertet hatte, entfachte nach 1990 heftige Kritik an der sogenannten alten DDR-Forschung,[77] worauf ich später noch einmal zurückkomme.[78]

Der erste Vorsitzende des Forschungsbeirates für Fragen der Wiedervereinigung war der Jurist und Verwaltungsbeamte Friedrich Ernst (1989–1960) von der CDU, der dem Rat bis 1958 vorstand. Danach übernahm sein Parteikollege Johann Baptist Gradl (1904–1988) das Amt bis zur Auflösung des Gremiums im Jahr 1975. Organisatorisch war der Beirat dem Bundesministerium für gesamtdeutsche beziehungsweise ab 1969 innerdeutsche Beziehungen zugehörig. Gegründet wurde der Beirat wegen der unterschiedlichen wirtschaftlichen und sozialen Entwicklungen in Bundesrepublik und DDR, um im Falle einer zu der Zeit noch für möglich und wünschenswert erachteten Vereinigung schnelle Zusammenführung aller Bereiche zu ermöglichen. Der Bundesminister für gesamtdeutsche Fragen, Jakob Kaiser (1888–1961), ebenfalls CDU-Mitglied, berief anerkannte Wirtschaftswissenschaftler als Beiratsmitglieder. Sie sollten ein wirtschaftspolitisches Sofortprogramm für eine mögliche Wiedervereinigung erarbeiten und Informationen zu einzelnen Wirtschaftszweigen der DDR zusammenstellen. Ergänzt wurden die Ökonomen um Vertreterinnen und Vertreter aus Verbänden und anderen Einrichtungen wie dem Statistischen Bundesamt. Dabei ging die Bundesregierung von einer friedlichen Wiedervereinigung Ost- und Westdeutschlands aus. Die Gebiete östlich der Oder-Neiße-Grenze wurden nicht in die Vereinigungspläne einbezogen.[79] Diese territoriale Verortung des deutschen Staatsgebietes war für die Zeit Anfang der 1950er erstaunlich, denn die Überlegungen zielten nicht auf eine Rückgewinnung der ‚Ostgebiete' ab, sondern akzeptierten vielmehr die nach dem Zweiten Weltkrieg gezogenen Staatsgrenzen.[80]

Zu den zentralen Personen des Forscherkreises zählten in der Gründungszeit mit Karl Christian Thalheim (1900–1993), Bruno Gleitze (1903–1980), Immanuel Fauser (1895–1954) und Rudolf Meimberg (1912–2011) vor allem an den Universitäten tätige Ökonomen. Auf Bestreben des Bundeswirtschaftsministeriums wurde der Kreis 1953 um Karl Paul Hensel (1907–1975), Hans-Jürgen Seraphim (1899–1962) und Erich Welter (1900–1982) ergänzt. In den folgenden Jahren kam es zu verschiedenen per-

---

77 Vgl. Hüttmann, DDR-Geschichte und ihre Forscher, S. 295–322.
78 S. u. S. 53; 267.
79 Vgl. Markus Gloe: Planung für die deutsche Einheit. Der Forschungsbeirat für Fragen der Wiedervereinigung Deutschlands 1952–1975, Wiesbaden 2005, S. 11, 109.
80 Zu den ‚Ostgebieten' des Deutschen Reiches siehe Manfred Raether: Polens deutsche Vergangenheit. Das Gebiet zwischen Oder und Memel im Ablauf der deutschen und der polnischen Geschichte, Schöneck 2004.

sonellen Wechseln, bis Ende der 1960er Jahre schließlich die nächste Generation an DDR-Forschenden unter Führung von Peter Christian Ludz, auf den noch zurückzukommen sein wird, eigene Akzente setzte. Auffällig ist an dem Kreis der ersten Forscherkohorte, dass es sich um Personen handelte, die ihre wissenschaftliche oder berufliche Karriere während des Nationalsozialismus durchlaufen hatten. Viele von ihnen hatten im beruflichen Kontext mit der Ostexpansion des ‚Dritten Reiches' zu tun gehabt, wie der Sozialwissenschaftler Markus Gloe in seiner Studie über den Forschungsbeirat zeigt.[81] Sie alle hatten sich aus wissenschaftlicher oder verwaltungstechnischer Perspektive mit der Expansion des ‚Deutschen Reiches' befasst und speisten dieses Wissen in die Überlegungen einer möglichen Wiedervereinigung ein. Gloe betont, dass es sich bei ihnen jedoch nicht um glühende Anhänger des Nationalsozialismus gehandelt habe, sondern um Personen, die generationell im Kaiserreich und der Weimarer Republik sozialisiert worden seien und sich mit dem NS-System arrangiert hätten. Diese biografische Kontinuität der Akteure traf gleichsam auf viele Personen zu, die nach dem Zweiten Weltkrieg in westdeutschen Behörden und Ministerien tätig waren.[82] Insofern war die Besetzung des Beirates typisch für staatliche Gremien und Organe dieser Zeit. Ein Großteil dieser Personen hatte außerdem gemein, dass sie einen persönlichen Bezug zur Sowjetischen Besatzungszone und zur DDR hatten. Schließlich waren viele dort aufgewachsen oder lebten in Berlin. Von den Folgen der deutsch-deutschen Teilung war dieser Personenkreis also unmittelbar betroffen.[83]

Die inhaltliche Arbeit des Forschungsbeirates war von dem problematischen Zugang zu glaubhaften Quellen gekennzeichnet, was für die gesamte DDR-Forschung der Zeit vor 1990 und generell für den Umgang mit Diktaturen gilt. Die Analysen des Beirates basierten auf Zeitungen, Fachzeitschriften, Gesetzesblättern, Statistischen Jahrbüchern und Monografien. Dass es sich bei statistischen Zahlen oftmals um geschönte, zensierte und von der SED für die Öffentlichkeit aufbereitete Daten handelte, war dem Forschungsbeirat durchaus klar. Daher ging es in der wissenschaftlichen Arbeit darum, „zwischen den Zeilen [zu] lesen",[84] um an zuverlässige Informationen über die DDR zu gelangen.

Die praktische Arbeit organisierte der Beirat in themenbezogenen Ausschüssen, Arbeitsgruppen und Facharbeitskreisen. Das Sofortprogramm, das im Falle einer Vereinigung unmittelbar greifen sollte, formulierte dabei keine konkreten Handlungsanweisungen an die Politik. Stattdessen skizzierte es Problemlagen und bot Lösungen und Maßnahmen für eine als Übergangszeit gedachte Phase nach der Vereinigung. Als

---

81 Gloe, Planung für die deutsche Einheit, S. 93.
82 Vgl. Constantin Goschler / Michael Wala: ‚Keine neue Gestapo'. Das Bundesamt für Verfassungsschutz und die NS-Vergangenheit, Reinbeck bei Hamburg 2015.
83 Vgl. Gloe, Planung für die deutsche Einheit.
84 Dies erklärte Peter D. Popp, ein früherer Mitarbeiter des Forschungsbeirates, 2002 gegenüber Markus Gloe im Interview, ebd., S. 110.

ersten Schritt auf dem Weg zur Einigung sah der Forscherkreis gesamtdeutsche Wahlen an, aus denen eine handlungsbevollmächtigte Regierung und Parlamente hervorgehen sollten. Diese Regierung sollte dann die geplanten Maßnahmen einleiten. Erst als zweiter Schritt war die Bildung eines gemeinsamen Währungsraumes vorgesehen. Die Umstellung auf die gemeinsame Währung und die Frage, in welcher Geschwindigkeit sie realisiert werden sollte, war für die Forschenden das wichtigste Thema. Der Beirat erachtete es als zentral, den Binnenmarkt der DDR aufrechtzuerhalten, um zu verhindern, dass es zu einer Kolonialisierung der DDR kommt. Auf diese Weise sollte wachsender Arbeitslosigkeit und Unzufriedenheit von DDR-Bürgerinnen und Bürgern vorgebeugt werden.

Neben der ökonomischen spielte auch die soziale Dimension der Vereinigung eine Rolle, was sicherlich mit dem persönlichen Interesse der beteiligten Personen an dem Gebiet Ostdeutschlands zusammenhing. Weitere Themen des Beirates waren die Eigentumsfrage, Industrie und Handel, Versicherungen, Landwirtschaft, Verkehr sowie kleinere Wirtschaftszweige und freie Berufe. Die Bereiche Bildung, Wissenschaft und Forschung bildeten keine Schwerpunkte.

Die erarbeiteten Modelle zur Währungsunion stellte der Beirat auch im Bundeswirtschaftsministerium vor.[85] Allerdings nahm das politische Interesse an dem Gremium kontinuierlich ab und die Beiratsmitglieder arbeiteten vor allem „für die Schublade",[86] wie einer der Forscher im Jahr 2002 resümierte. Die erstellten Szenarien kursierten zwar zeitweilig durchaus zwischen Wissenschaft und Politik, doch die reelle Chance auf eine Wiedervereinigung wurde im Laufe der Zeit zunehmend unwahrscheinlicher. Die Arbeit des Forschungsbeirates zur Vorbereitung einer Vereinigung wurde angesichts der politischen Entwicklungen hin zu einer Verfestigung der beiden Blöcke obsolet.

Die nach dem Zweiten Weltkrieg international dominierende Perspektive auf den Kommunismus und die DDR war wissenschaftstheoretisch von der Totalitarismus-Theorie geprägt, die eine Parallelisierung von Nationalsozialismus und DDR vornahm.[87] Auch die ältere bundesrepublikanische DDR-Forschung folgte dem Ansatz, der bis zur Mitte der 1970er Jahre bestimmend war.[88] Diese Theorie betonte die totalitären und umfassenden Mechanismen der Diktatur und arbeitete konstitutive Merkmale wie eine geschlossene Ideologie und das Einparteiensystem heraus.[89]

Abgelöst wurde sie in Deutschland durch den Ansatz einer jüngeren Forschergruppe, die die DDR weniger normativ betrachtete und stattdessen eine stärkere „Ver-

---

85 Vgl. Gloe, Planung für die deutsche Einheit, S. 111 ff.
86 Ebd., S. 168.
87 Zur neueren Diskussion vgl. Frank-Lothar Kroll / Barbara Zehnpfennig (Hg.): Ideologie und Verbrechen. Kommunismus und Nationalsozialismus im Vergleich, München 2014.
88 Vgl. Gloe, Planung für die deutsche Einheit, S. 260.
89 Zur Totalitarismus-Theorie siehe Eckhard Jesse (Hg.): Totalitarismus im 20. Jahrhundert. Eine Bilanz der internationalen Forschung, Baden-Baden 1996.

wissenschaftlichung"⁹⁰ und Abstraktion des Gegenstandes forderte. Hauptvertreter des neuen systemimmanenten Ansatzes war der 1931 geborene und 1979 verstorbene Soziologe und Politikwissenschaftler Peter Christian Ludz. Er studierte Volkswirtschaftslehre, Soziologie, Philosophie, Politikwissenschaft und Geschichte in Mainz, München, Berlin und Paris. 1956 promovierte Ludz bei dem Soziologen Hans-Joachim Lieber (1923–2012) mit einer Arbeit über den *Ideologiebegriff des jungen Marx*. Nach der Dissertation war er Assistent am Institut für politische Wissenschaft an der Freien Universität Berlin. Die Habilitation *Parteielite im Wandel* erfolgte 1967 und stellte die erste Habilitationsschrift dar, die sich ausschließlich mit der DDR auseinandergesetzt hatte.⁹¹ 1969 wurde Ludz zum Professor für Politische Wissenschaft und Soziologie an die Universität Bielefeld berufen, wo er bis 1973 tätig war, ehe er von 1973 bis 1979 den Lehrstuhl für Politische Wissenschaft an der Ludwig-Maximilians-Universität München bekleidete. Er nahm außerdem etliche Gastprofessuren im Ausland wahr.⁹²

Ludz' Forschungsperspektive auf die DDR bestand in einem systemimmanenten Ansatz, der die DDR ohne westliche Vergleichsfolie betrachtete. Einzig auf der Grundlage ihres politischen Systems sollten Aussagen über Herrschaftsform, wirtschaftliche und gesellschaftliche Entwicklung getroffen werden. Damit ging eine scharfe Kritik an der bisher gültigen Totalitarismus-Theorie einher. Ludz und mit ihm Hartmut Zimmermann (geb. 1927), welcher nach Ludz' Wechsel nach Bielefeld die Leitung der Abteilung DDR am Institut für politische Wissenschaft der FU Berlin übernommen hatte, lehnten die Annahme ab, Bolschewismus und Faschismus seien in grundlegenden Parametern identisch und daher miteinander vergleichbar.⁹³

Zu einer ersten wissenschaftlichen Konfrontation der beiden Generationen von DDR-Forschern – sie waren mit Ausnahme von Ilse Spittmann-Rühle durchweg männlich – kam es 1967. Auf Initiative des gesamtdeutschen Ministeriums fand erstmalig eine DDR-Forschertagung in Tutzing statt. Infolge der Tagung entstand auch das Deutschland Archiv, das weiter unten vorgestellt wird.⁹⁴ Das Ministerium beabsichtigte, die unterschiedlichen Forschungsperspektiven zum Austausch und zur Diskussion zusammenzubringen. Dabei zeigte sich allerdings, dass die Positionen bereits verhärtet und kaum miteinander vereinbar waren. Jens Hüttmann betont, dass insbesondere Ludz wenig zur Versöhnung, sondern gerade zur Konfrontation beitrug und als Person keineswegs unstrittig war.⁹⁵ Die Fragen, mit denen sich die Tagung befasst

---

90 Hüttmann, DDR-Geschichte und ihre Forscher, S. 204.
91 Vgl. ebd., S. 185.
92 Vgl. Gloe, Planung für die deutsche Einheit, S. 264.
93 Vgl. ebd., S. 261.
94 S. u. S. 41–43.
95 Vgl. Hüttmann, DDR-Geschichte und ihre Forscher, S. 158–166.

hatte, betrafen die Werteorientierung der DDR-Forschung und ihr Verständnis als wissenschaftliche Disziplin beziehungsweise als Beratungsinstanz der Politik.[96]

Auch der Politologe und Historiker Eckart Förtsch (geb. 1937) vom Institut für Gesellschaft und Wissenschaft (IGW) an der Universität Erlangen-Nürnberg nahm an der Tutzinger Tagung teil. Dabei machte er den Standpunkt seiner Einrichtung hinsichtlich der DDR-Forschung deutlich. Das IGW nahm eine konträre Position gegenüber Ludz ein. Während die immanente Betrachtungsweise für Ludz absolute Wertfreiheit bedeutete, schloss Förtsch die kritische Analyse und politische Motivation keineswegs aus. Für ihn und das IGW waren der Ost-West Vergleich und eine wertende Perspektive durchaus vertretbar.[97]

Ein weiterer Unterschied zu Ludz bestand in der Ansicht der IGW-Forscher, wissenschaftliche Erkenntnisse über die DDR auch politisch zu nutzen.[98] Das Institut agierte schließlich als Berater der Politik und wurde wohl kurze Zeit vor der Tagung gegründet. Ein exaktes Gründungsdatum des IGW ist nicht überliefert, wie das Erlanger Universitätsarchiv mitteilte. Es ging aus dem 1963 gegründeten ‚Studienkolleg zeitgeschichtliche Fragen' hervor, das von dem Historiker Hans Lades (1908–1987) geleitet wurde. Der Soziologe und Wissenschaftshistoriker Clemens Burrichter war ab 1968 Lades Stellvertreter und leitete die Forschungseinrichtung ab 1980. Das IGW führte sozialwissenschaftliche Analysen zu den Forschungs- und Wissenschaftssystemen in beiden deutschen Staaten durch und bezeichnete sich selbst als „anwendungsorientierte[], sozialwissenschaftliche[] Einrichtung mit v. a. politikberatendem Charakter."[99] Politikberatend bedeutete konkret, dass das Institut das Bundesministerium für Forschung und Technologie (BMFT) und die Ständige Vertretung der Bundesrepublik mit Materialien und Einschätzungen für das politische Handeln versorgte. Dabei befasste sich das Institut nicht nur mit dem ostdeutschen, sondern auch mit dem westdeutschen Wissenschaftssystem und konnte Ende der 1980er Jahre eine drittmittelgeförderte Stiftungsprofessur für Wissenschaftsforschung einrichten.[100]

Die politiknahe und anwendungsorientierte Haltung des IGW führte zu einer relativ isolierten Stellung innerhalb der westdeutschen DDR-Forschung. Die Forscher des

---

96 Vgl. Gert-Joachim Glaeßner: Die Mühen der Ebene – DDR-Forschung in der Bundesrepublik, in: Ders. (Hg.): Die DDR in der Ära Honecker. Politik – Kultur – Gesellschaft, Opladen 1988: 111–119, S. 112.
97 Vgl. ebd.
98 Vgl. Hüttmann, DDR-Geschichte und ihre Forscher, S. 161.
99 BArch Koblenz B 345/113, Selbstbeschreibung des IGW vom 09.05.1990.
100 Die Stiftungsprofessur war in das gleichnamige Förderprogramm des Stifterverbandes eingebunden, das 1986 initiiert wurde und sich mit der Erarbeitung von Kriterien und Indikatoren zur Messung von Forschungsleistungen befasste. Das Programm existierte bis 1994, hatte aber bereits einen Vorläufer, der unter dem Namen ‚Wissenschaft und ihre Organisation' liefen. Ziel des Programms war es, Bewertungsverfahren zum Leistungsvergleich im Wissenschaftssystem zu erstellen, vgl. Stifterverband für die Deutsche Wissenschaft: Beschlußvorlage der Vorstandssitzung vom 11.05.1989. Zur empirischen Wissenschaftsforschung siehe Hans-Dieter Daniel / Rudolf Fisch (Hg.): Messung und Förderung von Forschungsleistung. Person-Team-Institution, Konstanz 1986 (= Konstanzer Beiträge zur sozialwissenschaftlichen Forschung, Bd. 2).

IGW waren an keiner der von Peter Christian Ludz erstellten Publikationen beteiligt, und auch in der historischen Aufarbeitung der DDR-Forschung findet die Einrichtung selten Erwähnung. Clemens Burrichter (1932–2012), baute zudem bereits 1979 einen eigenen deutsch-deutschen Forscherkreis auf, der sich jährlich bis 1991 im österreichischen Deutschlandberg traf. Der frühere ostdeutsche Tagungsteilnehmer vom Zentralinstitut für Philosophie der DDR, Herbert Hörz, berichtete 2017 rückblickend sehr positiv von den Deutschlandberger-Symposien. In Deutschlandberg seien anerkannte Wissenschaftsforscher aus West- und Osteuropa zusammengekommen und die Symposien hätten eine wichtige Diskussionsplattform geboten. In den 1960er Jahren hatte sich in beiden deutschen Staaten ein verstärktes Bewusstsein für die Bedeutung von Wissen und Wissenschaft entwickelt, worin sich die Staaten gar nicht unähnlich waren. Innerhalb dieses Verwissenschaftlichungsprozesses nahm die Bedeutung wissenschaftlichen Wissens in Politik und Gesellschaft in Ost und West gleichermaßen zu. Vor diesem Hintergrund wurde auch die empirische Wissenschaftsforschung ausgebaut.[101] Die wissenschaftlichen Beziehungen zwischen dem IGW und dem ostdeutschen Partner, der Akademie der Wissenschaften, zeugen von dem gesteigerten politischen Interesse an der Wissenschaftsforschung.

Auch prominente westdeutsche Vertreter wie Peter Weingart, Jörn Rüsen und Jürgen Mittelstraß waren in Deutschlandberg zu Gast.[102] Mittelstraß, der der Wissenschaftlichen Kommission des Wissenschaftsrates ab 1985 angehören sollte, leitete 1990 auch die Evaluation am Fachbereich Philosophie der Akademie der Wissenschaften. Damit dürfte er schon eine gewisse Kenntnis über das ostdeutsche Wissenschaftssystem besessen und einige der dortigen Hauptakteure gekannt haben.

Die Atmosphäre der Symposien war von gegenseitiger Anerkennung und Respekt gekennzeichnet gewesen, wie Herbert Hörz resümierte. Im Gegensatz zu den Tutzinger-Tagungen sei es in Deutschlandberg nicht um gegenseitige Diffamierungen und ideologische Bekenntnisse gegangen, sondern um den wissenschaftlichen Austausch.[103] Diese Einschätzung zollt noch immer von den tiefen Gräben, die zwischen den unterschiedlichen Strängen der alten DDR-Forschung verliefen.

Burrichter bezeichnete die DDR noch 1989 als „Diskursgesellschaft" und sah in dem ostdeutschen Staat den Wandel zu einem „menschenrechtlich geläuterten Sozialismus".[104] Mit dieser Aussage demonstrierte er eine positive Haltung gegenüber der

---

101 Zur Wissensgesellschaft vgl. Margit Szöllösi-Janze: Wissensgesellschaft – ein neues Konzept zur Erschließung der deutsch-deutschen Zeitgeschichte? In: Hans-Günter Hockerts (Hg.): Koordinaten deutscher Geschichte in der Epoche des Ost-West-Konflikts, München 2004: 277–305, S. 286.
102 Vgl. Herbert Hörz: Wissenschaftsforschung: Konfrontation oder Kooperation? Deutschlandsberger Symposien von 1979 bis 1991, in: Leibniz Online 28 (2017): 1–16, S. 3; 6.
103 Vgl. ebd., S. 4.
104 Zitiert nach Rainer Eckert: Die Westbeziehungen der Historiker im Auge der Staatssicherheit, in: Georg G. Iggers / Jarausch Konrad H. / Matthias Middel / Martin Sabrow (Hg.): Die DDR-Geschichtswissenschaft als Forschungsproblem, München 1998: 93–106, S. 101.

DDR, und für das IGW stellte es offenbar keinen Widerspruch dar, sich sowohl dem SED-Staat zugewandt zu zeigen, als auch die bundesrepublikanische Politik zu beraten und mit Materialien über die DDR auszustatten. Diese Ambivalenz trug sicherlich zu der randständigen Position des Instituts bei. Gleichwohl sollte das strittige IGW im Jahr 1990 eine hochrelevante Aufgabe erhalten: Das Erlanger Institut nahm noch vor Beginn der Evaluationen durch den Wissenschaftsrat für das BMFT eine „Vorsortierung"[105] der als erhaltenswert erachteten Akademieinstitute vor. Das BMFT wollte auf diese Weise ermitteln, welche der ostdeutschen Institute perspektivisch in die Forschungsorganisationen von Max-Planck-Gesellschaft, Fraunhofer-Gesellschaft und Großforschungseinrichtungen übernommen werden konnten. Bevor also der Wissenschaftsrat aktiv wurde, erstellte das IGW bereits eine erste Kalkulation über das künftige Akademiepersonal. Auf die Annahmen und Berechnungen des IGW wird weiter unten detaillierter eingegangen.[106] Auch in Zusammenhang mit dem 1987 geschlossenen Wissenschaftsabkommen kommt das Erlanger Institut noch einmal zur Sprache.

1978 betrat mit der Gesellschaft für Deutschlandforschung ein weiterer Akteur jenseits der Gruppen um Ludz und dem IGW die Bühne der DDR-Forscher. Zu den Gründungsmitgliedern der Gesellschaft gehörten Siegfried Mampel (1913–2002), Maria Haendcke-Hoppe-Arndt (geb. 1937), Karl Christian Thalheim (1900–1993), Wolfgang Förster (1912–1989), Joachim Nawrocki (1934–2013) und als Privatperson Hermann Kreutzer (1926–2007) vom Bundesministerium für innerdeutsche Beziehungen. Die Teilnahme des SPD-Mitglieds Kreutzer lag wohl in persönlichen Motiven. Er war von 1949 bis 1956 politischer Häftling der DDR, siedelte dann nach West-Berlin über und setzte sich für die Interessen politisch Verfolgter ein. Die Entspannungspolitik seiner eigenen Partei sah er skeptisch und trat offensiv gegen eine Annäherung an die SED ein.[107] Die zu der Zeit tonangebende systemimmanente und um Neutralität bemühte DDR-Forschung konnte Kreutzer sicher nicht gutheißen, er engagierte sich in der Gegenorganisation.

Bei Thalheim und Förster handelte es sich um Personen, die schon im Forschungsbeirat aktiv gewesen waren und zur älteren Forscherriege zählten. Der Grund des Zusammenschlusses war eine Gegenpositionierung zu der führenden DDR-Forschung um Peter Christian Ludz. Die Gesellschaftsmitglieder hielten am Totalitarismus-Ansatz und dem Ziel der Vereinigung beider deutscher Staaten fest. Vertretern der systemimmanenten Forschungsmethode warfen sie vor, die diktatorischen Züge der SED-Herrschaft zu verkennen und wandten sich damit auch gegen die Politik der sozial-liberalen

---

105 AdWR: Wissenschaftsrat SO I 0.1.2 Ausgangslage Arbeitsgruppe Deutsch-deutsche Wissenschaftsbeziehungen, Vermerk aus der Geschäftsstelle vom 30.05.1990, S. 3.
106 S. u. S. 95–98.
107 Vgl. Friedhelm Boll: Paul, Hermann und Dorothee Kreutzer, in: Karl Wilhelm Fricke / Peter Steinbach / Johannes Tuchel (Hg.): Opposition und Widerstand in der DDR. Politische Lebensbilder, München 2002: 102–109, S. 103 f.

Regierung. Von politischer Seite aus wurde versucht, die Gründung der Gesellschaft zu verhindern. Denn die bundesdeutsche Regierung befürchtete, die Ostpolitik könne durch die Form des institutionellen Zusammenschlusses mit dem erklärten Ziel, die deutsch-deutsche Vereinigung nicht aufgeben zu wollen, gefährdet werden. Das innerdeutsche Ministerium kündete daher an, den Zusammenschluss weder ideell noch finanziell unterstützten zu wollen. Doch trotz dieser Drohung verhinderte das Ministerium die Gründung letztlich nicht.[108]

Wegen seiner Forschungen, seiner Expertise über die DDR und sicher auch wegen seiner der Politik zuträglichen Haltung stieg Peter Christian Ludz zu einem wichtigen Berater der Politik auf. 1967/68 war er zunächst Mitglied einer wissenschaftlichen Beratungskommission des Westberliner Senats, bis ihm unter der sozial-liberalen Koalition 1970 und 1974 die wissenschaftliche Leitung zum *Bericht zur Lage der Nation* übertragen wurde. Außerdem leitete Ludz den Arbeitskreis für vergleichende Deutschlandforschung, der 1975 als Nachfolgorganisation des Forschungsbeirates eingerichtet worden war. Die Auflösung des Beirates Mitte der 1970er Jahre ist vor dem Hintergrund der Neuen Ostpolitik Willy Brandts zu sehen. Diese erkannte die DDR staatsrechtlich an und akzeptierte den Status der Zweistaatlichkeit.[109] Die Wiedervereinigung stand somit nicht mehr auf der politischen Agenda, womit ein an der Vereinigung arbeitendes Gremium nicht mehr benötigt wurde. Der politische Kurswechsel manifestierte sich auch im Namen der Nachfolgorganisation: Seit der Mitte der 1970er Jahre ging es nunmehr um vergleichende Deutschlandforschung, nicht mehr um die Wiedervereinigung und auch nicht mehr ausschließlich um die DDR.

Der Arbeitskreis hatte den Auftrag, Bestandsaufnahmen zur Entwicklung und Förderung der DDR-Forschung, der vergleichenden Deutschlandforschung und der Integration beider deutscher Staaten in die bestehenden Bündnissysteme für das Bundesministerium für innerdeutsche Beziehungen zu erstellen. Als Ergebnis des Arbeitskreises erschienen 1978 in vier Bänden die *Gutachten zum Stand der DDR- und vergleichenden Deutschlandforschung*.[110]

Die vergleichende Perspektive hatte Ludz schon im *Bericht der Bundesregierung und Materialien zur Lage der Nation* eingenommen, die in den Jahren 1971, 1972 und 1974 unter seiner wissenschaftlichen Leitung erschienen waren. Als Auftraggeber und Herausgeber fungierte das Bundesministerium für innerdeutsche Beziehungen. Eigentlich wäre die Bearbeitung der Berichte eine ideale Aufgabe für den Forschungsbeirat gewesen. Doch in ihm agierte noch immer die erste Generation von DDR-Forschern, die

---

108 Zur Entstehung der Gesellschaft für Deutschlandforschung und ihrer kritischen Wahrnehmung in der Politik siehe Gloe, Planung für die deutsche Einheit, S. 294 ff.
109 Zur Außenpolitik Willy Brandts vgl. den Sammelband von Bernd Rother (Hg.): Willy Brandts Außenpolitik, Wiesbaden 2014 (= Akteure der Außenpolitik).
110 Arbeitskreis für vergleichende Deutschlandforschung (Hg.): Gutachten zum Stand der DDR- und vergleichenden Deutschlandforschung, Bonn 1978.

politisch nicht mehr erwünscht war. In die Kommission zur Arbeit an den Materialien agierten stattdessen jüngere und der SPD nahestehende Personen.[111] In Peter Christian Ludz, der politisch ebenfalls sozial-liberal orientiert war, fand das Bundesinnenministerium schließlich solch eine Figur.[112]

In den Berichten verband der Soziologe Ludz den systemimmanenten mit einem vergleichenden Ansatz. Den thematischen Schwerpunkt des ersten Bandes bildeten die Unterschiede und Ähnlichkeiten der ökonomischen Systeme, die Sicherheitspolitik und die Bevölkerungs- und Erwerbsstruktur in Bundesrepublik und DDR. In der Einleitung verwies Ludz explizit darauf, dass ein systematischer Vergleich der Kultur- und Wissenschaftssysteme noch ausstehe.[113] Diese Forschungslücke konnte auch in den Folgeberichten nicht geschlossen werden, die staatsrechtliche und sozialpolitische Fragen fokussierten.[114]

Die weiteren Autoren der Berichte waren anerkannte Forscherpersönlichkeiten, die ihre jeweilige Fachexpertise zu den Themen einbrachten. Mit Heinz Markmann und M. Rainer Lepsius waren auch Wissenschaftler beteiligt, die 1990 für den Wissenschaftsrat innerhalb der Arbeitsgruppe Wirtschafts- und Sozialwissenschaften tätig waren. Der 1926 geborene Heidelberger Sozial- und Wirtschaftswissenschaftler Markmann war seit 1971 Mitglied in der Wissenschaftlichen Kommission des Kölner Wissenschaftsrates und wirkte an dem im gleichen Jahr erschienenen ersten Bericht mit. Vermutlich war er an der Beschreibung des ökonomischen Systems der Bundesrepublik beteiligt. Es lässt sich allerdings nicht abschließend feststellen, wer an welchem Beitrag mitgearbeitet hat, da die einzelnen Beiträge nicht den Autoren zugeordnet sind.

Gleiches gilt für den Soziologen M. Rainer Lepsius (1928–2014). Er war einer der Autoren des 1974 erschienenen Bandes, der sich mit der staatlichen und gesellschaftlichen Ordnung auseinandersetzte. Auch hier kann nur vermutet werden, dass Lepsius die Beiträge zur Bundesrepublik verfasst und nicht an den Texten zur DDR gearbeitet hatte. Denn bei beiden Wissenschaftlern handelte es sich nicht um DDR-Forscher, sondern vielmehr um ausgewiesene Kenner des bundesrepublikanischen Systems. Insgesamt befand sich unter den DDR-Forschern niemand, der 1990 als Gutachter der Arbeitsgruppe Wirtschafts- und Sozialwissenschaften des Wissenschaftsrates agierte. Auf die Personen, die stattdessen die Begehungen für den Wissenschaftsrat durchführten, wird noch einmal zurückzukommen sein.[115]

Für die Perspektive auf den ostdeutschen Staat holte sich Ludz Expertise bei anderen Kolleginnen und Kollegen ein oder produzierte die entsprechenden Texte selbst.

---

111 Vgl. Gloe, Planung für die deutsche Einheit 2005, S. 281 f.
112 Vgl. Hüttmann, DDR-Geschichte und ihre Forscher, S. 244.
113 Vgl. Bundesministerium für innerdeutsche Beziehungen (Hg.): Bericht der Bundesregierung und Materialien zur Lage der Nation 1971, Bonn 1971, S. 39.
114 Vgl. Dass. (Hg.): Bericht der Bundesregierung und Materialien zur Lage der Nation 1972, Bonn 1972, Dass. (Hg.): Materialien zum Bericht zur Lage der Nation 1974, Bonn 1974.
115 S. u. S. 114–116; 144–152.

Nichtsdestoweniger gingen Markmann und Lepsius in ihren wissenschaftlichen Annahmen von strukturalistischen Prinzipien aus und hatten insofern durchaus ähnliche Weltanschauungen wie Ludz. Zur Bedeutung der wissenschaftstheoretischen Annahmen muss für die 1970er und 1980er Jahre berücksichtigt werden, dass die Sozialwissenschaftlerinnen und -wissenschaftler der Zeit sich zwischen den beiden theoretischen Ansichten von Jürgen Habermas und Niklas Luhmann verorteten.[116] In Bezug auf die um Peter Christian Ludz, wenn auch nur lose versammelten Forscher, handelte es sich tendenziell um Personen, die der Systemtheorie und damit Luhmann nahestanden.

Das bekannte und viel rezipierte *DDR-Handbuch* erschien 1975. Herausgeber war wiederum das Bundesministerium für innerdeutsche Beziehungen, die wissenschaftliche Leitung oblag abermals Peter Christian Ludz. Neben ihm publizierten die etablierten DDR-Forscher Karl-Wilhelm Fricke (geb. 1929), Hermann Weber (1928–2014), Hartmut Zimmermann (geb. 1927), Ralf Rytlewski (geb. 1937) und Gert-Joachim Glaeßner (geb. 1944) in dem Band. Das Nachschlagewerk ist nach Artikeln und Stichwörtern sortiert und erfasst wesentliche Merkmale des ostdeutschen Staates, gleichzeitig legten die Autoren Wissenslücken offen. So enthält der Abschnitt ‚Universitäten und Hochschulen' kaum Detailaussagen, weil „hier die neueste Entwicklung in der DDR bisher noch nicht mit genügend Genauigkeit erfaßt werden konnte."[117] Mit den neuesten Entwicklungen im Hochschulbereich war sicherlich die sogenannte dritte Hochschulreform von 1968 gemeint. Sie bedeutete einen radikalen Einschnitt der bis dahin zumindest formal aufrechterhalten gebliebenen Merkmale der universitären Selbstverwaltung.[118]

Das publizistische Organ, in dem die DDR-Forscherinnen und Forscher sich austauschten und aufeinander Bezug nahmen, war das Deutschland Archiv. Vorläufer hatte die Zeitschrift in dem seit 1950 erschienenen Publizistischen Zentrum für die Einheit Deutschlands, kurz PZ, das dezidiert für die Einheit Deutschlands eintrat und sich ein Jahr später in SBZ-Archiv umbenannte. Mit der Namensänderung ging eine stärkere Versachlichung einher und das politische Pathos klang allmählich ab. Karl Wilhelm Fricke resümierte 2008, das SBZ-Archiv habe „über 17 Jahre lang zu einem realistischen DDR-Bild in der frühen Bundesrepublik […] beigetragen".[119]

Die DDR-Führung vermutete hinter den SBZ-Aktivitäten Spionageversuche. Die Staatssicherheit ließ Karl Wilhelm Fricke, der regelmäßig in dem Journal publizierte, am 1. April 1955 während eines Aufenthalts in West-Berlin entführen und brachte ihn

---

116 S. dazu Jürgen Habermas / Dieter Heinrich / Jacob Taubes (Hg.): Theorie der Gesellschaft oder Sozialtechnologie – Was leistet die Systemtheorie? Frankfurt a. M. 1971.
117 Bundesministerium für innerdeutsche Beziehungen (Hg.): DDR-Handbuch, Köln 1975, VIII.
118 Zur Wissenschaftspolitik der DDR vgl. Tobias Kaiser: Planungseuphorie und Hochschulreform in der deutsch-deutschen Systemkonkurrenz, in: Michael Grüttner u. a. (Hg.): Gebrochene Wissenschaftskulturen. Universität und Politik im 20. Jahrhundert, Köln 2010, S. 247–260.
119 Karl Wilhelm Fricke: 40 Jahre ‚Deutschland Archiv'. Eine Zeitschrift im Dienst von DDR-Forschung und Wiedervereinigung, in: Deutschland Archiv (DA) 41 (2008): 217–225, S. 220.

in das Stasi-Gefängnis Berlin-Hohenschönhausen. Im Gefängnis verhörte die Stasi ihn dezidiert zum SBZ-Archiv und warf Fricke vor, er habe sich in unlauterer Weise Zugang zu Unterlagen und Materialien zu führenden Funktionären der Partei, Wirtschaft und Verwaltung verschafft. Fricke stritt dies ab und wurde infolge eines Geheimprozesses erst zu 15 Monaten und dann zu vier Jahren Gefängnis verurteilt, die er in Einzelhaft im Zuchthaus Brandburg-Görden verbringen musste.[120]

In seiner späteren wissenschaftlichen Beschäftigung mit der DDR betonte Fricke die staatliche Repression der DDR-Diktatur und wandte sich verstärkt Themen wie der Staatssicherheit, Opposition und Widerstand zu.[121] Die über die Stasi gewonnenen Erkenntnisse veröffentlichte er 1982 in der Monografie *Die DDR-Staatssicherheit*. Darin stellte er die Bedeutung des Geheimdienstes für den Machtapparat der SED heraus.[122] In der Community der DDR-Forscher nahm er mit diesem Thema eine Außenseiterrolle ein. Dass Fricke sich insbesondere den repressiven Mechanismen zuwandte, ist aus seiner biografischen Erfahrung allzu verständlich. Die Formen von Repression und Staatsgewalt durch das Ministerium für Staatssicherheit (MfS) spielten demgegenüber bei Peter Christian Ludz und Gert-Joachim Glaeßner keine Rolle. Letztlich, so Jens Hüttmann, war die Marginalisierung der Stasi der Preis für die Entspannungspolitik und Normalisierung der Beziehungen mit der DDR.[123]

Den Verdacht der politischen Inanspruchnahme übertrug die SED-Staatsführung auch auf das Deutschland Archiv (DA). Mit der Umbenennung in Deutschland Archiv ging der Anspruch einer, wissenschaftliche Berichterstattung und Analyse zu betreiben. Neben der wissenschaftlichen Auseinandersetzung kamen in der Rubrik Forum auch Stimmen aus dem gesamten politischen Spektrum zu Wort.[124] Da die DDR-Forscherinnen und Forscher eine vergleichsweise kleine Forschergruppe in der Bundesrepublik bildeten und es nur wenig institutionalisierte und systematische DDR-Forschung gab, stieg das Deutschland Archiv schnell zum „publizistischen und organisatorischen Kommunikationszentrum"[125] auf. Auch sowjetische und osteuropäische Forscher publizierten in den 1970er Jahren darin. Autoren aus der DDR wurden ebenfalls angefragt, durften aber wegen eines Publikationsverbots durch die Staatsführung nicht in dem westdeutschen Organ veröffentlichen. Zu Wort kamen auch aus der DDR Geflüchtete wie Sabine Brandt (1927–2018), Thomas Ammer (geb. 1937),

---

120 Vgl. Ders.: Akten-Einsicht. Rekonstruktion einer politischen Verfolgung, Berlin 1996.
121 Vgl. Hüttmann, DDR-Geschichte und ihre Forscher, S. 246–258.
122 Siehe Karl Wilhelm Fricke: Die DDR-Staatssicherheit, Köln 1982.
123 Hüttmann, DDR-Geschichte und ihre Forscher, S. 257.
124 Vgl. Fricke, 40 Jahre ‚Deutschland Archiv'.
125 Ilse Spittmann-Rühle: Drei Jahrzehnte Deutschland Archiv, in: Wolfgang Thierse / Ilse Spittmann-Rühle / Johannes L. Kuppe (Hg.): Zehn Jahre Deutsche Einheit. Eine Bilanz, Opladen 2000: 301–316, S. 306.

Gunter Holzweißig (geb. 1939) oder Johannes Kuppe (geb. 1935), die somit auch die Darstellung von Innenansichten aus der DDR ermöglichten.[126]

Der Themenkomplex von Bildung, Forschung und Wissenschaft hatte auch im Deutschland Archiv keinen besonders hohen Stellenwert. Es ist zwar in den Jahrgängen 1968 bis 1990 pro Jahrgang zumindest ein Artikel zu diesen Themen erschienen, doch das ist verglichen mit der Anzahl an Beiträgen zu den Themen Wirtschaft, Staat oder Recht als sehr geringes Publikationsvolumen einzustufen. Zudem handelte es sich bei den erschienenen Artikeln meist um Reaktionen auf Entwicklungen in der DDR wie die ‚dritte Hochschulreform'. Einzelne Autoren, etwa Ralf Rytlewski oder Gert-Joachim Glaeßner,[127] griffen durchaus Aspekte des Bildungs- und Hochschulsystems auf, die insgesamt jedoch keine systematische Analyse desselben boten. Rainer Brämer wies 1983 im Deutschland Archiv auf das Problem des „weißen Flecks der sozialistischen Bildungsrealität" hin und mahnte an, dass eigentlich nichts über den Alltag des ostdeutschen Bildungssystems bekannt sei und die Forschung nur dessen „papierene Gestalt"[128] beschreiben könne. Das Problem der Quellenlage war für die DDR-Forschung in allen Bereichen vorherrschend und führte unter den Akteurinnen und Akteuren zu einem Bewusstsein über vorhandenes Wissen und Nichtwissen.

Zusammenfassend zeigt sich für das akkumulierte und publizierte Wissen aus der DDR-Forschung vor 1990 ein zweiseitiges Bild. Einerseits war das in Westdeutschland erforschte Wissen über den ostdeutschen Staat umfangreich, und es gab Experten, die sich durchaus auf dem Gebiet der DDR auskannten. Andererseits führte die vorherrschende systemimmanente Betrachtung zur Ausblendung einiger relevanter Mechanismen und zur unkritischen Rezeption offizieller SED-Äußerungen. Dabei war die ‚alte DDR-Forschung' seit den 1970er Jahren eng mit der Person Peter Christian Ludz verbunden. Dieser nahm sich im Alter von nur 48 Jahren das Leben. Die Neuauflagen des DDR-Handbuchs verantwortete seitdem Hartmut Zimmermann. Trotz des großen Einflusses, den Ludz ausgeübt hatte, existierten jenseits der systemimmanenten Betrachtung Strömungen, die auf anderen theoretischen Überzeugungen fußten oder sich im Falle des IGW durch die Haltung politisch nutzbarer Erkenntnisse unterschieden. Die ‚De-De-Errologen' stellten damit keineswegs eine homogene Forschergruppe dar.

---

126 Vgl. Fricke, 40 Jahre ‚Deutschland Archiv', S. 223.
127 Vgl. Ralf Rytlewski: Hochschulen und Studenten in der DDR, in: Deutschland Archiv 7 (1972): 734–742, Gert-Joachim Glaeßner: Bildungsökonomie und Bildungsplanung. Vorüberlegungen zu einer Analyse der gesellschaftlichen und politischen Funktion von Bildungsprozessen in der DDR, in: Deutschland Archiv 9 (1978): 937–955.
128 Rainer Brämer: Sozialistische Bildungsrealität. Weißer Fleck der DDR-Forschung, in: Deutschland Archiv 8 (1983): 858–868, S. 859.

2.2 Wissenschaftsabkommen

Durch das 1986 geschlossene Kulturabkommen und das ein Jahr später vereinbarte Abkommen über die wissenschaftlich-technische Zusammenarbeit (WTZ-Abkommen) entstand eine neue Basis der zwischenstaatlichen wissenschaftlichen Kontakte und damit eine neue Form der Wissensgenerierung, die jenseits der Betrachtung von Gesetzestexten lag. Das Ende der 1980er Jahre stellte somit trotz der weitgehend fortgesetzten Ostpolitik eine andere Ausgangssituation dar. Die Zweistaatlichkeit hatte sich weiter konsolidiert und normalisiert. Auch die Unterzeichnung des Kulturabkommens nach 14-jähriger Verhandlungszeit zeugt von einem veränderten Verhältnis beider deutscher Staaten zueinander. Die neuere Forschung plädiert deshalb dafür, das Ende der 1980er Jahre als eigenständige Phase der deutsch-deutschen Wissenschaftsbeziehungen zu betrachten.[129]

Darüber, dass ein Kulturabkommen geschlossen werden sollte, waren sich die Vertreter beider deutscher Staaten bereits seit dem Grundlagenvertrag von 1972 einig. Bis zur Unterzeichnung sollte es jedoch bis 1986 dauern. Einer der schwierigsten Verhandlungspunkte bestand in der Rückführung kriegsbedingt verlagerter Kulturgüter und der Stiftung Preußischer Kulturbesitz. Auf der Ebene persönlicher Beziehungen existierten Kontakte, informelle Verbindungen und gemeinsame Tagungsteilnahmen wie die Deutschlandberger-Symposien durchaus schon vor 1986, doch erst das Abkommen hob die kulturelle Zusammenarbeit auf eine offizielle Basis und machte die Ebene der Staaten zu verantwortlichen Akteuren. Das Ziel des Kulturabkommens bestand Sebastian Lindner zufolge in einem Austausch im Bereich der bildenden Künste, der Ausstellungen sowie im Austausch von Zeitschriften, Büchern und Kooperationen im Verlagswesen.[130] Der Hochschulbereich gehörte allerdings nicht zum Teil der Vereinbarung.

Ein Jahr später, 1987, schlossen Bundesrepublik und DDR mit dem WTZ-Abkommen eine eigene Übereinkunft für den Wissenschaftsbereich. Die Verhandlungen führte das Bundesministerium für Forschung und Technologie, das zuvor schon ein WTZ-Abkommen mit der Sowjetunion geschlossen hatte. Maßgeblich beteiligt an diesen Verhandlungen war der damalige Staatssekretär des BMFT, Gebhard Ziller. Der 1932 geborene Jurist und Verwaltungsbeamte war vor seiner Tätigkeit im Bundesforschungsministerium von 1978 bis 1987 Bundesratsdirektor, ehe er in das von Heinz Riesenhuber geführte Forschungsministerium wechselte. Ziller war drei Jahre später bei den Aushandlungen des Einigungsvertrages ebenfalls Verhandlungsführer des BMFT für den Bereich der Wissenschaft. Er wirkte maßgeblich an der Formulierung

---

[129] Vgl. dazu Manuel Schramm: Wirtschaft und Wissenschaft in DDR und BRD. Die Kategorie Vertrauen in Innovationsprozessen, Köln u. a. 2008 (= Wirtschafts- und Sozialhistorische Studien, Bd. 17), S. 32.
[130] Vgl. Sebastian Lindner: Zwischen Öffnung und Abgrenzung. Die Geschichte des innerdeutschen Kulturabkommens 1973–1986, Berlin 2015 (= Forschungen zur DDR-Gesellschaft), S. 38.

des Artikel 38 des Einigungsvertrages mit.[131] Die Erfahrungen und das Wissen, das Ziller vor der Wende in den Verhandlungen mit Politikerinnen und Politikern der DDR hatte sammeln können, kamen ihm 1989/90 sicherlich zugute.

Das BMFT fungierte auch als Förderer des WTZ-Abkommens und stellte für eine Laufzeit von zehn Jahren 1,7 Millionen D-Mark bereit. Anders als das Kulturabkommen, das dem gegenseitigen Austausch diente, ermöglichte das WTZ-Abkommen konkrete Projekte zwischen Ost und West. Damit die Förderung bewilligt werden konnte, musste der Projektantrag von westdeutschen Wissenschaftlerinnen und Wissenschaftlern ausgehen und durch das BMFT sowie das ostdeutsche Ministerium für Wissenschaft und Technik bestätigt werden.[132]

Eine besondere Rolle nahm im Zusammenhang mit der Durchführung des WTZ-Abkommens das schon erwähnte Erlanger Institut für Gesellschaft und Wissenschaft ein. Das BMFT richtete 1987 ein Büro für zwischenstaatliche Beziehungen am IGW ein, das die durch das BMFT bereitgestellten Finanzmittel verwaltete und als koordinierende Stelle für das Abkommen fungierte. Der Grund für die Anbindung an das Erlanger Institut war wohl, dass bereits Kontakte zwischen dem Institut und der Politik bestanden und das IGW ausgewiesene DDR-Expertise aufwies. Der Soziologe und IGW-Mitarbeiter Günter Lauterbach war maßgeblich für das Abkommen verantwortlich und stand in intensivem Kontakt mit der Ständigen Vertretung der Bundesrepublik in der DDR. Er übermittelte beispielsweise die vom IGW erstellten Publikationen zur Wissenschafts- und Forschungspolitik der DDR an die Ständige Vertretung. Das Institut selbst beklagte vor Abschluss des WTZ-Abkommens ein gravierendes Informationsdefizit in Bezug auf die ostdeutsche Wissenschaft:

> Einer effektiven Wissenschaftskooperation zwischen der BRD und der DDR steht unsererseits eine verbreitete Unkenntnis der Wissenschaftler in unserem Lande über die Situation der Wissenschaften und der Wissenschaftler in der DDR entgegen. Wenn ich nicht weiß, was der Kollege in der DDR tut, wie der Stand der Forschung dort ist usw., dann kann ich nicht kooperieren, dann fehlen mir wesentliche Voraussetzungen für die Kooperation.[133]

Die Ständige Vertretung erhoffte sich vom IGW, dass es die benötigten Informationen beschaffen und eine Topografie der Forschungslandschaft der DDR erstellen könne. Dazu sollten Angaben zu den wichtigsten Forschungseinrichtungen, Schwerpunkten und Forschenden zusammengetragen werden. Auch westdeutsche Organisationen

---

131 S. u. S. 106–111.
132 BArch Koblenz B 345/105, Briefwechsel zwischen der Essener Augenklinik an das BMFT vom 16.09.1987.
133 BArch Koblenz B 345/87, Bericht des IGW von 1986.

wie DFG, Max-Planck-Gesellschaft und Vertreter aus Industrie und Politik bekundeten Interesse an diesen Informationen.[134]

1988 leitete Günter Lauterbach eine entsprechende Übersicht über die Hochschulen der DDR sowie einige Personendossiers an die Ständige Vertretung weiter. Darunter befanden sich die Lebensläufe hochrangiger SED-Funktionäre wie Willi Stoph oder Günter Mittag, die eigentlich bekannt gewesen sein dürften. Dennoch bedankte sich ein Mitarbeiter der Vertretung für die als nützlich bewerteten Informationen: „Die ersten dieser Dossier's haben hier gute Dienste geleistet – kann ich hoffen, daß zwischenzeitlich weitere entstanden und mir zugänglich sind? Sie wissen ja um die Kargheit an Unterlagen hier."[135]

Neben der Informationsweitergabe unterstützte das WTZ-Programm die Durchführung gemeinsamer Konferenzen und ost- und westdeutscher Forschungsprojekte. Auch gegenseitige Gastaufenthalte konnten hierüber abgewickelt werden. Die deutsch-deutschen Wissenschaftskontakte wurden durch das Abkommen auf eine offizielle Ebene gebracht und bereits bestehende Beziehungen somit politisch legitimiert. In zwei Projektplanungen erläuterten die westdeutschen Antragssteller, dass sie Projekte mit ostdeutschen Kollegen durchführen wollen, zu denen sie ohnehin in Verbindung standen. So wollte der Bochumer Historiker Jörn Rüsen eine Tagung zum Zusammenhang von Geschichtstheorie, Methodologie und Geschichte der Geschichtswissenschaft mit einem ihm gut bekannten Professor an einem ostdeutschen Akademieinstitut durchführen. Und auch im Bereich der Medizin erkundigte sich die Essener Universitäts- und Augenklinik nach der Möglichkeit, die bisher persönlichen Beziehungen zur Augenklinik Leipzig auf eine offizielle Ebene zu bringen.[136] Bereits bestehende Beziehungen wurden auf diese Weise intensiviert und finanziell unterstützt. Damit folgte die Formalisierung durch das staatliche Abkommen einer bereits praktizierten wissenschaftlichen Partnerschaft. Dass solche Institutionalisierungsprozesse erst im Nachgang zu bestehenden Praktiken vollzogen werden, ist nicht ungewöhnlich, dies zeigte sich schon in anderen historischen Kontexten.[137]

Der Jahresbericht des IGW von 1988 dokumentiert, dass westdeutsche Forscherinnen und Forscher sich darüber beschweren, dass am Wissenschaftleraustausch auf Seiten der DDR nur etablierte Forscher und die West-Reisekader beteiligt seien.

---

134 BArch Koblenz B345/110, Protokoll einer Besprechung des Büros für zwischenstaatliche Beziehungen nach einem Gespräch mit der StäV vom 27.04.1987.
135 BArch Koblenz B 345/110, Zitat von einem Mitarbeiter aus der Ständigen Vertretung, der mit dem Büro für zwischenstaatliche Beziehungen in engem Kontakt stand.
136 BArch Koblenz B 345/105, Schreiben von der Essener Augenklinik an das IGW vom 01.06.1987; Schreiben von der Ruhr-Universität Bochum an das IGW vom 16.09.1987.
137 Auf die den Praktiken nachgeordnete Institutionenbildung weisen de Boer, Schmidt und Wagner in verschiedenen historischen Beispielen hin: Jan-Hendryk de Boer / Anna Maria Schmidt / Helen Wagner: Archivieren, in: Jan-Hendryk de Boer (Hg.): Praxisformen. Zur kulturellen Logik von Zukunftshandeln, Frankfurt a. M. 2019: 87–92.

Sie drängten darauf, stattdessen Nachwuchskräfte in die Projektarbeit einzubeziehen.[138] Über die Strukturen des ostdeutschen Wissenschaftssystems waren die westdeutschen Beteiligten also durchaus im Bilde und erwarben aus der Zusammenarbeit weitere Kenntnisse über die ostdeutsche Reisepolitik. In einer Bilanz des Folgejahres beschrieb das Büro für zwischenstaatliche Beziehungen das WTZ-Abkommen als Teil der Deutschlandpolitik mit wissenschaftlichen und technischen Mitteln. Bis auf die „kurzzeitige Festnahme von Wissenschaftlern der jeweils anderen Seite in Dresden und (einige Monate später) in Hamburg"[139] sei es zu keinerlei Zwischenfällen gekommen.

In der Folge der Vereinbarung entstanden Projektkooperationen im Bereich der naturwissenschaftlichen Grundlagenforschung, der Energieforschung, der Biotechnologie, der Bau- und Umweltforschung und der Medizin.[140] Während der dreijährigen Projektlaufzeit bis 1990 gingen 76 Kooperationsverträge und vier Patente aus dem Abkommen hervor. Die Projektpartner auf westdeutscher Seite waren Forscherinnen und Forscher an Großforschungseinrichtungen, Bundesforschungsanstalten, Universitäten und der Industrie. Dem standen auf ostdeutscher Seite vor allem Forscherinnen und Forscher der Akademie der Wissenschaften und Hochschulen gegenüber.

Am Institut für Gesellschaft und Wissenschaft verschränken sich drei Stränge, die für den weiteren Verlauf dieser Studie zentral sind: Erstens intensivierten sich die Kontakte zwischen Ost und West am Ende der 1980er Jahre. Unter der Wissensperspektive lässt sich daraus schlussfolgern, dass aus der verstärkten Zusammenarbeit auch ein gewisses Praxiswissen über die DDR erwuchs. Allerdings verliefen gerade die ostdeutschen Reiseaktivitäten durch das Kadersystem höchst selektiv und gesteuert. Die Reisekader waren dazu angehalten, nur ausgewählte Informationen preiszugeben. Wissen über interne Abläufe erhielten die westdeutsche Wissenschaftspolitik und die Wissenschaftler also vermutlich nicht.[141]

Zweitens pflegte das IGW gute Kontakte zum BMFT, wodurch es während der Wiedervereinigung eine bedeutungsvolle Rolle erhielt, und drittens verfügte das IGW als An-Institut der Universität Erlangen-Nürnberg über eine Stiftungsprofessur, die als Teil der zunehmenden Implementierung des Wettbewerbs im Wissenschaftssystem verstanden werden kann. Inhaltlich widmete sich die Stiftungsprofessur der Wissenschaftsforschung, die als empirische Wissenschaft noch am Anfang stand. Die Weichen zur Konstituierung von mehr Wettbewerb und zur Verankerung der Forschungsevaluation im Wissenschaftssystem waren damit jedoch gestellt.

---

138 BArch Koblenz 345/95, Jahresbericht des IGW 1988.
139 BArch Koblenz B345/103, Dokument ‚WTZ mit der DDR' vom 15.05.1989.
140 Vgl. Günter Lauterbach: Bilanz des WTZ-Abkommens mit der ehemaligen DDR, in: IGW-Report 5 (1991): 15–24, S. 16.
141 Zum Kadersystem vgl. Axel Salheiser: Parteitreu, plangemäß, professionell? Rekrutierungsmuster und Karriereverläufe von DDR-Industriekadern, Wiesbaden 2009.

Die Politiker der Bundesrepublik versprachen sich von der Wissenschaftskooperation, wie ein Protokoll aus dem Jahr 1987 zeigt, eine bessere Informationslage über Forschung und Wissenschaft in der DDR. Die hier als Repräsentant der Bundesrepublik Deutschland verstandene Ständige Vertretung trug dem Büro für zwischenstaatliche Beziehungen auf, „konkrete Informationen"[142] über Forschung und Entwicklung in der DDR zusammenzustellen. Der Projektabschluss war also keineswegs uneigennützig. Vielmehr versprachen sich Akteure aus BMFT und Ständiger Vertretung verwertbare Erkenntnisse und praxisrelevante Informationen davon.

Die eingeforderten Erkenntnisse über die DDR-Wissenschaft verwundern vor dem Hintergrund der schon verfügbaren Wissensbestände. Denn schon *Das DDR-Handbuch* aus dem Jahr 1975 verzeichnete eine Übersicht der 53 Universitäten und Hochschulen der DDR und grenzte dabei die Hochschulforschung von den vier Akademien ab. Diese Forschung der 1970er Jahre nahmen die Personen aus dem Umfeld des IGW und auch die Politik allerdings nicht weiter zur Kenntnis. Stattdessen betonten sie, dass es keine Informationen und damit auch kein spezifisches Wissen zu politischen und wissenschaftlichen Strukturen der DDR gebe. Vermutlich war der politische Wechsel von der sozial-liberalen zur konservativ-liberalen Bundesregierung im Jahr 1982 ein Grund dafür. Denn die DDR-Forscherinnen und Forscher, die in den 1970er Jahren an den *Berichten und Materialien zur Lage der Nation* gearbeitet hatten, hatten der SPD und somit der Vorgängerregierung nahegestanden.[143] Wie Philipp Sarasin betont, existiert *Wissen* nur dann, wenn es interpersonell zirkuliert. Diese Feststellung bedeutet gleichsam, dass Wissen auch ungenutzt bleiben oder gar verschwinden kann, wenn Menschen es nicht verwenden oder weitergeben.[144] Inwiefern hier aus politischen Gründen ein aktiver und intentionaler Verdrängungsprozess vollzogen wurde oder, ob es sich um ein Vergessen der Wissensbestände handelte, bleibt an dieser Stelle offen und kann nicht abschließend geklärt werden. Fest steht aber, dass bereits zum Ende der 1980er Jahre nicht mehr systematisch auf das forschungsbasierte Wissen aus der vergangenen Dekade zurückgegriffen wurde.

Demgegenüber beobachteten die wissenschaftspolitischen Akteure in der DDR die bundesrepublikanische DDR-Forschung und vor allem die Aktivitäten des IGW sehr genau. In einer internen Auswertung des Jahres 1988 trug die Hauptverwaltung Aufklärung des Ministeriums für Staatssicherheit einige Informationen über das Institut für Gesellschaft und Wissenschaft zusammen. Nach Ansicht der Stasi habe das Institut bei seiner bisherigen Forschung „primitive[n] Antikommunismus"[145] vermieden, nichtsdestotrotz vermutete der ostdeutsche Geheimdienst hinter dem WTZ-Abkommen

---

142 BArch Koblenz B345/110, Protokoll einer Besprechung des Büros für zwischenstaatliche Beziehungen nach einem Gespräch mit der StäV vom 27.04.1987.
143 Vgl. Gloe, Planung für die deutsche Einheit, S. 282.
144 Vgl. Sarasin, Was ist Wissensgeschichte 2011, S. 164 f.
145 BArch Berlin DY 30/7755, Länderpolitische Information über das IGW-Erlangen vom 16.11.1988.

das Interesse an „Informationsgewinnung über alle Aspekte der Wissenschafts- und Hochschulpolitik [...]",[146] womit er zweifelsohne Recht hatte. Damit avancierte das über die DDR forschende Erlanger Institut selbst zum Beobachtungsgegenstand.

Die westdeutsche Forschung zur Staatssicherheit ging in den 1990er Jahren noch von einer gesamtgesellschaftlichen Durchdringung durch das MfS aus.[147] So galt auch das IGW als unterwanderte und „IM-kontaminierte"[148] Einrichtung. Dieser Verdacht lässt sich nach einer Recherche beim Bundesbeauftragten für die Unterlagen der Staatssicherheit allerdings nicht bestätigen. Die Staatssicherheit verfügte zwar über Informationen zu geplanten Projektvorhaben und Publikationen am IGW, hatte aber keine direkten Informanden unter den Institutsmitarbeitern. So schickte der ostdeutsche Geheimdienst inoffizielle Mitarbeiter zwar regelmäßig zu westdeutschen Tagungen, beispielsweise zu den Deutschlandberger-Symposien, hatte aber keinen Zugriff aus erster Hand. Einer der Informanden des MfS war Professor am Zentralinstitut für Philosophie der AdW. Als ‚IM Aspirant' nahm der ostdeutsche Philosoph Ulrich Röseberg regelmäßig an den Veranstaltungen des IGW teil und erstattete der Staatssicherheit Report.[149] Die Aktivitäten des Erlanger Instituts, sowohl die Forschungen als auch die Organisation der Wissenschaftsabkommen, bewertete der Geheimdienst der DDR als „mit den Interessenlagen des BND identisch"[150] und sah darin hochpolitische Angelegenheiten. Auch über den Leiter des Büros für zwischenstaatliche Beziehungen und Mitarbeiter des IGW, Günter Lauterbach, erstellte die Staatssicherheit Dossiers und charakterisierte Lauterbachs Expertise über die DDR-Wissenschaft als umfangreich.[151]

Doch welchen Nutzen sah die ostdeutsche Seite in den Abkommen mit ihrem ‚Klassenfeind'? Einerseits ging es dem Ministerium für Hoch- und Fachschulwesen der DDR (MFH) und damit dem SED-Staat um die Akkumulation von Wissen über die Bundesrepublik Deutschland. Dabei standen eine verbesserte Einschätzung der politischen Lage und Feindbeobachtung im Vordergrund. Die Informationen konnten schließlich für weitere Zwecke, und das waren ökonomische und politische, verwertet werden. Das MFH erklärte im Mai 1986 kurz vor dem Abschluss des Kulturabkommens, dass „die Hochschulbeziehungen einen Beitrag zur ökonomischen Strategie der DDR zu leisten"[152] hatten. Weiterhin versuchte das Hochschulministerium, die politischen

---

146 Ebd.
147 Siehe dazu Hubertus Knabe: Die unterwanderte Republik. Stasi im Westen, Berlin 1999.
148 Vgl. dazu die Rezension von Lothar Lothar Mertens: Rezension zu: Burrichter, Clemens; Diesener, Gerald (Hg.): Auf dem Weg zur ‚Produktivkraft Wissenschaft' [https://www.hsozkult.de/publicationreview/id/reb-3520; zuletzt aufgerufen am 25.09.2023].
149 Zur Beobachtung des IGW durch die Staatssicherheit siehe Eckert, Die Westbeziehungen der Historiker im Auge der Staatssicherheit, S. 101.
150 BStU, MfS, HA XVIII 16672.
151 BStU, MfS HA XX 4425, Dokument vom 12.01.1989.
152 BArch Berlin DY 30/7754, ‚Streng vertrauliches' MFH-Dokument vom 28.04.1986.

Absichten der SED im ‚imperialistischen Ausland' durch die Kooperationen durchzusetzen und das Bild eines funktionierenden SED-Staates zur Schau zu stellen, um ein „wahrheitsgemäßes Bild über die DDR und deren realen Sozialismus zu vermitteln".[153] Dabei müssen die „Versuche des Gegners, in den Bereich der Erziehung, Ausbildung, Weiterbildung, Forschung und Lehre einzudringen",[154] offensiv verhindert werden. Statt des wissenschaftlichen Erkenntnisinteresses standen die politisch begründete Feindstrategie und die Außendarstellung im Vordergrund. Das Interesse an den Forschungsprojekten aus einem wissenschaftlichen Impetus hingegen war nachrangig.

Andererseits versuchte die Führungsriege der DDR über die staatlichen Abkommen Kontakte zu westdeutschen Stiftungen und Forschungsförderern aufzubauen. Die beiden Ministerien für Hochschulen und Wissenschaft sammelten Informationen über Möglichkeiten der Antragstellung bei der Deutschen Forschungsgemeinschaft, der Max-Planck-Gesellschaft, der Alexander-von-Humboldt-, der Körber- und der Volkswagen Stiftung sowie dem DAAD. Hier wurde systematisch Wissen über Forschungsinstitutionen zusammengestellt, um nach dem Abschluss einer Kooperationsvereinbarung ökonomisch von der Förderung profitieren zu können.[155]

Mit den genannten Stiftungen und Organisationen bestanden im laufenden Jahr 1988 noch keine vertraglichen Vereinbarungen. Die ostdeutschen Ministerien hatten an dem Abschluss entsprechender Rahmenvereinbarungen aber großes Interesse, um potenzielle Fördermittel für die desolate Finanzsituation an den ostdeutschen Forschungsstätten zu generieren.[156] So fasste ein Dossier über die Volkswagen Stiftung zusammen, dass die Stiftung jährlich 100 Millionen D-Mark Finanzmittel ausschütte.[157]

Auch einen Kontakt zur Max-Planck-Gesellschaft wollte das MFH herstellen. Zu einem Treffen mit dem Präsidenten der Max-Planck-Gesellschaft, dem Chemiker Heinz A. Staab (1926–2012), kam es im April des Jahres 1988. Staab besuchte auf Einladung Werner Schelers, des damaligen Präsidenten der Akademie der Wissenschaften, die Akademie und äußerte, dass die „AdW der DDR hinsichtlich ihres Aufbaus und der Arbeitsweise weitestgehend der MPG der BRD entspräche. Andererseits habe er bei seiner Vorbereitung auf diese Gespräche feststellen müssen, daß es über die AdW der DDR in der MPG nur punktuelle Erkenntnisse gäbe."[158] Auch die Max-Planck-Gesellschaft betonte die weißen Flecken und explizierte ihr Nichtwissen. Die

---

153 Ebd.
154 Ebd.
155 Zum Interesse des ostdeutschen Ministeriums für Hoch- und Fachschulwesen an einer Zusammenarbeit mit westdeutschen Stiftungen vgl. den Informationsaustausch der Akademie der Wissenschaften mit dem Büro Kurt Hager zwischen 1988–1989 BArch Berlin DY 30/27240.
156 Die Sammlung der Informationen über Forschungsorganisationen zeigt ein starkes Interesse des MFH an einer Zusammenarbeit. Das Dokument ‚Zur Beziehung MFH – DFG' demonstriert die Absicht der vertraglichen Zusammenarbeit mit der DFG: BArch Berlin DY30/7756.
157 BArch Berlin DY 30/27240, Bl. 6 f., ‚Information' vom November 1988.
158 BArch Berlin DY 30/7756, ‚Information' vom 12.05.1988.

schlechte Informationslage wurde auf verschiedenen Ebenen und von verschiedenen Personen immer wieder thematisiert.

Trotz des offenkundigen Interesses an westdeutschen Kooperationspartnern hielt die SED-Staatsführung nur bestimmte Einrichtungen für geeignet und suchte nach den Rosinen unter den westdeutschen Forschungseinrichtungen. Für die Technische Universität Dresden suchte das MFH nach einer „renommierten gleichwertigen Technischen Universität der BRD",[159] die für eine Universitätsvereinbarung infrage kam. Dafür entwickelte sie einen Kriterienkatalog mit sechs relevanten Merkmalen, die der künftige Partner erfüllen musste: International beachtete Forschungsergebnisse, Förderung durch die Deutsche Forschungsgemeinschaft in Form von Sonderforschungsbereichen, eine Unterstützung durch das Bundesforschungsministerium, Verbundforschung und wissenschaftliche Kooperation zwischen Universität und außeruniversitärer Forschungseinrichtung, interdisziplinäre Ausrichtung sowie Spitzenforschung.[160]

Mit diesen Kriterien erfasste das Hochschulministerium interessanterweise zentrale Merkmale, die auch aus bundesrepublikanischer Perspektive als relevant galten.[161] Der Analyse des Hochschulministeriums zufolge erfüllte die Rheinisch-Westfälische Hochschule Aachen diese Bedingungen, weshalb mit ihr eine Vereinbarung geschlossen werden sollte.[162] Dieses strategische Vorgehen entsprach der zentralistischen Staatsführung. Aus der Perspektive des Ministeriums für Hoch- und Fachschulwesen sollte es außerdem nicht zu Direktkontakten oder bilateralen Vereinbarungen zwischen einzelnen Hochschuleinrichtungen kommen.[163] Stattdessen verstand sich das MFH als Scharnierstelle, Kontaktvermittler und nicht zuletzt als kontrollierendes Organ seiner Einrichtungen, das die Ressource Wissen gezielt einsetzte. Dass die RWTH Aachen unlängst im Jahr 2019 als Exzellenzuniversität ausgezeichnet wurde, zeugt von einer guten Einschätzung durch das ostdeutsche MFH.

Infolge des Abkommens intensivierten sich die Beziehungen beider deutscher Staaten und der wissenschaftliche Austausch nahm zu. Laut einer Statistik der Staatssicherheit verdreifachten sich die Ausreisen in die Bundesrepublik zwischen 1985 und 1988, sodass im Jahr 1988 insgesamt 2.468 Kongress- oder Studienreisen nach Westdeutschland erfolgten. Ein Großteil des Austausches fand in den Bereichen Gesellschaftswissenschaften und Medizin statt.[164]

Der enge Austausch zur Bundesrepublik stellte den SED-Staat allerdings vor ein ideologisches Dilemma. Er führte zwar zu einem politischen Klima, das als „sach-

---

159 ‚Streng vertrauliches' Dokument des MFH, das vermutlich Ende des Jahres 1987 entstand, BArch Berlin DY 30/7754.
160 Ebd.
161 S. dazu die Entwicklung des Begutachtungswesens, S. 120–151.
162 BArch Berlin DY 30/7754, Kriterien zur Auswahl einer Partnerhochschule.
163 BArch Berlin DY 30/7754, Dokument zur Einschätzung des Kulturabkommens vom 15.05.1986.
164 BArch Berlin DY 30/7757, Bilanz der Hochschulbeziehungen der Abteilung ‚MFH, Ausland II, S. 14' von 1989.

lich-konstruktiv, ergebnisorientiert, vielgestaltig und zügig"[165] charakterisiert werden konnte, fand jedoch gleichzeitig auf Kosten der Beziehungen zu den sozialistischen Ländern statt. Vor dem Hintergrund der ideologischen Abgrenzung zur Bundesrepublik erzeugten die deutsch-deutschen Annäherungen für die DDR-Führung einen besonderen Erklärungszwang. Um die Bedeutung der westlichen Beziehungen zu relativieren, distanzierten sich die ostdeutschen Staatsführer vehement von der These der einheitlichen deutschen Kulturnation und betonten den ökonomischen Nutzen für die DDR. Auch Grenzen der inhaltlichen Zusammenarbeit, vor allem im Bereich der sogenannten Schlüsseltechnologien, behielt sich der ostdeutsche Staat vor.[166]

Dass die DDR an den Kultur- und Wissenschaftsabkommen vor allem aus ökonomischem Kalkül interessiert war, obwohl daraus eine ideologische Schieflage folgte, passte auch zur allgemeinen Finanzsituation der DDR am Ende der 1980er Jahre.[167] Die schlechte Wirtschaftslage machte sich im Bereich der Wissenschaft in der schlechten Infrastruktur und der Geräteausstattung bemerkbar. In zahlreichen Beschwerden äußerten die Forscherinnen und Forscher der DDR ihren Unmut. Den verantwortlichen Bildungspolitiker der SED, Kurt Hager, erreichte im Sommer 1988 aus dem Zentralinstitut für Molekularbiologie der Akademie der Wissenschaften folgende Eingabe:

> Ausgangspunkt meiner Gedanken ist, daß unsere Wissenschaftsentwicklung immer mehr hinter dem Weltniveau zurückbleibt. Selbst unsere Zielstellungen beinhalten häufig nur Nachlaufforschung ohne begründete Aussicht auf weltstandsbestimmendes Niveau. Das Tempo unserer Entwicklung ist ganz unzureichend. Die materielle Situation wird von Jahr zu Jahr schlechter. Selbst Grundchemikalien aus DDR-Produktion sind nun knapp, ganz zu schweigen von den in großem Umfang eigentlich gebrauchten Importchemikalien und -materialien. Unsere Forschungstechnik ist überaltert, Ersatz nicht erhältlich.[168]

Mit der Eingabe konnten Bürgerinnen und Bürger der DDR Anliegen, Vorschläge oder Hinweise vortragen. Dabei war das Eingabewesen ein weitverbreitetes Kommunikationsmittel, das seit 1961 sogar gesetzlich in der Verfassung der DDR verankert war und der Konfliktbewältigung diente. Das Eingabewesen bot die Möglichkeit, unbürokratisch die eigene Meinung zu äußern und sich mit Anliegen an den Staat und staatliche Autoritäten zu wenden.[169] Wie sehr die Eingabe als eingeübtes Verhaltensmuster

---

165 Ebd., S. 1.
166 Dies erklärte Kurt Hager am IX. Parteitag der SED über die Aufgaben der Universitäten und Hochschulen der DDR am 30.06.1986 in Leipzig, BArch Berlin DY 30/27213.
167 Zum wirtschaftlichen Niedergang der DDR vgl. André Steiner: Von Plan zu Plan. Eine Wirtschaftsgeschichte der DDR, München 2004.
168 BArch Berlin DY 30/27242, Bl. 95, Stellungnahme aus dem Zentralinstitut für Molekularbiologie vom 07.08.1988.
169 Zum Eingabewesen vgl. Felix Mühlberg: Bürger, Bitten und Behörden. Geschichte der Eingaben in der DDR, Berlin 2004.

etabliert war, demonstrieren weiter unten auch die Anschreiben an den Wissenschaftsrat nach der Wende.[170]

Neben dieser Beschwerde erreichten das Büro Hager viele weitere, die durchaus ernst genommen wurden.[171] So teilte Hager das Stimmungsbild der zunehmenden Unzufriedenheit seinem Genossen Erich Honecker mit und wies ihn ungeschönt auf die gravierenden Probleme hin: „mangelhafte Ausstattung, Verschleiß der Geräte, unbefriedigende Zusammenarbeit mit Kombinaten, Nichtübernahme von Forschungsergebnissen, die Höchststand aufweisen usw. usf."[172] Auch gegen eine von der Staatlichen Plankommission für das Jahr 1989 geplante Investitionskürzung legte das Präsidium der Akademie der Wissenschaften seine Einwände dar.[173]

Insgesamt dienten die Wissenschaftsabkommen in beiden Staaten der Sammlung von Informationen und damit der Wissensgenerierung über den jeweils anderen Staat. In der DDR nutzten staatliche Akteure die Ressource Wissen, um ökonomische Ziele zu verfolgen und die schlechte Finanzsituation, die sich auch auf Wissenschaft und Forschung auswirkte, zu kompensieren. In Westdeutschland dominierten politische Absichten, in denen die Kultur- und Wissenschaftsabkommen als Teil der Deutschlandpolitik verstanden wurden.

In Bezug auf das seit den 1960er und vor allem unter Peter Christian Ludz in den 1970er Jahren erarbeitete und erforschte Wissen über die DDR ist auffällig, dass dieses gegen Ende der 1980er Jahre nicht mehr verwertet wurde. Akteure aus Wissenschaft, Politik und Wissenschaftsorganisationen artikulierten stattdessen immer häufiger ihr Nichtwissen. Hier bestand eine Diskrepanz zwischen der vorhandenen Wissensbasis und den Wissenslücken westdeutscher Akteure. Aus welchen Gründen dieses Wissen verloren ging, lässt sich nicht abschließend klären. Denkbar ist, dass der politische Machtwechsel der Bundesregierung im Jahr 1982 die zuvor verfolgten deutschlandpolitischen Ziele abwertete und auch die Forschung marginalisierte. Auch könnte die schlechte Quellengrundlage zur Relativierung der DDR-Forschung beigetragen haben. Gleichzeitig gewann das von Clemens Burrichter geleitete Erlanger Institut für Gesellschaft und Wissenschaft an Bedeutung, dem die Federführung in der Ausgestaltung des Wissenschaftsabkommens oblag. Möglicherweise spielte dem IGW seine Konkurrenz zu dem früheren Forscherkreis um Peter Christian Ludz sogar in die Hände, weil es weniger eng mit der sozial-liberalen Regierung zusammengearbeitet hatte. Fachliche und persönliche Konkurrenz spielte in der Marginalisierung der alten Wissensbestände sicherlich eine Rolle.

---

170 S. u. S. 180–183.
171 Etliche Eingaben, in denen es um Kritik an der Geräteausstattung geht, befinden sich in dem Bestand Kurt Hagers der Akademie der Wissenschaften 1988–1989, BArch Berlin DY 30/27242.
172 BArch Berlin DY 30/27242, Bl. 105, Brief von Kurt Hager an Erich Honecker vom 23.08.1988.
173 BArch Berlin DY 30/27242, Bl. 61/82–90, Korrespondenz zwischen dem Präsidium der AdW und Erich Honecker vom 23.06.1988 und 19.07.1988.

3. Wissenschaft in beiden deutschen Staaten vor 1990

Wissenschaft und Forschung unterschieden sich in beiden deutschen Staaten, was Struktur, Aufgaben und Organisation betraf, stark voneinander. Dennoch gab es einige institutionelle Parallelentwicklungen wie die Gründung des Wissenschaftsrates in der Bundesrepublik 1957 und die Errichtung des Forschungsrates der DDR im selben Jahr. Die Bildungs- und Forschungspolitiken beider Staaten waren in hohem Maße von dem jeweiligen politischen System geprägt, in das die Bundesrepublik und die Deutsche Demokratische Republik eingebettet waren. Der Bildungspolitik in Westdeutschland, die unter der Kulturhoheit der Länder föderal organisiert und durch eine breite Öffentlichkeit und verschiedene Interessenverbände gekennzeichnet war, stand die zentralistische Steuerung im diktatorischen System der DDR gegenüber.[174]

Die folgenden Kapitel eröffnen eine analytische Perspektive auf die unterschiedlichen Wissenschaftssysteme in Ost und West. Sie werden anhand der Dichotomien von Zentralismus und Föderalismus, Universitäten und außeruniversitärer Forschungseinrichtungen und den Modi von zentraler und drittmittelgesteuerter Finanzierung betrachtet. Es geht nicht darum, die Wissenschaftssysteme allumfassend zu beschreiben, sondern Akzente auf einige für den Fortgang der Untersuchung relevante Unterschiede am Ende der 1980er Jahre zu setzen. Am Schluss dieses Kapitels werden die wesentlichen Merkmale, die für den Kontext des Jahres 1990 und das Vorgehen des Wissenschaftsrates entscheidend waren, herausgestellt.

---

[174] Vgl. Emmanuel Droit / Wilfried Rudloff: Vom deutsch-deutschen ‚Bildungswettlauf' zum internationalen ‚Bildungswettbewerb', in: Frank Bösch (Hg.): Geteilte Geschichte. Ost- und Westdeutschland 1970–2000, Bonn 2015: 321–368, S. 322.

3.1 Zentralismus und Föderalismus

In den 1950er Jahren gab es noch viele Kontakte zwischen ost- und westdeutschen Wissenschaftlerinnen und Wissenschaftlern. Dabei hatte die DDR mit massiver Abwanderung qualifizierter Hochschulabsolventinnen und -absolventen in den Westen zu kämpfen. Der Bau der Berliner Mauer im Jahr 1961 bereitete beidem, den wissenschaftlichen Kontakten und der Abwanderung, ein vorläufiges Ende und leitete in der DDR eine Politik der Abschottung ein.[175] Dabei wurde das gesamte staatliche System zunehmend zentralisiert. Der Demokratische Zentralismus entwickelte sich zum konstitutiven Merkmal der Diktatur und zum Herrschaftsprinzip der SED.[176] Die Politik durchdrang alle Gesellschaftsbereiche, worin sich die DDR fundamental von demokratischen Staaten unterschied, in denen gesellschaftliche Teilsysteme jeweils autonom funktionierten. Zwischen Wissenschaft und Politik entstand daraus ein Wechselverhältnis der gegenseitigen Beeinflussung.[177]

Mit der Abschottung der DDR ging in der Wissenschaft eine vollständige Kontrolle und Überwachung aller internationalen Kontakte und Kooperationen einher. Nur noch ausgewähltes wissenschaftliches Personal, die sogenannten Reisekader, durften an internationalen Tagungen teilnehmen. Sie wurden vorab einer Prüfung ihrer politischen Zuverlässigkeit unterzogen.[178] Dabei spielte die fachliche Qualifikation gegenüber der politischen Loyalität eine untergeordnete Rolle. Jede Reise, insbesondere die ins nichtsozialistische Ausland, galt nicht nur der Wissenschaft, sondern stets auch dem politischen Auftrag. Reisekader waren in erster Linie Vertreter ihres Staates. Sie sollten bei jeder Gelegenheit die Position der SED darlegen und im Westen offensiv für den Sozialismus eintreten.[179]

Der Zentralismus implizierte einen hierarchischen Staatsaufbau, der sich auf alle Gesellschaftsbereiche auswirkte und somit auch das Wissenschaftssystem prägte. Institutionell sorgte ein System aus vier Entscheidungsinstanzen dafür, dass staatliche Intentionen durchgesetzt werden konnten. Dabei agierten die Sektions- und Abteilungsleiter der einzelnen Einrichtungen auf unterster Ebene. Sie unterstanden auf der nächsten Ebene den Wissenschaftlichen Räten, denen wiederum die Leitung einer

---

175 Vgl. Jens Niederhut: Wissenschaftsaustausch im Kalten Krieg. Die ostdeutschen Naturwissenschaftler und der Westen, Köln u. a. 2007 (= Kölner Historische Abhandlungen, Bd. 45), S. 192.
176 Zum Demokratischen Zentralismus vgl. Klaus Schubert / Martina Klein: Das Politiklexikon. Begriffe, Fakten, Zusammenhänge, Bonn 2018, S. 85.
177 Vgl. Jürgen Kocka: Wissenschaft und Politik in der DDR, in: Jürgen Kocka / Renate Mayntz (Hg.): Wissenschaft und Wiedervereinigung. Disziplinen im Umbruch, Berlin 1998: 435–459.
178 Vgl. Andreas Malycha: Biowissenschaften / Biomedizin im Spannungsfeld von Wissenschaft und Politik in der DDR in den 1960er und 1970er Jahren, Leipzig 2016 (= Beiträge zur DDR-Wissenschaftsgeschichte, Bd. 2), S. 77.
179 Vgl. Jens Niederhut: Die Reisekader. Auswahl und Disziplinierung einer privilegierten Minderheit in der DDR, Halle (Saale) 2005, S. 75 f.

ganzen Fachdisziplin oblag. Als Drittes waren mehrere Fachbereiche in sogenannten Programmräten zusammengefasst und in letzter Instanz folgten schließlich die zuständigen Ministerien, der Ministerrat und die Staatliche Plankommission.[180]

Über die hierarchische Struktur der Leitungsebenen hinaus steuerte das System der Nomenklatura alle relevanten Positionen. Die SED-Staatführung etablierte die Nomenklatur nach sowjetischem Vorbild, um ihre Herrschaftsinteressen durchzusetzen. Loyale und parteitreue Kader wurden auf diese Weise gezielt gefördert. Offiziell gab es im egalitären ostdeutschen Staat zwar keine Elite, doch faktisch hatten die Kader die wichtigsten Führungspositionen inne, stellten eine Funktionselite dar und genossen zum Beispiel in der Gesundheits- oder Wohnraumversorgung Privilegien. Anspruch und Realität einer gleichberechtigten Gesellschaft drifteten also auseinander.[181]

Das strategische Zusammenspiel aus Kaderentwicklungsplänen und Nomenklatur ermöglichte der Führungsriege eine langfristige Personalplanung. Als Qualifikationsmerkmale galten in der SED-Kaderpolitik politische und fachliche Kenntnisse, Ausbildung, praktische Erfahrungen und persönliche Eigenschaften.[182] Die Ausbildung der Kader fand vor allem an staats-, gewerkschafts- und parteinahen Hochschulen statt.[183]

Für die Wissenschaft und ihre Institutionen bedeutete das System der Kaderpolitik eine aktive Selektion des Personals und der Studierenden. Studienanfängerinnen und -anfänger wurden auf staatlich definierte Kriterien hin geprüft, die über die Zulassung oder Ablehnung zum Studium entschieden. Ausschlaggebend waren der politische und soziale Status der Studieninteressierten.[184]

Unter den wissenschaftlichen Mitarbeitern sorgte die gezielte Personalauswahl bis zum Anfang der 1970er Jahre für eine weitgehende „Entbürgerlichung".[185] Die Gruppe bürgerlich geprägter Akademikerinnen und Akademiker konnte bis dahin von einer

---

180 Vgl. Kocka, Wissenschaft und Politik in der DDR, S. 441 ff.
181 Vgl. Arnd Bauerkämper: Die Sozialgeschichte der DDR, München 2005 (= Enzyklopädie deutscher Geschichte, Bd. 76), S. 66 f.
182 Vgl. Hermann Weber: Die DDR 1945–1990, 5. aktualisierte Aufl. München 2012 (= Grundriss der Geschichte, Bd. 20), S. 82.
183 Hier sind insbesondere die Parteihochschule Karl-Marx beim Zentralkomitee der SED, die Akademie für Staats- und Rechtswissenschaften der DDR, die Akademie der Gesellschaftswissenschaften beim ZK der SED, die FDJ-Hochschule Wilhelm Pieck, die FDGB-Hochschule Fritz Heckert in Bernau und die Juristische Hochschule des Ministeriums für Staatssicherheit in Potsdam zu nennen. Darüber hinaus existierten neun dem Verteidigungsministerium zugehörige Hochschulen sowie vier dem Innenministerium angegliederte, vgl. Tobias Kaiser: Staat und Wissenschaft in der DDR. Zu den Organisationsformen von Forschung und Wissenschaft in einer modernen Diktatur, in: Axel C. Hüntelmann / Michael C. Schneider (Hg.): Jenseits von Humboldt. Wissenschaft im Staat 1850–1990, Frankfurt a. M. 2010: 287–300, S. 298.
184 Vgl. dazu sowie grundlegend zum Verhältnis von Staat und Wissenschaft in der DDR Andreas Malycha: ‚Produktivkraft Wissenschaft'. Eine dokumentierte Geschichte des Verhältnisses von Wissenschaft und Politik in der SBZ / DDR 1945–1990, in: Clemens Burrichter / Gerald Diesener (Hg.): Auf dem Weg zur ‚Produktivkraft Wissenschaft', Leipzig 2002: 39–105, S. 50.
185 Ralph Jessen: Wissenschaftsfreiheit und kommunistische Diktatur in der DDR, in: Rainer Albert Müller / Rainer Christoph Schwinges (Hg.): Wissenschaftsfreiheit in Vergangenheit und Gegenwart, Basel 2008: 185–206, S. 225.

bereits in der DDR ausgebildeten Generation abgelöst werden. Das politische Ziel der Herstellung von mehr Chancengleichheit verlagerte sich kontinuierlich hin zur Machtfestigung der SED.[186]

Das System der Nomenklatura führte insgesamt dazu, dass einzelne Personen kaum Entscheidungsbefugnisse oder Verantwortung zu tragen hatten. Stattdessen wurden alle entscheidungsrelevanten Zielsetzungen an die nächsthöhere Instanz der Nomenklatur weitergetragen oder umgekehrt von oben nach unten, also vom Politbüro der SED über die Bezirks- und Kreisleitungen bis in die einzelnen Parteigruppen hinein, delegiert.[187] Auch Forschungsthemen und Publikationsvorhaben wurden über die Fünfjahrespläne lange im Voraus festgelegt. Wissenschaft war damit keineswegs offener Erkenntnisprozess, sondern Teil der staatlichen Planung und Durchdringung.

Aber nicht nur strukturell übte der Staat massiv Einfluss aus. Auch durch die Ideologie des Marxismus-Leninismus kam dem Bereich der Wissenschaft eine zentrale Rolle zu. Wissenschaft gehörte, wie der SED-Bildungspolitiker und Chefideologe Kurt Hager formulierte, „zu den größten Errungenschaften der Menschheit".[188] Sie war zwar an neuen Erkenntnissen interessiert, unterlag aber einer ausdrücklichen Teleologie, wie Tobias Kaiser beschreibt. Die Wissenschaft selbst durfte kein Selbstzweck sein, sondern war ideologisches Mittel für gesellschaftlichen Fortschritt und damit zentraler Bestandteil des politischen Systems.[189]

In der zeithistorischen Forschung wird häufig eine scharfe Trennung zwischen den Geistes- und Sozialwissenschaften auf der einen Seite und den Natur-, Technikwissenschaften und der Medizin auf der anderen Seite gezogen, wenn es um die Politisierung der DDR-Wissenschaften geht. Erstere gelten als „Träger parteilicher Wissenschaft",[190] da ihre Methodik von der Ideologie ausging und das Kadersystem hier stärker durchschlug. Zweiteren wird häufig eine größere Unabhängigkeit gegenüber der Politik zugesprochen.[191] Gleichwohl muss über alle Disziplinengrenzen hinweg konstatiert werden, dass es Staatsferne im politischen System der DDR überhaupt nicht geben konnte.[192] Stattdessen prägten steuernde und kontrollierende Institutionen das Sys-

---

186 Vgl. Ingrid Miethe: Bildung und soziale Ungleichheit in der DDR. Möglichkeiten und Grenzen einer gegenprivilegierten Bildungspolitik, Hemsbach 2007, S. 137.
187 Vgl. Andreas Malycha: Der Schein der Normalität (1971 bis 1982), in: Informationen zur politischen Bildung 312 (2011).
188 Zitat Kurt Hager auf einem Vortrag vor leitenden Kadern am 20.06.1972, zitiert nach Kaiser, Staat und Wissenschaft in der DDR, S. 288.
189 Vgl. ebd., S. 288 f.
190 Mitchell G. Ash: Konstruierte Kontinuitäten und divergierende Neuanfänge nach 1945, in: Michael Grüttner u. a. (Hg.): Gebrochene Wissenschaftskulturen. Universität und Politik im 20. Jahrhundert, Köln 2010: 215–246, S. 237.
191 Vgl. Andreas Malycha: Wissenschaft und Politik in der DDR 1945–1990. Ansätze zu einer Gesamtansicht, in: Deutschland Archiv (DA) (2005): 650–659.
192 Vgl. Kaiser, Staat und Wissenschaft in der DDR, S. 300.

tem, das den Alltag der Wissenschaftlerinnen und Wissenschaftler zwar nicht in Gänze beherrschte, aber für eine Dominanz der Politik sorgte.[193]

Der diktatorische Charakter der DDR zeigte sich auch in der Kontrolle und Überwachung der Bildungseinrichtungen durch das Ministerium für Staatssicherheit. Der Geheimdienst konnte seine Tätigkeiten seit der ‚dritten Hochschulreform' von 1968 stetig ausbauen, auch wenn ihm keine allumfassende Überwachung gelang, wie die neuere Forschung betont.[194] Die Stasi etablierte an den Hochschulen ein „Parallelsystem",[195] das aus den in SED, FDJ oder FDGB organisierten Hochschulangehörigen und der Berichterstattung gegenüber der Hochschul- und Parteileitung bestand. Die Berichte wurden immer auch von der Staatssicherheit ausgewertet und trugen zur Informationsgewinnung bei. Darüber hinaus gab es strategische Positionen an den Hochschulen wie die Verwaltungsleitung oder sogenannte Personen des operativen Zusammenwirkens, die offiziell mit der SED kollaborierten. Auch Anwerbungsversuche für den Staatssicherheitsdienst erfolgten durch Kaderleiter oder Prorektoren gezielt bei Studierenden und Mitarbeitenden.[196]

Wissenschaft und Forschung, Hochschulen und Universitäten waren im föderalen System der Bundesrepublik grundsätzlich anders organisiert. Das Grundgesetz erklärte die Ausübung staatlicher Aufgaben und Befugnisse nach Artikel 30 zur Ländersache. Aus dieser Bestimmung resultierte die Kulturhoheit der Länder in den Bereichen Bildung, Wissenschaft, Kunst und Kultur. Der Bund hingegen schuf den Rahmen für bildungspolitische Prinzipien wie die Freiheit von Wissenschaft, Forschung und Lehre, die in Artikel 5 des Grundgesetzes festgeschrieben war.[197] Auf inhaltliche oder strukturelle Entwicklungen der Länderbildungspolitik hatte der Bund qua Verfassung keinen Einfluss.

Die Kompetenzverteilung und starke Rolle der Länder folgten aus historischen Erfahrungen und gewachsenen Strukturen. Die Mütter und Väter des Grundgesetzes wollten sich vom starken Zentralstaat der Weimarer Republik abgrenzen und knüpften gleichzeitig an die historisch starke Position der Länder an.[198] Staatliche Wissenschaftspolitik gab es durch die gesetzlichen Rahmenbedingungen in der frühen Bundesrepublik nicht und der Bund verfügte auch nicht über die entsprechenden Institutionen,

---

193 Vgl. Malycha, ‚Produktivkraft Wissenschaft', S. 62.
194 Vgl. Anita Krätzner-Ebert: Der Einfluss des Ministeriums für Staatssicherheit auf die Universitäten und Hochschulen in der DDR, in: Deutscher Hochschulverband (Hg.): 25 Jahre Wiedervereinigung, Bonn 2015: 77–86, S. 81 f.
195 Ebd., S. 82.
196 Krätzner-Ebert, Der Einfluss des Ministeriums für Staatssicherheit auf die Universitäten und Hochschulen in der DDR, S. 83.
197 Vgl. Grundgesetz der Bundesrepublik Deutschland: Grundgesetz für die Bundesrepublik Deutschland. 24.05.1949.
198 Zum Grundgesetz vgl. Bundeszentrale für politische Bildung (Hg.): Aus Politik und Zeitgeschichte. 60 Jahre Grundgesetz. 18–19 (2009).

um in Bildung und Wissenschaft eingreifen zu können. Dieser Umstand änderte sich mit der Gründung einiger gemeinsam von Bund und Ländern getragener Gremien wie dem Deutschen Ausschuss für das Erziehungs- und Bildungswesen (1952–1965), dem der Deutsche Bildungsrat (1965–1975) folgte, dem 1957 gegründeten Wissenschaftsrat und der 1970 gebildeten Bund-Länder-Kommission für Bildungsplanung (BLK), die später um den Aspekt der Forschungsförderung erweitert wurde.[199]

Nach Auseinandersetzungen zwischen Bund und Ländern um die Kompetenzverteilung erreichte der Bund 1969 eine Änderung des Grundgesetzes und konnte seinen Einfluss im Bildungsbereich ausdehnen.[200] Seitdem beteiligte er sich, verfassungsrechtlich gesichert, an bildungspolitischen Aufgaben der Länder und brachte sich in Planungs- und Finanzierungsaufgaben ein. Konkreten Einfluss hatte er beispielsweise auf den als Gemeinschaftsaufgabe wahrgenommenen Hochschulbau der 1960er und 70er Jahre.[201]

Organisatorisch brachte der Bund sich seit 1969 durch das Bundesministerium für Bildung und Wissenschaft (BMBW) in den Hochschulbereich ein, das 1955 als Bundesministerium für Atomfragen gegründet worden war. Zur Förderung der Grundlagenforschung und der angewandten Forschung wurde 1972 mit dem Bundesministerium für Forschung und Technologie (BMFT) ein weiteres Ministerium errichtet. Das BMFT führte in den 1970er Jahren nach dem Vorbild der amerikanischen ‚big science' außeruniversitäre Großforschung durch und forcierte eine aktive Forschungs- und Technologiepolitik.[202] Die Großforschungseinrichtungen entwickelten sich zum „Instrument der staatlichen Forschungsplanung und Forschungsorganisation".[203]

Trotz der wachsenden Bedeutung, die der Bund erlangt hatte, stellte die föderale Bildungspolitik mit den zehn Ländern und Kultusministerien ein komplexes und regional geprägtes Gefüge dar. Gleichzeitig sahen die Länder von Beginn an die Not-

---

199 Vgl. Gerd F. Hepp: Bildungspolitik in Deutschland. Eine Einführung, Wiesbaden 2011, S. 110 f.; zur BLK siehe Bartz, Der Wissenschaftsrat, S. 113 f.
200 Vgl. Philipp B. Bocks: Mehr Demokratie gewagt? Das Hochschulrahmengesetz und die sozial-liberale Reformpolitik 1969–1976, Bonn 2012, S. 122.
201 Vgl. Stefan Lange / Uwe Schimank: Hochschulpolitik in der Bund-Länder-Konkurrenz, in: Peter Weingart / Niels C. Taubert (Hg.): Das Wissensministerium. Ein halbes Jahrhundert Forschungs- und Bildungspolitik in Deutschland, Göttingen 2006: 311–346, S. 314–324. Zum Hochschulbau vgl. Moritz Mälzer: Auf der Suche nach der neuen Universität. Die Entstehung der ‚Reformuniversitäten' Konstanz und Bielefeld in den 1960er Jahren, Göttingen 2016.
202 Vgl. Szöllösi-Janze, Geschichte der Arbeitsgemeinschaft Großforschungseinrichtungen.
203 Hans-Willy Hohn: ‚Big Science' als angewandte Grundlagenforschung. Probleme der informationstechnischen Großforschung im Innovationssystem der ‚langen' siebziger Jahre, in: Gerhard A. Ritter / Margit Szöllösi-Janze / Helmuth Trischler (Hg.): Antworten auf die amerikanische Herausforderung. Forschung in der Bundesrepublik und der DDR in den ‚langen' siebziger Jahren, Frankfurt a. M. u. a. 1999: 50–80; Helmuth Trischler: Die ‚amerikanische Herausforderung' in den ‚langen' siebziger Jahren: Konzeptionelle Überlegungen, in: Gerhard A. Ritter / Margit Szöllösi-Janze / Helmuth Trischler (Hg.): Antworten auf die amerikanische Herausforderung. Forschung in der Bundesrepublik und der DDR in den ‚langen' siebziger Jahren, Frankfurt a. M. u. a. 1999: 11–18.

wendigkeit, bundeseinheitliche Bildungsstandards zu gewährleisten. Mit der Kultusministerkonferenz (KMK) gründeten die Länder schon 1948 ein koordinierendes Gremium, das den Kultusministern ein Forum zur Abstimmung bot. Stärker als zum Beispiel im Schulbereich sollten in der Hochschulbildung überregionale Qualitätsstandards gelten. Schließlich war Mobilität unter den Studierenden und Forschenden an verschiedenen Hochschulstandorten politisch erwünscht und ließ sich nur durch bundesweit einheitliche Standards und eine Anerkennung der Abschlüsse erreichen. Daher fanden Absprachen der landeshoheitlichen Aufgaben im Hochschulsektor sowohl auf Länderebene als auch zwischen Bund und Ländern statt.[204]

Der Föderalismus im bundesrepublikanischen System ging zudem mit einem Mehrebenensystem einher, das auch das Hochschulwesen beeinflusste. Dabei griffen die Ebenen des Gesamtstaates ineinander, die jeweils eigene Handlungsfelder zu verantworten hatten.[205] Zu Beginn der 1990er Jahre können für den Hochschulsektor drei Ebenen ausgemacht werden, bevor die Europäische Kommission 1992 mit dem Vertrag von Maastricht als weiterer Akteur die bildungspolitische Bühne betrat. Auf erster Ebene waren die Hochschulen selbst angesiedelt. In ihrem Hoheitsbereich lag die Sicherstellung der akademischen Selbstverwaltung in Forschung und Lehre. Die Länder übten an den Hochschulen im Personal-, Wirtschafts- und Haushaltsrecht lediglich eine Aufsichtsfunktion aus. Die zweite Ebene bestand in der Wirkung der Landespolitik auf die Hochschulen. Sie schuf den gesetzlichen und finanziellen Rahmen und war für die Planung von Hochschulstandorten und Bauvorhaben verantwortlich. Die dritte Ebene umfasste die überregionale Bildungspolitik, die zum Beispiel auf Beschlüssen der KMK beruhte und wiederum das Handeln der Länder und Hochschulen steuerte.[206]

Damit stand das bundesrepublikanische Hochschulwesen mit einer Vielzahl an Ebenen und Akteuren dem zentralistischen und von wenigen Akteuren geprägten Forschungs- und Wissenschaftssystem der DDR diametral gegenüber.

3.2 Universitäten und außeruniversitäre Einrichtungen

Aus den unterschiedlichen Ordnungsrahmen und an Forschung und Hochschulbildung gerichteten Zielen im föderalen und zentralistischen Staatssystem resultierten auch verschiedenartige Forschungsstrukturen. In der Bundesrepublik stellten die Universitäten die wichtigsten Wissenschaftseinrichtungen dar. Nach dem Zweiten Weltkrieg entstand ein neuhumanistisches an Wilhelm von Humboldt orientiertes Traditionsbewusstsein

---

204 Vgl. Ute Lanzendorfer / Peer Pasternack: Landeshochschulpolitiken, in: Achim Hildebrandt / Frieder Wolf (Hg.): Die Politik der Bundesländer. Staatstätigkeit im Vergleich, Wiesbaden 2008: 43–66, S. 43.
205 Zum Mehrebenensystem vgl. Schubert, Klein, Das Politiklexikon, S. 219.
206 Vgl. Lanzendorfer / Pasternack, Landeshochschulpolitiken, S. 49 ff.

an den Universitäten, das von autoritären Strukturen und Abhängigkeiten gekennzeichnet war. Es fand eine Restauration der Ordinarienuniversität statt, die international betrachtet einen deutschen Sonderweg markierte.[207] Die konservative Entwicklung lässt sich mit einer Abkehr und „Rückversicherung gegen den Nationalsozialismus"[208] erklären. Die Wiederentdeckung neuhumanistischer und klassischer Bildungsideale schloss zudem an Diskussionszusammenhänge der Weimarer Zeit an. Das Ideal der Humboldt-Universität, auf das Bildungspolitiker nach 1945 rekurrierten, war allerdings ein Mythos, der nach dem Zweiten Weltkrieg wiederbelebt wurde, wie Sylvia Paletschek schon vor einigen Jahren betont hat.[209] Dabei wurden der Humboldt-Universität fünf Merkmale zugeschrieben: die Einheit von Forschung und Lehre; die Freiheit der Gleichen; die Zweckfreiheit universitärer Bildung, die nicht an eine Berufsbildung gebunden sein sollte; die Ausbildung von Führungspersönlichkeiten und schließlich die Einheit aller Wissenschaften an der Universität.[210]

Die Studentenbewegung lehnte sich Ende der 1960er Jahre zwar gegen die konservative Ausrichtung der Hochschulen auf, konnte dem Leitbild Humboldt aber kein demokratisches Bildungsideal entgegensetzen.[211] Doch mit der Bildungsexpansion geriet das Humboldtideal ins Wanken. In der Zeit ‚nach dem Boom' stagnierte das Budget der Hochschulen, gleichzeitig stieg die Zahl der Studienanfängerinnen und -anfänger eines Jahrgangs enorm an. Die Betreuungssituation zwischen Lehrenden und Studierenden verschlechterte sich und es mangelte an Lehrpersonal. Die eigentlich als Übergangsphase gedachte ‚Untertunnelung' der Hochschulen durch die damals geburtenstarken Jahrgänge führt bis heute zu einer dauerhaften Unterfinanzierung des Hochschulsektors.[212]

Ein Problem sahen Bildungsexperten aber nicht nur in der Zahl der Studierenden, sondern auch in der Schwerpunktsetzung auf die Lehre. Die auf den preußischen Bildungsreformer Humboldt zurückgehende Vorstellung der Forschungsuniversität, die sich durch die Einheit von Forschung und Lehre auszeichnete, musste dem erhöhten Ausbildungsbedarf einer großen Studierendenzahl gerecht werden. Die Universitäten sahen ihre traditionellen Werte vor dem Hintergrund eines erhöhten Bedarfs an Lehre

---

207 Vgl. Jarausch Konrad H.: Das Humboldt-Syndrom: Die westdeutschen Universitäten 1945–1989 – Ein akademischer Sonderweg? In: Mitchell G. Ash (Hg.): Mythos Humboldt. Vergangenheit und Zukunft der deutschen Universitäten, Wien, u. a. 1999: 58–79, S. 62f.
208 Sylvia Paletschek: Die Erfindung der Humboldtschen Universität. Die Konstruktion der deutschen Universitätsidee in der ersten Hälfte des 20. Jahrhunderts, in: Historische Anthropologie 10 (2002): 183–205, S. 201.
209 Vgl. ebd., S. 183 ff.
210 Vgl. ebd., 184.
211 Vgl. Jarausch Konrad H., Das Humboldt-Syndrom, S. 74.
212 Vgl. Szöllösi-Janze, ‚Der Geist des Wettbewerbs ist aus der Flasche!', S. 65.; dazu auch Dies.: ‚Eine Art pole position im Kampf um die Futtertröge'. Thesen zum Wettbewerb zwischen Universitäten im 19. und 20. Jahrhundert, in: Ralph Jessen (Hg.): Konkurrenz in der Geschichte. Praktiken – Werte – Institutionalisierungen, Frankfurt a. M. u. a. 2014: 317–351, S. 331f.

mehr und mehr schwinden.[213] Das Leitbild befand sich somit im Spannungsfeld zwischen einer Orientierung an der Humboldt'schen Forschungsuniversität auf der einen und einem hohen Ausbildungsbedarf an Studierenden auf der anderen Seite. Außerdem waren die Universitäten mit der gesellschaftlichen Erwartungshaltung konfrontiert, berufsqualifizierende Abschlüsse zu vergeben.[214] Auf diese Erwartung reagierte die Wissenschaftspolitik seit 1968 mit der Gründung von praxisnahen, berufsvorbereitenden Fachhochschulen und gestuften Studiengängen an den neugegründeten Gesamthochschulen.[215] Die starren Universitätsstrukturen wichen in Teilen einem offeneren System.

Das Spannungsverhältnis zwischen Humboldt'schem Leitbild und Modernisierungsbestrebungen prägte die deutsche Wissenschaftspolitik noch bis weit in die 1990er Jahre hinein. Auch der Wissenschaftsrat schloss in einem Positionspapier aus dem Jahr 1988 an die Einheit von Forschung und Lehre an. In seinen *Perspektiven der Hochschulen in den 90er Jahren* nahm der Rat Bezug auf die deutsche Universität des 19. Jahrhunderts und das Charakteristikum der „Integration von Forschung und Lehre."[216] Die Mitglieder des Wissenschaftsrates befürchteten, dass die anwendungsnahen Forschungsgebiete künftig außerhalb der Hochschulen angesiedelt werden würden. Damit wäre „die für die deutsche Universität charakteristische Verbindung von Forschung und Lehre aufgeweicht",[217] was die damaligen Mitglieder der Wissenschaftlichen Kommission zu verhindern suchten. Das Kölner Gremium empfahl daher, Institutsneugründungen künftig an Universitäten vorzunehmen und nicht an außeruniversitären Forschungseinrichtungen.[218]

Diese Haltung war insgesamt kennzeichnend für die wissenschaftspolitische Ausrichtung des Wissenschaftsrates. Die Hochschulen standen stets an erster Stelle, während außeruniversitäre (Groß-)Forschung skeptisch bis ablehnend betrachtet wurde. Sie galt nicht nur im Wissenschaftsrat, sondern auch in der Industrie als inflexibel, was nicht zuletzt an bürokratischen Hürden lag. Darüber hinaus war die personelle Mobilität der dort Forschenden gering und ein Großteil der Wissenschaftlerinnen und Wissenschaftler an Großforschungseinrichtungen verfügte über unbefristete Arbeitsverträge. Sie wurden bereits angestellt, als die Einrichtungen in den 1960er Jahren ge-

---

213 Vgl. Morten Reitmayer: Deutsche Konkurrenzkulturen nach dem Boom, in: Ralph Jessen (Hg.): Konkurrenz in der Geschichte. Praktiken – Werte – Institutionalisierungen, Frankfurt a. M. u. a. 2014: 261–288, S. 265.
214 Vgl. Klaus-Dieter Scheer: Hochschulen zwischen Bildung und Autonomie, in: Wilfried Kürschner / Hermann von Laer / Volker Schulz (Hg.): Humboldt adieu? Hochschule zwischen Autonomie und Fremdbestimmung, Münster 2000: 15–22, S. 16.
215 Vgl. Ulrich Teichler: Wandel der Hochschulstrukturen im internationalen Vergleich, Kassel 1988 (= Werkstattberichte, Bd. 20), S. 90 f.
216 Wissenschaftsrat: Empfehlungen des Wissenschaftsrates zu den Perspektiven der Hochschulen in den 90er Jahren. Kurzfassung der wichtigsten Ergebnisse und Empfehlungen, Köln 1988, S. 5.
217 Ebd., S. 6.
218 Vgl. ebd., S. 7.

gründet worden waren. Neue Stellen kamen kaum hinzu, was dazu führte, dass das Personal stagnierte und erheblich alterte. Nachwuchswissenschaftler konnten wegen der schlechten Stellensituation kaum gefördert werden. Die enge Anbindung an das BMFT führte zudem zu langen administrativen Verwaltungswegen, die im Gegensatz zu einer flexibel handhabbaren und gestaltbaren Forschung standen.[219]

Statt der Einheit von Forschung und Lehre spielte im Wissenschaftssystem der DDR die „Einheit von Wissenschaft und Parteilichkeit"[220] eine entscheidende Rolle. Hochschulen und außeruniversitäre Institute wurden in sozialistische Universitäten beziehungsweise Forschungseinrichtungen umgewandelt. Vom Historischen Materialismus geleitet, führte die SED politische Hochschulreformen durch, die die Einführung eines verpflichtenden Russischunterrichts, Sport und das gesellschaftswissenschaftliche Grundstudium in dem Ideologiefach Marxismus-Leninismus zur Folge hatten.[221]

Die Hochschulreform von 1968 bedeutete schließlich einen gravierenden Einschnitt in die Hochschulstruktur. Fakultäten und Institute wurden zugunsten zentralistisch organisierter Sektionen aufgelöst. Die Sektionen stellten Großeinheiten mehrerer Institute dar und unterstanden einem Parteifunktionär. Mit der Auflösung der Institute gab es auch keine Institutsdirektoren mehr, sondern ausschließlich vom Rektor ernannte Sektionsdirektoren.[222] Die ‚dritte Hochschulreform' sollte eigentlich zu einem rigorosen Auszug der Forschung aus den Hochschulen führen. Universitäten sollten reine Lehranstalten bilden, während Forschung vor allem an der Akademie der Wissenschaften betrieben werden sollte. Die Hochschulreform ging gleichzeitig mit einer Akademiereform einher, in der die Akademien auch das Promotionsrecht verliehen bekamen und damit erheblich aufgewertet wurden.[223] Doch Anspruch und Wirklichkeit klafften wiederum auseinander, sodass auch an den Universitäten der DDR weiterhin geforscht wurde.

Diese Diskrepanz zwischen dem Anspruch und der Umsetzung der Reform konnten die wissenschaftspolitischen Akteure des Jahres 1990 nicht korrekt einschätzten und so folgten die Arbeitsgruppen des Wissenschaftsrates ihrem vermeintlichen Wissen über die Struktur des ostdeutschen Hochschulwesens, das sich an den offiziellen Verlautbarungen zur Hochschulreform orientierte. Das Reformkonstrukt konnte die neuere Historiografie jedoch aufbrechen.[224]

---

219 Vgl. Hohn, Schimank, Konflikte und Gleichgewichte im Forschungssystem, S. 273 ff.
220 Andreas Malycha: Die Akademie der Pädagogischen Wissenschaften der DDR 1970–1990, Leipzig 2008, S. 47.
221 Vgl. Kaiser, Planungseuphorie und Hochschulreform in der deutsch-deutschen Systemkonkurrenz, S. 250.
222 Vgl. Jessen, Wissenschaftsfreiheit und kommunistische Diktatur in der DDR, S. 196 f.
223 Vgl. Kaase, Der Wissenschaftsrat, S. 312.
224 Vgl. Matthias Midell: Auszug der Forschung aus der Universität? In: Michael Grüttner u. a. (Hg.): Gebrochene Wissenschaftskulturen. Universität und Politik im 20. Jahrhundert, Köln 2010: 279–302.

Die Universitäten, Hoch- und Fachschulen standen erst an zweiter Stelle der zentralen Forschungseinrichtungen der DDR, wie Tobias Kaiser herausstellt. Ein Großteil der Forschung und Entwicklung fand vielmehr in den Betrieben statt, wo in den sogenannten Kombinaten Forschung, Entwicklung und Produktion zusammenliefen. Die DDR verstand sich als Hochtechnologieland, das den Schwerpunkt der staatlichen Wissenschaftspolitik auf die betriebliche Forschung setzte. Die Anwendung und Verwertbarkeit der Forschung für die Wirtschaft war zentral. Diese Verquickung von Produktion und anwendungsnaher Industrieforschung führte zu einer unscharfen Verwendung der Begriffe Wissenschaft, Forschung und Entwicklung, die nicht mehr klar voneinander abzugrenzen waren.[225]

Die Hochschulen hingegen erfüllten durch die Ausbildung der Studierenden vor allem einen erzieherischen Auftrag. An dritter und vierter Stelle der Forschungseinrichtungen reihten sich die Akademien als Orte der klassischen Grundlagenforschung und kleinere Spezialeinrichtungen ein.[226]

Da die Akademien für das Evaluationsverfahren noch zentral sein werden, stehen diese im Folgenden im Zentrum. Insgesamt existierten in der DDR drei Akademien als Gelehrtengesellschaften im traditionellen Sinne. Dabei handelte es sich um die Preußische Akademie der Wissenschaften zu Berlin, die 1946 als Deutsche Akademie der Wissenschaften zu Berlin wiedergegründet und 1972 in Akademie der Wissenschaften der DDR (AdW) umbenannt wurde, die Deutsche Akademie der Naturforscher Leopoldina sowie die Sächsische Akademie der Wissenschaften zu Leipzig. Die Gelehrtengesellschaften übernahmen nach 1945 und der faktischen Auflösung der Kaiser-Wilhelm-Gesellschaft die Trägerschaft über mehrere Forschungsinstitute. Damit fungierten sie über die Gelehrtensozietäten hinaus als Forschungsgemeinschaften und Dachorganisationen der Institute.[227]

Unter der SED-Herrschaft entwickelten sich die drei Akademien recht unterschiedlich. Die Sächsische Akademie der Wissenschaften blieb eine Einrichtung mit regionalem Schwerpunkt für die Gebiete Sachsens, Sachsen-Anhalts und Thüringens. Die traditionsreiche Akademie der Naturforscher Leopoldina wurde anlässlich ihres 300-jährigen Bestehens 1952 wiedergegründet und vertrat trotz der fortschreitenden Abschottung der DDR gesamtdeutschen Anspruch. Zudem legte die Akademie 1954 per Dekret fest, dass der Vizepräsident der Akademie seinen Wohnsitz in der Bundesrepublik haben müsse, womit das Präsidium Ost- und Westdeutschland personell

---

225 Vgl. Kaiser, Staat und Wissenschaft in der DDR, S. 293 f.
226 Vgl. ebd., S. 294.
227 Vgl. ebd., S. 295.

repräsentierte.[228] Die Leopoldina wirkte somit als „Scharnier während der deutschen Zweistaatlichkeit".[229]

Die Rolle der Akademie der Wissenschaften wandelte sich während des Bestehens der DDR. Die Akademiereform von 1968 bis 1972 kann als „Wendepunkt in der Akademieentwicklung"[230] beschrieben werden. Alle Akademien verfügten seither im Gegensatz zu bundesrepublikanischen Akademien über das Promotionsrecht. Überhaupt hatten die Akademien im bundesdeutschen System lediglich den Stellenwert regionaler Forschungseinrichtungen und wurden vom Mainstream der Forschung nur wenig beachtet.[231] Die ostdeutsche Akademiereform definierte die Rolle der Akademie der Wissenschaften neu und hob ihre Bedeutung für die Politik der SED und die DDR-Regierung hervor.[232] Mit der Umbenennung in AdW wurde auch der gesamtdeutsche Anspruch aufgegeben und stattdessen die Eigenständigkeit der DDR unterstrichen.[233] Die Reform führte organisatorisch zur Umstrukturierung der Leitungsebene mit einer starken Konzentration auf die Stelle des Präsidenten. Er leitete von nun an das Präsidium, das Plenum und die Kaderpolitik. Organisatorisch war die AdW nicht an das Ministerium für Volksbildung gebunden, sondern unterstand direkt dem Ministerrat. Der Akademiepräsident hatte somit den Rang eines Ministers.[234]

Da die Betriebe und Hochschulen vornehmlich mit anwendungs- und ausbildungsbezogenen Aufgaben betraut waren, fungierte die Akademie der Wissenschaften als Ort der klassischen natur- und geisteswissenschaftlichen Forschung.[235] Die Reform wandelte die Akademie in eine zentrale Großorganisation der außeruniversitären Forschung um. Doch trotz der staatlichen Eingriffe gelang es der Akademie, ein Ort der wissenschaftlichen Auseinandersetzung zu bleiben und die Anbindung an die internationale Wissenschaft zu bewahren.[236] Damit war die Akademiereform Teil der staatlichen Souveränität, die die DDR seit dem Grundlagenvertrag erlangt hatte.[237] Die zunehmende internationale Aufwertung der DDR hatte also auch Einfluss auf ihre Wissenschaftspolitik.

---

228 Vgl. Niederhut, Wissenschaftsaustausch im Kalten Krieg, S. 95 f.
229 Peter Th. Walther: Bildung und Wissenschaft, in: Matthias Judt (Hg.): DDR-Geschichte in Dokumenten. Beschlüsse, Berichte, interne Materialien und Alltagszeugnisse, Bonn 1998: 225–292, S. 235.
230 Conrad Grau: Reflexionen über die Akademie der Wissenschaften der DDR, in: Jürgen Kocka (Hg.): Die Berliner Akademien der Wissenschaften im geteilten Deutschland 1945–1990, Berlin 2002: 81–90, S. 83.
231 Vgl. Midell, Auszug der Forschung aus der Universität, S. 281 ff.
232 Vgl. Peter Nötzoldt: Die Deutsche Akademie der Wissenschaften zu Berlin in Gesellschaft und Politik. Gelehrtengesellschaft und Großorganisation außeruniversitärer Forschung 1946–1972, in: Jürgen Kocka (Hg.): Die Berliner Akademien der Wissenschaften im geteilten Deutschland 1945–1990, Berlin 2002: 39–80, S. 75.
233 Vgl. Kaiser, Staat und Wissenschaft in der DDR, S. 295.
234 Vgl. Walther, Bildung und Wissenschaft, S. 239.
235 Vgl. Kaiser, Staat und Wissenschaft in der DDR, S. 295.
236 Vgl. Nötzoldt, Die Deutsche Akademie der Wissenschaften zu Berlin in Gesellschaft und Politik, S. 74–77.
237 Vgl. Weber, Die DDR 1945–1990, S. 86 f.

Neben den traditionellen Akademien entstanden in den 1950er Jahren und im Zuge der Akademiereform weitere Einrichtungen im Bereich der außeruniversitären Forschung. 1951 errichtete der Ministerrat der DDR eine Deutsche Bauakademie sowie eine Akademie der Landwirtschaftswissenschaften, die den Ministerien für Bauwesen beziehungsweise für Land-, Forst und Nahrungsgüterwirtschaft zugeordnet waren.[238] 1970 wurde die Akademie der Pädagogischen Wissenschaften als Nachfolgerin des Deutschen Pädagogischen Zentralinstituts gegründet. Sie war unmittelbar an das von Margot Honecker geleitete Ministerium für Volksbildung und somit eng an die SED-Schul- und Bildungspolitik gebunden.[239]

Im Jahr der Wiedervereinigung verfügte die Akademie der Wissenschaften der DDR über 90 Institute mit ca. 24.000 Stellen, die Landwirtschaftsakademie über 40 Institute mit 12.000 Beschäftigten und die Bauakademie über 13 Institute mit 4.300 Stellen.[240] Die Akademie der Pädagogischen Wissenschaften beschäftigte 1989 rund 650 Personen.[241]

Diese großen Forschungsstätten ließen sich im Staatssystem der DDR zentral steuern und durchdringen. In der Bundesrepublik gab es keine vergleichbaren Einrichtungen. Es existierten zwar durchaus große außeruniversitäre Forschungseinrichtungen, sie waren aber trotz des Einflusses, den das BMFT ausübte, weitgehend dezentral organisiert und an das jeweilige Bundesland gebunden. Zu den großen Einrichtungen zählten die Max-Planck-Gesellschaft (MPG), die Fraunhofer-Gesellschaft (FhG) und die Blaue Liste. Die Institute der MPG betrieben eigenständige Grundlagenforschung, während die FhG angewandte Forschung für die Industrie durchführte. Damit bestand eine funktionale Aufgabenverteilung zwischen den Organisationen.

Der Forschungsverbund Blaue Liste ging aus dem 1949 geschlossenen Königsteiner Abkommen hervor und unterhielt sehr unterschiedliche Institute, die sowohl Grundlagenforschung als auch angewandte Forschung betreiben. Auch Museen und Forschungsbibliotheken fielen darunter. Im Gegensatz zu den anderen großen Forschungseinrichtungen hatte die Blaue Liste somit kein spezifisches Profil entwickelt, was sich infolge der Wende noch als Vorteil erweisen sollte. Den Namen erhielt der Verbund nach einer Änderung des Finanzierungsschlüssels zwischen Bund und Ländern im Jahr 1977, als die zur Förderung vorgesehenen Institute auf blauem Papier niedergeschrieben wurden. Die Finanzierung von MPG, FhG und Blauer Liste trugen Bund und Länder in unterschiedlichen Schlüsseln gemeinsam.[242] Die Letztgenannte

---

238 Vgl. Andreas Malycha: Bildungsforschung für Partei und Staat? Zum Profil und zur Struktur der APW, in: Sonja Häder / Ulrich Wiegmann (Hg.): Die Akademie der Pädagogischen Wissenschaften der DDR im Spannungsfeld von Wissenschaft und Politik, Frankfurt a. M. 2007: 39–76, S. 42.
239 Vgl. ebd., S. 47.
240 Vgl. Kaase, Der Wissenschaftsrat, S. 307f.
241 Vgl. Malycha, Die Akademie der Pädagogischen Wissenschaften der DDR 1970–1990, S. 146f.; 163.
242 Die MPG war jeweils zur Hälfte vom Bund und zur Hälfte von den Ländern finanziert; die FhG förderte der Bund mit etwa 20 Prozent und die Länder mit 10 Prozent, während die restlichen Einnahmen über

wird weiter unten noch eingehend betrachtet, da der Wissenschaftsrat an den ‚blauen Instituten' das Evaluationsverfahren entwickelte und erprobte.²⁴³

Die Deutsche Forschungsgemeinschaft (DFG) fungiert bis heute als wichtigster Drittmittelgeber und betonte mit ihrem Normalverfahren die „freie Forscherpersönlichkeit".²⁴⁴ Sie förderte wissenschaftliche Forschungsvorhaben an Universitäten und anderen Forschungseinrichtungen sowie seit 1968 die Sonderforschungsbereiche.²⁴⁵

Der Bund konnte durch die beiden Ministerien von BMBW und BMTF Einfluss auf die Großforschungseinrichtungen (GFE) nehmen. Sie entstanden in den 1950er Jahren zur Erforschung der Atomenergie sowie der Luft- und Raumfahrt, bis in den 1970er Jahren biologische und medizinische Forschungsthemen hinzukamen. Die Grundfinanzierung stammte zu zwei Dritteln aus öffentlichen Geldern, davon entfielen 90 Prozent auf den Bund und 10 Prozent auf die Sitzländer. Die Forschungszentren umfassten riesige Areale mit interdisziplinären Arbeitsgruppen und technischem Großgerät. 1988 existierten in der Bundesrepublik 13 dieser Zentren.²⁴⁶ Ihr Unterhalt war für Bund und Länder enorm kostenaufwendig. Das Verhältnis von Kosten und Nutzen der Einrichtungen wurde seit den 1970er Jahren zunehmend kritisch bewertet, bis die Kritik im darauffolgenden Jahrzehnt in eine grundsätzliche Infragestellung der Großforschung als solcher umschlug.²⁴⁷ Dabei beanstandeten Politik und Industrie eine strukturelle Inflexibilität der Großforschungseinrichtungen. Die Kritik bezog sich sowohl auf das staatliche Modell der Großforschung als auch auf die bestehenden außeruniversitären Forschungseinrichtungen insgesamt.²⁴⁸ Die Forschungszentren schafften es nicht, organisatorisch und forschungspolitisch flexibel zu agieren. Teile der Zentren wurden zu dieser Zeit von internationalen Kommissionen auf ihre Forschungsleistungen hin begutachtet. Doch die Evaluationsberichte fielen so negativ aus, dass sie wohl aus politischen Gründen nie veröffentlicht wurden.²⁴⁹ Um dennoch Nutzen aus der Großforschung zu ziehen, sollten die Einrichtungen nach Ansicht der Bundespolitik verstärkt anwendungsorientierte Forschung für Industrie und Wirtschaft betreiben. Ihre

---

Industrieaufträge erzielt werden mussten. Die Blaue Liste wurde zur Hälfte vom Bund und zur anderen Hälfte vom jeweiligen Sitzland getragen.
243 S. u. S. 119–131.
244 Orth, Autonomie und Planung der Forschung, S. 68.
245 Vgl. ebd., S. 188.
246 Diese Angabe und die folgenden zur Anzahl an außeruniversitären Forschungseinrichtungen stammen von Kaase, Der Wissenschaftsrat, S. 322.
247 Dieter Hoffmann / Helmuth Trischler: Die Helmholtz-Gemeinschaft in historischer Perspektive, in: Hermann von Helmholtz-Gemeinschaft Deutscher Forschungszentren (Hg.): 20 Jahre Helmholtz-Gemeinschaft, München 2015: 9–48.
248 Vgl. Susanne Mutert: Großforschung zwischen staatlicher Politik und Anwendungsinteresse der Industrie (1969–1984), Frankfurt a. M. 2000 (= Studien zur Geschichte der deutschen Großforschungseinrichtungen, Bd. 14), S. 21.
249 Vgl. Wilhelm Krull / Simon Sommer: Die deutsche Vereinigung und die Systemevaluation der deutschen Wissenschaftsorganisationen, in: Peter Weingart / Niels C. Taubert (Hg.): Das Wissensministerium. Ein halbes Jahrhundert Forschungs- und Bildungspolitik in Deutschland, Göttingen 2006: 200–235, S. 220.

Position dazu legte die Bundesregierung 1984 im Bericht *Status und Perspektiven der Großforschungseinrichtungen* dar.[250] Allerdings schafften es die GFE nicht, die beabsichtigte anwendungsorientierte Forschung durchzuführen, weshalb die Politik zwei Jahre später von der Zielvorstellung abrückte und stattdessen längerfristige Aufgaben im Bereich der Grundlagenforschung ansiedelte. Damit zeichnete sich ein Rückzug des Staates aus der bis dahin verfolgten Technologie- und Innovationspolitik ab.[251] Die Erwartungen der staatlichen Forschungspolitik von BMBW und BMTF an eine ziel- und ergebnisorientierte Forschung erfüllten die Großforschungseinrichtungen nicht.[252]

Die Zentren, die 1970 eine Arbeitsgemeinschaft der Großforschungseinrichtungen (AGF) gegründet hatten, gerieten zum Kern einer Debatte, die sich um die grundsätzliche Frage drehte, wo Forschung eigentlich stattfinden solle und ob Politik Forschungsthemen beeinflussen dürfe.[253] Dabei standen Finanzierungsaspekte und die Konkurrenz um knappe Forschungsgelder zwischen Großforschungseinrichtungen und Hochschulen im Zentrum. Die Universitäten verstanden sich als Forschungsuniversitäten, die Forschung und Lehre miteinander verbanden, während die außeruniversitären Einrichtungen ohne Bildungsauftrag forschten.[254]

Die staatlichen Ausgaben für den Hochschul- und Forschungssektor sanken in den 1970er Jahren infolge der wirtschaftlichen Rezessionen. Drittmittel wurden eine immer wichtigere Einnahmequelle, wie das nächste Teilkapitel zur Finanzierung ausführt. Die Auseinandersetzung mit Finanzierungsfragen ging gleichzeitig mit einer inhaltlichen Auseinandersetzung um das Wissenschaftssystem und seine Institutionen einher. 1975 legte der Wissenschaftsrat eine umfassende Empfehlung zur *Organisation, Planung und Förderung der Forschung* vor.[255] Anlass für das Positionspapier, das sowohl die Hochschul- als auch außeruniversitäre Forschung umfasste, war die Frage danach, ob das Forschungs- und Förderungssystem noch leistungsfähig genug war, um den gesamtgesellschaftlichen Anforderungen Rechnung zu tragen. Auch die Organisations- und Effizienzprobleme wurden angesprochen und zur Verbesserung der Forschungsleistungen das Instrument der Forschungsbewertung empfohlen. Es sollte der Verteilung begrenzter öffentlicher Gelder dienen, zur Transparenz in der Wissenschaft beitragen und die Qualität sichern. Formen der Forschungsbewertung könnten Eingangs-, Zwischen- und Abschlussbewertungen sein, die jeweils anhand der Kriterien

---

250 Vgl. Bundesregierung: Bericht der Bundesregierung. Status und Perspektiven der Großforschungseinrichtungen, Bonn 1984.
251 Vgl. Ulrike Felt / Helga Nowotny / Klaus Taschwer: Wissenschaftsforschung. Eine Einführung, Frankfurt a. M. u. a. 1995, S. 214.
252 Vgl. Hohn, ‚Big Science' als angewandte Grundlagenforschung, S. 53.
253 Zur Arbeitsgemeinschaft der Großforschungseinrichtungen vgl. Szöllösi-Janze, Geschichte der Arbeitsgemeinschaft Großforschungseinrichtungen.
254 Vgl. Kaase, Der Wissenschaftsrat, S. 321.
255 Wissenschaftsrat: Empfehlungen des Wissenschaftsrates zu Organisation, Planung und Förderung der Forschung, Bonn 1975.

von Effizienz und Erfolg gemessen werden sollten. Wer oder welches Gremium so eine Relevanzprüfung vornehmen solle, stellte die Empfehlung zur Diskussion:

> Denkbar wäre, einem Gremium, das aus Wissenschaftlern besteht, Zielprioritäten, über die im politischen Raum entschieden worden ist, vorzugeben und die Beurteilung, inwieweit die Vorhaben zur Verwirklichung der Ziele beitragen, diesem Gremium zu überlassen. Denkbar wäre weiter, politische Gesichtspunkte durch eine entsprechende Zusammensetzung des die Relevanzprüfung vornehmenden Gremiums zu berücksichtigen.[256]

Vier Jahre später sollte es der Wissenschaftsrat selbst sein, der die Aufgabe der Forschungsbewertung an den Instituten der Blauen Liste vornahm. Das aufkommende Begutachtungswesen lässt sich als Reaktion auf die Kritik an der außeruniversitären Forschung begreifen, die die Politik nun stärker als bislang kontrollieren wollte. Außerdem sollten die knappen Finanzmittel auf diese Weise an leistungsfähige und relevante Forschungsvorhaben vergeben werden, denn die finanzpolitischen Ausgaben für den gesamten Forschungsbereich stagnierten auch in den 1980er Jahren.

In der schon erwähnten Empfehlung zu den *Perspektiven der Hochschulen in den 90er Jahren* von 1988 griff der Wissenschaftsrat auch das Verhältnis von außeruniversitärer und universitärer Forschung auf. Der Rat würdigte die Hochschulen als „Fundament für das gesamte Forschungssystem".[257] Die Einheit von Forschung und Lehre und die Ausbildung des wissenschaftlichen Nachwuchses gehörten demnach zu den wichtigsten Aufgaben. In Bezug auf die außeruniversitäre Forschung bekräftigte der Rat seinen Vorschlag, regelmäßige Qualitätsprüfungen vorzunehmen, wie sie schon an der Blauen Liste implementiert worden waren. Neugründungen von außeruniversitären Forschungseinrichtungen lehnte die Empfehlung ab und befürwortete stattdessen, neue Institute an den Hochschulen zu gründen. Außeruniversitäre Einrichtungen und Hochschulen sollten außerdem vermehrt Kooperationen eingehen und durch gemeinsame Berufungen personelle Schnittstellen schaffen.[258]

Insgesamt zielte die Empfehlung auf eine stärkere Verzahnung von universitärer und außeruniversitärer Forschungseinrichtungen. Die Empfehlung verdeutlicht den Standpunkt der Wissenschaftlichen Kommission des Wissenschaftsrates im Jahr 1988 gegenüber den Institutionen im Wissenschaftssystem. Hochschulen hatten gegenüber anderen Einrichtungen Priorität und sollten durch eine Erhöhung der Grundausstattung gestärkt werden. Einrichtungen außerhalb von Hochschulen wollte man stärker kontrollieren und auf ihre Leistungsfähigkeit hin prüfen. Dieses Denken beeinflusste das Handeln der Akteure auch während der Wende: Das wissenschaftspolitische Agieren an der Akademie der Wissenschaften der DDR im Jahr 1990 war in hohem Maße

---

256 Ebd., S. 164.
257 Wissenschaftsrat, Empfehlungen des Wissenschaftsrates zu den Perspektiven der Hochschulen in den 90er Jahren, S. 5.
258 Vgl. ebd., S. 7.

von den Erfahrungen und Debatten um die bundesrepublikanische außeruniversitäre Forschung der 1980er Jahre geprägt.

3.3 Finanzierungsmodelle

Der Zentralismus im Staatswesen der DDR gab auch den Finanzierungsmodus im Bereich der Forschung vor. Die Hochschulen und Akademieinstitute wurden zentral aus staatlichen Mitteln finanziert. Dabei beeinträchtigte die schlechte Finanzlage, in der sich die DDR in den 1980er Jahren befand, auch die Ausstattung der Forschung und Infrastruktur, wie schon das Kapitel zur Bedeutung der Wissenschaftsabkommen für die DDR zeigte.[259] Die Möglichkeit, externe Gelder einzuwerben, also nach westdeutschem Vokabular Drittmittel zu generieren, sah das gesteuerte Wissenschaftssystem der DDR nicht vor. Unter dem Begriff Drittmittel kannte das bundesdeutsche Forschungsförderungssystem Gelder, die von Dritten bereitgestellt wurden und somit nicht im vorgesehenen Haushaltsplan standen.[260] Mit den sogenannten Staatsplanthemen existierte allerdings auch in der DDR eine Form der Forschungsförderung, über die finanzielle Mittel akquiriert werden konnten. Dabei wurde zwar nicht von Drittmitteln gesprochen, dieser Terminus war ostdeutschen Wissenschaftlerinnen und Wissenschaftlern während der Evaluation im Jahr 1990 größtenteils unbekannt, wie sich noch zeigen wird, aber es bestand grundsätzlich die Möglichkeit, weitere Gelder zu erhalten. Die Staatsplanthemen waren Forschungsprojekte von hoher gesamtgesellschaftlicher Bedeutung, die die Staatliche Plankommission vergab und für die sie zusätzliche Finanzmittel bereitstellte.[261] Insgesamt spielte Konkurrenz um Gelder im ostdeutschen Wissenschaftssystem aber keine Rolle. Wettbewerbsmechanismen wurden vielmehr systematisch ausgeschaltet. Lediglich nach außen existierte der Systemwettstreit gegenüber dem Westen. Die strikte und gelenkte Personalpolitik hebelte zudem die Konkurrenz um Stellen im Wissenschaftssystem aus. Stattdessen entstand ein System der Festanstellungen, das hausinterne Berufungen zum Regelfall erhob.[262] Ganz anders als im bundesrepublikanischen Föderalismus war Personalmobilität keineswegs erwünscht. Sie hätte vielmehr die umfangreichen Kaderplanungen zunichtegemacht.

Der zentralen Finanzierung der DDR-Wissenschaft stand ein heterogenes Finanzierungssystem der Bundesrepublik gegenüber, das sich in den 1980er Jahren in einer Transformationsphase befand. Die staatlichen Ausgaben für Hochschulen und außeruniversitäre Einrichtungen stagnierten seit den 1970er Jahren, was sich insbesondere

---

259 S. o. S. 48–53.
260 Vgl. Mayer, Universitäten im Wettbewerb, S. 237.
261 Vgl. Bartz, Der Wissenschaftsrat, S. 174.
262 Vgl. Szöllösi-Janze, ‚Eine Art pole position im Kampf um die Futtertröge', S. 336.

in der Grundausstattung der Einrichtungen niederschlug. Um die fehlenden Gelder zu kompensieren, mussten Hochschul- und Forschungsstätten verstärkt auf Drittmittel zurückgreifen. In den 1980er Jahren verdoppelte sich das Drittmittelaufkommen nahezu, während die staatlichen Grundmittel trotz einer stetig wachsenden Anzahl an Studierenden konstant blieben. Damit ging die Angst vor einer Vernachlässigung der Forschung zugunsten der Lehre einher. Für die Hochschullehrerinnen und -lehrer führte die finanzpolitische Entwicklung zu einer zunehmenden Orientierung und Abhängigkeit von Drittmitteln. Sie boten eine Lösung für die befürchtete Verdrängung der Forschung.[263]

Ein Großteil der Drittmittel stammte aus öffentlichen Geldern, die zwischen 1970 und 1990 70 bis 80 Prozent der gesamten Drittmittel ausmachten. Wichtigster Drittmittelgeber war die Deutsche Forschungsgemeinschaft. Auf sie entfielen 1988 43 Prozent aller Drittmittel. Zunehmende Bedeutung erlangten weiterhin spezielle Förderprogramme der Länder und die Projektmittel des Bundes, die sich 1988 auf etwa 20 Prozent der gesamten Drittmittel beliefen.[264] Da die DFG zu mehr als der Hälfte vom Bund finanziert wurde und der Bund über mehr Gelder verfügte als die Länder, wuchs der Etat der DFG deutlich schneller als die Grundfinanzierung der Hochschulen, für die die Länder verantwortlich waren. Während die Grundfinanzierung der Universitäten in den 1980ern inflationsbereinigt lediglich um 4 Prozent wuchs, stieg der Etat der DFG um 44 Prozent an.[265]

Etabliert wurde das System der Drittmittel schon 1968 mit der Einführung der DFG-geförderten Sonderforschungsbereiche (SFB). Sie gingen auf eine Initiative des Wissenschaftsrates und insbesondere des damaligen Vorsitzenden Hans Leussink (1912–2008) zurück. Der Bauingenieur und Hochschullehrer Leussink war von 1960 bis 1962 Vorsitzender der Westdeutschen Rektorenkonferenz (WRK) und gehörte in den Jahren 1962 bis 1969 dem Wissenschaftsrat an, dem er seit 1965 außerdem vorstand. In dieser Funktion brachte er Ideen der neoliberalen Mont Pèlerin Society in die Bildungspolitik ein und wollte das im Wirtschaftssektor vorherrschende Leistungsprinzip auch an den Hochschulen implementieren. Dazu erachtete er unter anderem die Errichtung einiger Spitzenuniversitäten in der Bundesrepublik als notwendig. Politisch fanden die Ideen jedoch (noch) keinen Anklang.[266] Nach seiner Tätigkeit im Wissenschaftsrat berief Bundeskanzler Willy Brandt Leussink als Parteilosen in das Amt als Bundesminister für Bildung und Wissenschaft (1969–1972).

---

263 Vgl. Uwe Fraunholz / Manuel Schramm: Innovation durch Konzentration? Schwerpunktbildung und Wettbewerbsfähigkeit im Hochschulwesen der DDR und der Bundesrepublik, 1949–1990, Dresden 2005, S. 21 f.
264 Vgl. Wissenschaftsrat, Empfehlungen des Wissenschaftsrates zu den Perspektiven der Hochschulen in den 90er Jahren, S. 5 f.
265 Vgl. Mayer, Universitäten im Wettbewerb, S. 66.
266 Vgl. Szöllösi-Janze, ‚Eine Art pole position im Kampf um die Futtertröge', S. 330 f.

Wenn auch das Modell der am Marktprinzip orientierten Hochschule in den 1970er Jahren keine Durchschlagskraft erlangt hatte, erwiesen sich die SFB doch als „Erfolgsmodell"[267] und stiegen neben dem Normalverfahren zum wichtigsten Förderinstrument der DFG auf. Sonderforschungsbereiche boten neben erheblichen finanziellen Möglichkeiten für Infrastruktur und wissenschaftliche Stellen auch den Hochschulen eine Chance zur forschungspolitischen Profilbildung.[268]

Die 1980er Jahre standen allerdings unter veränderten Vorzeichen.[269] Internationale Entwicklungen und zunehmende Verflechtungen wirkten auf das westdeutsche Wissenschaftssystem ein und befeuerten eine wettbewerbsgeprägte Dynamik. Insbesondere der Einfluss des angloamerikanischen Hochschul- und Wissenschaftssystems und die Orientierung an ihm förderten das ökonomische Wettbewerbsparadigma, wenngleich es nicht so drastisch wirkte wie in Großbritannien oder den USA.[270] In Großbritannien entstand mit dem 1985 eingeführten Research Assessment Exercise ein Evaluationssystem an den Hochschulen, das die Grundfinanzierung an die Forschungsleistung koppelte. Das leistungsbezogene System belohnte forschungsstarke Institute, indem sie eine höhere Grundausstattung erhielten. Etwa zur gleichen Zeit entwickelte die US-amerikanische Zeitschrift U. S. News & World Report das erste nationale Hochschulranking der USA.[271] Die Bundesrepublik folgte dem Pfad neoliberaler Wissenschaftspolitik zwar nicht, doch die Bedeutung der Drittmittel nahm auch hier zu, bis sie selbst zum Indikator für Forschungsleistungen aufstiegen, wie das Kapitel zur Entwicklung des Begutachtungswesens zeigt.

Das System der Drittmittelvergabe führte auf verschiedenen Ebenen zur Stärkung des Wettbewerbsparadigmas. Einzelne Wissenschaftlerinnen und Wissenschaftler konkurrierten um die Bewilligung von Forschungsanträgen und ganze Hochschulen und Forschungseinrichtungen rivalisierten um die größten Förderungen bei Stiftungen, Bund-Länderprogrammen und um Gelder aus der freien Wirtschaft. Die Wissenschaftsministerien der Länder beurteilten Hochschulen nach der Höhe der eingeworbenen Förderung, wodurch Drittmittelbilanzen zum Maßstab für Leistungsstärke gerieten. Auf diese Weise verschränkten sich zwei Konkurrenzverhältnisse, wie Alexander Mayer betont: erstens die Konkurrenz um Forschungsgelder in Form von Drittmitteln, die sich zweitens zum Indikator eines Beurteilungssystems entwickelten. Beurteilt wur-

---

267 Dies., „Der Geist des Wettbewerbs ist aus der Flasche!', S. 61.
268 Vgl. Mayer, Universitäten im Wettbewerb, S. 57 f.
269 Ralph Jessen spricht für die 1980er/90er Jahre von einer ‚Verwettbewerblichung', die ganz unterschiedliche Gesellschaftsbereiche betraf, vgl. Ralph Jessen: Konkurrenz in der Geschichte – Einleitung, in: Ders. (Hg.): Konkurrenz in der Geschichte. Praktiken – Werte – Institutionalisierungen, Frankfurt a. M. u. a. 2014: 7–32.
270 Zur Orientierung am US-amerikanischen Hochschul- und Wissenschaftssystem nach dem Zweiten Weltkrieg vgl. Stefan Paulus: Vorbild USA? Amerikanisierung von Universität und Wissenschaft in Westdeutschland 1945–1976, München 2010 (= Studien zur Zeitgeschichte, Bd. 81).
271 Vgl. Szöllösi-Janze, ‚Eine Art pole position im Kampf um die Futtertröge', S. 334.

de dabei die Höhe der eingeworbenen Gelder, die die Forschungseinrichtungen zu Kontrahenten um knappe Finanzmittel werden ließ.[272] Dabei nahmen die Akteure der Wissenschaftspolitik den Veränderungsprozess selbst noch gar nicht wahr, der sich seit Mitte der 1980er Jahre in Wissenschaft und Forschung anbahnte und die Grundlage zur Etablierung des Wettbewerbsparadigmas schuf.[273] Dieses Moment der Transformation prägte die Zeit unmittelbar vor der Wende und wirkte sich auf das Vorgehen der westdeutschen Akteure aus. Dabei traf ein zentral gelenktes und finanziertes Wissenschaftssystem auf ein föderal geprägtes und im Wandel begriffenes.

---

[272] Mayer, Universitäten im Wettbewerb, S. 60.
[273] Zum Wandel in Wissenschaft und Forschung in den 1990er Jahren vgl. Christian Baier: Reformen in Wissenschaft und Universität aus feldtheoretischer Perspektive. Universitäten als Akteure zwischen Drittmittelwettbewerb, Exzellenzinitiative und akademischem Kapitalismus, Köln 2017.

4. Zwischen Wende und Wiedervereinigung
Die Wissenschaftspolitik im Sommer 1990

Zunehmende Unzufriedenheit und wachsender Widerstand der Bürgerinnen und Bürger der DDR gegenüber der politischen Führungsriege führten im Jahr 1989 zur ‚Friedlichen Revolution'.[274] Vor allem nach der Kommunalwahl im Mai 1989 und dem dort aufgedeckten Wahlbetrug mehrten sich die Bürgerproteste gegen das politische Regime der SED. Im Spätsommer des Jahres wuchs der Unmut über staatliche und politische Missstände so stark an, dass eine Fluchtbewegung von Menschen aus der DDR über Drittstaaten in die Botschaften der Bundesrepublik in Budapest, Warschau und Prag einsetzte. In der DDR selbst formierten sich Oppositionsgruppen und im September des Jahres 1989 fanden in Leipzig erste Demonstrationen und Friedensgebete statt. Der Staat reagierte mit Härte und Festnahmen auf das Aufbegehren seiner Bürger.[275]

Im weiteren Verlauf des Herbstes 1989 organisierte sich eine breitere politische Opposition. Daraus gingen zivilgesellschaftliche Initiativen hervor, die für freie Wahlen in der DDR eintraten. Das Ziel der Bürgerbewegungen bestand darin, das politische Machtmonopol der SED zu brechen und die DDR als Staat zu reformieren. Der Druck auf das SED-Politbüro wurde schließlich so groß, dass Erich Honecker (1912–1994) am 18. Oktober 1989 zurücktreten musste. Der neue Generalsekretär des ZK der SED, Egon Krenz (geb. 1937), verkündete zwar eine „Wende" einleiten zu wollen,[276] doch die alten Machtkonstellationen blieben vorerst erhalten.[277]

An den Universitäten und Forschungseinrichtungen blieb ungeachtet der gesellschaftlichen Aufbruchstimmung erst einmal vieles beim Alten. Die Hochschulleh-

---

[274] Zum Begriff s. Bernd Lindner: Begriffsgeschichte der Friedlichen Revolution. Eine Spurensuche, in: Aus Politik und Zeitgeschichte (APuZ) 64 (2004): 33–39.
[275] Vgl. Weber, Die DDR 1945–1990, S. 107 f.; zu den Revolutionen in Osteuropa s. auch Wirsching, Der Preis der Freiheit; Detlef Pollack: Die Friedliche Revolution: Strukturelle und ereignisgeschichtliche Bedingungen des Umbruchs 1989 in der DDR, in: Clemens Vollnhals (Hg.): Jahre des Umbruchs. Friedliche Revolution in der DDR und Transition in Ostmitteleuropa, Göttingen 2011: 119–140.
[276] Egon Krenz: Rede des Genossen Egon Krenz, in: Neues Deutschland (19.10.1989).
[277] Vgl. Weber, Die DDR 1945–1990, S. 111.

renden und Studierenden beteiligten sich zwar vereinzelt an den Protesten, aber die Universitäten als Institutionen waren keineswegs Treiber der Revolution. Darin unterschieden sich die Entwicklungen in der DDR von den zeitgleichen oppositionellen Bewegungen in China, in der ČSSR, in Polen, Ungarn und dem Baltikum. Dort gingen die gesellschaftspolitischen Umbrüche gerade von der Studierendenschaft aus und wurden von dieser getragen.[278]

Die ostdeutschen Universitätsangehörigen hatten sich zwar lange Zeit durch Konformität ausgezeichnet und damit zur Stabilität der kommunistischen Diktatur beigetragen. Doch wurde infolge des gesellschaftlichen Umbruchs der öffentliche Druck auf die staatlichen Einrichtungen größer, sodass sich auch die Hochschulen für Neuerungen öffnen mussten. Darauf folgten strukturelle Änderungen wie die Auflösung der SED- und FDJ-Strukturen und der Wegfall ideologischer Studienanteile.[279] Zudem veränderte sich die staatsloyale Einstellung unter Studierenden und Wissenschaftlerinnen und Wissenschaftlern; die Forderung nach mehr Freiheit und Unabhängigkeit der Wissenschaft wurde lauter.[280]

Um die Zügel in dieser revolutionären Zeit nicht aus der Hand geben zu müssen, stilisierten sich SED-Funktionäre teilweise selbst als reformwillig und versuchten, die Geschicke weiterhin in ihrem Sinne zu lenken, wie Konrad Jarausch für die Humboldt-Universität nachzeichnet.[281] Neben solchen Reformbemühungen der alten Eliten organisierten sich die Mitglieder der Universität seit Anfang des Jahres 1990 selbstständig in Studierendeninitiativen und einem Runden Tisch. Dabei drängten sie auf mehr basisdemokratische Mitbestimmung.[282]

In dieser offenen politischen Situation entwickelten Wissenschaftlerinnen und Wissenschaftler an Hochschulen und Akademien Reformvorstellungen für das ostdeutsche Wissenschaftssystem. Und nicht nur für den Bereich der Wissenschaft schien in dieser Zeit vieles möglich zu sein: Gesellschaftlich wurde diskutiert, wie sich die DDR als Staat und der Sozialismus als System reformieren ließen, denn die Frage, wie sich die DDR als Staat entwickeln würde, war erst einmal offen. Es boten sich viele Alternativen, die Akteure und Akteurinnen hatten ein Kontingenzbewusstsein und nahmen die Offenheit des historischen Moments als solchen wahr.[283] Erst mit der Volkskam-

---

[278] Vgl. Ilko-Sascha Kowalczuk: Die Hochschulen und die Revolution 1989. Ein Tagungsbeitrag und seine Folgen, in: Benjamin Schröder / Jochen Staadt (Hg.): Unter Hammer und Zirkel. Repression, Opposition und Widerstand an den Hochschulen der SBZ / DDR, Frankfurt a. M. 2011: 365–408, S. 366.
[279] Vgl. Peer Pasternack: Der Wandel an den Hochschulen seit 1990 in Ostdeutschland, in: Bundeszentrale für politische Bildung Dossier (28.10.2020).
[280] Vgl. Jarausch Konrad H.: Säuberung oder Erneuerung? Zur Transformation der Humboldt-Universität 1985–2000, in: Michael Grüttner u. a. (Hg.): Gebrochene Wissenschaftskulturen. Universität und Politik im 20. Jahrhundert, Köln 2010: 327–351, S. 334.
[281] Vgl. ebd., S. 334 ff.
[282] Vgl. ebd., S. 235 f.
[283] Hoffmann, Kontingenzerfahrung und Kontingenzbewusstsein aus historischer Perspektive.

merwahl im März 1990 zeichnete sich ab, dass es zu einer raschen Wiedervereinigung kommen würde.[284]

Die Angehörigen der Akademie der Wissenschaften, das Aushängeschild der DDR-Wissenschaft, drängten ab dem Herbst 1989 auf eine Reform ihrer Einrichtung. Aber wie sollte die große und zentral gelenkte Akademie künftig aussehen? Was sollte mit den 90 Instituten und etwa 24.000 Stellen passieren? Und schließlich: Welche Rolle könnte die Akademie in einem vereinten Deutschland neben den westdeutschen Forschungseinrichtungen spielen?

Die Jahreswende 1989/90 eröffnete einen bis dahin nicht da gewesenen Möglichkeitsraum für gesellschafts- und ordnungspolitische Veränderungen.[285] Dieser ging mit spezifischen Zukunftsvorstellungen einher und bot keineswegs nur der DDR eine Chance zur Reform. Vielmehr waren mit Blick auf die spätere Vereinigung in beiden deutschen Staaten Erwartungen verbunden. Und gerade für das Wissenschaftssystem wirkte die Wende in der DDR wie ein „Laboratorium"[286] für Verfahrensexperimente. Dabei setzten bundesrepublikanische Akteure die Evaluation als Verfahren der Forschungsbewertung durch, das die unübersichtliche Gegenwart zu vermessen, zu managen und eine wünschbare Zukunft hervorzubringen vermochte.

Dieses vierte Kapitel nimmt die Wissenschaftspolitik des Sommers 1990 in den Blick und geht chronologisch den Perspektiven der ost- und westdeutschen Reformvorstellungen nach, fokussiert die politischen Interessen und nähert sich sukzessive dem Evaluationsverfahren des Wissenschaftsrates an. Plan und Realität drifteten in der Zeit der rasanten politischen Entwicklungen zunehmend auseinander, stattdessen waren zügige Entscheidungen und Management gefragt. Am Ende des Kapitels wird in einer Rückblende das Begutachtungswesen von seinen Anfängen bis zum Jahr 1990 betrachtet.

4.1 Wissenschaftliche Träume: Reformvorstellungen in Ost und West

In Ost- und Westdeutschland eröffnete die Wende einen Möglichkeitsraum, den die Wissenschaftsorganisationen beider deutscher Staaten für sich nutzen wollten, um Veränderungen an den bestehenden Systemen vorzunehmen. Dabei entstanden im Osten eher vage Zukunftsvorstellungen, während im Westen bestehende Visionen zur Zukunft des Wissenschaftssystems greifbar wurden.

---

[284] Vgl. dazu Martin Sabrow: Der vergessene ‚Dritte Weg', in: Aus Politik und Zeitgeschichte (APuZ) 11 (2010): 6–13.
[285] Vgl. Reinhart Koselleck: Vergangene Zukunft. Zur Semantik geschichtlicher Zeiten, Frankfurt a. M. 1979.
[286] Dierk Hoffmann / Michael Schwartz / Hermann Wentker: Die DDR als Chance. Desiderate und Perspektiven künftiger Forschungen, in: Ulrich Mählert (Hg.): Die DDR als Chance. Neue Perspektiven auf ein altes Thema, Berlin 2016: 23–70, S. 63.

Die Akteure der Akademie der Wissenschaften, die im Folgenden stellvertretend für die ostdeutsche Seite stehen, und der Kölner Wissenschaftsrat, als Repräsentant des Westens, sahen sich infolge des politischen Umbruchs in der DDR mit einem historischen Moment konfrontiert, der enormes Gestaltungspotenzial barg. Die Akteure hatten ein Bewusstsein für die Kontingenz, das sich in einer reflektierten und bewussten Zeitwahrnehmung äußerte.[287] Dabei deuteten sie die strukturelle Offenheit des politisch brüchigen Ordnungsrahmens der DDR-Diktatur als Handlungskontingenz, wie dieses Kapitel zeigt. Strukturelle Kontingenz wurde in Ost wie in West in Handlungskontingenz übersetzt, um die Komplexität und Unübersichtlichkeit in dieser politisch wirren Zeit aufzulösen.[288] Die Wissenschaftlerinnen und Wissenschaftler der Akademie der Wissenschaften arbeiteten an einem neuen Statut und diskutierten an Runden Tischen. Dabei resultierten diese Praktiken aus einer Kritik an der Vergangenheit und zielten zunächst auf eine Veränderung der Gegenwart. Die westdeutsche Seite hingegen bereitete eine umfassende Evaluation vor, die einen starken Zukunftsbezug implizierte.[289]

4.1.1 Zukunftsvorstellungen im Osten

In der zentral organisierten Akademie der Wissenschaften der DDR verfolgten das Präsidium der Akademie sowie einige Akademiewissenschaftler im Zuge der politischen Wende unterschiedliche und gegensätzliche Reformziele. Top-down- und Bottom-up-Prozesse verliefen in dieser beschleunigten Zeit parallel zueinander. Das Akademiepräsidium leitete einen Prozess der Umstrukturierung von oben ein, während die Akademiewissenschaftlerinnen und -wissenschaftler versuchten, ihre Einrichtung von unten zu erneuern. Das Ziel der Forschenden bestand in politischer Unabhängigkeit und einem freien Forschungssystem.[290] Am Ende dieser Reformbemühungen agierte die Akademie tatsächlich politisch unabhängiger, was ihre Handlungsfähigkeit als einheitliche Organisation jedoch nachhaltig schwächte.[291]

---

287 Zum Kontingenzbewusstsein vgl. Hoffmann, Kontingenzerfahrung und Kontingenzbewusstsein aus historischer Perspektive, S. 58.
288 Vgl. ebd., S. 57.
289 Zum Zeitbezug von Praktiken vgl. Claudia Berger u. a.: Einleitung, in: Jan-Hendryk de Boer (Hg.): Praxisformen. Zur kulturellen Logik von Zukunftshandeln, Frankfurt a. M. 2019: 15–20; Jan-Hendryk de Boer: Praktiken, Praxen und Praxisformen, oder: Von Serienkillern, verrückten Wänden und der ungewissen Zukunft, in: Ders. (Hg.): Praxisformen. Zur kulturellen Logik von Zukunftshandeln, Frankfurt a. M. 2019: 21–43, S. 33 f.
290 Vgl. Isolde Stark: Der Runde Tisch der Akademie und die Reform der Akademie der Wissenschaften der DDR nach der Herbstrevolution 1989. Ein gescheiterter Versuch der Selbsterneuerung, in: Geschichte und Gesellschaft 23 (1997): 423–445.
291 Vgl. Mayntz, Deutsche Forschung im Einigungsprozeß, S. 50.

Noch vor der Maueröffnung gründeten einige Akademiemitglieder die Initiativgruppe Wissenschaft. Sie trat für mehr Demokratie, Selbstbestimmung und eine Akademiereform ein. Die etwa 20 bis 30 Personen große Gruppe kritisierte auch das Management der Akademieleitung während der ‚Friedlichen Revolution'. Die Führungsriege der Akademie unter Leitung des Pharmakologen Werner Scheler (1923–2018), der die Akademie der Wissenschaften seit 1979 leitete, habe sich nach dem Rücktritt Honeckers zu zurückhaltend verhalten und nicht angemessen auf die gesellschaftlichen Entwicklungen reagiert. Der Akademie sei es nicht gelungen, eine selbstkritische Haltung einzunehmen, wie einige ihrer Mitglieder monierten.[292]

Der Druck auf das Präsidium der AdW nahm schließlich zu, sodass es in einem offenen Brief vom 28. November 1989 zögerlich Selbstkritik äußerte. Darin trat das Präsidium für eine Erneuerung des Sozialismus ein und erklärte, dass „es in der Vergangenheit nicht gelungen [ist], ausreichend effiziente und zugleich wahrhaft demokratische Arbeitsprinzipien durchzusetzen".[293]

Wenige Tage später, auf einer Präsidiumssitzung am 7. Dezember, befasste sich die Akademieleitung mit der Erneuerung der Akademie. Die künftige Ausrichtung sah ihr Leiter Scheler in einer Abgrenzung der bislang unter einem Dach organisierten Gelehrtengesellschaft von den Forschungsinstituten. Auch die von den Wissenschaftlerinnen und Wissenschaftlern geforderte Demokratisierung sollte vollzogen und die Selbstständigkeit der Institute erhöht werden. Damit war gleichzeitig eine Dezentralisierung der Leitungs- und Planungsebene verbunden. Das Aufbrechen dieser Prinzipien stellte einen gravierenden Einschnitt dar, da dies die Mechanismen waren, auf denen die Akademiestruktur seit der Reform von 1972 maßgeblich basierte.[294] Darüber hinaus sprach sich das Präsidium für eine „echte Verwirklichung des Leistungsprinzips",[295] eine Trennung von staatlichen und parteilichen Aufgaben sowie die Erarbeitung eines neuen Statuts aus. Nicht explizit angesprochen, aber wohl mit dem Verweis auf das Leistungsprinzip gemeint, war die Aufgabe der Steuerung der Akademie. Die Akademie der Wissenschaften übernahm eine forschungspolitische Steuerungsfunktion im Wissenschaftssystem der DDR.[296] Nun sollte an die Stelle des bis dahin gültigen Prinzips der Kaderauslese, wonach politische und soziale Kriterien relevant waren, die individuelle Leistung treten. Dass der Leistungsaspekt hier von ostdeutscher Seite eingebracht wurde, ist interessant, da zur gleichen Zeit auch im westdeutschen Sprachgebrauch in vielen Bereichen von Leistung und Wettbewerb die Rede war.

---

292 Vgl. ebd., S. 51.
293 Offener Brief des AdW-Präsidiums vom 28.11.1989, zitiert nach ebd.
294 Vgl. Kaiser, Staat und Wissenschaft in der DDR, S. 295.
295 ABBAW: Prot. ab 1945, P 1/33 Protokoll vom 07.12.1989.
296 Vgl. Grau, Reflexionen über die Akademie der Wissenschaften der DDR; Malycha, ‚Produktivkraft Wissenschaft'.

Die einzelnen Institute wollten vor allem eine Lockerung der hierarchischen Struktur erreichen und forderten mehr Unabhängigkeit von der Forschungsgemeinschaft. Um einen größeren Handlungsspielraum zu erlangen, strebten sie nach institutioneller Selbstständigkeit und einer Entkopplung von Institutsverbund und Gelehrtengesellschaft. Die Vorstellung eines solch losen Institutsverbunds basierte auf dem Modell der westdeutschen Max-Planck-Gesellschaft, auf das sich die Akademiewissenschaftler bezogen.[297] Die westdeutsche Forschungsorganisation war damit ein wesentlicher Bezugspunkt. Die Leitungsebene der Akademie sah in dem Modell jedoch die Gefahr des Auseinanderdriftens der Akademie als einheitlicher Organisation und einen Machtverlust der Amtsinhaber. Deshalb lenkte sie ein und bekräftigte seitdem, die Einheit der Akademie der Wissenschaften als Ganzes bewahren zu wollen.[298]

Im Sinne eines Reformversuches von oben bildete das Plenum der Akademie im Dezember 1989 den Ausschuss Akademiereform. Darin befassten sich Mitglieder der Akademie mit einem neuen Statut, das vordergründig mehr Demokratie versprach.[299] Präsident Scheler erließ diesbezüglich im Januar 1990 ein Schreiben an die Institutsdirektoren. Darin empfahl er die geheime Wahl von Institutsräten als Mitarbeitervertretung und die Gründung wissenschaftlicher Räte. Diese sollten allerdings, so Schelers Vorschlag, von den noch amtierenden Direktoren ernannt werden. Das Schreiben formulierte sehr weiche Aufforderungen und ermöglichte die Kontinuität der bisherigen Machtverhältnisse. Denn bei den Institutsdirektoren handelte es sich in den meisten Fällen um Personen, die ihre Position aufgrund ihrer Loyalität zur staatstragenden Partei erlangt hatten.[300] Der Reformversuch von oben war also auf einen Erhalt des Status quo angelegt.

Einige an tatsächlichen Reformen interessierte Wissenschaftlerinnen und Wissenschaftler gaben sich mit der von der Leitung auf den Weg gebrachten Reform nicht zufrieden. Auf Anregung der Initiativgruppe Wissenschaft konstituierten sie Mitte Dezember den Rat der Institutsvertreter. Dieser agierte als neue und von der Einheitsgewerkschaft unabhängige Mitarbeitervertretung. Gegliedert in drei Arbeitsgruppen – Struktur und Funktion der AdW, Gewerkschaftsarbeit und Mitbestimmung, Rolle der Wissenschaft in der Gesellschaft – wandte sich der Rat einer systematischen und grundlegenden Reorganisation der Akademie zu.[301]

Anfang des Jahres 1990 brachten die ostdeutschen Akademiker der Initiativgruppe Wissenschaft erstmalig die Idee einer Evaluierung der Akademie ein. Die Initiativgruppe sprach sich dafür aus, die gesamte Forschung der Akademie von einer inter-

---

297 Vgl. Mayntz, Deutsche Forschung im Einigungsprozeß, S. 52.
298 Vgl. ebd.
299 Vgl. Stark, Der Runde Tisch der Akademie und die Reform der Akademie der Wissenschaften der DDR nach der Herbstrevolution 1989, S. 425 f.
300 Vgl. ebd., S. 426.
301 Vgl. Stark, Der Runde Tisch der Akademie und die Reform der Akademie der Wissenschaften der DDR nach der Herbstrevolution 1989, S. 427.

national besetzten Kommission begutachten zu lassen. Wie diese Idee zustande kam, ist unklar und lässt sich nicht rekonstruieren. In einer Stellungnahme der Gruppe vom 20. Februar 1990 heißt es: „Für eine Akademiereform in der DDR erscheint es notwendig, gemeinsame deutsch-deutsche Kommissionen zu bilden, die bei der objektiven Einordnung der DDR-Forschungsinstitute in die Weltwissenschaft tätig werden."[302] Obgleich der Begriff ‚Evaluation' nicht als solcher auftaucht, verbarg sich dahinter der Gedanke einer Bewertung der Forschungsleistungen nach wissenschaftsimmanenten, möglichst objektiven, das heißt unpolitischen, Gesichtspunkten. Das Vorschlagsrecht für mögliche Gutachter beanspruchte die Initiativgruppe für sich, um die Rolle der nach wie vor mächtigen Direktoren zu schwächen. Die Idee scheiterte jedoch an organisatorischen und praktischen Gründen. Denn weder die Initiativgruppe noch der Rat der Institutsvertreter verfügten über ein eigenes Büro, geschweige denn über Telefonapparate. Nicht einmal eine Adressliste mit allen Instituten konnte die Gruppe zusammenstellen, sodass das Vorhaben schon an der fehlenden Infrastruktur und einer Kontaktierung der Forschungseinrichtungen scheiterte.[303]

Dass der alten Parteimacht nahestehende Plenum stellte im Januar 1990 den ersten Entwurf für das neue Akademiestatut vor. Der Rat der Institutsvertreter lehnte das Papier kategorisch ab, da es aus Sicht der Oppositionellen das bisherige Machtverhältnis unter neuem Deckmantel sicherte. Daher plante der Rat, selbst ein Statut auszuarbeiten und erreichte nach Auseinandersetzungen mit dem Präsidium die Gründung eines Runden Tisches der Akademie. Die Institution des Runden Tisches stellte in der Wende- und Transformationszeit in mehreren ost- und mitteleuropäischen Ländern ein konsensorientiertes Mittel dar, um Konflikte zu verhandeln.[304] Dabei bildeten sich Runde Tische in Gesellschaft, Kultur und Wirtschaft. Ihr diskursiver Politikstil stellte ein Instrument der Krisen- und Konfliktbewältigung dar. Gleichzeitig etablierten die Runden Tische als Plattform demokratische Prinzipien und ermöglichten einen gewaltfreien Austausch mit den alten Eliten.[305]

Der Runde Tisch der Akademie konstituierte sich am 16. Februar 1990 und bestand aus Vertretern der Akademieleitung und der Gelehrtengesellschaft, dem Rat der Institutsvertreter und der Gewerkschaft Wissenschaft. Der Runde Tisch formierte sich zum wichtigsten Entscheidungsgremium der Akademie, wobei die vormaligen Autoritäten weiterhin um den Erhalt ihrer alten Positionen kämpften. Die Initiativgruppe Wissenschaft löste sich mit der Bildung des Runden Tisches auf, ihre Forderungen gingen nun in der neuen Institution auf. Der Runde Tisch trat für eine interne De-

---

302 Stellungnahme der Initiativgruppe Wissenschaft, zitiert nach ebd., S. 430.
303 Vgl. ebd.
304 Vgl. Francesca Weil: Verhandelte Demokratisierung. Die Runden Tische der Bezirke 1989/90 in der DDR, Göttingen 2011.
305 Vgl. Dies.: Die Runden Tische der Bezirke in der DDR 1989/90 – Instrumente der Demokratisierung in den Regionen? In: Clemens Vollnhals (Hg.): Jahre des Umbruchs. Friedliche Revolution in der DDR und Transition in Ostmitteleuropa, Göttingen 2011: 327–344.

mokratisierung der Akademie und eine Veränderung der Leitungsstruktur ein. Dazu mussten sich die Institutsdirektoren und ihre Stellvertreter der Vertrauensfrage stellen. Doch das Vertrauensvotum führte nur vereinzelt zur Ablösung des Führungspersonals, da die alten Amtsinhaber häufig von Personen aus ihrem nahen Umfeld wiedergewählt wurden. Noch bis zum Spätsommer 1990 unterstand jedes zweite Akademieinstitut demselben Direktor wie im Jahr 1988.[306] Darin zeigt sich, dass im Ergebnis nur ein kleiner Teil der Wissenschaftlerinnen und Wissenschaftler wirklich reformwillig war oder sich nicht traute, die alten Machtinhaber abzuwählen. Die Mehrheit zeigte sich entweder mit der gegenwärtigen Konstellation einverstanden oder hatte nur wenig Erfahrung mit partizipativen Strukturen und Engagement.

In den folgenden Monaten befasste sich der Runde Tisch der Akademie mit der Erarbeitung eines neuen Statuts und erzielte Neuwahlen für das Amt des Akademiepräsidenten. Nach mehreren Entwürfen wurde das Statut am 16. März 1990 angenommen. Darin sah sich die Akademie mit Blick auf ein in unbestimmter Zeit vereintes Deutschland als vierte Säule der gesamtdeutschen Forschungslandschaft. Neben der Max-Planck-Gesellschaft, der Fraunhofer-Gesellschaft und den Großforschungseinrichtungen sollte es eine gesamtdeutsche Akademie der Wissenschaften geben.[307] Die Blaue Liste hatten die ostdeutschen Akademiker als Forschungsorganisation offensichtlich nicht wahrgenommen. Strukturell sollte der Verbund weiterhin aus der Gelehrtengesellschaft und der Forschungsgemeinschaft der Institute bestehen. Aus Kostengründen sollte der Verwaltungsapparat sukzessive verkleinert und einige Institute geschlossen werden. Für die Einführung einer demokratischen Verfassung war gemäß dem neuen Statut jedes Institut selbst verantwortlich. Dass effektivere Strukturen und weniger Zentralismus nötig waren, um die Akademie zu reformieren, erkannten die ostdeutschen Akteure als relevante Maßnahmen.

Als Nachfolger Werner Schelers wurde der Mediziner Horst Klinkmann (geb. 1935) am 17. Mai 1990 zum Akademiepräsidenten gewählt. Doch die neue Regierung bestätigte ihn offiziell erst am 27. Juni im Amt. Daraus entstand ein Vakuum in der Zeit zwischen Mai und Ende Juni, in dem die Akademie ohne bestätigten Amtsinhaber nicht handlungsfähig war. Das war sicher kein Zufall, denn erst mit der offiziellen Amtsernennung Ende Juni konnte die neue Akademieleitung geschäftsführend tätig werden. Die letzte Regierung der DDR unter Ministerpräsident Lothar de Maizière hatte schließlich andere Pläne mit der Akademie, die bereits auf die Vereinigung der Wissenschaftssysteme zielten. Daher sollte der Statutenentwurf nach Vorstellung des Ministerrats der DDR im Hinblick auf die vereinte Wissenschaftslandschaft überarbeitet werden. Somit war es in dem eigentlichen „window of opportunity"[308] überhaupt

---

306 Vgl. Mayntz, Deutsche Forschung im Einigungsprozeß, S. 54.
307 Vgl. Stark, Der Runde Tisch der Akademie und die Reform der Akademie der Wissenschaften der DDR nach der Herbstrevolution 1989, S. 435.
308 Mayntz, Deutsche Forschung im Einigungsprozeß, S. 78.

nicht möglich, die Akademie neu aufzustellen, da ihr rechtlicher und organisatorischer Status zu der Zeit ungeklärt waren. Das wiederum überarbeitete Statut lag schließlich am 18. Juli vor. Es beinhaltete die Trennung der Gelehrtengesellschaft vom Institutsverbund, wobei letzterer erhalten bleiben sollte.

Gleichzeitig begannen Mitte Juli 1990 die Vorbereitungen zum Einigungsvertrag, die bereits unter den Vorzeichen der Akademieauflösung standen. Das Satzungsstatut der Akademie stand im Gegensatz zu den Vereinigungsplänen auf der politischen Ebene, hinter denen auch die letzte Regierung der DDR stand, die das Statut schließlich nicht mehr absegnete.[309] Die akademieinternen Reformbemühungen verpufften letztlich, weil die DDR-Regierung sie nicht unterstützte, wie der Abschnitt zur politischen Rahmung zeigt.

4.1.2 Ein Wissenschaftsrat der DDR?

Nach der Öffnung der Grenzen und dem Mauerfall wurden die bereits bestehenden deutsch-deutschen Wissenschaftskooperationen weiter ausgebaut und vertieft. Organisationen wie DFG und Max-Planck-Gesellschaft legten spezielle Programme zur Förderung von Gastaufenthalten im anderen Teil Deutschlands auf. Doch „an die Möglichkeit, daß es die DDR in absehbarer Zeit nicht mehr geben könnte und aus der Aufgabe der Kooperationsförderung die Aufgabe werden könnte, für die Integration der beiden Forschungssysteme zu planen, dachte zu jener Zeit offenbar niemand",[310] so Renate Mayntz. Auch der Wissenschaftsrat richtete auf gemeinsamen Vorschlag der Ministerien für Bildung und Wissenschaft sowie Forschung und Technologie Anfang des Jahres 1990 eine Arbeitsgruppe Deutsch-deutsche Wissenschaftsbeziehungen ein.[311] Unter Beteiligung ost- und westdeutscher Wissenschaftler stellte die Arbeitsgruppe Überlegungen zur Zusammenführung beider Wissenschaftssysteme an. Dabei orientierten sich die Vorstellungen zunächst an dem Zehnpunkteplan von Helmut Kohl, der eine stufenweise Annäherung beider Staaten bis zur Vereinigung vorsah.[312]

Nachdem sich die Arbeitsgruppe Deutsch-deutsche Wissenschaftsbeziehungen des Wissenschaftsrates konstituiert hatte und der westdeutsche Rat dadurch im Osten mehr Bekanntheit erlangt hatte, sollte auch in der DDR ein Wissenschaftsrat entstehen.[313] Die Idee hatte die Akademieleitung im März 1990 entwickelt. Sie basierte

---

309 Vgl. dazu Richard Schröder / Hans Misselwitz (Hg.): Die 10. Volkskammer zwischen DDR-Verfassung und Grundgesetz. Mandat für die deutsche Einheit, Opladen 2000.
310 Mayntz, Deutsche Forschung im Einigungsprozeß, S. 48.
311 Zu der Arbeitsgruppe s. u. S. 87–89.
312 Vgl. Dieter Simon: Die Quintessenz. Der Wissenschaftsrat in den neuen Bundesländern, in: Aus Politik und Zeitgeschichte (APuZ) B51 (1992): 29–36, S. 30.
313 Vgl. ABBAW: AKL (1969–1991), Nr. 328, Beratungsergebnis einer einmaligen Arbeitsgruppe vom 15.03.1990.

auf der Vorstellung, eine gemeinsame Wissenschaftskommission von Ost und West einzurichten, um die Leistungsfähigkeit der Akademie der Wissenschaften zu prüfen. Auf westdeutscher Seite sollte der Wissenschaftsrat hierzu tätig werden, aber auf ostdeutscher Seite existierte kein Pendant dazu, weshalb ein solches Gremium erst gegründet werden sollte. Mit dem 1957 gegründeten Forschungsrat der DDR gab es zwar prinzipiell eine ähnliche Organisation wie den Wissenschaftsrat, doch dieser hatte in den 1970er Jahren an Bedeutung verloren und spielte auf wissenschaftspolitischer Ebene der DDR lediglich eine marginale Rolle.[314] Außerdem ging es den reformwilligen Akteuren der Wendezeit darum, neue und von alten Strukturen unabhängige Gremien zu bilden. So lässt sich etwa der im April 1990 gegründete Unabhängige Historiker-Verband als ostdeutsches Reformgremium beschreiben.[315]

Die Gründung neuer Organisationen war als Neuanfang mit neuen Strukturen und Akteuren gedacht. Die Neuerungen resultierten aus Konflikten und Problemlagen der jüngsten Vergangenheit. Eine konkrete Zukunftsperspektive enthielten sie hingegen nicht.

Mit Blick auf einen vereinten deutschen Staat war sich die Akademieleitung des Umstands bewusst, dass sich etwas an der Struktur der Akademie ändern musste: „Es ist davon auszugehen, daß eine AdW mit 24.000 Mitarbeitern zur Einbindung in das Wissenschaftssystem eines vereinigten Deutschlands in der jetzigen Form nicht akzeptiert wird, eine wesentliche Aufgabe ist die innere Effektivierung",[316] hieß es schon Mitte März 1990 intern. Die personelle Größe der Forschungsakademie wurde für die Vereinigung als problematisch erachtet. Und auch die westdeutsche Haltung, wonach „klare Vorstellungen über eine zukünftige einheitliche Wissenschaftslandschaft"[317] bestanden, hatten die ostdeutschen Wissenschaftspolitiker zu diesem Zeitpunkt noch vor der ersten freien Volkskammerwahl ganz richtig eingeschätzt. Mit Schlagworten wie Wettbewerbsfähigkeit und Leistungsfähigkeit passten die Wissenschaftler der DDR sich schnell dem westdeutschen Sprachduktus an und verstanden es, ihre Einrichtungen mit diesem Vokabular zu beschreiben. Es existierte durchaus ein zeitgemäßes Gespür dafür, in welche Richtung sich die Wissenschaftspolitik entwickeln müsse oder aber welche Rhetorik es brauchte, um sich westlichen Standards anzunähern. Ob die mit diesen Semantiken verbundenen Inhalte tatsächlich klar waren, bleibt allerdings offen.

Nach der ersten freien Volkskammerwahl vom 18. März 1990 konkretisierten sich die Pläne zur Gründung eines ostdeutschen Wissenschaftsrates. Nachdem die erste

---

314 Zum Forschungsrat siehe Malycha, Spannungsfeld von Wissenschaft und Politik in der DDR in den 1960er und 1970er Jahren, S. 39–60.
315 Vgl. Matthias Berg u. a.: Die versammelte Zunft. Historikerverband und Historikertage in Deutschland 1893–2000, Göttingen 2018: 653–680.
316 ABBAW: AKL (1969–1991), Nr. 328, Beratungsergebnis einer einmaligen Arbeitsgruppe vom 15.03.1990.
317 ABBAW: AKL (1969–1991), Nr. 328, Beratungsergebnis einer einmaligen Arbeitsgruppe vom 15.03.1990.

Initiative dazu von der Akademieleitung ausging, brachte im April die neu gegründete Rektorenkonferenz der DDR diesen Vorschlag ein. Sie wandte sich in einem Schreiben vom 19. April 1990 an den frisch gewählten Ministerpräsidenten Lothar de Maizière und legte dar, warum ein Wissenschaftsrat der DDR „schnellstmöglich gegründet werden sollte".[318] Der ostdeutsche Rat war als Gegenstück zum Wissenschaftsrat der Bundesrepublik gedacht. Er sollte als gleichberechtigter Partner die deutsch-deutschen Wissenschaftsbeziehungen aushandeln. Darüber hinaus sah die Rektorenkonferenz die Rolle des Wissenschaftsrates in einer Beraterfunktion für die Regierung der DDR zur Erstellung strukturpolitischer Empfehlungen.[319] Diese Aufgabe entsprach im Wesentlichen den Aufgaben des westdeutschen Rates. Woher das Wissen über das Kölner Gremium stammte, ist nicht ganz klar. Vermutlich lernten ostdeutsche Wissenschaftspolitiker die Funktions- und Organisationsweise während der ersten Austauschgespräche um die Jahreswende 1989/90 kennen. Der Geheimdienst der DDR hatte über den Wissenschaftsrat jedenfalls nur wenige medial bekannte Informationen gesammelt, wie eine Recherche beim BStU ergab.[320]

Auch der Vorsitzende des Kölner Wissenschaftsrates, der Rechtswissenschaftler Dieter Simon, erhielt die schriftliche Aufforderung der ostdeutschen Rektorenkonferenz. Dazu lautete sein handschriftlicher Kommentar zur Gründung des ostdeutschen Wissenschaftsrates: „Das muß auf der obersten Ebene blockiert werden."[321] Einen Monat später erhielt die Rektorenkonferenz der DDR eine Antwort durch das ostdeutsche Ministerium für Forschung und Technologie. Darin legte ein Ministerialbeamter die gemeinsame Position von Dieter Simon und dem Bundesminister für Forschung und Technologie, Heinz Riesenhuber (geb. 1935), dar, wonach es unzweckmäßig sei, „parallel zum Wissenschaftsrat ein entsprechendes Gremium in der DDR ins Leben zu rufen. Das würde zu einer Doppelstruktur führen, die im Vereinigungsprozeß der beiden deutschen Staaten nur störend wirkt."[322]

Simon und Riesenhuber sprachen sich entschieden gegen die Gründung eines DDR-eigenen Wissenschaftsrates aus. Zu viele Gremien bedeuteten aus ihrer Sicht zu komplexe Strukturen, die die spätere Vereinigung beider Wissenschaftssysteme behindern würden. Möglicherweise spielte dabei auch eine Rolle, dass der Wissenschaftsrat eigene Interessen besser durchsetzen konnte, solange er konkurrenzlos blieb.

Als Zeichen des Entgegenkommens schlugen Simon und Riesenhuber jedoch ein gemeinsames Treffen der ost- und westdeutschen Wissenschaftspolitiker vor, das für Juni anberaumt wurde. Das ostdeutsche Ministerium für Forschung und Technologie

---

318 BArch Berlin DC 20/6555, Gründung Wissenschaftsrat, Schreiben vom 19.04.1990.
319 Ebd.
320 Die Stasi sammelte am Ende der 1980er Jahre nur zwei Presseartikel zum Wissenschaftsrat, BStU, MfS-ZAIG 29548.
321 AdWR: Korrespondenz Simon Materialien zur DDR, Brief der Rektorenkonferenz vom 19.04.1990.
322 BArch Berlin DC 20/6555, Schreiben des Ministeriums für Forschung und Technologie an das Büro des Ministerpräsidenten vom 29.05.1990.

hielt über den Sommer 1990 weiterhin an der Idee fest, eine gleichberechtigte deutsch-deutsche Wissenschaftlerkommission zu bilden.[323]

Bei der Idee, neue forschungspolitische Organisationen in der DDR zu gründen, ging es nicht nur um einen Wissenschaftsrat. Bis zum März des Jahres 1990 gab es auch Initiativen zur Gründung einer Rektorenkonferenz der DDR sowie einer DFG-Ost.[324] Die schon erwähnte Rektorenkonferenz entstand dabei tatsächlich, während die Bestrebungen, eine ostdeutsche DFG aus der Taufe zu heben, abbrachen, als sich infolge der ersten freien Volkskammerwahl eine schnelle Vereinigung abzeichnete.

Auch innerhalb der Akademie der Wissenschaften gab es Überlegungen, eine neue Trägerorganisation zu errichten. Die westdeutsche Wissenschaftspolitik beäugte diese Entwicklungen, wie die Gründung neuer Gremien insgesamt, skeptisch. So notierte der Bundesforschungsminister mit Blick auf einen neuen Träger der Akademie: „Bloß keine Neugründungen! Auch wenn sie nur temporär gemeint sind, wären sie schwer wieder loszuwerden (nichts ist permanenter als eine ‚Ad-hoc-Einrichtung'!)."[325]

Etwa zur gleichen Zeit erklärte der ostdeutsche Forschungsminister Frank Terpe (1929–2013) in einem Fernsehinterview der Aktuellen Kamera, der ostdeutschen Tagesschau, dass er sich ein Moratorium von etwa zwei Jahren für die Transformationsphase des Wissenschaftsbereichs vorstelle. Über diesen Zeitraum wollte er eine möglichst sozialverträgliche Akademieumstrukturierung vornehmen und vorschnelle Entscheidungen verhindern.[326]

Zusammenfassend kann für die Akademie der Wissenschaften für die Zeit nach der ‚Friedlichen Revolution' festgestellt werden, dass die demokratischen Veränderungen im Bereich der Wissenschaftsorganisationen zeitlich später einsetzten als im gesellschaftlichen Bereich. Sie stellten eher eine Reaktion auf die zivilgesellschaftlichen Entwicklungen dar.[327]

Die SED-Führungsriege hielt weiterhin an ihrem Machtanspruch fest und versuchte den Erneuerungsprozess umzumünzen und für sich auszuspielen. Dabei entstanden in der Umbruchzeit Vorstellungen über die zukünftige Rolle der Akademie der Wissenschaften, die sich vorrangig aus in der Vergangenheit liegenden Konstellationen und Problemlagen ergaben. Dass die Akteure der ostdeutschen Wissenschaftspolitik eigene Wissenschaftsorganisationen nach westdeutschem Vorbild aufzubauen versuchten, zeigt, dass sie einen späteren Annäherungsprozess mit westdeutschen Ak-

---

323 Ebd.
324 Vgl. Mayntz, Deutsche Forschung im Einigungsprozeß, S. 70 f.
325 BArch Koblenz B196/118573, Treffen Minister Riesenhuber / Minister Terpe am 21.05.1990.
326 Vgl. Aktuelle Kamera vom 11.05.1990: Minister Terpe äußerte sich bei einem Besuch im Institut für Elektronenphysik zur Zukunft der Akademie der Wissenschaften [https://deutsche-einheit-1990.de/ministerien/mft/adw/; zuletzt aufgerufen am 09.07.2019].
327 Für eine Einordnung der ‚Friedlichen Revolution' als zivilgesellschaftlichen Aufbruch plädiert Jarausch, vgl. Jarausch Konrad H.: Aufbruch der Zivilgesellschaft: zur Einordnung der friedlichen Revolution von 1989, in: Totalitarismus und Demokratie 3 (2006): 25–46.

teuren aus einer äquivalenten Organisation heraus und damit auf Augenhöhe führen wollten. Das Mächtegleichgewicht wäre in solch einer Konstellation ausgewogener gewesen, was wohl allen Beteiligten klar gewesen war, weshalb westdeutsche Akteure die Bestrebungen zu verhindern wussten. Aber nicht nur westlicher Machtwille wirkte auf dieses Handeln ein, sondern auch die Sorge, dass institutionelle Überkomplexität hinderlich für den Einigungsprozess werden könnte. Die Wissenschaftpolitiker der DDR glaubten bis in den Frühsommer des Jahres 1990 weiterhin an die Gründung einer Deutsch-deutschen Wissenschaftskommission, um als gleichberechtigter Partner der Bundesrepublik Deutschland ein Konzept für das vereinte Wissenschaftssystem auszuarbeiten.

Den politischen Zeichen folgend, die sich nach Unterzeichnung des Staatsvertrags über die Wirtschafts-, Währungs- und Sozialunion am 18. Mai 1990 hin zu einer konkreten Wiedervereinigung zuspitzten, veränderten sich auch die wissenschaftspolitischen Rahmenbedingungen. Zu der Gründung eines ostdeutschen Wissenschaftsrates und der anderen Gremien kam es nicht mehr. Vielmehr hetzte die verfahrenstheoretisch gesehene ‚langsame Seite' den schnellen Entwicklungen hinterher und arbeitete noch an einem Akademiestatut, als der Wissenschaftsrat schon sein Evaluationskonzept und die nächsten Schritte im Begutachtungsprozess vorbereitete.[328]

4.1.3 Visionen im Westen

Nach Öffnung der Grenzen in der DDR machte sich unter den westdeutschen Wissenschaftsorganisationen von Wissenschaftsrat, Rektorenkonferenz und Kultusministerkonferenz die Angst vor einem Massenansturm der DDR-Abiturienten auf die westdeutschen Hochschulen breit. Die Vertreter der genannten Gremien trafen sich am 15. Dezember 1989, um die hochschulpolitischen Auswirkungen der Grenzöffnung zu thematisieren. Sie fürchteten insbesondere eine Verdrängung westdeutscher Studierender: „Derzeit gibt es noch keine Überlegungen, wie der sich abzeichnende ‚Verdrängungswettbewerb' (die Übersiedler aus der DDR werden mit ihren sehr guten Zeugnissen zahlreiche westdeutsche Bewerber überflügeln) bewältigt werden soll."[329] Von wem diese Einschätzung ausging, ist aus dem Ergebnisprotokoll des Wissenschaftsrates nicht ersichtlich. Doch dass Abiturientinnen und Abiturienten der DDR bessere Zensuren haben würden als westdeutsche Schülerinnen und Schüler, war nicht bloß ein Vorurteil. Zumindest für Schulnoten galt im Bildungswesen der DDR

---

328 Vgl. Luhmann, Legitimation durch Verfahren, S. 46.
329 AdWR: SO I 0.1.2 Ausgangslage Arbeitsgruppe Deutsch-deutsche Wissenschaftsbeziehungen, Vermerk vom 15.12.1989.

seit den 1960er Jahren eine Privilegierung schlechterer Schülerinnen und Schüler.[330] Insofern war tatsächlich denkbar, dass ostdeutsche gegenüber westdeutschen Studienanwärtern bessere Noten und dadurch leichteren Zugang zu den begrenzten Studienplätzen hatten.

Darüber hinaus sollte an den Universitäten in Grenzregionen wie zum Beispiel in Braunschweig ein Spezialangebot für Übersiedler und Pendler geschaffen werden, um die „Defizite"[331] der ostdeutschen Studierenden in Englisch, EDV, Geräte- und Literaturkenntnissen zu verbessern. Einigkeit herrschte auch darüber, dass westdeutsche Förderprogramme, die noch aus dem WTZ-Abkommen hervorgingen, um Sofortmaßnahmen zur Verbesserung der Infrastruktur ergänzt werden mussten.[332]

In den Programmen der VW-Stiftung und der DFG war eine Förderung allerdings nur dann möglich, wenn auch westdeutsche Kooperationspartner beteiligt waren. Schnelle Investitionen waren auf diese Weise nicht möglich. Der Vorsitzende des Wissenschaftsrates, Dieter Simon, schlug daraufhin die Gründung einer Stiftung zur Förderung der DDR-Wissenschaft vor. Doch der Generalsekretär der VW-Stiftung, Rolf Möller (geb. 1930), hielt diese Überlegung für wenig zielführend. Stattdessen wollte er die Position seiner eigenen Einrichtung, der VW-Stiftung, stärken. In einem Brief an Simon erklärte er, dass dem Forschungssystem der DDR zweifelsohne eine schnelle und kompetente Unterstützung zukommen müsse, ein neuer Träger aber unzweckmäßig sei. Vielmehr solle die DDR sich „möglichst normal und integriert in die allgemeine Wissenschaftsförderung" einfügen, „zumal die wirtschaftlichen und politischen Entwicklungen doch wohl in die Richtung weitgehender Zusammenarbeit zwischen der DDR und der Bundesrepublik gehen, wenn nicht sogar zwangsläufig in die Richtung der Vereinigung."[333] In seiner Antwort erklärte Simon, dass es ihm bei der Wissenschaftsstiftung darum gehe, in der DDR eine Wissenschaftsverwaltung und eine autonome akademische Infrastruktur aufzubauen: „Nun könnte sich freilich ergeben, daß der Unterschied [zwischen Bundesrepublik und DDR] schneller schwindet, als ich mir dies im Januar dieses Jahres vorstellen konnte."[334] Da die Vereinigung tatsächlich schneller auf die tagespolitische Agenda rückte, als noch im Januar 1990 zu erwarten war, verlief Simons Idee der Wissenschaftsstiftung im Sande.

Die bereits erwähnt Arbeitsgruppe Deutsch-deutsche Wissenschaftsbeziehungen konstituierte sich ebenfalls im Januar 1990. Von BMFT und BMBW gemeinsam beauftragt, richtete der Wissenschaftsrat diese Arbeitsgruppe ein, die aus 18 Personen

---

330 Vgl. Helmut Köhler: Zensur, Leistung und Schulerfolg in den Schulen der DDR, in: Zeitschrift für Pädagogik 47 (2001): 847–857.
331 Ebd.
332 Ebd.
333 AdWR: SO I 1.0 Ausgangslage Arbeitsgruppe Deutsch-deutsche Wissenschaftsbeziehungen, Brief aus der VW-Stiftung an den Vorsitzenden des WR vom 22.01.1990.
334 AdWR: SO I 1.0 Ausgangslage Arbeitsgruppe Deutsch-deutsche Wissenschaftsbeziehungen, Antwortschreiben an die VW-Stiftung vom 02.02.1990.

bestand, wovon 12 der Wissenschaftlichen Kommission angehörten und sechs Mitglieder aus Ostdeutschland stammten. Einer von ihnen war Horst Klinkmann, der Präsident der Akademie der Wissenschaften.[335] Dass die Ministerien die Arbeitsgruppe beim Wissenschaftsrat ansiedelten, war aus der Perspektive der Planung und Steuerung von Wissenschaft naheliegend. Das erste Treffen der Deutsch-deutschen Arbeitsgruppe fand Anfang März 1990 statt. Dabei agierte die AG im Rahmen des Zehnpunkteprogramms von Helmut Kohl und hatte eine zeitlich entfernte Vereinigung beider deutscher Staaten im Blick. In erster Linie sollte es um eine engere Zusammenarbeit gehen. Dennoch sah die Gruppe ihren Auftrag auch darin, vorläufige Empfehlungen für eine Zusammenführung der Wissenschaftssysteme in Ost und West zu erarbeiten. Die später veröffentlichte Empfehlung soll der damalige Referatsleiter der Geschäftsstelle, Wilhelm Krull (geb. 1952), einer Anekdote zufolge während einer Wartezeit am Flughafen verfasst haben.[336] Verabschiedet und veröffentlicht hatte der Wissenschaftsrat das Papier am 6. Juli 1990 unter dem Titel *Perspektiven für Wissenschaft und Forschung auf dem Weg zur deutschen Einheit – zwölf Empfehlungen*.[337]

Doch im Sommer 1990 waren die politischen Weichen inzwischen ganz anders gestellt worden. Ähnlich wie die Reform des Akademiestatuts war das Fenster der Möglichkeiten zum Zeitpunkt der Veröffentlichung im Juli schon wieder geschlossen. Dennoch vermittelt der Text das Visionäre, das die westdeutschen Wissenschaftspolitiker zu Beginn des Jahres realisieren zu können glaubten:

> Insgesamt gesehen kann es nicht einfach darum gehen, das bundesdeutsche Wissenschaftssystem auf die DDR zu übertragen. Vielmehr bietet der Prozeß der Vereinigung auch der Bundesrepublik Deutschland die Chance, selbstkritisch zu prüfen, inwieweit Teile ihres Bildungs- und Forschungssystems der Neuordnung bedürfen.[338]

Die Passage bringt zum Ausdruck, dass der Einigungsprozess auch auf bundesrepublikanischer Seite als Chance begriffen wurde. Grundsätzlich eröffnet eine Chance die Möglichkeit, etwas Bestimmtes zu erreichen oder einen Umstand positiv für sich zu nutzen. In diesem Fall betrachteten einige westdeutsche Wissenschaftler die

---

335 Von den fünf anderen Mitgliedern waren ab Februar 1991 auch drei als Gäste in der Wissenschaftlichen Kommission des Wissenschaftsrates eingeladen: Eberhardt Jobst, Friedhart Klix und Benno Parthier. Parthier wurde zudem nach der offiziellen Vergrößerung des Rates im Januar 1992 als festes Mitglied in die Wissenschaftliche Kommission berufen. Zur Liste der ostdeutschen Teilnehmer: BArch Berlin DC 20/6555: Schreiben aus dem ostdeutschen Ministerium für Forschung und Technologie an Karl Hiekisch vom 29.05.1990.
336 So berichtete Dieter Simon an der Tagung ‚25 Jahre Wissenschaft und Wiedervereinigung' am 06.07.2015 im Tagungszentrum der VW-Stiftung auf Schloss Herrenhausen [https://www.stifterverband.org/veranstaltungen/archiv/2015_07_06_wiedervereinigung; zuletzt aufgerufen am 29.01.2019].
337 Wissenschaftsrat: Perspektiven für Wissenschaft und Forschung auf dem Weg zur deutschen Einheit. Zwölf Empfehlungen, Berlin 1990.
338 Vgl. Wissenschaftsrat, Perspektiven für Wissenschaft und Forschung auf dem Weg zur deutschen Einheit, S. 6.

deutsch-deutsche Vereinigung als Gelegenheit, um das eigene Wissenschaftssystem zu reformieren. Die von Offenheit und struktureller Kontingenz gekennzeichnete Situation erkannten die reformorientierten Wissenschaftspolitiker um den Vorsitzenden des Rates, Dieter Simon, den Leiter der Wissenschaftlichen Kommission, Horst Franz Kern (geb. 1938), und den Politologen Max Kaase (geb. 1935) als Gestaltungsmöglichkeit. Um diesen Kreis an Wissenschaftlern formierte sich eine jüngere Riege an Wissenschaftsmanagern, die als Referatsleiter in der Geschäftsstelle des Kölner Wissenschaftsrates tätig waren. Dazu gehörten Wilhelm Krull (geb. 1952) und Hans-Jürgen Block (geb. 1950).[339] Für die Generation älterer Wissenschaftler und jüngerer Wissenschaftsmanager schienen in diesem Moment die schon lange diskutierten Reformkonzepte zum Wissenschaftssystem umsetzbar zu werden. Die Reform sollte eine Steigerung der Leistungsfähigkeit bewirken. Denn neben Stärken der westdeutschen Wissenschaft gab es viele „ungelöste Probleme, Defizite, organisatorische Mängel und innere Widersprüchlichkeiten",[340] wie Wilhelm Krull 1992 resümierte. Und deshalb, so abermals Krull, „schien es nur konsequent, mit der Vereinigung der beiden Wissenschaftssysteme die Hoffnung zu verbinden, die strukturellen und organisatorischen Voraussetzungen für die Forschung in Deutschland mit dem Ziel gesteigerter Leistungsfähigkeit weiterzuentwickeln [...]."[341]

Aber nicht nur im Wissenschaftsrat herrschte Unzufriedenheit mit dem westdeutschen Wissenschaftssystem. Auch andernorts fanden kritische Diskussionen statt, so beispielsweise im Essener Stifterverband, der die Absicht begrüßte, das eigene Forschungs- und Wissenschaftssystem auf den Prüfstand zu stellen.[342]

Die Kritik resultierte aus den Bedingungen der 1980er Jahre. Dabei bewerteten Akteure der Wissenschaftspolitik die Studienzeiten als zu lang, Betreuungsschlüssel als zu schlecht und das System der staatlichen Hochschul- und Forschungsfinanzierung als zu wenig kompetitiv. Auch die Mobilität der Forschenden und Studierenden wurde als gering eingeschätzt.[343] So hatte der Wissenschaftsrat diese strukturellen Aspekte schon 1988 bemängelt und erklärte den Wettbewerb zum Innovationsmotor des kommenden Jahrzehnts.[344] Zentraler Bestandteil eines kompetitiven Systems sollte der Wettbewerb um Forschungsgelder sein. Dabei galten Drittmittel als Instrument

---

339 Ausführlicher werden diese Personen weiter unten dargestellt, s. S. 256–260.
340 Zitat Wilhelm Krull: Neue Strukturen für Wissenschaft und Forschung. Ein Überblick über die Tätigkeit des Wissenschaftsrates in den neuen Ländern, in: Aus Politik und Zeitgeschichte (APuZ) (1992): 15–28, S. 16.
341 Ebd.
342 AdWR: SO I 1.0 AG Deutsch-deutsche Wissenschaftsbeziehungen, Schreiben des Stifterverbands an den WR vom 2.07.1990.
343 Zur Krisendiagnostik im Wissenschaftssystem vor der Wende vgl. Mitchell G. Ash: Die Universitäten im deutschen Vereinigungsprozeß – ‚Erneuerung' oder Krisenimport? In: Ders. (Hg.): Mythos Humboldt. Vergangenheit und Zukunft der deutschen Universitäten, Wien u. a. 1999: 105–135.
344 Wissenschaftsrat, Empfehlungen des Wissenschaftsrates zu den Perspektiven der Hochschulen in den 90er Jahren, S. 3.

einer qualitätsorientierten Form der Forschungsförderung. Sie hatten sich gegenüber anderen Kennziffern wie Publikationszahlen und Zitationsanalysen aufgrund ihrer Praktikabilität und Vergleichbarkeit durchgesetzt.[345] Die Frage nach der Qualität der Forschung – oder im Sprachjargon der Zeit ausgedrückt: die „leistungsfähige und im internationalen Wettbewerb konkurrenzfähige Forschung"[346] – spielte in dem Papier von 1988 eine entscheidende Rolle. Um die Leistungsfähigkeit an den außeruniversitären Einrichtungen zu gewährleisten, empfahl der Wissenschaftsrat für alle hochschulexternen Institute eine regelmäßige Begutachtung, so wie sie schon für die Institute der sogenannten Blauen Liste realisiert werden konnte.[347]

Damit galt die Kritik allen außeruniversitären Einrichtungen, worunter die Großforschungszentren, die Max-Planck- und die Fraunhofer-Institute zählten. Zu einem innovativen Forschungs- und Wissenschaftssystem gehörte nach diesem Verständnis auch die Begutachtung von Forschungsleistungen und daran geknüpfte Forschungsmittel. Eben diese Praktik der Evaluation avancierte an den ostdeutschen Akademieinstituten zum zentralen Handlungsfeld des Wissenschaftsrates. Dabei war der Praktik selbst ein Zukunftsbezug inhärent, da die Evaluation auf eine Veränderung der zukünftigen Wissenschaftskultur zielte. Sie beinhaltete Handlungsaufforderungen, an denen die begutachteten Institute sich künftig zu orientieren hatten, um in der nächsten Begutachtungsperiode positiv abzuschneiden und weiter gefördert zu werden.

Die durch die Wende in der DDR hervorgerufene strukturelle Kontingenz sahen die Mitglieder der Wissenschaftlichen Kommission als Anlass, den lange diskutierten Wettbewerb zu implementieren. Erwies sich das deutsche Wissenschaftssystem über viele Jahre als widerständig gegenüber neoliberalen Reformen,[348] wollten die Personen um den Ratsvorsitzenden Simon die Gunst der Stunde im Jahr 1990 nutzen. Dazu dachten die beteiligten Wissenschaftler und Wissenschaftsmanager sich einen dreistufigen Plan aus: In einem ersten Schritt sollte die ostdeutsche Forschungslandschaft evaluiert werden, in einem zweiten Schritt die westdeutsche, um am Ende gesamtdeutsche Reformen einzuleiten. Dieter Simon erhielt für dieses Vorgehen wohl eine mündliche Zusage vonseiten der Politik, wobei es sich um einen großen Schritt in Richtung Neoliberalisierung des Wissenschaftssystems handeln sollte. Eine schriftliche Vereinbarung über diese Abstimmung existiert jedoch nicht, da die politischen Akteure sich wohl bewusst nicht auf eine derartige Programmatik festnageln lassen wollten. Dabei weckte dieses Zugeständnis für umfassende Reformen überhaupt erst die Motivation unter den Ratsmitgliedern zur Durchführung des großangelegten Eva-

---

345 Vgl. Mayer, Universitäten im Wettbewerb, S. 174.
346 Wissenschaftsrat, Empfehlungen des Wissenschaftsrates zu den Perspektiven der Hochschulen in den 90er Jahren, S. 5.
347 Vgl. ebd., S. 7.
348 Zur Reformfähigkeit des Wissenschaftssystems vgl. Anna Rohstock: Von der ‚Ordinarienuniversität' zur ‚Revolutionszentrale'? Hochschulreform und Hochschulrevolte in Bayern und Hessen 1957–1976, München 2010 (= Quellen und Darstellungen zur Zeitgeschichte, Bd. 78).

luationsverfahrens im Osten.³⁴⁹ Denn viele der westdeutschen Wissenschaftler hatten bislang nicht viel mit der DDR zu tun, ihr Interesse galt vielmehr der Evaluation und späteren Reform des Westens.

Das geplante Vorhaben des Wissenschaftsrates erweckte auch unter ostdeutschen Akteuren die Hoffnung, dass es zu einem fairen Transformationsprozess komme, indem Ost und West gleichermaßen Einschnitte hinnehmen würden. Über die gemeinsame Arbeit in der AG Deutsch-deutsche Wissenschaftsbeziehungen waren die westdeutschen Vorstellungen und Absichten bekannt.

Die von Dieter Simon, Wilhelm Krull und den anderen Wissenschaftlern und Verwaltungsmitarbeitern der Geschäftsstelle geteilte Vision eines reformierten Wissenschaftssystems sollte durch eine größere Autonomie, eine stärkere Marktorientierung und mehr betriebswirtschaftliches Management gekennzeichnet sein. Simon habe „mehr Amerika"³⁵⁰ gewollt, wie er im Interview beschrieb. Auch sollte die Ausstattung der Hochschulen verbessert werden, um den Mittelbau vergrößern und die Hochschullehre besser aufstellen zu können.

Mit Blick auf die klare Zukunftsperspektive der Weiterentwicklung des deutschen Wissenschaftssystems versuchten die Wissenschaftspolitiker vehement, die in der DDR entwickelten Reformkonzepte und Gremien zu verhindern. Dabei hatten es die Akteure der DDR durchaus richtig eingeschätzt, als sie vermuteten, dass bereits „klare Vorstellungen über eine zukünftige einheitliche Wissenschaftslandschaft"³⁵¹ vorlagen.

Neben den Erfahrungen aus dem eigenen Wissenschaftskontext speisten sich die Visionen um das zukünftige Forschungssystem aus internationalen Entwicklungen, die vor dem Hintergrund der Globalisierung zu sehen waren. Denn das Wissenschaftssystem der Bundesrepublik war in einen internationalen Forschungskontext eingebunden und auch die Mitglieder des Wissenschaftsrates brachten verschiedene Auslandserfahrungen ein. Vorbildhaft war für Mitglieder der Wissenschaftlichen Kommission, die mehrheitlich der ,45er Generation' zugeordnet werden können, das westliche Ausland.³⁵² Insbesondere das private Hochschul- und Wissenschaftssystem der USA sowie das unter Margaret Thatcher in Großbritannien eingeführte New Public Management (NPM) galten als modern und richtungsweisend. Viele Mitglieder der Wissenschaftlichen Kommission hatten im Rahmen von Gast- und Forschungsaufenthalten selbst

---

349 An der Tagung ‚25 Jahre Wissenschaft und Wiedervereinigung' erklärte Dieter Simon, Jürgen Mittelstraß habe erst den Westen und dann den Osten evaluieren wollen, während Simon ein umgekehrtes Verfahren befürwortete. Im Ergebnis sei es jedoch zu keiner der beiden Varianten gekommen, vgl. Simons Beitrag an der Tagung vom 06.07.2015 [https://www.stifterverband.org/veranstaltungen/archiv/2015_07_06_ wiedervereinigung; zuletzt aufgerufen am 29.01.2019].
350 So Dieter Simon im Interview, das ich am 13.10.2017 in Berlin geführt habe. Der Inhalt des Gesprächs liegt bei der Autorin.
351 ABBAW: AKL (1969–1991), Nr. 328, Beratungsergebnis einer einmaligen Arbeitsgruppe vom 15.03.1990.
352 Vgl. A. Dirk Moses: Die 45er. Eine Generation zwischen Faschismus und Demokratie, in: Die Neue Sammlung 40 (2000): 211–232.

Erfahrungen mit dem US-amerikanischen Wissenschaftssystem sammeln können. Dieser Erfahrungshintergrund war für die Alterskohorte der in den 1920er und 1930er Jahren geborenen Generationen insgesamt prägend.[353]

Das New Public Management stellte ein betriebswirtschaftliches Konzept dar, das in Großbritannien Mitte der 1980er Jahre auf den Verwaltungsbereich übertragen wurde. Dieses Konzept ging von einer prinzipiellen Ineffizienz und Inflexibilität staatlicher Bürokratie aus, die durch Marktmechanismen verbessert werden soll.[354] Konkurrenz stellte hierbei ein legitimes Instrument dar, um mehr Effizienz zu erzielen und Leistungsanreize zu schaffen. Für den Wissenschaftsbetrieb bedeutete das NPM Deregulierung, eine Schwächung der akademischen Selbstorganisation und eine Stärkung hierarchischer Strukturen.[355]

In Großbritannien erfuhr das Hochschulwesen in den 1980er Jahren eine grundlegende Neoliberalisierung, die bis in die 1990er Jahre hinein zu einer nachhaltigen Umstrukturierung des Wissenschaftssystems geführt hatte. Die Grundausstattung wurde seit 1980 stark gesenkt und musste von den Hochschulen durch vermehrte Drittmittelakquise kompensiert werden. Weiter verstärkt wurde der Konkurrenzgedanke durch das 1985/86 erstmals eingesetzte Research Assessment Exercise. Dabei handelte es sich um ein landesweites Evaluationsverfahren, das die Grundausstattung der Universitäten an die Forschungsleistung der einzelnen Departments knüpfte.[356]

In den USA gab es bereits eine deutlich längere Tradition des Leistungs- und Konkurrenzprinzips. Während das Leistungsprinzip aus dem demokratischen Bildungsverständnis resultierte, entstand das Konkurrenzprinzip aus knappen Forschungsgeldern.[357] Seit den 1960er Jahren bildete sich zudem ein auf Peer Review basierendes Verfahren der staatlichen Projektförderung heraus.[358]

Entgegen dem internationalen Trend blieb es in der Bundesrepublik bei einer starken akademischen Selbstorganisation der Universitäten und einer gleichzeitig starken Regulierung durch den Staat. Westdeutschland war der einschlägigen Forschung zufolge ein Nachzügler in der Entwicklung und Realisierung neuer Formen der Forschungsförderung.[359] An diesem Punkt setzten die Vorstellungen der reformwilligen

---

353 Vgl. Herbert, Drei politische Generationen im 20. Jahrhundert.
354 Vgl. Mayer, Universitäten im Wettbewerb, S. 125; Lothar Zechlin: New Public Management an Hochschulen: wissenschaftsadäquat? In: Aus Politik und Zeitgeschichte (APuZ) 18–19 (2015): 31–38.
355 Lange, Schimank, Hochschulpolitik in der Bund-Länder-Konkurrenz, S. 525.
356 Vgl. Dies.: Zwischen Konvergenz und Pfadabhängigkeit: New Public Management in den Hochschulsystemen fünf ausgewählter OECD-Länder, in: Katharina Holzinger / Helge Jorgens / Christoph Knill (Hg.): Transfer, Diffusion und Konvergenz von Politiken. Sonderheft der Politischen Vierteljahresschrift, Wiesbaden 2007: 522–548, S. 525 ff.
357 Vgl. Gero Lenhardt: Hochschulen in Deutschland und in den USA. Deutsche Hochschulpolitik in der Isolation, Wiesbaden 2005, S. 107–114.
358 Vgl. Casper Hirschi: Wie die Peer Review die Wissenschaft diszipliniert, in: Merkur 72 (2018): 5–19, S. 7.
359 Vgl. Lange, Schimank, Zwischen Konvergenz und Pfadabhängigkeit, S. 535.

Wissenschaftler an: Sie forderten eine stärkere Eigenverantwortung der Hochschulen, verstanden Wissenschaft als Dienstleistung für Wirtschaft und Gesellschaft und strebten eine integrierte Betrachtung des Wissenschaftssystems mitsamt Hochschulen und außeruniversitären Einrichtungen an.[360]

Der Reformgedanke der Wissenschaftler implizierte dabei zwei Dimensionen. Zum einen die Orientierung an der Einheit von Forschung und Lehre und den Primat der Universität, zum anderen den Bezugspunkt neoliberaler Leitvorstellungen. Die Hochschulen sollten als „öffentliche Dienstleistungseinrichtungen"[361] agieren und selbst für ihr Bestehen auf dem Markt sorgen, wie es der Wissenschaftsrat schon 1988 formuliert hatte. Die Bedingungen von Konkurrenz und Globalisierung aggregierten zwar in den 1990er Jahren insgesamt[362] und prägten auch die Wissenschaftspolitik, schlugen aber im Wissenschaftssystem nicht vollends durch. Durch das Festhalten an der Humboldt-Idee entstand vielmehr ein Spannungsverhältnis zu Modernisierungstendenzen. Damit blieb das Reformkonzept in gewisser Weise ambivalent. Es verband traditionelle Prinzipien mit innovativen und als zeitgemäß erachteten Leitgedanken.

4.2 Politische Realitäten: Wahrung des Status quo

Die im Mai 1990 von der ersten frei gewählten DDR-Regierung getroffene Entscheidung, fünf neue Bundesländer einzuführen, bedeutete das Ende der vier ostdeutschen Akademien.[363] Die Forschungsorganisation sollte sich auf dem Weg zur Einheit bereits an Westdeutschland orientieren, wie die DDR-Regierung unter Ministerpräsident Lothar de Maizière vorgab. Zudem war die Existenz der zentral organisierten Forschungsakademien mit insgesamt über 40.000 Beschäftigen in den entstehenden, relativ kleinen ostdeutschen Ländern kaum zu realisieren. Und auch politisch waren die ostdeutschen Akademien nicht gewünscht, weder in Ost noch in West. Zwar wäre ein Institutsverbund der Akademieinstitute theoretisch denkbar gewesen, aber der Erhalt der Akademie der Wissenschaften als vom Bund getragene Einrichtung hätte gegen das westdeutsche Prinzip der forschungspolitischen Kompetenzverteilung verstoßen. Möglich wäre auch gewesen, die Akademie als Landeseinrichtung fortzuführen. Dazu fehlte der Akademie aber die Handlungsfähigkeit und Interessenvertretung.[364]

---

360 Wissenschaftsrat, Empfehlungen des Wissenschaftsrates zu den Perspektiven der Hochschulen in den 90er Jahren.
361 Wissenschaftsrat, Empfehlungen des Wissenschaftsrates zu den Perspektiven der Hochschulen in den 90er Jahren, S. 3.
362 Wencke Meteling: Internationale Konkurrenz als nationale Bedrohung. Zur politischen Maxime der ‚Standortsicherung' in den neunziger Jahren, in: Ralph Jessen (Hg.): Konkurrenz in der Geschichte. Praktiken – Werte – Institutionalisierungen, Frankfurt a. M. u. a. 2014: 289–316.
363 Vgl. Simon, Die Quintessenz, S. 29.
364 Vgl. Mayntz, Deutsche Forschung im Einigungsprozeß, S. 104 f.

In diese Gemengelage unterschiedlicher Interessen kam in Westdeutschland eine zumindest wahrgenommene schlechte Informationslage über Wissenschaft und Forschung in der DDR hinzu. Es fehlte an Wissen, um die Akademien als Forschungsorganisationen angemessen einordnen zu können. Im Folgenden steht zunächst das Geflecht aus Politik und Wissenschaft im Zentrum, bevor es um den Auftrag des Wissenschaftsrates und dessen Legitimation durch den Einigungsvertrag geht.

4.2.1 Das Geflecht aus Wissenschaft und Politik

Die Bundesregierung und das BMFT handelten nach der Grenzöffnung der DDR bis zum Sommer 1990 nach der Maxime, sich nicht in Angelegenheiten der noch selbstständigen DDR einzumischen. Dementsprechend entstand zu dieser Zeit auch kein forschungspolitischer Fahrplan. Vielmehr sollten die Wissenschaftssysteme bottom up über einzelne Kooperationen zusammenwachsen. Dazu wandte das Bundesforschungsministerium sich im Februar 1990 „vertraulich"[365] an die westdeutschen Forschungsorganisationen und ermutigte sie dazu, Kontakte zu den Akademieinstituten aufzubauen und zu prüfen, welche der Institute möglicherweise in ihre Einrichtungen aufgenommen werden könnten. Dem Bundesforschungsministerium ging es um eine Annäherung der ost- und westdeutschen Forschungseinrichtungen auf wissenschaftlicher Ebene – ohne Einmischung der Politik.

Das Erlanger Institut für Gesellschaft und Wissenschaft, das nichts von dieser Absicht wusste, stellte kritisch fest: „Man hat den Eindruck, daß sich diese Organisationen die ‚Rosinen' aus dem ‚Wissenschaftskuchen' der DDR heraussuchen und nicht nur die sogenannte normale Wissenschaft zurücklassen, sondern mit dem Herausbrechen der DDR-Spitzenforschung die Struktur irreparabel verwüsten."[366] Die westdeutschen Forschungseinrichtungen streckten ihre Fühler also schon in Richtung Osten, noch bevor die Evaluation überhaupt begonnen hatte. Der Grundstein für eine zunehmende Zusammenarbeit der Wissenschaftseinrichtungen wurde somit schon gelegt.

Die Vision „mehr Amerika" konkretisierte sich in Form eines Evaluationskonzepts für den Osten. Bundesforschungsminister Heinz Riesenhuber stand dazu in Austausch mit seinem ostdeutschen Kollegen Frank Terpe (1929–2013). Der Mathematiker und SPD-Politiker amtierte in der letzten DDR-Regierung als Minister für Forschung und Technologie. Die frei gewählte Volkskammer unter der Präsidentin und CDU-Politikerin Sabine Bergmann-Pohl (geb. 1946) richtete mit Blick auf eine spätere Vereinigung bereits äquivalente Ministerien zu denen der Bundesrepublik ein. Dem westdeutschen Bundesforschungsministerium entsprach das von Frank Terpe gelei-

---

[365] BArch Koblenz 345/102, Aktenvermerk einer BMFT-Besprechung vom 27.02.1990.
[366] BArch Koblenz B196/118573, Treffen M / M – Terpe am 21.5.1990; IGW: Forschung und Entwicklung in der DDR – gegenwärtiger Kenntnisstand (Anfang Mai 1990), Bl. 179.

tete Ministerium für Forschung und Technologie der DDR. Das Bundesministerium für Bildung und Wissenschaft (BMBW) hatte sein Pendant in dem von Hans-Joachim Meyer geführten Ministerium für Bildung und Wissenschaft.[367]

Während das BMFT sich über das Frühjahr 1990 zurückhaltend verhielt, verfolgte das Bonner Bildungsministerium bereits eine Agenda für den Hochschulbereich. Es wollte die universitäre Forschung der DDR stärken und Teile der Akademiewissenschaft in die Hochschulen integrieren. Der Staatssekretär des Bildungsministeriums und FDP-Politiker Fritz Schaumann (1946–2017) machte diese Position auf einer Sitzung der Wissenschaftlichen Kommission des Wissenschaftsrates im Mai 1990 deutlich. Schaumann war zu dieser Zeit Vorsitzender der Verwaltungskommission und wohnte der Sitzung in dieser Funktion bei. Dabei hatte das BMBW bereits erste Gespräche mit dem ostdeutschen Bildungsministerium geführt und konnte Hans-Joachim Meyer davon überzeugen, föderale Strukturen im Hochschul- und Bildungswesen aufzubauen.[368] Dass das BMBW sich bereits zu diesem Zeitpunkt in der deutsch-deutschen Bildungspolitik engagierte, ist erstaunlich. Vermutlich wollte es durch die Angleichung der Strukturen eine gute Basis für die Vereinigung und die Angleichung der Verhältnisse schaffen.

Als die politische Dynamik im Zuge der Währungs-, Wirtschafts- und Sozialunion weiter an Fahrt aufgenommen hatte, änderte auch das BMFT sein Vorgehen und plante in Richtung einer gesamtdeutschen Forschungslandschaft. Nach Vorstellung von Minister Riesenhuber sollte die Vereinheitlichung der Wissenschaftssysteme über ein zweistufiges Verfahren erfolgen. Zuerst sollte eine grobe Zuordnung der Akademieinstitute zu den bundesdeutschen Forschungsorganisationen im Sinne einer „Vorsortierung"[369] vorgenommen werden, um in einem zweiten Schritt die eigentliche Bewertung und Evaluation der wissenschaftlichen Leistung zu ermitteln.[370]

Die ‚Vorsortierung' führte das Erlanger Institut für Gesellschaft und Wissenschaft (IGW) im Auftrag des BMFT durch. Das IGW unter Leitung von Clemens Burrichter arbeitete schon seit den 1970er Jahren beratend für das BMTF.[371] Dass es nun in die Vereinigungspolitik einbezogen wurde, war insofern nur konsequent, bestand doch eine langjährige Zusammenarbeit zwischen Politik und IGW, zumal das Institut über fundiertes Wissen über die DDR verfügte. Unter westdeutschen Wissenschaftlern genoss das IGW wegen seiner Meinung zur politischen Verwertbarkeit wissenschaftlicher Erkenntnisse der DDR- und Deutschlandforschung kein hohes Ansehen. Und auch der Vorsitzende des Wissenschaftsrates Dieter Simon hatte keine hohe Meinung

---

367 Vgl. Olaf Jacobs / Bundesstiftung zur Aufarbeitung der SED-Diktatur (Hg.): Die Staatsmacht, die sich selbst abschaffte. Die letzte DDR-Regierung im Gespräch, Halle (Saale) 2018.
368 AdWR: 11.1 Protokoll der 163. Sitzung der Wissenschaftlichen Kommission des WR, 16./17.05.1990, S. 44.
369 Ebd., S. 3.
370 Ebd.
371 S. o. S. 36 f.

von Burrichter. Vielmehr stießen Burrichters Ansichten im Wissenschaftsrat auf Unverständnis, wie ein Protokoll des Wissenschaftsrates dokumentiert: Auf einer Sitzung des BMTF mit Vertretern der Wissenschaftsorganisationen und großen Stiftungen am 11. Mai 1990 referierte auch Clemens Burrichter und sprach über ‚Mittel und Wege zu einer gemeinsamen Forschungslandschaft'. Dabei vertrat er die Ansicht, dass zunächst geklärt werden müsse, was überhaupt unter einer Forschungslandschaft zu verstehen sei und welchen Voraussetzungen die beiden Systeme jeweils unterliegen. Dem deutsch-deutschen Dialog in Wissenschaft und Forschung komme daher „keine primäre Dringlichkeitsstufe"[372] zu. Vielmehr präferierte Burrichter ein behutsames und durchdachtes Vorgehen. Diese Einschätzung teilten die anwesenden Teilnehmerinnen und Teilnehmer nicht, vielmehr lehnten sie Burrichters Position einstimmig ab – zumal bereits viel Engagement und Geld in die Sofortprogramme der Organisationen wie des Deutschen Akademischen Austauschdienstes floss.[373] Trotz dieses Vorfalls arbeitete das IGW weiterhin eng mit dem Bundesforschungsministerium zusammen und nahm die Bestandsaufnahme der ostdeutschen Forschungslandschaft vor. Der Wissenschaftsrat hingegen verzichtete auf die Expertise des Erlanger Instituts.

Das BMFT wollte sich einen Überblick über die Leistungsfähigkeit und Forschungsschwerpunkte der ostdeutschen Einrichtungen verschaffen, ehe es zu einem offenen Evaluationsverfahren kommen sollte. Womöglich war es den Akteuren nicht möglich, die Bestandsaufnahme informeller durchzuführen, da alle Seiten, das heißt Politiker und Wissenschaftler, die schlechte Informationsgrundlage über das Wissenschaftssystem der DDR beklagten. So stellte das BMFT im Mai 1990 fest, dass die DDR ihre Vorlesungsverzeichnisse nie veröffentlicht hatte und auch sonst keine Informationen über die Hochschulen bereitstellte. Dadurch konnten die Forschungsschwerpunkte der ostdeutschen Hochschulen kaum identifiziert werden. Und der Präsident der DFG, Hubert Markl (1938–2015), berichtete gegenüber Dieter Simon von erheblichen „Informationslücken"[374] über die DDR-Wissenschaft. Noch bis in den September hinein monierten westdeutsche Akteure, dass die Informationslage nach wie vor dürftig sei.[375]

Die umfangreichen Forschungen zur DDR aus den 1970er Jahren, die vor allem aus dem Forscherkreis um Peter Christian Ludz hervorgegangen waren, nahmen die Akteure des Jahres 1990 nicht zur Kenntnis. Sicherlich trugen die rasanten Ereignisse dazu bei, dass die vorhandenen Wissensbestände nicht abgerufen wurden. Statt einer systematischen Bestandsaufnahme der Forschungsliteratur fand eine Ad-hoc-Auseinander-

---

372 AdWR: SO I 0.1.2 Ausgangslage Arbeitsgruppe Deutsch-deutsche Wissenschaftsbeziehungen, Vermerk aus der Geschäftsstelle vom 30.05.1990, S. 5.
373 AdWR: SO I 0.1.2 Ausgangslage Arbeitsgruppe Deutsch-deutsche Wissenschaftsbeziehungen, Vermerk aus der Geschäftsstelle vom 30.05.1990, S. 7.
374 AdWR: SO I 1.0 AG Deutsch-deutsche Wissenschaftsbeziehungen, Brief von Hubert Markl an Dieter Simon vom 28.06.1990.
375 AdWR: SO I 3.2.1 AG Wirtschafts- und Sozialwissenschaften, Unterlagen Bundeswirtschaftsministeriums zu den wirtschaftswissenschaftlichen Instituten der DDR vom 24.09.1990.

setzung mit spezifischen Problemen statt. So diente das Gesetz über das einheitliche sozialistische Bildungssystem der DDR von 1965 als Grundlage einer Besprechung der Bund-Länder-Kommission.[376] Das Gesetz wurde allen Kommissionsmitgliedern zugeschickt und schuf die Basis der weiteren Bildungsplanung. Eine kritische Einordnung des Bildungssystems und des Gesetzes erfolgte an dieser Stelle nicht.

Nach Zustimmung der DDR-Regierung durfte ein westdeutsches Institut, wozu das BMFT das Erlanger IGW ins Spiel gebracht hatte, die Bestandsaufnahme und Vorsortierung durchführen. Burrichters Institut errechnete auf Grundlage der OECD-Statistik Kennzahlen der DDR-Wissenschaft, wonach etwa 140.000 Personen in Forschung und Entwicklung beschäftigt waren. Darin enthalten waren auch die Geistes- und Sozialwissenschaften.[377] Davon kamen nach Einschätzung des IGW rund 6.000 Forschende für eine Überführung in bundesrepublikanische Forschungsorganisationen infrage.[378] Auch in der DDR entstanden kritische Berechnungen. Der oppositionelle Linguist Manfred Bierwisch (geb. 1930) ermittelte bei einer Bevölkerung von 16 Millionen Menschen in der DDR einen Bedarf von 15.000 Beschäftigten in der Grundlagenforschung. Insbesondere an der Akademie der Wissenschaften sah er einen personellen Überhang.[379]

In einem Schreiben vom 28. Juni 1990 informierte das IGW das Bundesforschungsministerium darüber, dass in dem „Planspiel ‚Auflösung der AdW‘"[380] etwa 50 Prozent des derzeitigen Personals in Wissenschaft und Forschung leistungsfähig und damit überführbar seien. Damit stand eine Zahl im Raum, an der sich die Politik in den folgenden Monaten orientierte. Die Bezeichnung ‚Planspiel' beinhaltete das Durchspielen eines Szenarios. Gleichzeitig lag der Wortwahl eine despektierliche Haltung gegenüber der ostdeutschen Wissenschaft und den dahinterstehenden Erwerbsbiografien zugrunde, wobei sich ostdeutsche Akademiker wohl kaum als Teil eines Spiels gesehen haben dürften. Und nicht nur das IGW äußerte sich so abwertend. Der Präsident der Max-Planck-Gesellschaft, Hans Zacher (1928–2015), bezeichnete die DDR-Wissenschaft öffentlich als „Wüste".[381] Dieter Simon hingegen distanzierte sich ausdrücklich von Zachers Bemerkung und auch sonst hielten Personen aus dem Wissenschaftsrat sich mit wertenden Urteilen bedeckt.[382]

---

376 AdWR: SO I 0.1.2 Ausgangslage Arbeitsgruppe Deutsch-deutsche Wissenschaftsbeziehungen, Schreiben an die BLK-Mitglieder vom 21.03.1990.
377 Vgl. Mayntz, Deutsche Forschung im Einigungsprozeß, S. 65.
378 BArch Koblenz 196/118572, Kamingespräch vom 3.07.1990 Anlage 3.
379 Vgl. Mayntz, Deutsche Forschung im Einigungsprozeß, S. 65.
380 BArch Koblenz 345/110, Antwort des IGW auf eine Anfrage des BMFT vom 28.06.1990.
381 Hans Zacher: Wüste. Kritik an der DDR-Wissenschaft, in: Frankfurter Allgemeine Zeitung (21.06.1990).
382 Der Vorsitzende des Wissenschaftsrates teilte das Urteil Zachers nicht und hob stattdessen die wissenschaftliche Qualität einiger Disziplinen hervor, vgl. Dieter Simon: Ihr habt viel niedergemäht, in: Der Spiegel (01.07.1991).

Die Vorsortierung der Akademieinstitute durch das Erlanger IGW und das so bezeichnete Planspiel bilden den Hintergrund aller späterer Entwicklungen und einzelnen Evaluationsergebnisse. Die Quellen im Archiv des Wissenschaftsrates deuten auf keine direkte politische Vorgabe des Bonner BMFT gegenüber dem Wissenschaftsrat zur Umsetzung dieser Überlegungen hin. Auch fanden sich keine Hinweise zu finanz- oder personalpolitischen Zielvorgaben – vielmehr betonten Dieter Simon und Max Kaase, dass sie keinerlei politischen Handlungsvorgaben unterlagen.[383] Allerdings agierten in der Evaluationskommission und den einzelnen Arbeitsgruppen die Akteure aus Wissenschaft und Politik gemeinsam. Sie saßen in den Besprechungen am gleichen Verhandlungstisch. Dabei brachten die Ministerialbeamten die politische Haltung des Bundesforschungsministeriums in die Diskussionen ein. Insofern standen die Vorüberlegungen des IGW zwar nicht als übergeordneter Handlungsrahmen über den Arbeitsgruppen, vielmehr müssen die politischen Überlegungen zur Verkleinerung der Akademie auf etwa 50 Prozent des Personals über die Verwaltungsseite des Wissenschaftsrates in die Begehungsgespräche eingeflossen sein.

Die Bestandsaufnahme an den ostdeutschen Wissenschaftseinrichtungen und die Kontaktanbahnung einiger außeruniversitärer Forschungsorganisationen im Osten erweckten unter den alten Bundesländern den Eindruck, das BMFT wolle seinen Einfluss mit der Vereinigung ausweiten und weitere Großforschungseinrichtungen gründen. Und auch der Wissenschaftsrat appellierte an das BMFT, keine vorzeitigen Einzelentscheidungen zu treffen, woraufhin das Ministerium seine Aktivitäten tatsächlich zurückfuhr und auch aus finanzpolitischen Gründen keine weiteren Institute unterhalten wollte.[384]

Nachdem die Auseinandersetzung zwischen Bundesforschungsministerium und den Ländern geklärt war, stellten die politischen Akteure fest, dass sie eigentlich der gleichen Agenda folgten, nämlich der Wahrung des Status quo. So wie sich die überwiegende Mehrheit der Deutschen für einen Beitritt der DDR zur Bundesrepublik nach Artikel 23 des Grundgesetzes aussprach,[385] womit ein Erhalt der bundesrepublikanischen Verfassung und ihrer Strukturen verbunden war, so war auch die Stimmung in Bezug auf einen Erhalt der Wissenschaftsstrukturen. Dieter Simon sprach in diesem Zusammenhang von einer partei- und kompetenzübergreifenden „Interessenkongruenz".[386] Das BMFT wollte seine Förderschwerpunkte nicht verändern und an die ostdeutschen Institute anpassen müssen. Zudem hielt es sich aus finanziellen Gründen zurück und beabsichtigte nur wenige Großforschungszenten auf dem Gebiet

---

[383] Interviews mit Max Kaase und Dieter Simon am 13.10.2017 in Berlin. Die Inhalte der Gespräche liegen bei der Autorin.
[384] Vgl. Mayntz, Deutsche Forschung im Einigungsprozeß, S. 135 f.
[385] Vgl. Manfred Görtemaker: Der Weg zur Einheit, in: Informationen zur politischen Bildung 250 (2015), S. 68.
[386] Dieter Simon: Akademie der Wissenschaften. Das Berliner Projekt, Berlin 1999, S. 63, Fn. 56.

Ostdeutschlands zu unterhalten. Denn die Zentren stellten für das Forschungsministerium die teuersten Einrichtungen dar, da sie zu 90 Prozent durch das BMFT finanziert wurden. Kostentechnisch am günstigsten waren durch die geteilte Bund-Länder-Finanzierung die Institute der Blauen Liste sowie die im Zuständigkeitsbereich der Länder liegenden Hochschulen.[387]

Die alten Bundesländer waren daran interessiert, das Kompetenzgleichgewicht zu erhalten und einen starken Akteur auf Bundesebene zu verhindern. Über die Verhandlung der Wiedervereinigung tarierten Bund und Länder damit auch die Machtverteilung im föderalen System aus, waren sich aber darin einig, dass die Akademie der Wissenschaften aus verschiedenen Gründen nicht mit der bundesrepublikanischen Forschungsstruktur zu vereinbaren war. Als zentral finanzierte und von ihrem Profil her Grundlagen- und Anwendungsforschung betreibende Einrichtung passte sie nicht mit der Kompetenz- und Aufgabenverteilung des bundesrepublikanischen Forschungssystems zusammen. Hier existierten schließlich verschiedene Organisationen, die die Grundlagenforschung und angewandte Forschung arbeitsteilig betreiben.[388]

Auch die forschungspolitischen Akteure der DDR ließen sich schnell von den föderalen Prinzipien begeistern. Die Regierung unter Ministerpräsident Lothar de Maizière wollte der Bundesrepublik schließlich beitreten und damit auch deren Ordnungsstruktur übernehmen. Das galt ebenso für den ostdeutschen Forschungsminister Frank Terpe. Die westdeutschen Politiker konnten Terpe schnell davon überzeugen, dass die Akademie der Wissenschaften nicht mit dem föderalen Forschungssystem der Bundesrepublik zu vereinbaren war.[389] Terpe folgte dieser Einschätzung und stellte sich hinter die westdeutsche Position. Die internen DDR-Entwicklungen zu einer Akademiereform befürwortete er nicht. Damit fehlte es auch innerhalb der DDR an politischer Rückendeckung zur Neuausrichtung der Akademie der Wissenschaften.

4.2.2 Wie der Wissenschaftsrat zu dem Auftrag kam

Während der politischen Verhandlungen arbeitete die Arbeitsgruppe Deutsch-deutsche Wissenschaftsbeziehungen über das Frühjahr 1990 an den *Zwölf Empfehlungen auf dem Weg zur deutschen Einheit*. Dabei bestanden von allen Seiten große Erwartungen an das Papier des Wissenschaftsrates. An einer Sitzung des Ausschusses Forschungsförderung der Bund-Länder-Kommission, die am 22. Mai 1990 in Lübeck tagte, waren sich die Vertreter von Bund, Ländern und den Wissenschaftsorganisationen einig,

---

387 Vgl. Mayntz, Deutsche Forschung im Einigungsprozeß, S. 108.
388 Mayntz, Deutsche Forschung im Einigungsprozeß, S. 265.
389 Vgl. ebd., S. 109.

dass diesen Empfehlungen eine „Schlüsselfunktion"[390] für das Entstehen „kompatibler gesamtdeutscher Wissenschaftsstrukturen"[391] zukomme. Das Protokoll aus der Kölner Geschäftsstelle hielt fest, dass dies in „bemerkenswerter Übereinstimmung"[392] von Bund- und Ländervertretern geäußert worden sei.

In der Geschäftsstelle des Wissenschaftsrates entstanden bis zum Sommer 1990 diverse Konzeptpapiere, die vor allem Finanzkalkulationen zur Modernisierung der Forschungseinrichtungen beinhalteten. Denn mit Öffnung der Grenzen im Herbst 1989 traten der Investitionsstau und zunehmender Gebäudeverfall in Ostdeutschland zutage. Für die infrastrukturellen Probleme suchte die Geschäftsstelle des Wissenschaftsrates nach Lösungen. Hieran waren vor allem die Referatsleiter Wilhelm Krull und Hans-Jürgen Block federführend beteiligt. Überhaupt nahmen sie in dieser Zeit eine wichtige Funktion in der Geschäftsstelle ein. Auch für den Vorsitzenden, Dieter Simon, bereiteten sie nicht nur wichtige Unterlagen vor, sondern gestalteten auch inhaltlich mit. Simon verglich seine eigene Position im Nachgang mit der eines Ministers, an dessen Seite stets seine zwei wichtigsten Staatssekretäre, Krull und Block, gedient hätten.[393]

Zur Berechnung der Investitionskosten für den Aus- und Neubau der ostdeutschen Hochschulen erstellte Block zwei Modellkalkulationen. Die erste Kalkulation orientierte sich an den Ausgaben des Hochschulbauförderungsgesetzes (HBFG). Über das Gesetz investierten Bund und Länder zwischen 1970 und 1990 76 Milliarden D-Mark in den Hochschulausbau. Dieses Verhältnis übertragen auf die DDR erforderte, dass in den nächsten zehn Jahren rund 20 Milliarden D-Mark hätten investiert werden müssen. Die zweite Berechnung bezog sich auf einen regionalen Vergleich, und zwar den Hochschulausbau des Landes Nordrhein-Westfalen. Da NRW von der Bevölkerungsdichte mit der DDR vergleichbar war, konnte die DDR bis zum Jahr 2000 den Hochschulausbau des Bundeslandes Nordrhein-Westfalen nachholen. Auch in diesem Falle errechnete der Referatsleiter Block einen Investitionsbedarf von über 20 Milliarden D-Mark.[394]

Unter der geänderten Leitlinie des Bundesforschungsministeriums, das ab Mitte Mai 1990 zu konkreten Planungsschritten übergegangen war, erhielt der Wissenschaftsrat die Aufgabe, geeignete Praktiken und Organisationsformen zu identifizieren, mit denen die ostdeutsche Wissenschaftslandschaft in die westdeutsche eingepasst werden könne. Dabei war der Wissenschaftsrat schon sehr früh in die Vereinigungsentwicklungen einbezogen worden. Der langjährige Generalsekretär des Wissenschaftsrates, Peter

---

390 AdWR: SO I 0.1.2 Ausgangslage Arbeitsgruppe Deutsch-deutsche Wissenschaftsbeziehungen, Vermerk aus der Geschäftsstelle vom 30.05.1990, S. 5.
391 Ebd.
392 Ebd.
393 So Dieter Simon im persönlichen Gespräch, das ich am 13.10.2017 in Berlin mit ihm geführt habe.
394 AdWR: SO I 4.0 Strukturausschuss, Modellkalkulation über den Aus- und Neubau der Hochschulen in der DDR vom 29.05.1990.

Kreyenberg (1971–1988), wechselte 1988 als Staatssekretär an das Bildungsministerium Schleswig-Holsteins.[395] In diesem Zusammenhang war er im Jahr 1990 Vorsitzender der Amtschefkonferenz der Kultusministerkonferenz und brachte den Wissenschaftsrat im März für die Evaluierung der Akademie ins Spiel.[396] Die Wissenschaftsmanager, die der Rat selbst hervorgebracht hatte, trugen somit zur weiteren Profilierung des Gremiums bei.

Neben den Finanzplanungen griffen die *Zwölf Empfehlungen auf dem Weg zur deutschen Einheit* strukturelle und inhaltliche Aspekte der Anpassung des ostdeutschen Wissenschaftssystems an das westdeutsche auf. Zentral war die Etablierung föderaler Strukturen, um Subsidiarität und Autonomie der Grundlagenforschung verwirklichen zu können.[397] Weiterhin forderte das Papier eine Verbesserung der Infrastruktur, einen Ausbau des Fernstudiums und die Etablierung von Wettbewerb und Leistung in allen Bereichen des Wissenschaftssystems. Insbesondere sollte die Forschung an den Hochschulen gestärkt werden, da sie nach westdeutscher Kenntnis weitgehend in die Akademien ausgelagert worden sei, wie westdeutsche Akteure aufgrund der dritten Hochschulreform annahmen.[398] Doch wie auch in anderen Bereichen der SED-Politik bestand eine Diskrepanz zwischen offizieller Doktrin und gelebter Realität. Die westdeutsche Wissenschaftspolitik stützte sich auf offizielle Verlautbarungen, ohne die tatsächlichen Praktiken der Forschungsorganisation zu kennen. Die fehlerhafte Annahme, an den DDR-Universitäten werde nicht mehr geforscht, sollte sich noch durch das gesamte Evaluationsverfahren der Jahre 1990 und 1991 ziehen und begründete später das Wissenschaftlerintegrationsprogramm an den Hochschulen.

Trotz der unklaren Bedingungen an der Akademie der Wissenschaften und der als dürftig empfundenen Informationsgrundlage erfüllte der Wissenschaftsrat die an ihn gestellten Erwartungen und etablierte sich dadurch zur zentralen Organisationsinstanz der Vereinigung auf dem Gebiet der Wissenschaft. Bundesforschungsminister Riesenhuber kommunizierte gegenüber seinem ostdeutschen Kollegen Terpe bereits im Juni 1990, dass der Wissenschaftsrat die Evaluation der Akademieinstitute vornehmen werde. Er betrachtete das Kölner Gremium als „verantwortlichen Partner bei den anstehenden Evaluierungsprozessen".[399]

Die Vertreter aus BMFT und Wissenschaftsrat stellten sich die Evaluation folgendermaßen vor: „Es wird mit Fragenkatalogen und Institutsbesuchen gearbeitet, aber

---

395 Vgl. Peter Kreyenberg: Die Rolle der Kultusministerkonferenz im Zuge des Einigungsprozesses, in: Renate Mayntz (Hg.): Aufbruch und Reform von oben. Ostdeutsche Universitäten im Transformationsprozeß, Frankfurt a. M. 1994: 191–204.
396 Vgl. Bartz, Der Wissenschaftsrat, S. 160.
397 Vgl. Wissenschaftsrat, Perspektiven für Wissenschaft und Forschung auf dem Weg zur deutschen Einheit, S. 6.
398 Vgl. ebd., S. 7 f.
399 BArch Koblenz B196/118572, Schreiben von Heinz Riesenhuber an Frank Terpe vom 28.06.1990.

gegenüber dem bisher üblichen WR-Verfahren erheblich gekürzt."[400] Dabei war den westdeutschen Akteuren bewusst, dass „man es mit einem bislang noch völlig unbekannten Untersuchungsobjekt zu tun habe"[401] und es sich um ein „experimentelles Verfahren" handelte. Und nicht nur auf westdeutscher Seite war das ‚Untersuchungsobjekt' unbekannt – auch auf ostdeutscher Seite fehlte es an Kenntnis über Funktionen und Arbeitsweisen des Wissenschaftsrates.

Mit diesen westdeutschen Absichten wollte der ostdeutsche Forschungsminister Frank Terpe allerdings nicht mitgehen. Er sprach sich stattdessen weiterhin für eine paritätisch besetzte deutsch-deutsche Forschungskommission aus, die er mit der Evaluationsaufgabe betrauen wollte. Dabei stand Terpe unter erheblichen Druck: Die Gewerkschaften und Parteien befürchteten gravierende soziale Folgen für die Beschäftigten der Akademie, die die Umstrukturierung und Verkleinerung der Akademie bedeutete. Das geplante „Schnellverfahren"[402] der westdeutschen Seite konnte Terpe daher nicht akzeptieren – doch welche Wahl oder Macht hatte er letztlich gegenüber den westdeutschen Wissenschaftspolitikern?

Der Ort, an dem die ost- und westdeutschen Wissenschaftspolitiker die nächsten Schritte zur Vereinheitlichung der beiden Forschungssysteme festlegten, war das Kamingespräch am 3. Juli 1990 in Bonn. Hieran nahmen neben den Ministern Heinz Riesenhuber und Frank Terpe hochrangige Vertreter aus Wissenschaft, Wirtschaft, Bund und Ländern teil. Für den Bund waren die Staatssekretäre aus BMFT und BMBW, Gebhard Ziller und Fritz Schaumann, vertreten. Auch Dieter Simon wohnte der Sitzung als Vorsitzender des Wissenschaftsrates bei.[403] Die *Zwölf Empfehlungen* des Wissenschaftsrates, die ebenfalls Anfang Juli erschienen waren, mögen dabei wie ein Begleitpapier gewirkt haben. Wie Mitchell Ash schildert, stammten die wesentlichen Ideen dazu aus einem anderen Kontext, und zwar aus dem ‚window of opportunity' vom Anfang des Jahres, als das Moment der Gestaltbarkeit noch im Vordergrund stand.[404]

Dabei verfügte Riesenhuber zu diesem Zeitpunkt schon über einen Überblick über die als erhaltenswert erachteten Institute. Sein Konzept basierte auf der ‚Vorsortierung' des IGW und sah vor, künftig 13.000 Akademiemitarbeiter und -mitarbeiterinnen weiter zu beschäftigen. Dabei sollten drei Institute als Bundes- beziehungsweise

---

400 BArch Koblenz B196/118572, Revidiertes Konzept des Wissenschaftsrates zur Evaluierung vom 28.06.1990, S. 2.
401 AdWR: 11.1 Sitzungen, Protokoll der 129. Sitzung der Verwaltungskommission des WR, 05.07.1990, S. 24.
402 BArch Koblenz B288/694, Vermerk aus der Ständigen Vertretung vom 09.07.1990, Bl. 88.
403 BArch Koblenz 196/118572, Teilnehmerliste Kamingespräch vom 3.07.1990.
404 Vgl. Mitchell G. Ash: ‚Wie im Westen so auf Erden'? Die Vereinigung der deutschen Hochschul- und Wissenschaftssysteme als Prozess, in: Berlin-Brandenburgische Akademie der Wissenschaften (Hg.): Wissenschaft und Wiedervereinigung. Bilanz und offene Fragen, Berlin 2009: 45–55, S. 48.

Landeseinrichtungen fortgeführt,[405] vier Institute von der Max-Planck-Gesellschaft[406] und fünf Akademieinstitute von der Fraunhofer-Gesellschaft übernommen werden.[407] Darüber hinaus identifizierte das Konzeptpapier Einrichtungen mit besonderem Bezug zu Großforschung[408] und Blauer Liste.[409]

Auch das Evaluationskonzept des Wissenschaftsrates lag vor, wonach drei Ausschüsse für ein umfassendes Begutachtungsverfahren des gesamten Wissenschaftssystems eingerichtet werden sollten: ein Strukturausschuss für übergreifende Bildungs- und Forschungsthemen und je ein Ausschuss für die Hochschulen und außeruniversitären Einrichtungen.[410] Die Begutachtung der Hochschulen ergab sich aus den Anforderungen der westdeutschen Wissenschaftspolitik. Die Kultusministerkonferenz und die Bund-Länder-Kommission sprachen sich dafür aus, dass „der Wissenschaftsrat [...] die Evaluierung der Hochschul- und Forschungseinrichtungen der DDR übernehmen"[411] sollte. Allerdings kam der Auftrag dazu erst Anfang Juli, als die *zwölf Empfehlungen* schon fertig waren, sodass das Papier des Wissenschaftsrates die Hochschulen nicht mehr systematisch miteinbeziehen konnte. Die Aufforderung zur Begutachtung der Hochschulen ging dabei von der westdeutschen Kultusministerkonferenz aus: Der Wissenschaftsrat sollte „auf der Grundlage einer umfassenden Bestandsaufnahme ein Konzept für die Neuordnung der Hochschul- und Forschungslandschaft im östlichen Teil Deutschlands [...] erarbeiten."[412] Dem Bildungsforscher Hans-Werner Fuchs zufolge war die Anweisung bereits mit den zuständigen Ministerien aus DDR und Bundesrepublik abgestimmt. Inwiefern das zutrifft, ist jedoch nicht ganz klar, da an der Vollversammlung des Wissenschaftsrates keine entsprechende Anweisung zur Evaluation der Hochschulen folgte.

Doch zunächst einmal war damit die Grundlage für ein integriertes Evaluationskonzept für die Hochschulen und Akademien geschaffen und der Wissenschaftsrat durch

---

405 Genannt wurden: das Zentralinstitut für Krebsforschung, das Zentralinstitut für Herz-Kreislauf-Forschung und das Zentralinstitut für Ernährung.
406 Dies waren für die MPG: das Institut für Mathematik, das Institut für Sprachwissenschaft, das Institut für Wirkstoffforschung und das Zentralinstitut für Astrophysik.
407 Für die FhG: das Institut für Mechanik, das Institut für Automatisierung, Teile der Institute für organische Chemie, für Polymerchemie, für Technologie der Polymere, für chemische Technologie, Teile des Zentralinstituts für Elektronenphysik und das Institut für Festkörperphysik und Elektronenmikroskopie.
408 Für die GFE im Einzelnen: das Kernforschungszentrum Rossendorf, das ökologische Forschungszentrum, Teile des Bereichs Biowissenschaften der AdW, die Institute für Kybernetik und Informationsprozesse sowie Informatik und Rechentechnik, das Institut für Isotopen- und Strahlenforschung, das Institut für Kosmosforschung und das Zentralinstitut für Krebsforschung.
409 Für die BL wurden genannt: das Zentralinstitut für Physik der Erde, das Zentralinstitut für Optik und Spektroskopie, das Zentralinstitut für Ernährung, das Zentralinstitut für Herz-Kreislauf-Forschung, das Zentralinstitut für Geschichte und das Zentralinstitut für Wirtschaftswissenschaften.
410 BArch Koblenz 196/118572, Konzept des WR zur Evaluierung der AdW-Einrichtungen vom 28.06.1990.
411 AdWR: 11.1 Protokoll der 164. Sitzung der Wissenschaftlichen Kommission des WR, 04./05.07.1990, S. 4.
412 Ebd., S. 8.

die Anfrage als zentraler Akteur gesetzt. Die KMK befürchtete noch immer, dass ostdeutsche Studienanwärter auf die westdeutschen Hochschulen stürmen würden. Um dies zu verhindern, sollten die ostdeutschen Studienbedingungen schnellstmöglich an die bundesrepublikanischen angepasst werden, weshalb die Hochschulen überhaupt erst begutachtet wurden. Der erwartete Andrang auf die Universitäten erwies sich im Nachhinein jedoch nicht als zutreffend.[413]

Der Wissenschaftsrat als Gremium, in dem Bund und Länder vertreten waren, repräsentierte die föderale Wissenschaftsstruktur. Seine Zusammensetzung aus Wissenschaftlicher Kommission und Verwaltungskommission sicherte das Zusammenspiel der Akteure aus Wissenschaft, Bund und Bundesländern und war an einem Konsens zwischen den Parteien interessiert. Insofern war der Wissenschaftsrat durch seine Beschaffenheit besonders geeignet, um alle Positionen zusammenzubringen und das Gleichgewicht im föderalen System auszutarieren.[414]

Als Ergebnis des Kamingesprächs verständigten sich die ost- und westdeutschen Forschungsminister auf eine Trennung der Gelehrtengesellschaft von den Forschungsinstituten der Akademie. Auch die ‚Einpassung' in die föderale Bundesstruktur wurde beschlossen.[415] Dabei sollte der hohe Personalstand der Akademie durch Vorruhestandsregelungen reduziert werden.[416]

Frank Terpe, der gravierende soziale Folgen für die Akademiemitarbeitenden abfedern wollte, stellte dennoch drei Tage nach dem Kamingespräch auf der Vollversammlung des Wissenschaftsrates am 6. Juli 1990 einen formellen Antrag auf Evaluation der Akademie der Wissenschaften. Ein späterer Gesprächsvermerk aus der Ständigen Vertretung der Bundesrepublik vom 14. August 1990 deutet an, dass Terpe dieser Schritt von westdeutscher Seite aus nahegelegt wurde. Demnach erklärte Bundesforschungsminister Riesenhuber gegenüber seinem ostdeutschen Kollegen Terpe, dass die Evaluation der Akademieinstitute notwendige Voraussetzung für eine Übernahme in die westdeutschen Einrichtungen der Max-Planck-Gesellschaft, der Fraunhofer- oder der Großforschungseinrichtungen sei.[417] Damit erhob Riesenhuber das Evaluationsverfahren zur Bedingung aller weiteren Entwicklungen.

Der Antrag der DDR-Regierung auf Evaluation war notwendig, damit der Wissenschaftsrat überhaupt tätig werden konnte und eine Legitimationsgrundlage besaß.[418]

---

[413] Vgl. Hans-Werner Fuchs: Bildung und Wissenschaft seit der Wende. Zur Transformation des ostdeutschen Bildungssystems, Opladen 1997, S. 72.
[414] Vgl. Bartz, Der Wissenschaftsrat, S. 265 f.
[415] AdWR: Evaluations- und Strukturausschuss Initiierungsphase 3/4, Ergebnisse des Kamingesprächs vom BMTF vom 9.07.1990.
[416] Vgl. Ash, ‚Wie im Westen so auf Erden'? Die Vereinigung der deutschen Hochschul- und Wissenschaftssysteme als Prozess, S. 48.
[417] BArch Koblenz B288/694 Vermerk aus der Ständigen Vertretung vom 14.08.1990, Bl. 113.
[418] AdWR: SO I Evaluations- und Strukturausschuss Initiierungsphase 3/4, Protokoll der Vollversammlung vom 06.07.1990.

Diese war wichtig, damit das Begutachtungsverfahren ernst genommen wurde und den späteren Empfehlungen auch praktische Handlungen folgten. Terpe appellierte dabei an den Wissenschaftsrat, das bevorstehende Verfahren mit „Einfühlungsvermögen"[419] vorzunehmen. Sein Kollege aus dem Bildungsministerium, der CDU-Politiker Hans-Joachim Meyer, schloss sich dem Wunsch an. Der Wissenschaftsrat beabsichtigte zudem ostdeutsche Wissenschaftlerinnen und Wissenschaftler als Gutachter in den Evaluationsprozess einzubeziehen, was Meyer befürwortete. Schließlich dürfe nicht der Eindruck entstehen, „daß die Einrichtungen in der DDR und darin arbeitende Menschen bloßes Objekt der Bewertung seien."[420]

Doch anders als Frank Terpe erteilte Hans-Joachim Meyer keinen unmittelbaren Evaluationsauftrag zur Begutachtung der ostdeutschen Hochschulen. Damit hatte Meyer wohl seine anfängliche Position revidiert. Olaf Bartz zufolge hatten die alten Bundesländer Meyer von einer Evaluation der Hochschulen abgeraten, um die Kompetenzen der neuen Länder nicht zu verletzen.[421]

Die Auseinandersetzungen um den Umgang mit den Hochschulen dürften kontrovers gewesen sein. Schließlich hatte die westdeutsche Kultusministerkonferenz den Begutachtungsauftrag zuvor mit den ostdeutschen Akteuren abgestimmt, wie Hans-Werner Fuchs schildert. In den Quellen des Wissenschaftsrates fanden sich keine Hinweise zu den verschiedenen Positionen. Dennoch muss konstatiert werden, dass es durchaus inhaltliche Gründe dafür gab, den Wissenschaftsrat trotz der Kulturhoheit der Länder im Hochschulbereich einzusetzen. Denn die westdeutschen Akteure waren schließlich der Ansicht, dass die an die Akademien ausgelagerte Forschung zurückgeführt werden müsse. Einen konkreten Auftrag dazu konnte Bildungsminister Meyer aber nicht einfach im Namen der neuen Länder aussprechen. Denn das am 22. Juli 1990 von der letzten Volkskammer der DDR verabschiedete Ländereinführungsgesetz beschloss die Gründung fünf neuer Länder, das mit der Wiedervereinigung wirksam werden würde, also mit dem späteren Tag der Deutschen Einheit, dem 3. Oktober 1990. Die Anfrage der KMK zur Bestandsaufnahme der Hochschulen bewegte sich aus juristischer Perspektive im Spannungsfeld zwischen dem Kompetenzbereich der neuen, noch nicht handlungsfähigen Länder und dem Anspruch an eine umfassende Betrachtung des Hochschul- und Wissenschaftssystems. Für den Wissenschaftsrat gab es offiziell jedoch nur den Auftrag zur Evaluation der Akademie.

Der Soziologe Ulrich Teichler sprach schon 1994 davon, dass die Bereitschaft zur Evaluation in Westdeutschland mit der Vereinigung gestiegen sei, war sie doch bis

---

419 AdWR: SO I Evaluations- und Strukturausschuss Initiierungsphase 3/4, Protokoll der Vollversammlung vom 06.07.1990.
420 Ebd.
421 Vgl. Bartz, Der Wissenschaftsrat, S. 162.

dahin keineswegs systematisch im Wissenschaftssystem verankert.[422] Dies zeigte sich auch in der Haltung der KMK, eine umfassende Bestandsaufnahme an Hochschulen und außeruniversitären Einrichtungen vorzunehmen. Denn zuvor galt die Begutachtung von Hochschuleinrichtungen aus Sicht der Forschenden als nicht hinnehmbar, da sie die Freiheit der Forschung tangierte.

4.2.3 Wissenschaft und Forschung im Einigungsvertrag

In der öffentlichen Debatte standen die wissenschaftliche Vereinigung und die Zukunft der Forschung keineswegs im Vordergrund. Hier waren Aspekte der gemeinsamen Wirtschaftsordnung, die die gesamte ostdeutsche Gesellschaft betrafen, deutlich relevanter als die nur die kleine Gruppe der Akademiker umfassende Wissenschaftspolitik.[423] Dennoch waren die Akteure der ost- und westdeutschen Wissenschaftspolitik keineswegs untätig, sondern zogen im Hintergrund die Fäden.

Die offiziellen Verhandlungen zum Einigungsvertrag begannen im Juli 1990 und nur wenige Wochen später, am 31. August, unterzeichneten der Staatssekretär der DDR, Günther Krause und der Innenminister der Bundesrepublik Deutschland, Wolfgang Schäuble, das Vertragswerk.[424] Die Verhandlungen zum deutsch-deutschen Einigungsvertrag waren insgesamt von einer Angleichung des Ostens an den Westen gekennzeichnet und bedeuteten für den Wissenschaftsbereich eine nachgeholte Revolution.[425] Dazu musste die ostdeutsche Forschungsorganisation schrittweise in die westdeutsche überführt werden, so die Sichtweise bundesrepublikanischer Akteure. Daran anschließend wollte der Wissenschaftsrat gesamtdeutsche Strukturreformen einleiten, um das vereinte Wissenschaftssystem grundlegend zu modernisieren. Die Zusage dazu erhielt der Vorsitzende des Wissenschaftsrates durch das Bundesforschungsministerium. Sie bildete überhaupt den Antrieb dafür, dass der Kölner Rat in den folgenden Monaten mit viel Engagement und einem klaren Ziel die Evaluationen durchführte.[426]

Die Verhandlungen zum Wissenschaftsartikel im Einigungsvertrag führte das von Heinz Riesenhuber geleitete Bundesforschungsministerium. Darüber hinaus waren Vertreter des Bundesinnenministeriums, das insgesamt für den Einigungsvertrag zuständig war, des Bildungs- und Wissenschaftsministeriums sowie des Finanzminis-

---

422 Vgl. Ulrich Teichler: Zur Rolle der Hochschulstrukturkommission der Länder im Transformationsprozeß, in: Renate Mayntz (Hg.): Aufbruch und Reform von oben. Ostdeutsche Universitäten im Transformationsprozeß, Frankfurt a. M. 1994: 227–257.
423 Vgl. Fuchs, Bildung und Wissenschaft seit der Wende, S. 85.
424 Vgl. Wolfgang Schäuble: Der Vertrag. Wie ich über die deutsche Einheit verhandelte, Stuttgart 1991.
425 Vgl. Simon, Die Quintessenz, S. 34.
426 Vgl. Dieter Simon: Rollenspiel: Die Wiedervereinigung der Wissenschaft, in: Peter Weingart / Niels C. Taubert (Hg.): Das Wissensministerium. Ein halbes Jahrhundert Forschungs- und Bildungspolitik in Deutschland, Göttingen 2006: 288–291.

teriums beteiligt. Für die beiden kleineren Akademien, die Bau- und die Landwirtschaftsakademie, waren weiterhin Absprachen mit den entsprechenden Bau- und Landwirtschaftsministerien erforderlich. Die alten Bundesländer und forschungspolitischen Organisationen wie die Deutsche Forschungsgemeinschaft, die Max-Planck- und Fraunhofer-Gesellschaft sowie der Wissenschaftsrat waren nicht in die Verhandlungen involviert, hatten sich die westdeutschen Akteure doch zuvor auf die Wahrung des Status quo und das Kompetenzgleichgewicht verständigt.[427]

Die ostdeutsche Seite war durch ihr Forschungsministerium vertreten, das gewissermaßen seine eigene Auflösung vorbereitete.[428] Und noch immer bestanden innerostdeutsche Auseinandersetzungen um einen am Erhalt einer reformierten Akademie interessierten Präsidenten Klinkmann und einen um politische Anpassung an den Westen bemühten Forschungsminister Terpe. Klinkmann betrachtete seinen Vorschlag für das Akademiestatut auch als Grundlage für die Verhandlung zum Einigungsvertrag. Das ‚Klinkmann-Statut' umfasste fünf Paragrafen, die die Akademie als Gelehrtengesellschaft definierten und sie rechtlich als Körperschaft des öffentlichen Rechts mit Sitz in Berlin beschrieben. Dass die Institute in der künftigen Länderstruktur nicht mehr zu der Gesellschaft gehören würden, war dem Akademiepräsidenten klar, weshalb sie in dem Entwurf gar nicht mehr auftauchten.[429] Diese Überlegungen zeigen, dass Klinkmann sich intensiv mit der länder- und kulturspezifischen Gemengelage der Bundesrepublik auseinandergesetzt haben muss.

Die Ressortabstimmung zwischen dem ostdeutschen Ministerium für Forschung und Technologie und dem Bundesforschungsministerium ging jedoch an den Akademievertretern vorbei und Klinkmanns Vorschlag erhielt keine Rückendeckung. Die Akademiemitglieder nahmen es so wahr, dass „außerhalb der AdW und im wesentlichen ohne sie über ihr Schicksal verhandelt und entschieden wurde."[430] Das BMFT hatte bereits einen eigenen Entwurf zum Einigungsvertrag vorbereitet. Demnach sollten die neuen Länder über die Fortführung der Akademie als Gelehrtensozietät entscheiden und die Institute befristet bis zum 31. Dezember 1991 fortbestehen. Dieser Entwurf enthielt bereits die wesentlichen Aspekte des späteren Artikel 38 des Einigungsvertrags. Klinkmann hatte darauf einige Veränderungen vorgeschlagen und weitere Entwürfe eingereicht. Letztlich waren die Akademievertreter aber nicht in die Verhandlungen einbezogen, vielmehr stand Forschungsminister Frank Terpe im Austausch mit den westdeutschen Verhandlungsführern. Dennoch konnte Klinkmann durch sein beharrliches Intervenieren erreichen, dass der Einigungsvertrag nicht von

---

427 Vgl. Mayntz, Deutsche Forschung im Einigungsprozeß, S. 120–126.
428 Zur letzten DDR-Regierung siehe Jacobs / Bundesstiftung zur Aufarbeitung der SED-Diktatur, Die Staatsmacht, die sich selbst abschaffte.
429 Vgl. Richard Klar: Zur Entstehung und zum Verständnis von Art. 38 Abs. 2 des Einigungsvertrages, in: Sitzungsberichte der Leibniz-Sozietät (2005): 85–98, S. 87 f.
430 Herbert Wöltge: Das letzte Jahrbuch der DDR-Akademie, in: Sitzungsberichte der Leibniz-Sozietät 10 (1995): 113–131, S. 120.

einer Auflösung der Akademie sprach und die Fortführung der Gelehrtengesellschaft vertraglich fixiert wurde. Den Ländern war dadurch nicht freigestellt, ob sie die Gesellschaft überhaupt fortführen, sondern lediglich auf welche Weise.[431] Der Forschungsrat der DDR hingegen sollte anders als die Akademie mit der Wiedervereinigung aufgelöst werden.[432]

Der schließlich zwischen den ost- und westdeutschen Forschungsministerien vereinbarte Artikel 38 des Einigungsvertrags umfasste sieben Absätze und brachte erst einmal die grundlegende Bedeutung von Wissenschaft und Forschung im vereinten Deutschland zum Ausdruck. Absatz 1 manifestierte den Auftrag des Wissenschaftsrates:

> (1) Wissenschaft und Forschung bilden auch im vereinten Deutschland wichtige Grundlagen für Staat und Gesellschaft. Der notwendigen Erneuerung von Wissenschaft und Forschung unter Erhaltung leistungsfähiger Einrichtungen in dem in Artikel 3 genannten Gebiet dient eine Begutachtung von öffentlich getragenen Einrichtungen durch den Wissenschaftsrat, die bis zum 31. Dezember 1991 abgeschlossen sein wird, wobei einzelne Ergebnisse schon vorher schrittweise umgesetzt werden sollen. Die nachfolgenden Regelungen sollen diese Begutachtung ermöglichen sowie die Einpassung von Wissenschaft und Forschung in dem in Artikel 3 genannten Gebiet in die gemeinsame Forschungsstruktur der Bundesrepublik Deutschland gewährleisten.
>
> (2) Mit dem Wirksamwerden des Beitritts wird die Akademie der Wissenschaften der Deutschen Demokratischen Republik als Gelehrtensozietät von den Forschungsinstituten und sonstigen Einrichtungen getrennt. Die Entscheidung, wie die Gelehrtensozietät der Akademie der Wissenschaften der Deutschen Demokratischen Republik fortgeführt werden soll, wird landesrechtlich getroffen. Die Forschungsinstitute und sonstigen Einrichtungen bestehen zunächst bis zum 31. Dezember 1991 als Einrichtungen der Länder in dem in Artikel 3 genannten Gebiet fort, soweit sie nicht vorher aufgelöst oder umgewandelt werden. Die Übergangsfinanzierung dieser Institute und Einrichtungen wird bis zum 31. Dezember 1991 sichergestellt; die Mittel hierfür werden im Jahr 1991 vom Bund und den in Artikel 1 genannten Ländern bereitgestellt.[433]

Damit war der Wissenschaftsrat rechtlich legitimiert, eine Begutachtung der ostdeutschen Akademieinstitute, die mit der Wiedervereinigung von der Gelehrtengesellschaft getrennt wurden, bis Ende des Jahres 1991 vorzunehmen. Von den Hochschulen war an dieser Stelle auf politischer Ebene allerdings keine Rede mehr.

Wie die Gelehrtengesellschaft fortgeführt werden sollte, oblag den Ländern. Die Übergangsfinanzierung der Akademieinstitute, auch die der Bauakademie und der Akademie der Landwirtschaftswissenschaften, war durch die Finanzierungszusage

---

431 Vgl. Horst Klinkmann: Die radikale Lösung. Von der Gelehrtensozietät zur Leibniz-Sozietät, in: Sitzungsberichte der Leibniz-Sozietät (2019): 241–253, S. 246.
432 Bundesrepublik Deutschland, Deutsche Demokratische Republik, Einigungsvertrag, Art. 38, Abs. 7.
433 Ebd., Art. 38, Abs. 1.

von Bund und Ländern für 14 Monate sichergestellt. Damit konnte ein vergleichsweise sozialverträglicher Übergang geschaffen werden. Zur Verstetigung der Forschungsevaluation und zur Etablierung des differenzierten Finanzierungssystems beabsichtigte das Bundesforschungsministerium, die „bewährten Methoden und Programme der Forschungsförderung so schnell wie möglich auf das gesamte Bundesgebiet"[434] anzuwenden.

Die Frage nach den persönlichen Voraussetzungen der Forscherinnen und Forscher, nach ihrer Integrität beziehungsweise Verstrickung mit der Staatssicherheit spielten in Artikel 38 des Einigungsvertrags keine Rolle. Der Wissenschaftsrat hatte also kein Mandat und sah aus seiner Steuerungswarte vermutlich auch keine Notwendigkeit darin, eine Personalüberprüfung vorzunehmen. Außerdem galt der Umgang mit der Staatssicherheit als DDR-interne Angelegenheit, derer sich die bundesrepublikanischen Akteure zunächst nicht annahmen.[435] Eine Personalüberprüfung stand erst im Frühjahr 1991 an, die die sogenannte Abwicklungsstelle der Akademie (KAI-AdW) vornahm. Sie fungierte in der Übergangszeit als Verwaltungs- und Dienststelle der Institute.[436]

Für die Akademie der Pädagogischen Wissenschaften und ihre ca. 600 Mitarbeiterinnen und Mitarbeiter gab es keine Verfügung im Einigungsvertrag. Das Bonner Bildungsministerium löste die pädagogische Akademie bereits zum 31. Dezember 1990 ohne jegliche Begutachtung auf. Die direkte Anbindung an das von Margot Honecker (1927–2016) geleitete Ministerium für Volksbildung und die entsprechende ideologische Ausrichtung waren aus westdeutscher Perspektive nicht tragbar. Denn die Akademie der Pädagogischen Wissenschaften war vor allem mit der Erstellung von Unterrichtsmaterialien und Lehrplänen für das sozialistische Bildungswesen befasst.[437] Die Abwicklung kam für die Wissenschaftlerinnen und Wissenschaftler der pädagogischen Einrichtung ziemlich plötzlich. Sie hatten erst im September 1990 das

---

434 Ebd., Art. 38, Abs. 5.
435 Die letzte Volkskammer der DDR verabschiedete noch am 24.08.1990 ein Gesetz, das die Einsicht in die Stasi-Akten regelte. Die Verhandlungsführer zum Einigungsvertrag wollten das Gesetz allerdings nicht aufnehmen, sodass es schon nach wenigen Wochen wieder ungültig geworden wäre. Massive Proteste auf ostdeutscher Seite führten dazu, dass das Stasi-Unterlagen-Gesetz in einer Zusatzklausel doch noch Eingang in den Einigungsvertrag fand, vgl. Jens Gieseke: Die Stasi 1945–1990, München 2011, S. 270–274.
436 Vgl. Klaus Müntz / Ulrich Wobus: Das Institut Gatersleben und seine Geschichte. Genetik und Kulturpflanzenforschung in drei politischen Systemen, Heidelberg 2013, S. 133 f.
437 Vgl. Wolfgang Eichler / Christa Uhlig: Die Akademie der Pädagogischen Wissenschaften der DDR. Was sie wollte, was sie war und wie sie abgewickelt wurde, in: Peter Dudek / Heinz-Elmar Tenorth (Hg.): Transformationen der deutschen Bildungslandschaft. Lernprozeß mit ungewissem Ausgang, Weinheim u. a. 1993: 115–126, S. 120. Zur APW siehe auch Malycha, Die Akademie der Pädagogischen Wissenschaften der DDR 1970–1990.

zwanzigjährige Jubiläum ihrer Akademie gefeiert – drei Monate später liefen ihre Arbeitsverträge aus.[438]

An den ostdeutschen Hochschulen galt gemäß Artikel 13 des Einigungsvertrags ebenfalls eine dreimonatige Frist. Diese war sicherlich finanzpolitischen Gründen geschuldet. Der Artikel ermöglichte es den neuen Ländern, bis Ende des Jahres 1990 über die Fortführung oder „Abwicklung"[439] ganzer Hochschulen und Teileinrichtungen zu entscheiden. Der hierfür verwendete Begriff ‚Abwicklung' geriet in den folgenden Monaten zum Synonym für die Evaluation und zur Chiffre für die Erfahrung, die ostdeutsche Wissenschaftlerinnen und Wissenschaftler, vor allem jene im Bereich der Geistes-, Gesellschafts- und Rechtswissenschaften, mit dem Begutachtungssystem machten.[440]

Die vermeintlich eindeutige Rechtslage ließ in den folgenden Monaten die Frage aufkommen, was eigentlich unter einer Teileinrichtung zu verstehen war. Denn einerseits konnten ganze Hochschulen abgewickelt werden, gleichzeitig aber auch einzelne Fächer. Der Einigungsvertrag beschränkte sich hierbei auf die Formulierung, dass es sich um Einrichtungen handeln müsse, die ihre Aufgaben selbstständig erfüllen können.[441] Der Wissenschaftsrat tauchte in Zusammenhang mit den Hochschulen nicht auf – der Auftrag der KMK hatte also keine rechtliche Bindung.

Für Bildungsabschlüsse legte der Einigungsvertrag fest, dass alle in der DDR erworbenen schulischen, beruflichen und akademischen Abschlüsse in der Bundesrepublik als gleichwertig anerkannt werden.[442]

Die zu Beginn des Jahres 1990 in Westdeutschland angestellten Überlegungen zur künftigen deutschen Wissenschaftslandschaft, die stets auch die systematische Evaluation von Forschungseinrichtungen mitdachte, konkretisierten sich während der dynamischen Entwicklungen vom Frühjahr bis zum Sommer 1990 und endeten schließlich mit einem vertraglich fixierten Auftrag für den Wissenschaftsrat. Diesen Auftrag nutzte das Gremium in den folgenden Evaluationen, um seine politische Legitimität glaubhaft zu machen. Denn ansonsten stellte der Wissenschaftsrat keine demokratisch verfasste Organisation dar. Seine Existenz beruhte auf einem Verwaltungsabkommen zwischen Bund und Ländern und der damit gegebenen Anerkennung als Beratungsgremium. Der Evaluationsauftrag zielte insgesamt auf einen strukturellen Umbau der Akademieeinrichtungen. Das Ergebnis, die Auflösung der Akademie, erfolgte aus wis-

---

438 Vgl. Ulrich Wiegmann: Agenten – Patrioten – Westaufklärer. Staatssicherheit und Akademie der Pädagogischen Wissenschaften der DDR, Berlin 2015, S. 336.
439 So der Sprachjargon der Zeit, vgl. Bundesrepublik Deutschland, Deutsche Demokratische Republik, Einigungsvertrag, Art. 13, Abs. 1.
440 Peer Pasternack: Wissenschaftspersonal als Transformationsproblem. Resümee eines unverdauten Vorgangs, in: Mitteilungen des Deutschen Germanistenverbandes 52 (2005): 494–509.
441 Zit. nach Mitchell G. Ash: Hochschulelitenwechsel in vergleichender Perspektive: 1918, 1933/38, 1945, 1989/90, in: Jens Blecher / Jürgen John (Hg.): Hochschulumbau Ost. Die Transformation des DDR-Hochschulwesens nach 1989/90 in typologisch-vergleichender Perspektive, Stuttgart 2021: 67–94, S. 83.
442 Bundesrepublik Deutschland, Deutsche Demokratische Republik, Einigungsvertrag, Art. 37.

senschaftspolitischen Gründen. Der Einigungsvertrag explizierte die Auflösung zwar nicht, doch faktisch existierten nach der Wiedervereinigung nur noch einzelne Institute ohne Dachorganisation. Der Handlungsrahmen des Wissenschaftsrates beruhte auf diesem Gefüge und war durch politische Vorentscheidungen determiniert. Ihm oblag die Aufgabe, die Forschungsinstitute zu evaluieren und in Abstimmung mit Vertretern der Politik Empfehlungen zu Umwandlungen, Neugründungen oder Schließungen der ostdeutschen Institute auszusprechen.

4.3 Die Stunde des Wissenschaftsrates

Die Geschichte des 1957 gegründeten Wissenschaftsrates war bis zu dem großen Evaluationsauftrag an den ostdeutschen Akademieinstituten von Höhen und Tiefen gekennzeichnet. Insbesondere in den 1970er Jahren konkurrierte der Kölner Rat mit neugegründeten Gremien wie der Bund-Länder-Kommission für Bildungsplanung (BLK), deren Auftrag 1975 um die Aufgabe der Forschungsförderung ergänzt wurde, und dem Deutschen Bildungsrat (1965–1975). Dabei stand der Wissenschaftsrat Anfang der 1970er Jahre sogar kurz vor der Auflösung. Die Aufgabenverteilung unter den bildungspolitischen Gremien musste neu verhandelt werden. Hinzu kam, dass die inhaltlichen Konzepte des Wissenschaftsrates zur Studienreform von 1966[443] und zur Struktur des Hochschulwesens von 1970,[444] die als Reaktion auf die Bildungsexpansion entstanden waren, von der Politik nicht umgesetzt wurden. Die alte Bundesrepublik und ihr Bildungsanspruch waren noch stark an traditionellen Werten orientiert, weshalb Reformkonzepte häufig auf Kritik stießen.[445] Und auch der Wettbewerb schlug in den 1980er Jahren nicht durch. Mit der *Empfehlung zur Förderung besonders Befähigter*[446] von 1981, worin der Wissenschaftsrat eine gezielte Elitenförderung propagierte, und den *Empfehlungen zum Wettbewerb im deutschen Hochschulsystem* aus dem Jahr 1985 erzielte der Wissenschaftsrat keine große Resonanz. Zu dieser Zeit war es vor allem der Mannheimer Politologe Peter Graf von Kielmansegg, der sich als Vorsitzender der Wissenschaftlichen Kommission (1982–1985) unter dem Spitznamen „Graf Wettbewerb"[447] verdient gemacht hatte. Auch an den Evaluationen sollte ‚Graf Wettbewerb' beteiligt werden, um seinen Ideen endlich Durchschlagskraft zu geben.

Die Wiedervereinigung stellte keinesfalls den ersten Versuch des Wissenschaftsrates dar, Reformen zu initiieren und den Wettbewerb im Wissenschaftssystem anzu-

---

443 Wissenschaftsrat: Empfehlungen zur Neuordnung des Studiums an den wissenschaftlichen Hochschulen, Bonn 1966.
444 Ders.: Empfehlungen zur Struktur und zum Ausbau des Bildungswesens im Hochschulbereich nach 1970, Bonn 1970.
445 Vgl. Bartz, Der Wissenschaftsrat, S. 90.
446 Wissenschaftsrat: Empfehlung zur Förderung besonders Befähigter, Berlin 1981.
447 Szöllösi-Janze, ‚Eine Art pole position im Kampf um die Futtertröge', S. 333.

kurbeln. Auch wenn die Reformversuche infolge der Wende wiederum nicht so drastisch wie gefordert durchschlugen, profitierte der Wissenschaftsrat als Organisation nachhaltig von der Evaluation und konnte sie als wettbewerbliches Verfahren stärken, wie die Studie noch zeigen wird.

Der Wissenschaftsrat ging sehr planvoll mit der Evaluation um. Im Zentrum standen die Strukturfrage und die Einpassung der ostdeutschen Wissenschaft in die westdeutsche. Durch das fokussierte Vorgehen gerieten mögliche Alternativen zum Umgang mit der ostdeutschen Forschungslandschaft in den Hintergrund. Das gewählte Verfahren ließ nur einen selektiven Handlungsspielraum offen und wirkte komplexitätsreduzierend, wie Niklas Luhmann generalisierend für Verfahren beschreibt.[448] Strukturelle Kontingenz wurde auf diese Weise in Handlungskontingenz übersetzt. Alternativen zum gewählten Verfahren wurden nicht bedacht, wodurch auch Reflexionsschleifen ausblieben. Dabei verstärkte das Evaluationsverfahren das ohnehin asymmetrische Verhältnis zwischen West und Ost. Dieses Kapitel betrachtet die Vorbereitung der Evaluation und legt dar, wie der Wissenschaftsrat als Organisation in Ostdeutschland wahrgenommen wurde und durch eine Autoritätszuschreibung ostdeutscher Akteure an Ansehen gewann.

4.3.1 Das Evaluationskonzept

Der Wissenschaftsrat arbeitete im Frühjahr 1990, wie bereits beschrieben, an zahlreichen Konzepten. Den ersten Entwurf für das Evaluationsverfahren erstellte er für das Kamingespräch im Juni. Inhaltlich gingen die Konzepte von der Wissenschaftlichen Kommission und den Referatsleitern der Geschäftsstelle aus. Dass die Wissenschaftliche Kommission in der Regel den Aufschlag für inhaltliche Impulse machte, stellte ein etabliertes Vorgehen im Wissenschaftsrat dar. Erst danach wurden die Themen mit der Verwaltungskommission diskutiert.[449] Und auch 1990 waren es reformorientierte Wissenschaftler und gestaltungsfreudige Wissenschaftsmanager, die die Themenschwerpunkte setzten.

Durch den offiziellen Auftrag zur Evaluation und die weiteren Planungsschritte wurde das Evaluationskonzept über den Sommer weiter ausdifferenziert. Es blieb bei drei Ausschüssen, von denen eine Koordinationskommission als übergeordnete Einrichtung angelegt war und auf nächster Ebene ein Evaluationsausschuss für die Akademien und ein Strukturausschuss für die Hochschulen tätig werden sollten. Für beide Ausschüsse war wiederum vorgesehen, dass sie sich aus mehreren fachspezifischen Arbeitsgruppen zusammensetzten. Zu diesem Zeitpunkt, im August 1990, berücksich-

---

[448] Vgl. Luhmann, Legitimation durch Verfahren, S. 40.
[449] Vgl. Bartz, Der Wissenschaftsrat, S. 48.

tigte der Wissenschaftsrat auch noch die pädagogische Akademie.[450] Die Entscheidung, die pädagogische Einrichtung abzuwickeln, wurde wohl im September des Jahres relativ kurzfristig durch das Bildungsministerium getroffen – zumindest lagen dem Wissenschaftsrat dazu bisher keine Informationen vor.

Da der ostdeutsche Bildungsminister Hans-Joachim Meyer nie eine offizielle Anfrage zur Evaluation der Hochschulen gestellt hatte, setzte der Wissenschaftsrat für die Hochschulen einen allgemeinen Strukturausschuss ein. Der Auftrag des Wissenschaftsrates beschränkte sich somit auf die vorherige Aufforderung der KMK, auch im Hochschulbereich tätig zu werden. Die Personen aus dem Wissenschaftsrat legten Wert darauf, im Kontext der Hochschulen dezidiert nicht von einer ‚Evaluation' zu sprechen und vermieden den Begriff.[451] Dabei lag dem Konzept ein äquivalentes Verfahren zu den Akademien zugrunde: Fachliche Kommissionen sollten örtliche Begehungen nach einem standardisierten Ablauf vornehmen. Doch durch die Kulturhoheit der Länder, die ihren Hoheitsbereich selbst verantworteten und gestalten wollten, war vorsichtiges Handeln im Bereich des föderalen Hochschulwesens geboten.

Entsprechend den Planungen richtete der Wissenschaftsrat drei Hauptausschüsse von Koordinations-, Evaluations- und Strukturausschuss ein. Den Vorsitz für die Evaluations- und Strukturkommission übernahm Dieter Simon gemeinsam mit dem Mediziner Horst Franz Kern (geb. 1938), der zu dieser Zeit Vorsitzender der Wissenschaftlichen Kommission war. Die Koordinationskommission sollte die Tätigkeiten beider Ausschüsse aufeinander abstimmen und somit für Hochschulen und außeruniversitäre Forschungseinrichtungen ein kohärentes Gesamtvorgehen gewährleisten. Doch entgegen allen Steuerungsbemühungen ließ sich letztlich nicht jedes Detail planen. Die Koordinationskommission tagte nicht ein einziges Mal, wie Dieter Simon später einräumte.[452]

Das Konzept umfasste das gesamte ostdeutsche Wissenschaftssystem, einschließlich aller Institutionen, und zeugt damit von einer systemtheoretischen Perspektive auf das Wissenschaftssystem. So waren auch Strukturaspekte wissenschaftsqualitativen Gesichtspunkten untergeordnet. Aus westdeutscher Sicht mussten nur die entsprechenden Hebel umgelegt werden, um gleiche Strukturen zu erzeugen. Einzelne Wissenschaftlerinnen und Wissenschaftler, Menschen mit Erwerbsbiografien als zen-

---

450 Für den Evaluationsausschuss waren neun Arbeitsgruppen angedacht: Physik, Mathematik, Chemie, Geo- und Kosmoswissenschaften, Geisteswissenschaften, Wirtschafts- und Sozialwissenschaften, Agrarwissenschaften, Bauforschung und Architektur, Biowissenschaften und Medizin sowie anfangs eine AG Pädagogische Wissenschaften und Ingenieurwissenschaften. Die Strukturkommission sollte ebenfalls nach Fachbereichen organisierte Kommissionen sowie die allgemeinen Gruppen Hochschulentwicklungsplanung und Lehrerbildung abbilden, AdWR: SO I Evaluations- und Strukturausschuss 3/4, Diagramm vom August 1990.
451 Vgl. Teichler, Zur Rolle der Hochschulstrukturkommission der Länder im Transformationsprozeß, S. 235.
452 So Dieter Simon an der Tagung ‚25 Jahre Wissenschaft und Wiedervereinigung' vgl. Simons Beitrag auf der Tagung am 06.07.2015 [https://www.stifterverband.org/veranstaltungen/archiv/2015_07_06_wiedervereinigung; zuletzt aufgerufen am 29.01.2019].

trale Akteure, unterschiedliche Habitus zwischen Ost und West oder mögliche Herausforderungen tauchten auf der Ebene der Planungen nicht auf. Wegen des von den Menschen abstrahierenden Blicks auf die Strukturen des Wissenschaftssystems wurden sozialpolitische Fragen außer Acht gelassen und an keiner Stelle antizipiert. Ganz im Gegenteil sollten vermehrt befristete Stellen über Projekte etabliert werden, um kompetitive Strukturen zu stärken.

Die Evaluationen an den Akademieinstituten bestanden nicht nur aus den örtlichen Begutachtungen, sondern benötigten im Sinne eines mehrstufigen Verfahrens eine gewisse Vorlaufzeit. Dazu mussten zunächst Informationen über die Institute eingeholt und die Begehungen vorbereitet werden. Daher begann die Kölner Geschäftsstelle unmittelbar nach dem Evaluationsauftrag im Juli 1990 mit dem Verschicken von Fragebögen an die Institute und kontaktierte potenzielle Gutachter. Denn die ersten Evaluierungen sollten kurz nach der deutsch-deutschen Vereinigung im Oktober beginnen. Dabei hatte der Wissenschaftsrat die Aufgabe, 140 Institute mit etwa 40.000 Mitarbeiterinnen und Mitarbeitern zu begutachten. Vor dem Hintergrund, dass die bisherige Evaluationserfahrung des Wissenschaftsrates in der Begutachtung von etwa 40 Instituten der Blauen Liste in einem Zeitraum von zehn Jahren bestand, war dies eine immense Größenordnung.[453] Nun sollten innerhalb eines Jahres mehr als drei Mal so viele Forschungseinrichtungen evaluiert werden, was die Beteiligten im Nachgang unter einer „gigantischen Aufgabe"[454] verbuchten. Dieter Simon verschickte die Einladungsschreiben an die möglichen Gutachter im August, was ein denkbar ungünstiger Zeitpunkt war, da die Personen während der Sommerpause nur schwer zu erreichen waren und die Zeit drängte. Der Wissenschaftsrat als Organisation und die dahinterstehenden Wissenschaftsmanager aus der Geschäftsstelle hatten also enorm viel zu tun und agierten dennoch so routiniert, als hätten sie nie etwas anderes getan, als zu planen, Kommissionen zu bilden und Institute zu evaluieren.[455]

Die Leitung der Arbeitsgruppen des Evaluationsausschusses übernahmen Personen der Wissenschaftlichen Kommission, die um weitere externe Gutachter ergänzt wurden. Unter den Externen sollten auch Wissenschaftler der DDR und dem Ausland vertreten sein. Allerdings hatte das Ausland nur wenig Interesse an der „Evaluationstour durch den Osten",[456] wie Simon schreibt. Die Evaluation der ostdeutschen Forschungseinrichtungen galt wegen der maroden Infrastruktur der DDR keineswegs als prestigeträchtige Aufgabe, und das Ausland betrachtete sie zudem als innerdeutsche Angelegenheit.[457]

---

453 Vgl. Hans-Jürgen Block / Wilhelm Krull: What are the consequences? Reflections on the impact of evauation conducted by a science policy advisory body, in: Scientometrics (1990): 427–437, S. 428.
454 Krull / Sommer, Die deutsche Vereinigung und die Systemevaluation, S. 201.
455 Zur Zusammensetzung der AG Wirtschafts- und Sozialwissenschaften s. u. S. 144–152.
456 Simon, Rollenspiel: Die Wiedervereinigung der Wissenschaft, S. 290.
457 Vgl. ebd.

Und auch unter Ostdeutschen bestand kein großes Interesse an der Mitwirkung als Gutachter. Die DDR-Wissenschaftler befürchteten, dass ihre Akademiekolleginnen und -kollegen sie als illoyal wahrnahmen könnten. Daher fungierten letztendlich nur wenige Ostdeutsche als Gutachter.[458] Hinzu kam, dass die Leitungsebene des Wissenschaftsrates über den Spätsommer 1990 feststellte, dass die Direktorenstellen der Akademieinstitute weiterhin vom „alte[n] Establishment" geleitet wurden,[459] was pauschal alle ostdeutschen Vertreter delegitimierte. Ihre Beteiligung in den Kommissionen des Wissenschaftsrates war damit kaum mehr vorstellbar.[460]

Dieter Simon war außerdem daran interessiert möglichst objektive Personen für die Arbeitsgruppen zu gewinnen und keine, die persönlich involviert waren. So fragte Simon den regimekritischen ostdeutschen Historiker Karlheinz Blaschke (1927–2020), ob er zu einer Gutachtertätigkeit bereit wäre.[461] Blaschke legte in seinem Antwortschreiben dar, dass ihm „die Aufdeckung der Mitverantwortung und Mitschuld der SED-Historiker an den schlimmen Verhältnissen der vergangenen Jahrzehnte [...] ein persönliches Anliegen"[462] sei. Simon unterstrich diese Zeilen und kommentierte sie mit den Worten: „der ist dann aber nicht geeignet". Obwohl Blaschke aus diesen persönlichen Motiven kein geeigneter Kandidat war, fungierte er später als Gutachter der Arbeitsgruppe Geisteswissenschaften. Diese AG leitete der Sozialhistoriker Jürgen Kocka, insofern war Simons Einschätzung wohlmöglich nicht ausschlaggebend.

Im Westen Deutschlands war das Interesse an der Teilnahme groß. Dabei waren die Motive unterschiedlich. Viele Wissenschaftler sahen eine wichtige und gleichzeitig ehrenvolle Aufgabe in der Evaluation, andere beriefen sich auf ihr Erfahrungswissen durch Kontakte aus der Vorwendezeit.[463] Ein spezifisches Interesse hegte der Sozialwissenschaftler und Präsident der Universität Oldenburg Michael Daxner (geb. 1947), der sich eigeninitiativ an Dieter Simon wandte und sein Interesse an der Evaluation bekundete: „Die vergangenen 40 Jahre haben in der DDR spezielle Habitus bei Lehrenden und Studierenden hervorgebracht",[464] weshalb Daxner gerne mehr über die Auswirkungen des Habitus auf Studium und Lehre erfahren wollte. Solch informelle Praktiken würden sich seiner Meinung nach auch auf das gemeinsame Hochschulsystem auswirken. Darüber hinaus wollte Daxner Fragen der Qualität von Lehre und Studium grundsätzlich auf die Tagesordnung setzen, da er sie für besonders relevant

---

458 Vgl. ebd., S. 290.
459 Zit. nach Thijs, Die Evaluierer aus dem Westen und der Schein der Routine, S. 183.
460 Vgl. ebd.
461 Vgl. Ilko-Sascha Kowalczuk: Blaschke, Karlheinz; in: Wer war wer in der DDR? 5. Ausg. Bd. 1, Berlin 2010.
462 AdWR: SO I Vorsitzender Simon DDR-Korr. 1990, Antwortschreiben an den WR vom 14.09.1990.
463 AdWR: SO I 3.2.1 AG Wirtschafts- und Sozialwissenschaften 1/6, Antwortschreiben auf die Anfrage des WR; auch die Deutsche Geodätische Kommission bot ihre Unterstützung an vgl. SO I 3.1 Ausgangslage 1/6, Schreiben an den WR vom 06.08.1990.
464 AdWR: SO I 4.0 Strukturausschuss, Schreiben an den WR vom 10.09.1990.

hielt.[465] Simon antwortete, dass hochschuldidaktische Aspekte in Politik und Wissenschaftsrat erst einmal in den Hintergrund rücken müssten, da gerade keine Zeit für diese Themen sei und schlug die Mitwirkung des Sozialwissenschaftlers aus.[466]

Simon hatte sehr spezifische Vorstellungen von der Eignung der Teilnehmer. Als Kriterien waren ihm Objektivität und Rationalität wichtig. Und auch, wenn es sich um für das Evaluationsverfahren sachkundige Personen handelte, sollten deren sachfremde Motive wie persönliche Anliegen oder wissenschaftliches Erkenntnisinteresse keine Rolle spielen. Denn damit hätten Fokus und Zielsetzung der Evaluation – mit Luhmanns Worten die Verfahrensgeschichte – erweitert und anders erzählt werden müssen. Insgesamt wurden in das aufwendige Verfahren etwa 300 externe Gutachterinnen und Gutachter einbezogen, worunter sich vor allem westdeutsche, männliche Professoren befanden.[467]

4.3.2 Ansehen und Wahrnehmung des Rates im Osten

Die Aktivitäten des Wissenschaftsrates seit Beginn des Jahres 1990, die erst eine engere Zusammenarbeit zwischen Ost und West und dann die Vorbereitung der Evaluation beinhalteten, führten zu einem enormen Prestigezuwachs des Wissenschaftsrates. In der noch existierenden DDR trat das Kölner Gremium als entscheidungsrelevante Organisation auf, zu der sie sich im Laufe der Jahre 1990 und 1991 auch tatsächlich stilisierte. Zu dieser Entwicklung trugen neben der Evaluationstätigkeit auch das Ansehen und die Macht bei, die der Wissenschaftsrat sich in Ostdeutschland verschaffte und zugedacht bekam.

Die ostdeutschen Wissenschaftlerinnen und Wissenschaftler wandten sich während der Sommermonate des Jahres 1990 mit allen Anliegen, die die Evaluation oder andere Probleme im Wissenschaftsbereich betrafen, an den Wissenschaftsrat. Dieser erschien ihnen als verantwortliche Organisation und Ansprechpartner, weshalb er in alle Belange involviert und über alle Entwicklungen informiert wurde. Dieses Vorgehen der ostdeutschen Akteure hing sicherlich mit dem Obrigkeitsdenken in der DDR und den etablierten Kommunikationsformen zusammen, insbesondere mit der Eingabe.[468] Der Wissenschaftsrat fungierte für die ostdeutschen Wissenschaftler als Behörde, an die sie ihre Fragen richteten.

Ein Brief an den Wissenschaftsrat zeigt eindrücklich, welche Unsicherheit mit dem Begutachtungsverfahren verbunden war. In Thüringen bildete sich Anfang Oktober 1990 ein Ausschuss aus Bildungsfachleuten, der sich mit der Hochschul- und Fach-

---

465 Ebd.
466 AdWR: SO I 4.0 Strukturausschuss, Antwort vom Vorsitzenden des WR vom 12.10.1990.
467 Vgl. Krull, Neue Strukturen für Wissenschaft und Forschung, S. 16.
468 Zur politischen Kultur in der DDR und den Kommunikationsformen in Abgrenzung zur Bundesrepublik vgl. Frank Bösch / Jens Gieseke: Der Wandel des Politischen in Ost und West, in: Frank Bösch (Hg.): Geteilte Geschichte. Ost- und Westdeutschland 1970–2000, Bonn 2015: 39–78.

hochschullandschaft des neuen Bundeslandes befasste. Mit einer Reihe von Fragen wandte sich Wolf-Dieter Eckert, der spätere Gründungsbeauftragte der Hochschule Schmalkalden, als Gremienmitglieder an den Kölner Rat:

> Nach unserer Kenntnis haben die WRK und auch die FRK sich zu diesem Problem geäußert, ist darüber etwas zu erfahren? Wie sind Inhalt und Methodik der vom Wissenschaftsrat eingesetzten Arbeitsgruppen ‚Struktur' und ‚Bewertung'?[469]

Das angesprochene ‚Problem' bezog sich auf die Verantwortlichkeit im Bereich der Fachhochschulen. Eckert hatte von Dritten gehört, dass auch der Wissenschaftsrat an Empfehlungen zum Aufbau von Fachhochschulen in den neuen Bundesländern arbeite und sich nun die Frage der Zuständigkeit stelle. Die Art der Kontaktaufnahme und seine Unwissenheit waren ihm offenbar unangenehm, denn weiter heißt es:

> Sollte Ihnen mein Ansinnen etwas befremdlich oder naiv vorkommen, bitte ich Sie, uns zugute zu halten, daß uns die Spielregeln einer Ministerialbürokratie noch fremd sind. [...] Nicht zuletzt fühlen sich viele der hier im Bildungswesen Tätigen z. B. durch die Bewertungskommission in die Rolle von Schülern versetzt, deren Arbeiten von einem neuen Lehrer nach ihnen unbekannten Maßstäben bewertet werden sollen.[470]

Die Lehrer-Schüler-Metapher verdeutlicht das asymmetrische Machtverhältnis zwischen westdeutschen Wissenschaftlern beziehungsweise Gutachtern und uninformierten ostdeutschen Akteuren. Ein anderer Brief war zudem an den „Wissenschaftsrat der Deutschen Forschungsgesellschaft"[471] adressiert. Darin zeigte sich eine Unkenntnis der Institutionen von Wissenschaftsrat und DFG und vermutlich auch deren Aufgaben und Funktionen.

Respekt oder gar Angst davor, etwas falsch zu machen, noch bevor das Evaluationsverfahren überhaupt begann, hatte das Akademieinstitut für Geografie und Geoökologie. Die Institute waren im Juli dazu aufgefordert worden, „sachdienliches Informationsmaterial"[472] an den Wissenschaftsrat zu verschicken, das als Vorbereitung auf die Evaluation diente. Doch das Geographie-Institut verschickte seine Materialien anders als vorgesehen unmittelbar an den Leiter der Arbeitsgruppe Geo- und Kosmoswissenschaften, Gotthilf Hempel (geb. 1929), und nicht zuerst an die Kölner Geschäftsstelle. Zur Rückversicherung teilte das Institut sein Vorgehen der Verwaltung mit:

> [...] in dem Wunsche, die Evaluierung zu unterstützen, habe ich mir erlaubt, Herrn Prof. Dr. Hempel einige Hinweise direkt zuzuarbeiten, wovon ich Ihnen hiermit Kenntnis

---

469 AdWR: SO I 4.0 Ausgangslage 1/3, Brief an den WR vom 04.10.1990.
470 Ebd.
471 AdWR: SO I 3.2.1 AG Wirtschafts- und Sozialwissenschaften 4/6, Schreiben von der HU Berlin an den WR vom 08.01.1991.
472 Dies war der Wortlaut in den Anschreiben an die Institute, AdWR: SO I 3.1 Evaluationsausschuss 1/6, Schreiben an die Akademieinstitute vom 12.07.1990.

geben möchte in der Erwartung, mit der direkten Zusammenarbeit gegen keine Regeln der Evaluierung verstoßen zu haben.[473]

Unter den ostdeutschen Wissenschaftlern sorgte das empfundene Nichtwissen über die westdeutschen Praktiken, Regeln und informellen Konventionen für Verunsicherung. Denn die eigenen Erfahrungen resultierten aus einem anderen Wissenschaftssystem, das streng zentralistisch organisiert war und Entscheidungen gemäß der Nomenklatur von höheren Instanzen treffen ließ.

In Brieftitulaturen und Floskeln verwendeten die Akademiewissenschaftler standardisierte westdeutsche Anreden. So sprachen sie Dieter Simon mit „Sehr geehrter Herr Simon" an und verabschiedeten ihn „Mit freundlichen Grüßen". Vereinzelt verwendeten sie auch die Anrede „Verehrter Herr Präsident"[474] und die respektvolle Schlussformel „Mit hochachtungsvollem Gruß"[475] – ein Jahr zuvor stand an dieser Stelle noch der ‚sozialistische Gruß'. Damit war das Kommunikationsverhalten durch gezielte Floskelhaftigkeit gekennzeichnet. Die ostdeutschen Wissenschaftlerinnen und Wissenschaftler bedienten sich ihrer schon gegenüber den DDR-Obrigkeiten erlernten Kommunikationsstrategien. Denn die Diktatur in der DDR basierte auf kommunikativer Praxis. Sprachliche Rituale nahmen eine große Bedeutung in der Beziehungsgestaltung und Loyalitätsbekundung von Beherrschten und Herrschenden ein.[476] Und auch 1990 strebten DDR-Wissenschaftler offenbar eine größtmögliche Konformität an, die sie durch sprachliche Marker der Fügsamkeit und Loyalität signalisierten.

Ein knappes Jahr nach der Wiedervereinigung im September 1991 zog der Wissenschaftsrat eine interne Bilanz über seine Wahrnehmung auf dem Gebiet der ehemaligen DDR. Demnach erschien die „umfassende Kompetenz- und Autoritätszuschreibung an den Wissenschaftsrat [...] streckenweise beängstigend".[477] Zudem wurde sein Einfluss maßlos überschätzt, wie es intern hieß.[478] Die ostdeutschen Akademiker nahmen das wissenschaftspolitische Beratungsgremium als starke Organisation und Autorität wahr und sprachen ihm mitunter mehr Einfluss zu, als er tatsächlich besaß. Diese Zuschreibung bedeutete für den Wissenschaftsrat eine Akkumulation seiner institutionellen Macht. Dabei konnte er sein wissenschaftspolitisches Netzwerk durch

---

473 AdWR: SO I Vorsitzender Simon 1990–1992, Brief aus dem Institut für Geographie und Geoökologie an den WR vom 17.09.1990.
474 AdWR: SO I Ausgangslage 2/3, Schreiben von der Technischen Hochschule Leuna-Merseburg an den WR vom 29.04.1991.
475 Vorlass Max Kaase an der Jacobs University: Akte 351, Schreiben von der Friedrich-Schiller-Universität Jena an den WR vom 12.12.1990; AdWR: SO I 3.2.1 AG Wirtschafts- und Sozialwissenschaften 4/6, Schreiben vom IzJ an den WR vom 02.04.1991.
476 Ralph Jessen: Diktatorische Herrschaft als kommunikative Praxis. Überlegungen zum Zusammenhang von ‚Bürokratie' und Sprachnormierung in der DDR-Geschichte, in: Alf Lüdtke / Peter Becker (Hg.): Akten. Eingaben. Schaufenster. Die DDR und ihre Texte, Berlin 1997: 57–78, S. 67.
477 AdWR: SO I 4.0 Strukturausschuss 3/3, Vermerk aus der Geschäftsstelle des WR vom 06.09.1991.
478 Vgl. ebd.

die Scharnierfunktion zwischen ost- und westdeutschen Akteuren und Gremien weiter ausbauen. Seine Reputation erhöhte der Wissenschaftsrat in Westdeutschland dadurch, dass er die Evaluation der 140 Forschungsinstitute tatsächlich in der vorgesehenen Frist bis zum Jahresende 1991 durchführte.[479]

Der daraus entstandene Prestigezuwachs ließ in den folgenden Jahren keine Diskussion mehr darüber aufkommen, ob das den Wissenschaftsrat legitimierende Verwaltungsabkommen zwischen Bund und Ländern weiterhin verlängert werden solle oder nicht, wie dies in den 1970er und 1980er Jahren noch diskutiert worden war.[480] Mit der Wiedervereinigung stieg der Wissenschaftsrat innerhalb der forschungspolitischen Organisationen auf, wobei Simons Nachfolger schon bald Grenzen aufgezeigt bekam.[481] Doch insgesamt profitierte der Wissenschaftsrat von der gigantischen Aufgabe und stieg zur zentralen „Evaluationsinstanz"[482] auf.

4.4 Von der Begutachtung zur Evaluation

Im Jahr 1979 beauftragte die Bund-Länder-Kommission für Bildungsplanung und Forschungsförderung den Wissenschaftsrat erstmals damit, eine Begutachtung an den Instituten der Blauen Liste durchzuführen. Diese im Jahr 1976 auf blauem Papier zusammengefassten Institute, die in der Folge ‚Blaue Liste' genannt wurden, gingen aus dem Königsteiner Staatsabkommen von 1949 hervor und bilden die heutige Leibniz-Gemeinschaft.[483] Die Trägerschaft war dezentral organisiert, gemein hatten die Institute lediglich die Bund-Länderförderung. Zum Zeitpunkt der ersten Evaluierungen besaßen die Institute den Status als „schwache wissenschaftspolitische Akteure"[484] innerhalb des Forschungssystems, an denen das Evaluationsverfahren ungehindert erprobt werden konnte. Anders stellte es sich noch 1966/67 dar, als der Wissenschaftsrat die Sonderforschungsbereiche zur Förderung besonders exzellenter und innovativer Forschung einrichtete. Er stieß bei DFG und Hochschulen auf große Proteste.[485]

Im Falle der 1977 gegründeten Blauen Liste war die Ausgangssituation eine andere, da hinter ihr keine organisierte Interessenvertretung stand. Unter den großen Wissenschaftsorganisationen hatten die ‚blauen Institute' vielmehr den Ruf, „Sammelbecken"[486] für die verschiedensten geistes-, sozial- und naturwissenschaftlichen Institute

---

479 Vgl. Bartz, Der Wissenschaftsrat, S. 182.
480 Vgl. ebd., S. 113–126; 132 f.
481 S. dazu ‚Der Fall Neuweiler' S. 226–232.
482 Szöllösi-Janze, ‚Der Geist des Wettbewerbs ist aus der Flasche!', S. 68.
483 Vgl. Ariane Brill: Von der ‚Blauen Liste' zur gesamtdeutschen Wissenschaftsorganisation. Die Geschichte der Leibniz-Gemeinschaft, Leipzig 2017, S. 13–16.
484 Bartz, Der Wissenschaftsrat, S. 136.
485 Vgl. ebd.
486 Brill, Von der ‚Blauen Liste' zur gesamtdeutschen Wissenschaftsorganisation, S. 20.

zu sein. Und auch Bibliotheken, Museen sowie anwendungs- und grundlagenorientierte Forschung gehörten dazu. Im Gegensatz zur Max-Planck- oder Fraunhofer-Gesellschaft hatte die Blaue Liste kein spezifisches Forschungsprofil entwickelt. Außerdem verfügte sie verglichen mit den anderen Forschungsorganisationen über ein geringeres Finanzbudget.[487]

Bei den ersten Begutachtungen der Blauen Liste seit 1979 verwendete der Wissenschaftsrat den Begriff ‚Evaluation' noch nicht. Dieser erhielt erst mit dem großen Evaluationsauftrag des Jahres 1990 Durchschlagskraft und wurde sagbar.[488] Dieser sprachlich manifestierte Wandel von der Begutachtung bis zur Evaluation steht im Zentrum dieses Kapitels. Dazu folgt zunächst eine Rückblende in die 1980er Jahre und den Beginn des Begutachtungswesens, ehe die Evaluation an der ostdeutschen Akademie der Wissenschaften in den Jahren 1990/91 eingeordnet wird.

4.4.1 Entwicklung des Begutachtungswesens

Infolge des Auftrages durch die BLK begann der Wissenschaftsrat 1979, die 46 Institute der Blauen Liste sukzessive zu begutachten. Zu Beginn befassten sich die Mitglieder der Wissenschaftlichen Kommission mit der Frage, wie solch eine Begutachtung überhaupt aussehen könne und welches Vorgehen dabei sinnvoll sei. Einigkeit herrschte darüber, dass Gütekriterien und ein Verfahrensmodell entwickeln werden müssten. Damit lagen dem Verfahrensprozedere eine reflektierte Haltung und ein bewusster Umgang zugrunde.[489] Peter Kreyenberg, der damalige Generalsekretär des Wissenschaftsrates, brachte zudem internationale Erfahrung als Mitglied des Forschungsausschusses der OECD ein. Er konnte insbesondere sein Praxiswissen aus England und den Niederlanden einbringen.[490]

Die Forschungsbegutachtung entwickelte sich in den folgenden Jahren zum zentralen Tätigkeitsbereich des Wissenschaftsrates.[491] Dabei prüfte er im Auftrag von Bund und Ländern, ob die Förderkriterien der überregionalen Bedeutung und des gesamtstaatlichen wissenschaftspolitischen Interesses noch gegeben waren.[492] Über bereits geförderte Institute hinaus prüfte der Wissenschaftsrat auch mögliche Neuaufnahmen in die Blaue Liste. Das Verfahren selbst bestand aus zwei Teilen und orientierte sich

---

487 Vgl. ebd., 20.
488 Vgl. Bartz, Der Wissenschaftsrat, S. 135.
489 Zur Intentionalität vgl. Jan-Hendryk de Boer / Marcel Bubert (Hg.): Absichten, Pläne, Strategien. Erkundungen einer historischen Intentionalitätsforschung, Frankfurt a. M. 2018b (= Kontingenzgeschichten, Bd. 5).
490 Vgl. Bartz, Der Wissenschaftsrat, S. 136 f.
491 Vgl. Szöllösi-Janze, ‚Der Geist des Wettbewerbs ist aus der Flasche!', S. 67.
492 BArch Koblenz: B 247/351, Schreiben von der Geschäftsstelle des WR an das Deutsche Institut für Fernstudien vom 30.07.1982.

am Verfahren der Sonderforschungsbereiche und der DFG-Einzelförderung.[493] Danach erhielten die zu begutachtenden Institute zunächst einen Fragenkatalog, den sie als Bericht beantworteten. Darauf folgten im zweiten Schritt örtliche Begehungen.[494] Diese waren in der Regel für zwei Tage angesetzt und orientierten sich am bisherigen Verfahrensablauf der Sonderforschungsbereiche. Im Gegensatz zu dem Fragebogen, auf den unten noch genauer eingegangen wird, veränderte sich der Ablauf der örtlichen Begehungen nicht weiter. Zu den Begehungen trafen sich die Gutachter zu einer internen Vorbesprechung, woraufhin das Gespräch mit der Direktorin der Einrichtung folgte. Manchmal fand auch ein Rundgang durch die Institutsräumlichkeiten statt. Am Ende des ersten Tages traten die Gutachter noch einmal zu einer internen Nachbesprechung zusammen. Der zweite Tag stand für Gespräche mit den wissenschaftlichen Mitarbeiterinnen und Mitarbeitern sowie einem Abschlussgespräch mit der Direktion zur Verfügung. Abschließend resümierten die Gutachter ihre Eindrücke.[495] Bei diesem Ablauf ist es im Wesentlichen bis heute geblieben.[496]

Der Fragenkatalog, den die Geschäftsstelle des Wissenschaftsrates für den ersten Teil des Verfahrens entwickelt hatte, unterlag einem stärkeren Wandlungs- und Standardisierungsprozess. Dabei ist der Fragebogen eine historisch spannende Quelle, die Aufschluss darüber gibt, wie sich Standards und Normen in der Wissenschaftskultur herausbildeten. Die Verwendung von Fragebögen stellt eine Übertragung sozialwissenschaftlicher Verfahren auf andere Felder dar. Diese Übertragung fand zur gleichen Zeit in vielen bürokratischen Bereichen statt, in denen Fragebögen, Tests oder Interviews genutzt wurden und betraf in diesem Falle die Wissenschaft selbst. Lutz Raphael spricht in diesem Zusammenhang von der ‚Verwissenschaftlichung des Sozialen', die er an der Übertragung und Präsenz humanwissenschaftlicher Wissenstechniken festmacht.[497]

Eine der ersten Begutachtungen des Wissenschaftsrates fand im Jahr 1982 am Deutschen Institut für Fernstudien (DIFF) statt, einem An-Institut der Universität Tübingen. Das DIFF erhielt einen vierseitigen, 19 Fragen umfassenden Bogen, der als typischer Fragebogen der Zeit betrachtet werden kann und genealogisch relevant für die späteren Fragebögen in der Wendezeit war.

---

493 Zu den DFG-Verfahrensweisen der Einzelförderung und SFB vgl. Orth, Autonomie und Planung der Forschung.
494 Vgl. Deutsche Forschungsgemeinschaft: Sonderforschungsbereiche. Grundlagen des Förderprogramms und Verfahrensregeln, Bonn 1983, S. 107.
495 BArch Koblenz: B 247/352, Schreiben aus der Geschäftsstelle des WR an die an der Begehung des DIFF beteiligten Gutachter mit dem Ablaufprogramm vom 31.08.1989.
496 Vgl. Deutsche Forschungsgemeinschaft: Merkblatt. Vorbereitung einer Begutachtung im Programm Sonderforschungsbereiche, Bonn 2016.
497 Vgl. Lutz Raphael: Ordnungsmuster und Deutungskämpfe. Wissenspraktiken im Europa des 20. Jahrhunderts, Göttingen 2018 (= Kritische Studien zur Geschichtswissenschaft, Bd. 227), S. 14.; s. Ders., Zwischen Sozialaufklärung und radikalem Ordnungsdenken.

```
            Geschäftsstelle                      Drs. 5928/82
          des Wissenschaftsrates              Köln, den 23.11.82



        Fragen an die erziehungswissenschaftlichen Institute


        1.  In Bezug auf welchen sozialen Kontext definiert das
            Institut sein Selbstverständnis und seine Aufgabe?
            Präzisieren Sie den Bedarf, der durch die Arbeit Ihres
            Instituts gedeckt werden soll. Wer sind die direkten
            Adressaten der Arbeit (national/international)? Wer sind
            die Abnehmer?

        2.  Welches sind die thematischen Schwerpunkte der Arbeit
            des Instituts? Wie verhalten sie sich zu den Aufgaben
            anderer regionaler oder überregionaler erziehungswissen-
            schaftlicher Institutionen? Welches sind z.B. Konkurrenz-
            institutionen, Parallelinstitutionen und Kontrastinsti-
            tutionen? Worin liegt bei Überschneidungen die Spezifität
            der Arbeit des Instituts?

        3.  In welcher Weise haben sich die thematischen Schwerpunkte
            in den letzten 10 Jahren verändert? Wie sind Verände-
            rungen begründet? Wo sieht das Institut für seine künf-
            tige Arbeit gegebenenfalls neue thematische Schwerpunkte,
            Adressaten und Abnehmer? Bietet der Satzungszweck einen
            angemessenen Rahmen für die Weiterentwicklung des Insti-
            tuts?

        4.  In welchem Maß ist die Arbeit des Instituts als Forschung
            zu verstehen? Wie groß sind etwa die prozentualen Anteile
            von Forschung, von Entwicklung und von Serviceleistungen
            (für wen?) in der Arbeit des Instituts? Wie gewichten Sie
            die Bedeutung dieser Anteile?
```

Abb. 1: Fragebogen des Wissenschaftsrates an die erziehungswissenschaftlichen Institute der Blauen Liste vom 23.11.1982

- 2 -

5. Zu welchem Anteil werden die Themen intern bestimmt, zu welchem Anteil werden sie extern vorgegeben (Differenzierung nach den verschiedenen Schwerpunkten bzw. Abteilungen)? Wer sind die Auftraggeber der von außen angeregten Arbeit (national/international)?

6. Aus welchen Gründen und im Hinblick auf welche Aufgaben besteht das Institut außerhalb der Hochschulen? Wie ist die Arbeit des Instituts gegenüber der Hochschulforschung spezifiziert? Wo ergeben sich Überschneidungen?

7. Auf welche Weise vollziehen sich zwischen Institut und Beirat/Kuratorium/Forschungskollegium etc. die Planungen für die verschiedenen Aufgaben des Instituts? Welche Entscheidungsmechanismen und Kompetenzverteilungen bestehen innerhalb des Instituts? Inwieweit ist das wissenschaftliche, inwieweit das nichtwissenschaftliche Personal an der Festlegung des Arbeitsprogramms beteiligt?

8. Hat das Institut eine laufende Qualitätskontrolle seiner Arbeit institutionalisiert? Wenn ja, welche Formen und Kriterien kommen dabei zur Anwendung? Wieweit werden externe Gutachter beteiligt?

9. In welcher Weise stellt sich das Institut einer Qualitätskontrolle durch die "scientific community"? Welcher Anteil der laufenden wissenschaftlichen Arbeit wird publiziert? Wie viele Veröffentlichungen erscheinen in institutsinternen Publikationsreihen? Wie hoch ist deren Auflage? Wie viele Veröffentlichungen erscheinen in allgemeinen wissenschaftlichen Fachzeitschriften? (Zeitraum 1979-1982)

- 3 -

10. Welche weiteren Arbeitsergebnisse des Instituts werden auf andere Weise veröffentlicht und auf welche Weise vertrieben? Wer sind die Abnehmer? Hat das Institut Kriterien für die Wirksamkeit dieser Arbeit und wird die Wirksamkeit in irgendeiner Art überprüft? Wie?

11. Wie viele Mitarbeiter sind in welchen Gremien als Gutachter, Sachverständige o.ä. tätig? In welchem Umfang haben Mitarbeiter des Instituts in den Jahren 1981 und 1982 an wissenschaftlichen Fachtagungen teilgenommen? In welchem Umfang haben Mitarbeiter in den Jahren 1981 und 1982 an Lehrerfortbildungsveranstaltungen und vergleichbaren Vermittlungsveranstaltungen teilgenommen? Zu welchen Tagungen sind sie jeweils zur Teilnahme auf Kosten des Veranstalters eingeladen worden?

12. In welchem Umfang und aus welchen Quellen sind dem Institut in den Jahren 1979 bis 1982 Drittmittel zugeflossen (Differenzierung nach den verschiedenen thematischen Schwerpunkten bzw. Abteilungen)? In welchem Verhältnis standen dabei jeweils Mittel aus der allgemeinen projektgebundenen Forschungsförderung (z.B. von DFG, VW-Stiftung etc.) zu Mitteln für Forschungsaufträge? Welche Gründe gab es gegebenenfalls, auf die Einwerbung von Drittmitteln zu verzichten?

13. In welchem Maße werden Forschungs- und Entwicklungsprojekte von Mitarbeitern des Instituts gemeinsam mit solchen Wissenschaftlern aus den Hochschulen durchgeführt, die nicht Ihrem eigenen oder einem anderen außeruniversitären Institut angehören? Welche gemeinsamen Arbeitsvorhaben mit Mitarbeitern aus anderen Institutionen gibt es?

14. Wie hoch ist der Anteil der Mitarbeiter des Instituts mit regelmäßiger Lehrtätigkeit an Hochschulen (Differen-

zierung nach Planstellen und Lehraufträgen)? Wird die Lehrtätigkeit der Mitarbeiter vom Institut befürwortet?

15. Welche Funktionen übt das Institut bei der Ausbildung und Förderung des wissenschaftlichen Nachwuchses aus? Wie viele der Mitarbeiter arbeiten in oder neben ihrer Tätigkeit an einer wissenschaftlichen Weiterqualifizierung (Promotion oder Habilitation)? Welche Bedeutung und Konsequenz hat das für die Arbeit Ihres Instituts? Wie viele Gäste (z.B. ausländische Stipendiaten, abgeordnete Lehrer) arbeiten gegenwärtig am Institut?

16. Welche Mitarbeiter des Instituts wurden an welche Hochschule oder andere Forschungseinrichtung berufen?

17. In welchem Zahlenverhältnis stehen befristete Anstellungen zu unbefristeten? Welche Auswirkungen hat die Befristung von Beschäftigungsverhältnissen auf die Gewinnung des wissenschaftlichen Personals und auf das Arbeitsprogramm?

18. Hat das Institut Schwierigkeiten gehabt, forschungserfahrene Wissenschaftler zu halten? Wie lang ist die Verweildauer der wissenschaftlichen Mitarbeiter am Institut (Durchschnitt, Extreme)? Welche Unterschiede ergeben sich in dieser Hinsicht zwischen den Wissenschaftlern mit unbefristeten und denen mit befristeten Arbeitsverträgen?

19. Wo liegen gegenwärtig Probleme, die die Arbeit des Instituts einschränken? Was steht der Wirksamkeit der Institutsarbeit im Wege? Gelingt die wissenschaftliche Fundierung der Arbeit in hinreichendem Maß? Erreicht das Institut die angestrebte Verbreitung und Wirksamkeit seiner Arbeitsergebnisse? Welche Rolle spielen dabei gegebenenfalls Engpässe in den Ressourcen (Personal-, Sach- und Investitionsmittel)?

Wie die Abbildung zeigt, waren alle Aspekte in diesem Fragenkatalog numerisch untereinander aufgelistet, ohne thematische Einteilung oder Kategorien. Dabei ist auffällig, dass die Fragen relativ lang waren, sich häufig in mehrere Teilfragen splitteten und eine inhaltliche Standardisierung aufwiesen. Mit Standardisierung ist gemeint, dass die Fragen von dem erziehungswissenschaftlichen Fachbereich, an den der Bogen ja gerichtet war, abstrahierten und stattdessen vermeintlich allgemeingültige Kriterien anlegten. Die Aspekte betrafen die thematische Ausrichtung des Instituts, Qualitätskontrollen, das Verhältnis zur Hochschulforschung und die Beschäftigungsverhältnisse. Besonders aufschlussreich ist die hier unter 12. gestellte Frage nach eingeworbenen Drittmitteln. Dieser Frage kommt im Folgenden eine erhöhte Aufmerksamkeit zu, da sich anhand dieses Aspekts die Etablierung von Normen durch standardisierte Fragebögen analysieren lässt.

Dass überhaupt nach Drittmitteln gefragt wurde, stellte eine grundsätzliche Form der Gewichtung dieser Kennziffer dar. Dabei waren Drittmittel zu Beginn der 1980er Jahre keineswegs selbstverständlich und gehörten auch nicht zur Fachkultur der Geistes-, Sozial- und Erziehungswissenschaften. Im Bereich der Medizin, der Natur- und Technikwissenschaften gab es diesbezüglich andere Standards, die mit den teuren Apparaturen dieser Fachdisziplinen und der personalintensiven Forschung zusammenhingen.[498] Lediglich die Einschränkung, ‚gegebenenfalls' keine Forschungsgelder eingeworben zu haben, berücksichtigte diesen Umstand. Allein die Frage nach Drittmitteln setzte die Institute in eine Rechtfertigungssituation. Denn konnte ein Institut keine externen Gelder vorweisen, musste es erklären, was die Gründe dafür waren. Damit war bereits über das Stellen der Frage eine Veränderung der Wissenschaftskultur hin zur verstärkten Akquise von Forschungsgeldern beabsichtigt.[499] Ein Entwurf der späteren Stellungnahme bringt die Bedeutung der Drittmittel zum Ausdruck:

> Neben Mitteln der Auftragsforschung sollte sich das DIFF auch um Mittel der Deutschen Forschungsgemeinschaft bemühen. Mit der Vergabe dieser Mittel ist eine intensive Bewertung der Anträge und der Arbeitsergebnisse verbunden. Erfolgreiche Anträge bei der Deutschen Forschungsgemeinschaft sind damit zugleich Indiz für wissenschaftliche Qualität.[500]

---

498 Als Indikator für diese Einschätzung dienen die Jahresberichte der Deutschen Forschungsgemeinschaft zwischen 1980 und 2015. Daraus lässt sich ableiten, dass es zwischen 1983 und 1985 zwar einen Anstieg des DFG-Bewilligungsvolumens von 415 Mio. auf 503 Mio. D-Mark gab, dieser in den folgenden Jahren jedoch stagnierte, vgl. Deutsche Forschungsgemeinschaft: Jahresberichte der DFG, Bonn 1980–1990.
499 Hierbei geht es um Normen und Werte der Wissenschaft, die an dieser Stelle unter Kultur verstanden werden, s. dazu Ute Daniel: ‚Kultur' und ‚Gesellschaft'. Überlegungen zum Gegenstandsbereich der Sozialgeschichte, in: Geschichte und Gesellschaft 19 (1993): 69–99, S. 97 ff.
500 BArch Koblenz: B 247/351, Entwurf für die Stellungnahme vom 30.11.1983.

Die Einwerbung von Mitteln bei der DFG erachteten die beteiligten Gutachter also per se als Qualitätsindikator.

Der Soziologie Ulrich Bröckling beschreibt für die Gegenwart, dass Evaluationen dazu dienen, Leistungen zu vergleichen und Wettbewerb zu entfachen, um Verbesserungsprozesse anzuregen. Doch was als Leistung gilt, sei eine Definitions- und auch Machtfrage. Die Evaluation schaffe also erst jene Wirklichkeit, die sie zu bewerten vorgibt, so Bröckling, weshalb die Evaluierten ihr Handeln prospektiv auf die geforderten Kriterien hin ausrichten.[501] Die wachsende Bedeutung, die der Fragebogen den Drittmitteln zuwies und die tatsächlich steigenden Forschungsgelder durch externe Geldgeber bestätigen Bröcklings Ausführungen. Neben dieser gewünschten Realität wettbewerblicher Verfahren im Wissenschaftssystem sanken zugleich die staatlichen Ausgaben für Forschung und Entwicklung in den 1980er Jahren. Auch daraus folgte ein notwendiger Bedarf zur Einwerbung externer Gelder.

An der Stellungnahme zu dem Tübinger An-Institut wirkten sowohl Mitglieder der Wissenschaftlichen Kommission als auch externe Gutachter mit. Der Wissenschaftsrat empfahl zwar eine grundsätzliche Weiterführung der Bund-Länder-Förderung, sprach die Empfehlung aber nur für die nächsten drei bis fünf Jahre aus. Danach sei eine „erneute Überprüfung unerlässlich".[502] Damit lag dem Begutachtungswesen ein immanenter Zukunftsbezug zugrunde: Der Wissenschaftsrat stellte eine erneute Qualitätskontrolle zu einem späteren Zeitpunkt sicher und konsolidierte auf diese Weise sein eigenes Handlungsfeld. Damit stabilisierte er die Praktik der Begutachtung für die kommenden Jahre in einem turnusmäßigen Begutachtungszyklus. An die weitere Förderung waren zudem einige Auflagen und Handlungsaufforderungen gekoppelt, die erheblichen Einfluss auf die Wissenschaftskultur ausübten. Das DIFF sollte organisatorische Umstrukturierungen einleiten, seine Drittmittelforschung stärken, regelmäßige Qualitätskontrollen durchführen und mehr befristete Beschäftigungsstellen in Form von Projekten schaffen.[503]

Anfangs basierten die Stellungnahmen noch auf den Entwürfen beteiligter Gutachter, später ging diese Aufgabe an die Mitarbeiter aus der Geschäftsstelle über, die dadurch entscheidenden Einfluss auf das Verfahren nahmen.[504] Den Entwurf für das DIFF erstellte einer der beteiligten Erziehungswissenschaftler selbst. Über den Institutsbericht und den Ablauf der Begutachtung liegen zwar keine Dokumente vor, doch ein Brief gibt Aufschluss darüber, welche Ansichten unter den Gutachtenden vorherrschten. Der Literaturwissenschaftler Wolfgang Frühwald (1935–2019), der seit 1982 Mitglied der Wissenschaftlichen Kommission war, war ebenfalls an der Begehung

---

501 Bröckling, Evaluation, S. 78.
502 Wissenschaftsrat: Stellungnahme zu erziehungswissenschaftlichen Einrichtungen außerhalb der Hochschulen, Köln 1984, S. 43.
503 Vgl. ebd., S. 42.
504 Vgl. Bartz, Der Wissenschaftsrat, S. 264.

des DIFF beteiligt. Aus terminlichen Gründen konnte er allerdings nicht an der Sitzung des Wissenschaftsrates teilnehmen, als es darum ging, die Empfehlung zu beschließen. Frühwald war mit dem Grundtenor der Stellungnahme nicht einverstanden und ärgerte sich im Nachgang darüber, den Entwurf nicht selbst verfasst zu haben:

> Ich habe den Entwurf der Stellungnahme Herrn Menck überlassen, der dies offenkundig dringend wünschte. Dadurch aber sind vermutlich gegenüber den anderen Instituten doch Verzerrungen aufgetreten. Ich mache mir schließlich Vorwürfe, daß ich bei der Vorstellung des Instituts im Wissenschaftsrat die genaue Lektüre des Papiers durch alle Mitglieder voraussetzte, was erfahrungsgemäß nicht der Fall ist, so daß meine kurzgefaßten und dadurch zugespitzten Darlegungen das Institut in einem schlechteren Licht erscheinen ließen, als es nötig war.[505]

Anhand der Ausführungen lassen sich zwei Aspekte ableiten, die die Begehungspraxis kennzeichneten: Zum einen folgten die Empfehlungen stark dem Eindruck einzelner Personen, zum anderen waren die Gutachter und Mitglieder der Wissenschaftlichen Kommission unterschiedlich gut auf die Sitzungen vorbereitet, was angesichts der neben- und ehrenamtlichen Tätigkeit, um die es sich bei der Gutachteraufgabe handelte, durchaus verständlich ist.

Bei einer zwei Jahre später durchgeführten Begutachtung am Münsteraner Institut für Arterioskleroseforschung hatte sich der Fragebogen des Wissenschaftsrates nur marginal verändert. Er umfasste zwar noch immer 19 Fragen, ordnete sie aber thematisch vier Kategorien zu, und zwar dem Forschungsprogramm, der Forschungsbewertung, dem Personal und weiteren Entwicklungen. Die Fragen waren gegenüber dem alten Bogen, mit Ausnahme einiger sprachlicher Variationen, kaum verändert worden. Unter dem Aspekt der Forschungsbewertung ging es wiederum um Drittmittel:

> In welchem Umfang hat das Institut seit 1980 Drittmittel eingeworben? Hier sollte eine Aufschlüsselung nach Personal-, Sach- und Investitionsmitteln nach Jahren und Abteilungen/Arbeitsgruppen vorgelegt werden. Aus welchen Quellen stammen diese Mittel? Wenn keine Mittel eingeworben wurden, was sind die Gründe dafür?[506]

---

505 BArch Koblenz: B 247/351, Schreiben von Wolfgang Frühwald an Friedhelm Neidhardt vom 22.01.1984.
506 BArch Koblenz: B 247/479, Fragebogen an die medizinischen Institute vom 26.11.1984.

Während der Fragebogen zwei Jahre zuvor noch danach fragte, welche Gründe ‚gegebenenfalls' dafür vorlagen, keine Drittmittel eingeworben zu haben, sollte nun eine detaillierte Aufschlüsselung erstellt werden. Das Institut ließ dem Wissenschaftsrat daraufhin Materialien zukommen, beantwortete die Fragen umfangreich und wurde im Endergebnis von der Kommission positiv bewertet. Zwischen dem Erhalt des Fragebogens und der örtlichen Begutachtung lagen allerdings über zwei Jahre. Die Begehung erfolgte erst im Februar 1987. Der Rat konnte seiner Aufgabe offenbar ohne viel Zeitdruck nachgehen. Das vormals vom Land Nordrhein-Westfalen getragene Institut ging nach der Begutachtung in die Blaue Liste über und sollte in drei bis fünf Jahren erneut inspiziert werden.[507]

Neben Forschungsinstituten umfasste die Blaue Liste auch Museen, die sich mit Forschungsfragen von überregionaler Bedeutung auseinandersetzten. Darunter befand sich unter anderem das Deutsche Bergbaumuseum (DBM) in Bochum.[508] Ihm stand die erste Bestandsaufnahme im Jahr 1986 bevor. Damit der Wissenschaftsrat dem von der BLK gestellten Auftrag, die Förderungsvoraussetzungen des Bergbaumuseums zu prüfen, nachgehen konnte, bat er im Anschreiben an das Bochumer Museum um „sachdienliche Informationen".[509] Neben dem Verfahren standardisierte sich auch die Form des Anschreibens. Dabei hatte sich die allgemeine Formel der „sachdienlichen Informationen" etabliert.

Der verwendete Fragebogen wurde aufgrund von Umstrukturierungen um zwei Fragen verkürzt und bestand nun aus 17 Kernfragen. Fünf Oberkategorien strukturierten das Papier: gegenwärtige Aufgaben und Tätigkeiten; gesamtstaatliches wissenschaftspolitisches Interesse; Organisation, Planung und Bewertung der Forschung; Personal sowie weitere Entwicklungen. Die Frage nach eingeworbenen Drittmitteln war wiederum unter dem Aspekt der Bewertung angesiedelt und erforderte eine Aufstellung des Umfangs, der Zweckbestimmung und Herkunft der Mittel. Falls das Forschungsmuseum keine Drittmittel nachweisen konnte, musste es erklären, was die Gründe dafür waren.[510] Die Art der Frage setzte die begutachtete Einrichtung unter Erklärungszwang, sofern es keine Drittmittel als Qualitätsindikator nachweisen konnte.

Dass den Forschungsgeldern eine so hohe Bedeutung zukam, kommunizierte der Wissenschaftsrat gegenüber den Instituten nicht explizit. Vielmehr führte die Veran-

---

507 Vgl. Wissenschaftsrat: Stellungnahme zum Institut für Arterioskleroseforschung an der Universität Münster, Berlin 1987.
508 Neben dem Deutschen Bergbau-Museum gehörten zum Zeitpunkt der Einrichtung der Blauen Liste 1977 das Deutsche Museum in München, das Germanische Nationalmuseum in Nürnberg und das Römisch-Germanische Zentralmuseum in Mainz dazu, vgl. Brill, Von der ‚Blauen Liste' zur gesamtdeutschen Wissenschaftsorganisation, S. 17 f.
509 Montanhistorisches Dokumentationszentrum (Montan.dok) beim Deutschen Bergbau-Museum Bochum (BBA) 112/4812, Schreiben aus der Geschäftsstelle des WR an das Deutsche Bergbau-Museum vom 29.09.1986.
510 Montan.dok/BBA/112/4812, Fragebogen des WR an das DBM vom 29.09.1986.

kerung der Frage zu einer Standardisierung und damit zu einer Normsetzung. Auch die Begutachtung am DBM ging letztlich positiv für das Museum aus. Insgesamt hat der Wissenschaftsrat bei den Begehungen in den 1980er Jahren ohnehin sehr positiv geurteilt. An den Instituten der Blauen Liste riet er bis 1994 nur in fünf Fällen zu einem Ausschluss aus der Bund-Länder-Förderung.[511]

Durch die stets ausgesprochene Empfehlung, eine erneute Begutachtung in drei bis fünf Jahren vorzunehmen, stand am Ende der 1980er Jahre eine zweite Begutachtungswelle bevor. Diese Vorgehensweise wurde zum integralen Bestandteil des Verfahrens und verlieh ihr durch die turnusmäßige, rituelle Regelhaftigkeit Legitimität und eine gewisse Selbstverständlichkeit. Am Deutschen Institut für Fernstudien erfolgte die zweite Begehung beispielsweise im August 1989. Der Fragenkatalog beinhaltete wiederum 19 thematisch sortierte Fragen. Der Aspekt der Drittmittel fand sich unter Frage sechs:

> In welchem Umfang hat das DIFF seit 1984 Drittmittel eingeworben? Aus welchen Quellen stammen die Drittmittel? Hier sollte eine Aufschlüsselung nach Personal-, Sach- und Investitionsmitteln nach Jahren und Arbeitsbereichen vorgelegt werden.[512]

Der Fall, dass unter Umständen keine Drittmittel eingeworben wurden oder zur Verfügung standen, war inzwischen keine Option mehr. Nur noch der Umfang und damit eine eindeutig abbildbare Kennzahl waren von Interesse. Dabei war die Frage gegenüber den Vorjahren deutlich verkürzt, womit wohl eine schnörkellose, wissenschaftliche Nüchternheit ausgedrückt werden sollte. Der Bericht des DIFF ist in den archivalischen Dokumenten nicht erhalten, sodass keine Aussage über die Beantwortung der Fragen getroffen werden kann. Doch aus der Erfahrung mit der ersten Begehung und der Aufforderung, künftig Gelder bei der DFG einzuwerben, war die Bedeutung der Drittmittel inzwischen bekannt und konnte als relevantes Förderkriterium betrachtet werden.

Obwohl das Verfahren an der Blauen Liste inzwischen etabliert war, stand der Wissenschaftsrat der außeruniversitären Forschung noch immer grundsätzlich skeptisch gegenüber. Diese Position machte er 1988 deutlich, als er die Hochschulforschung zum wichtigsten Pfeiler des Wissenschaftssystems erhob. Und auch bei Institutsneugründungen sollte stets abgewogen werden, ob der Forschungszweig nicht besser an einer Universität aufgehoben sei. Dabei befürwortete der Rat, dass alle außeruniversitären Einrichtungen regelmäßigen Begutachtungen unterzogen werden sollten, so wie sie bereits an der Blauen Liste institutionalisiert waren.[513]

Am Ende der 1980er Jahre sprachen die Mitglieder und Verwaltungsmitarbeiter des Wissenschaftsrates übrigens immer noch von Besuch, Begehung oder Begutachtung.

---

511 Vgl. Brill, Von der ‚Blauen Liste' zur gesamtdeutschen Wissenschaftsorganisation, S. 20.
512 BArch Koblenz: B247/353, Fragebogen des WR an das DIFF vom 05.04.1989.
513 Vgl. Wissenschaftsrat, Empfehlungen des Wissenschaftsrates zu den Perspektiven der Hochschulen in den 90er Jahren, S. 7.

Von einer ‚Evaluation' der Institute war hingegen keine Rede.⁵¹⁴ Der Begriff war im deutschen Wissenschaftssystem, das stark an traditionellen Bildungswerten und -begriffen hing, (noch) nicht salonfähig. Dies änderte sich mit der Wiedervereinigung. Dabei folgten 1989/90 weitere aus dem zweiten Turnus resultierende Begehungen, sodass der Wissenschaftsrat im Jahr der Vereinigung neben seinem großen Auftrag noch zahlreiche Institute der Blauen Liste zu begutachten hatte. Die Zeit ohne Zeitdruck war schlagartig vorbei.

4.4.2 Die Evaluation der Akademieeinrichtungen

An den ostdeutschen Akademieinstituten war die Ausgangssituation von Beginn an eine andere. Noch bevor der Wissenschaftsrat den offiziellen Auftrag zur Begutachtung erhalten hatte, exponierte Dieter Simon in seinem Konzept einen Evaluationsausschuss. Der Begriff der Evaluation war seit der Planungsphase präsent, wurde medial verbreitet und gerade gegenüber den ostdeutschen Akteuren gezielt verwendet.⁵¹⁵ Den Ausdruck nutzten die Wissenschaftspolitiker konsequent, um neben der Praktik der Forschungsbewertung auch eine sprachliche Verbindung zum englischen Begriff und den damit verbundenen Implikationen der Evaluation herzustellen.⁵¹⁶ Schließlich diente der angloamerikanische Raum als Vorbild der Reformbemühungen hin zu mehr Wettbewerb. Dabei stellte die Evaluation einen Hebel dar, um diesen Wettbewerb systematisch anzukurbeln.

Die Institute erhielten neben der Bitte, „sachdienliches Informationsmaterial"⁵¹⁷ bereitzustellen, den erprobten Fragebogen des Wissenschaftsrates. Dieser war überschrieben mit ‚Fragen an die außeruniversitären Forschungseinrichtungen in der Deutschen Demokratischen Republik'⁵¹⁸ und zeigte deutlich eine westdeutsche Perspektive auf: Nach Auffassung des Wissenschaftsrates handelte es sich um außeruniversitäre Institute, die in dem folgenden Verfahren wie Einrichtungen der westdeutschen außeruniversitären Forschung behandelt wurden.

Der Begriff ‚Akademie' tauchte auf dem Fragebogen gar nicht auf. Überhaupt deutete nichts auf die spezifische und komplexe Situation hin, in der die Institute eines anderen Staats- und Wissenschaftssystems nun evaluiert werden sollten. Vielmehr stand das Evaluationsverfahren ganz in Kontinuität zur bisherigen Evaluationspraxis der

---

514 BArch Koblenz: B247/352, Schreiben der Geschäftsstelle des WR an das DIFF vom 31.08.1989.
515 So z. B. im informierenden Anschreiben an alle Akademieinstitute vom 26.10.1990, vgl. AdWR: SO I 3.2.1 AG Wirtschafts- und Sozialwissenschaften 3/6.
516 Zur Genese des Begriffs vgl. Bröckling, Evaluation, S. 77.
517 AdWR: SO I 3.1 Evaluationsausschuss 1/6, Anschreiben des WR an die Akademieinstitute vom 12.07.1990.
518 AdWR: SO I 3/4 Ausgangslage, Fragebogen an die außeruniversitären Forschungseinrichtungen in der DDR vom 11.07.1990.

Blauen Liste. Besonderheiten des DDR-Systems wurden nicht berücksichtigt, sondern konsequent ausgeblendet. Dabei vollzog sich eine weitere Standardisierung auf sprachlicher Ebene. Der jeweilige Fachbereich tauchte auf dem Fragebogen auch nicht mehr auf, sodass ein und derselbe Bogen an jedes Institut verschickt werden konnte, unabhängig davon, ob es in der Chemie, Geschichte oder Gesellschaftswissenschaft angesiedelt war. Damit war ein weiterer Grad der Normierung erreicht, durch den die Fachdisziplin irrelevant und eine Gleichbehandlung aller Institute ermöglicht wurde.

Die Routine des Verfahrens stand damit im Vordergrund und sollte wohl auf beiden Seiten für Sicherheit sorgen. Westdeutsche Akteure bestärkte dieses Vorgehen darin, dass es sich um einen handhabbaren Prozess handelte, indem zumindest auf westdeutsches Erfahrungswissen zurückgegriffen werden konnte. Und ostdeutsche Akteure standen einem ‚objektiven' Verfahren gegenüber, das den Kriterien der Wissenschaft verpflichtet war, aber damit gleichzeitig Unsicherheiten schuf, da ihnen diese Kriterien nicht vertraut waren. Zumindest aber berücksichtigte das Verfahren wissenschaftsqualitative Aspekte und schloss rein politische Abwicklungen aus.

Wie Abbildung 2 verdeutlicht, verhielt sich der Fragebogen, den die ostdeutschen Institute im Juli 1990 erhielten, kongruent zu jenem, der an der Blauen Liste verwendet wurde. 23 thematisch sortierte Fragen waren darin aufgelistet. Dabei wich dieser Bogen nicht von dem bisherigen Muster ab. Die Akademieinstitute erreichte auch die Frage nach dem Umfang ihrer erzielten Drittmittel innerhalb der letzten fünf Jahre.[519] Dass es im zentralistischen Forschungs- und Wissenschaftssystem der DDR bis auf die sogenannten Staatsplanthemen, bei denen es Zulagen für Industriekooperationen gab, lediglich die staatliche Finanzierung und keine Drittmittel gab, wurde nicht thematisiert.[520]

Doch warum flossen die ostdeutschen Spezifika nicht in die westdeutsche Bestandsaufnahme ein? Vermutlich lag dies an der als schlecht wahrgenommenen Informationslage. Die westdeutsche Wissenschaftspolitik besaß kaum verlässliche Fakten über die DDR, die es zwar teilweise gab, jedoch vor dem Hintergrund der rapiden Entwicklungen im Sinne einer umfassenden Bestandsaufnahme nicht gesichtet wurden. Außerdem funktionierte das Begutachtungssystem doch für die Bundesrepublik, warum sollte etwas daran verändert werden? Hinzu kam, dass der Fragebogen als Artefakt eine eigene *agency* entwickelt hatte. Die Akteure reflektierten mitunter nicht, dass der Fragebogen an den ostdeutschen Instituten nicht handlungsweisend wirken könnte.[521]

---

[519] AdWR: SO I 3/4 Ausgangslage, Fragebogen an die außeruniversitären Forschungseinrichtungen in der DDR vom 11.07.1990.
[520] Zu den Staatsplänen vgl. Jochen Gläser / Werner Meske: Anwendungsorientierung von Grundlagenforschung? Erfahrungen der Akademie der Wissenschaften der DDR, Frankfurt a. M. 1996 (= Schriften des Max-Planck-Instituts für Gesellschaftsforschung Köln, Bd. 25), S. 276.
[521] Zur Bedeutung von Artefakten in der Praxeologie vgl. Andreas Reckwitz: Grundelemente einer Theorie sozialer Praktiken. Eine sozialtheoretische Perspektive, in: Zeitschrift für Soziologie (2003): 282–301.

Geschäftsstelle Köln, den 11.7.1990 si
des Wissenschaftsrates C:For-V/100520

**Fragen an die außeruniversitären Forschungseinrichtungen
in der Deutschen Demokratischen Republik**

I. Zu den gegenwärtigen Aufgaben und Tätigkeiten

1. Welches sind derzeit die wichtigsten Arbeitsschwerpunkte des Instituts? Hat es in den letzten fünf Jahren Veränderungen gegeben? Welche Veränderungen sind insbesondere seit November 1989 eingetreten? Ist eine Neubestimmung der Arbeitsschwerpunkte geplant?

2. Wie beurteilt das Institut die Anteile von Forschungs-, Entwicklungs- und/oder Serviceaufgaben? Wie läßt sich das Verhältnis von selbstgestellten Aufgaben in der Grundlagenforschung zur Auftragsforschung charakterisieren? Hat es in den letzten fünf Jahren eine nennenswerte Veränderung der Anteile gegeben?

3. An welchen anderen Einrichtungen sind Wissenschaftler in erheblichem Umfang auf den Arbeitsgebieten Ihres Instituts tätig? Worin liegt im Vergleich zu ihnen die spezifische Bedeutung der Arbeit Ihres Instituts?

4. Welche Bedeutung kommt der Infrastruktur (Bibliothek, Archive, Großgeräte etc.) Ihres Instituts für Wissenschaftler anderer Einrichtungen zu? Wie viele Wissenschaftler anderer Einrichtungen haben in den letzten

Abbildung 2: Fragebogen des Wissenschaftsrates an die außeruniversitären Forschungseinrichtungen in der Deutschen Demokratischen Republik vom 11.07.1990

drei Jahren die Infrastruktur Ihres Instituts genutzt? Wurden hierfür besondere Vereinbarungen getroffen? Welche Hindernisse stehen ggf. einer solchen Nutzung der Infrastruktur Ihres Instituts im Wege (z.B. Nutzungsentgelt)?

II. Zur Organisation, Planung und Bewertung der Tätigkeiten

5. Wer bestimmt die Schwerpunktsetzung für die wissenschaftlichen Aufgaben des Instituts? In welcher Weise wirken der Direktor, die Mitarbeiter und andere Instanzen bei der Planung, Gestaltung und Bewertung der Arbeit zusammen? Wie sind die Leitungsgremien des Instituts derzeit zusammengesetzt?

6. Wird die Arbeit des Instituts regelmäßig bewertet? Wenn ja, in welcher Form und nach welchen Kriterien geschieht dies? Werden externe Wissenschaftler beteiligt?

7. In welcher Weise stellen die Mitarbeiter des Instituts ihre Arbeitsergebnisse der wissenschaftlichen Öffentlichkeit vor? Welche Veröffentlichungen erscheinen in externen Fachzeitschriften?

Für die Beantwortung dieser Fragen sollte für jede Abteilung eine Publikationsliste, getrennt nach internen und externen Veröffentlichungen sowie gegliedert in Monographien, Aufsätze, Vorträge, Abstracts und Rezensionen für die Jahre 1986 bis Mitte 1990 beigefügt werden. Außerdem wäre eine Liste der in den letzten fünf Jahren angemeldeten Patente hilfreich.

- 3 -

8. Werden Arbeitsergebnisse des Instituts auf andere Weise verbreitet? Wer sind die Adressaten/Partner?

9. In welchem Umfang hat das Institut in den letzten fünf Jahren Mittel eingeworben? Aus welchen Quellen stammen die Drittmittel?

   Hier sollte eine Aufschlüsselung nach Personal-, Sach-, und Investitionsmitteln für die wichtigsten Auftraggeber vorgelegt werden.

III. Personal

10. Über wie viele Stellen für Wissenschaftler und für andere Mitarbeiter verfügt das Institut? Welche Stellen sind besetzt? Wie viele wissenschaftliche Mitarbeiter sind befristet beschäftigt? Sind in den letzten fünf Jahren Veränderungen im Stellenplan eingetreten oder für die nächste Zeit vorgesehen? Hält das Institut Veränderungen für erforderlich?

    Zur Beantwortung dieser Fragen sollte auch der Mitte 1990 gültige Stellenplan sowie eine Übersicht über die Altersstruktur der Mitarbeiter des Instituts vorgelegt werden.

11. Welche Aufgaben nimmt das Institut in der Ausbildung und Förderung des wissenschaftlichen Nachwuchses wahr?

12. Wie viele Mitarbeiter des Instituts arbeiten z.Z. an einer wissenschaftlichen Weiterqualifikation (Promotion etc.)?

13. Haben wissenschaftliche Mitarbeiter in den letzten drei Jahren das Institut verlassen und eine andere Tätigkeit

- 4 -

aufgenommen? Welche? Hat das Institut in den letzten fünf Jahren neue wissenschaftliche Mitarbeiter gewonnen? Woher? Hat das Institut Schwierigkeiten gehabt, erfahrene Mitarbeiter zu gewinnen oder zu halten?

14. Inwieweit waren wissenschaftliche Mitarbeiter des Instituts in den letzten drei Jahren für andere Institutionen tätig (z.B. als Gutachter oder Sachverständiger, durch Lehrtätigkeit an Hochschulen u.a.m.)?

15. Inwieweit haben wissenschaftliche Mitarbeiter des Instituts in den letzten drei Jahren an wissenschaftlichen Fachtagungen teilgenommen? Zu welchen davon sind sie auf Kosten des Veranstalters eingeladen worden? Wieviel Prozent der Mitarbeiter des Instituts waren Reisekader?

IV. Ausstattung und Finanzierung

16. Wie hoch ist das Gesamtvolumen des Haushalts des Instituts? In welchem Umfang standen Personalmittel zur Verfügung?

17. Wie war das Institut bisher finanziert? Welche Anteile an Auftragsforschung wurden erbracht?

18. Wie beurteilt das Institut das Verhältnis der Ausstattung mit Stellen oder Personalmitteln zu der Ausstattung mit Sach- und Investitionsmitteln? Welche Veränderungen gegenüber der bisherigen Ausstattung und Finanzierung erscheinen geboten?

- 5 -

V. Zusammenarbeit

19. Mit welchen Einrichtungen im In- und Ausland, die ähnliche Ziele verfolgen, arbeitet Ihr Institut besonders eng zusammen? Mit welchen Hochschulen bestehen Kooperationsbeziehungen? In welchem Umfang wurden in den letzten drei Jahren Forschungsvorhaben gemeinsam mit Wissenschaftlern aus Hochschulen durchgeführt?
Gab und gibt es Hindernisse für die Zusammenarbeit? Wenn ja, welches sind die Ursachen?

20. Wie beurteilt das Institut die wissenschaftliche Resonanz auf seine Forschungs- und Publikationstätigkeit in westlichen und osteuropäischen Ländern? Sind Mitarbeiter des Instituts an internationalen Forschungsprojekten beteiligt? Wenn ja, an welchen?

VI. Weitere Entwicklung

21. Worin sieht das Institut wesentliche Perspektiven seiner künftigen wissenschaftlichen Tätigkeit? Welche neuen Aufgabenschwerpunkte und Arbeitsrichtungen zeichnen sich ab?

22. Welche Schwierigkeiten und Probleme, mit denen das Institut in den letzten drei Jahren konfrontiert war, bedürfen besonders dringend einer Lösung? Welche Lösungswege wären nach Ansicht des Instituts besonders geeignet?

23. Welche wissenschaftlichen und organisatorischen Vorstellungen bestehen im Institut für die Fortführung Ihrer Einrichtung?

Damit das Verfahren als solches nicht angezweifelt wurde, betonten die westdeutschen Wissenschaftspolitiker mehrfach die Normalität dieser Verfahrensweise. So wandte sich Bundesforschungsminister Riesenhuber am 26. Oktober 1990 an die Institute der nunmehr ‚neuen Bundesländer' und erklärte:

> Unter der Schirmherrschaft des Wissenschaftsrates sollen alle AdW-Institute und ihre Arbeitsgruppen von Wissenschaftlern überprüft werden – ein Verfahren, das bei der Wissenschaft in der Bundesrepublik üblich ist und sich bewährt hat.[522]

Mit dieser Aussage schrieb Riesenhuber das Verfahren der gesamten westdeutschen Wissenschaft zu. Dass es bislang erst an wenigen Instituten der außeruniversitären Forschung erprobt wurde, war für die Argumentation gegenüber dem ‚unwissenden Osten' irrelevant. Auch die Gutachter erhielten vor den Begehungen den Hinweis, die Normalität des Prozesses zu akzentuieren, um Vorbehalten vorzubeugen.[523]

Trotz aller Normalität mehrten sich Beschwerden aus den Instituten. Fragen warfen die Zusammensetzung der größtenteils westdeutsch besetzten Kommissionen, der Verfahrensablauf und die Kommunikation mit den Arbeitsgruppen des Wissenschaftsrates auf. Doch statt sich den Fragen zu stellen, reagierte Dieter Simon, indem er auf die „bewährten Verfahren im Wissenschaftsrat"[524] verwies, die jedoch im Osten kaum bekannt waren. Dabei spielten die westdeutschen Akteure ihren Wissensvorsprung und Verfahrensvorteil aus. Und um nicht allzu unwissend zu wirken, übernahmen auch die ostdeutschen Akademiker die virulente Phrase und äußerten bei „aller Normalität des Evaluierungsverfahrens an sich"[525] Bedenken und Zweifel. So fragte der ehemalige Leiter der Abteilung Öffentlichkeitsarbeit der Akademie der Wissenschaften, Martin Herzig, in einem Zeitschriftenartikel Anfang des Jahres 1991 danach, ob es sich wirklich um so einen normalen Vorgang handele, wie gegenwärtig suggeriert werde. Schließlich seien an diese Evaluation „unmittelbare Existenzfragen"[526] geknüpft. Weiter schreibt Herzig:

> Zudem geht es nicht nur nicht um eine weitere Bewertung nach bereits vielen vorausgegangenen, und es geht auch nicht nur nicht um ein einzelnes Institut oder Projekt, ja nicht einmal um die Begutachtung der Gesamtwissenschaft und -forschung. Vielmehr handelt es sich um die Bewertung des Wissenschaftssystems eines anderen Staates. Und das ist doch etwas ganz anderes, etwas durchaus Unübliches, sogar etwas Einmaliges in der Wissenschaftsgeschichte.[527]

---

522 AdWR: SO I 3.2.1 AG Wirtschafts- und Sozialwissenschaften 3/6, Schreiben des BMFT an alle Akademieinstitute vom 26.10.1990.
523 Vorlass Max Kaase an der Jacobs University: Akte 16, handschriftliche Notizen von Kaase.
524 AdWR: SO I 3.2.1 AG Wirtschafts- und Sozialwissenschaften 2/6, Schreiben von Dieter Simon an das Institut für Wirtschaftsgeschichte vom 02.11.1990.
525 AdWR: SO I 3.2.1 AG Wirtschafts- und Sozialwissenschaften 2/6, Schreiben vom IWG an den WR vom 09.01.1991.
526 Herzig, Ein ganz normaler Vorgang.
527 Ebd.

Herzig zweifelte nicht nur an der Normalität der Verfahrensweise, sondern stellte auch infrage, ob das in der Bundesrepublik entstandene und gewachsene Verfahren sich überhaupt auf die Wissenschaftsorganisationen der ehemaligen DDR übertragen lasse. Damit warf er ein grundsätzliches Problem auf, das BMFT und Wissenschaftsrat in der Form bisher nicht zur Kenntnis genommen hatten oder nicht nehmen wollten: Ließen sich die ostdeutschen Akademieinstitute überhaupt mit demselben Verfahren begutachten, das sich über Jahre in der alten Bundesrepublik und damit einem anderen Staat mitsamt eines anderen Wissenschaftssystems entwickelt hatte?

Von den ersten Begutachtungen am Anfang der 1980er Jahre bis zur Evaluation an den Akademieinstituten 1990 bildete sich ein Verfahren heraus, das alle Forschungseinrichtungen, und zwar unabhängig davon, ob es sich um erziehungswissenschaftliche oder medizinische Institute, Forschungsmuseen oder die zentralistischen Akademieinstitute der DDR handelte, dem gleichen Prozedere unterzog. Es etablierten sich sprachliche Standards, Praktiken und Routinen, die dem Verfahren anfangs zugeordnet und mit der Zeit konstitutiv wurden. Die Evaluation verselbstständigte sich gewissermaßen. Dabei führte der regelmäßige Begutachtungsturnus dazu, dass die Praktik der Begutachtung zwangsläufig fortgesetzt wurde. Die Turnushaftigkeit erzeugte Legitimität, die nun auch unter erheblich veränderten Vorzeichen beibehalten werden sollte.

Im Osten Deutschlands assoziierten Wissenschaftlerinnen und Wissenschaftler mit der Evaluation die Vorstellung einer reinen Wissenschaft, die jenseits politischer Vorgaben und nach dem Prinzip wissenschaftlicher Professionalität funktionierte.[528] Und auch unter westdeutschen Historikern entstand eine Auseinandersetzung darüber, welche Kriterien für die Begutachtung angelegt werden sollten und was ‚reine Wissenschaft' eigentlich bedeutete. Jürgen Kocka, der seit Anfang 1990 Mitglied des Kölner Beratungsgremiums war und am Ende des Jahres die Arbeitsgruppe Geisteswissenschaften im Evaluationsausschuss des Wissenschaftsrates leitete, stellte fest, dass für die Zugehörigkeit zur Wissenschaftlergemeinschaft die „Grundsätze wissenschaftlicher Rationalität"[529] gelten müssten. Mit dieser Chiffre verband er Pluralität, institutionalisierte Kritik und Selbstkritik, Autonomie statt Instrumentalisierung sowie die Orientierung an Objektivität. Die politisierte DDR-Wissenschaft stand diesem Anspruch fundamental gegenüber. Die Evaluation diente in der Folge als Legitimation für den Umgang mit der politisierten DDR-Wissenschaft, wie Krijn Thijs betont.[530] Gleichzeitig bildete die Evaluation für die neoliberale Agenda ein konstitutives Element: Sie ermöglichte ein wettbewerbliches Verfahren um knappe finanzielle Ressourcen und eine routinemäßige Qualitätskontrolle, die ganz nebenbei auch das Arbeitsfeld des Wissenschaftsrates reproduzierte. Für einen Großteil der infolge von Evaluation, Schließung

---

528 Thijs beschreibt dies für die Geschichtswissenschaft, vgl. Thijs, Geschichte im Umbruch, S. 421 ff.
529 Jürgen Kocka am Bochumer Historikertag 1990, zitiert nach ebd., S. 424.
530 Vgl. ebd.

und Neugründung entstandenen Blaue-Liste-Institute war also eine wiederholte Begutachtung gesichert.

Neben finanzpolitischen Gründen trat die Blaue Liste auch wegen ihres bereits implementierten Evaluationsverfahrens als relevanter Akteur auf ostdeutschem Gebiet auf. Während aus den vormaligen Akademieinstituten 34 neue Blaue-Liste-Einrichtungen hervorgegangen waren, entstanden vergleichsweise wenige neue Max-Planck-Institute und Großforschungszentren. Mit 17 Einrichtungen war die Fraunhofer-Gesellschaft am zweitstärksten vertreten.[531] Die Blaue Liste erfuhr dadurch eine erhebliche quantitative und langfristig auch qualitative Aufwertung, was unter den Mitgliedern der Allianz der Wissenschaftsorganisationen, worunter die Hochschulrektorenkonferenz, DFG, FhG, MPG und die Arbeitsgemeinschaft der Großforschungseinrichtungen gehörten, skeptisch gesehen wurde. Die Blaue Liste wurde innerhalb der Allianz vor dem Hintergrund knapper Forschungsgelder als Konkurrentin wahrgenommen. Entschiedener Gegner der Blauen Liste war mit dem Physiker und damaligen Präsidenten der Alexander von Humboldt Stiftung auch Reimar Lüst (1989–1999), der eine stärkere Einbindung der Universitäten bevorzugt hätte und die Blaue Liste keineswegs als handlungsfähige Organisation einschätzte.[532] Die Empfehlungen des Wissenschaftsrates betrachteten die Allianzorganisationen als „Wettbewerbsverzerrung" und warfen dem Wissenschaftsrat vor, die Bedenken der Allianzmitglieder nicht zu berücksichtigen.[533]

Aus Sicht des Wissenschaftsrates wurde mit der Blauen Liste eine Forschungsorganisation gestärkt, die im Gegensatz zu den anderen bereits ein regelmäßiges externes Begutachtungsverfahren institutionalisiert hatte und das machtpolitische und finanzielle Gleichgewicht zwischen Bund und Ländern sicherte.[534]

---

531 Vgl. Brill, Von der ‚Blauen Liste' zur gesamtdeutschen Wissenschaftsorganisation, S. 37.
532 Vgl. Reimar Lüst: Blaue Listen. Ein Provisorium der Forschungsförderung droht zur festen Einrichtung zu werden, in: Frankfurter Allgemeine Zeitung (27.03.1993).
533 Zur Rolle der Allianz grundlegend Vanessa Osganian / Helmuth Trischler: Die Max-Planck-Gesellschaft als wissenschaftspolitische Akteurin in der Allianz der Wissenschaftsorganisationen, Berlin 2022 (= Ergebnisse des Forschungsprogramms Geschichte der Max-Plack-Gesellschaft, Preprint 16).
534 Eine Qualitätsbewertung der Forschungsleistung existierte auch an den Großforschungszentren bzw. der Helmholtz-Gemeinschaft, diese oblag aber bis zur Einführung der Systemevaluation 2001 den einzelnen Instituten, vgl. Sabine Helling-Moegen: Forschen nach Programm. Die programmorientierte Förderung in der Helmholtz-Gemeinschaft: Anatomie einer Reform, Marburg 2009, S. 113.

5. Ein allgemeiner Schließungsvorschlag
Die Evaluationspraxis der AG Wirtschafts- und Sozialwissenschaften

Um die bevorstehende Evaluierung der etwa 140 Forschungseinrichtungen der DDR praktisch durchführen zu können, richtete der Wissenschaftsrat neun Arbeitsgruppen ein, von denen eine die AG Wirtschafts- und Sozialwissenschaften war. Zusammen bildeten die AGs den Evaluationsausschuss und waren jeweils für die Begutachtung eines Fachbereichs zuständig. Neben den Wirtschafts- und Sozialwissenschaften gab es Arbeitsgruppen für die Mathematik und Informatik, Physik, Chemie, Biowissenschaften und Medizin, Agrarwissenschaften, Bauforschung, Geo- und Kosmoswissenschaften sowie die Geisteswissenschaften. Die Einteilung der Gruppen verhandelte der Wissenschaftsrat über den Frühsommer des Jahres 1990. Letztlich erfolgte sie nach der Fächerstruktur der Akademie der Wissenschaften der DDR. Dabei bestanden anfangs Überlegungen, eigene AGs für die Architektur und Ingenieurwissenschaften einzurichten und die Akademie der Pädagogischen Wissenschaften zu berücksichtigen. Doch wie bereits erläutert, wurde für die pädagogische Akademie kein Evaluationsverfahren eingeleitet, sondern deren Schließung zum Jahresende 1990 ohne Begutachtung beschlossen.

Den Vorsitz der Arbeitsgruppe Wirtschafts- und Sozialwissenschaften übernahm der Politikwissenschaftler Max Kaase (geb. 1935) gemeinsam mit dem Ökonomen Heinz König (1927–2002). Ein weiteres Mitglied aus dem Wissenschaftsrat war der Heidelberger Sozial- und Wirtschaftswissenschaftler Heinz Markmann (geb. 1926), der schon in Zusammenhang mit der DDR-Forschung der 1970er Jahre im Umfeld von Peter Christian Ludz agierte.[535] Weitere externe Gutachter sollten erst einmal aus dem Kreise ehemaliger Mitglieder des Wissenschaftsrates rekrutiert werden, aber auch DDR-Wissenschaftlerinnen und Wissenschaftler sowie deutschsprachige Experten aus dem Ausland sollten ursprünglich in das Verfahren einbezogen werden.[536]

---

535 S. o. S. 40.
536 AdWR: SO I 1.0 Vermerk aus der Geschäftsstelle des WR über die Zusammensetzung der Kommission vom 28.06.1990.

Während der ersten Überlegungen zur Bildung der Arbeitsgruppe, die sieben gesellschaftswissenschaftliche Akademieinstitute zu begutachten hatte, bezeichnete sich die Arbeitsgruppe gemäß ostdeutschem Terminus als ‚Sektion Sozial- und Gesellschaftswissenschaften'.[537] Relativ schnell erfolgte die Umbenennung der AG in ‚Wirtschafts- und Sozialwissenschaften', womit schon auf die zukünftige Ausrichtung der Fächer im Sinne der bundesrepublikanischen Sozialwissenschaften verwiesen wurde.

Diese Arbeitsgruppe steht im Folgenden einerseits beispielhaft für die Evaluationen des Wissenschaftsrates, da sich hier Verwaltungsroutinen, Maßnahmen und Praktiken zeigen, die so auch in anderen Arbeitsgruppen wie der Chemie oder Mathematik angewandt wurden. Andererseits stellten die Wirtschafts- und Sozialwissenschaften gemeinsam mit den Geisteswissenschaften ein Spezifikum dar, wenn man sie von ihrem Ende her betrachtet und die abschließenden Empfehlungen zugrunde legt. Die Empfehlungen in den politisierten Gesellschaftswissenschaften fielen deutlich schlechter aus als jene in den vermeintlich neutralen und unbelasteten Naturwissenschaften. Hier war die Zufriedenheit mit der Evaluation deutlich größer, wie Olaf Bartz für den Fachbereich Chemie darstellt.[538] In den Geistes- und Sozialwissenschaften aber folgten aus den Evaluationen kaum institutionelle Empfehlungen, und der personelle Erhaltungsgrad war nach 1990 geringer als in den naturwissenschaftlichen Fächern. Wie die Überschrift des Kapitels verrät, wurden von den sieben gesellschaftswissenschaftlichen Instituten der Akademie der Wissenschaften alle Institute geschlossen. Neugegründet wurde dagegen nur ein einziges Institut. Die soziale Abstiegserfahrung, die aus diesem Umstand folgte, war insgesamt prägend für ostdeutsche Gesellschaftswissenschaftlerinnen und -wissenschaftler. Und nicht zuletzt prägte diese personelle Dimension auch die öffentliche Meinung am stärksten. Die Abstiegserfahrung erlebten nicht nur Akademiebeschäftigte, sondern auch Mitarbeiterinnen und Mitarbeiter der ideologieverdächtigen Fächer an den Hochschulen,[539] auf die hier durch den Fokus auf den Wissenschaftsrat nicht näher eingegangen werden kann. In der Kommissionsarbeit der AG Wirtschafts- und Sozialwissenschaften agierten die Akteure aus Wissenschaft und Politik in erstaunlicher Einigkeit. Einig waren sie sich darin, die sogenannten politiknahen Fächer abzuwickeln und anschließend grundlegend neu aufzubauen.

Die nächsten Teilkapitel geben einen mikropolitischen Einblick in die Evaluationstätigkeit der von Max Kaase geleiteten Arbeitsgruppe Wirtschafts- und Sozialwissenschaften. Mikropolitik wird nach Wolfgang Reinhard als „planmäßiger Einsatz eines Netzes informeller politischer Beziehungen zu politischen Zwecken"[540] in Organisa-

---

537 AdWR: SO I 3.2.1 AG Wirtschafts- und Sozialwissenschaften 1/6.
538 Vgl. Bartz, Der Wissenschaftsrat, S. 170 f.
539 Zur Transformation der Humboldt-Universität vgl. Jarausch Konrad H., Säuberung oder Erneuerung.
540 Wolfgang Reinhard: Amici e creature. Politische Mikrogeschichte der römischen Kurie im 17. Jahrhundert, in: Quellen und Forschungen aus italienischen Archiven und Bibliotheken 76 (1996): 308–334, S. 312.

tionen verstanden. Dabei funktioniert Mikropolitik als eigenes System mit eigenen Wertmaßstäben und Spielregeln.[541]

Historiografische Forschung zu den hier untersuchten Sozialwissenschaften im Transformationsprozess gibt es bislang nicht, weshalb die Darstellung auf der Grundlage umfangreicher Archivmaterialien basiert. Dabei wird der Evaluationsprozess in seinen mehrschichtigen Ebenen und unterschiedlichen Phasen praxeologisch rekonstruiert. Die Phasen beinhalten die Vorbereitungen, die eigentliche Evaluation und die Entwicklungen nach dem Evaluationsergebnis. Diese Einteilung orientiert sich am zeitlichen Ablauf und den wechselhaften Phasen von Kontakt und Distanz zwischen der Arbeitsgruppe des Wissenschaftsrates und den ostdeutschen Akteuren: Während der Vorbereitungszeit bestanden keine oder nur sehr begrenzte persönlichen Kontakte zwischen ost- und westdeutscher Seite. Vielmehr trafen Gutachter und Begutachtete mit den örtlichen Begehungen aufeinander. Die Zeit nach der Veröffentlichung des Evaluationsurteils im Frühjahr 1991 lässt sich wiederum abgrenzen, da sich ab diesem Zeitpunkt die Akteurskonstellation verschob und andere Organisationen in den Vordergrund traten.

5.1   Vorbereitung der Evaluation

Im Juli 1990 beauftragte der DDR-Minister für Forschung und Technologie, Frank Terpe, den Wissenschaftsrat damit, eine Evaluation an den Akademieinstituten der DDR durchzuführen. Der Wissenschaftsminister der DDR, Hans-Joachim Meyer, bat nach Rücksprache mit den alten Ländern dezidiert nicht um eine Evaluation der ostdeutschen Hochschulen, wie bereits oben beschrieben.[542] Dabei legten die Politiker Heinz Riesenhuber und Frank Terpe unmittelbar nach der Unterzeichnung des Staatsvertrags Ende Mai 1990 fest, dass eine Selbst- und Fremdbegutachtung der ostdeutschen Forschungseinrichtungen eingeleitet werden sollte. Dieser Prozess war für den Bereich der Sozial- und Geisteswissenschaften bis Jahresende 1990 vorgesehen.[543]

Dass es zu einer externen Begutachtung kommen würde, stand also schon im Frühjahr des Jahres 1990 fest. Den Rahmen dafür definierte die Politik. Seitdem wurden außerdem erste Schritte zur Verkleinerung der Akademie eingeleitet und akademie-

---

541 Vgl. Ders.: Makropolitik und Mikropolitik in den Außenbeziehungen Roms unter Papst Paul V. Borghese 1605–1621, in: Alexander Koller (Hg.): Die Außenbeziehungen der römischen Kurie unter Paul Borghese (1605–1621), Tübingen 2008: 67–82, S. 68. Auch in der Ökonomie wird im Kontext von Unternehmen als mikropolitischen Organisationen gesprochen, vgl. Gerhard Blicke / Marc Solga: Einflusskompetenz, Konflikte, Mikropolitik, in: Heinz Schulzer / Uwe Peter Kanning (Hg.): Lehrbuch der Personalpsychologie, 3. Aufl. Göttingen 2014: 985–1030.
542 S. o. S. 104 f.
543 ABBAW: FOB GeWi, Nr. 12, Protokoll der AdW der DDR vom 28.05.1990. Aus dem Protokoll geht die Absicht einer Evaluation hervor.

interne Bewertungen vorgenommen. Auch erste Vorruhestandsregelungen und Institutsverkleinerungen folgten.

Angesichts der im Einigungsvertrag gesetzten Frist, wonach Begutachtungen und Stellungnahmen bis zum Jahresende 1991 vorliegen mussten, bemühte sich die Geschäftsstelle des Wissenschaftsrates in Köln Marienburg darum, möglichst rasch Gutachterinnen und Gutachter für die bevorstehende Mammutaufgabe zu finden.

5.1.1 Die Zusammensetzung der Kommission

Der Arbeitsgruppe Wirtschafts- und Sozialwissenschaften kam die Aufgabe zu, sieben Institute mit insgesamt 546 Beschäftigten zu evaluieren. Verglichen mit Einrichtungen anderer Fachbereiche wie dem Zentralinstitut für Organische Chemie in Berlin-Adlershof, das im Jahresdurchschnitt 1989 allein schon 698 Vollbeschäftigte hatte oder dem Institut für Polymerchemie mit 434 Mitarbeitenden im Jahr 1989 handelte es sich bei den gesellschaftswissenschaftlichen Instituten um vergleichsweise kleine Einrichtungen.[544]

Unter den Instituten, die die AG Wirtschafts- und Sozialwissenschaften begutachtete, befanden sich das Institut für Wirtschaftsgeschichte, das Zentralinstitut für Wirtschaftswissenschaften, das Institut für Soziologie und Sozialpolitik, das Institut für Theorie, Geschichte und Organisation der Wissenschaften, das Institut für zeitgeschichtliche Jugendforschung sowie das Institut für Rechtswissenschaft. Letzteres wurde dieser Arbeitsgruppe zugeordnet, da es das einzige rechtswissenschaftliche Institut in der außeruniversitären Forschung der DDR war und aus pragmatischen Gründen den Sozialwissenschaften zugeteilt wurde.

Nicht evaluiert, sondern zum Jahresende 1990 abgewickelt, wurde das Zentralinstitut für Jugendforschung (ZIJ) in Leipzig. Während über den Sommer 1990 noch Überlegungen zum Zusammenschluss mit dem westdeutschen Pendant, dem Deutschen Jugendinstitut in München, angestellt worden waren, sah der Einigungsvertrag eine Auflösung zum 31.12.1990 vor. Diese Regelung griff für alle zentral angebundenen Wissenschaftseinrichtungen wie zum Beispiel die Akademie der Pädagogischen Wissenschaften. Und auch das ZIJ war direkt dem Ministerrat der DDR unterstellt.[545]

Die sieben Institute erhielten ebenso wie alle anderen Akademieinstitute im Juni 1990 Hinweise zu der Fremdevaluation durch den Wissenschaftsrat und zu dem Frage-

---

[544] Vgl. Hans-Georg Wolf: Organisationsschicksale im deutschen Vereinigungsprozeß. Die Entwicklungswege der Institute der Akademie der Wissenschaften der DDR, Frankfurt a. M. 1996 (= Schriften des Max-Planck-Instituts für Gesellschaftsforschung Köln, Bd. 27), S. 207, 275.
[545] Zum Zentralinstitut für Jugendforschung vgl. Walter Friedrich: Geschichte des Zentralinstituts für Jugendforschung, in: Walter Friedrich / Peter Förster / Kurt Starke (Hg.): Das Zentralinstitut für Jugendforschung Leipzig 1966–1990. Geschichte, Methoden, Erkenntnisse, Berlin 1999: 13–69.

bogen.⁵⁴⁶ Dieses erste Anschreiben des Wissenschaftsrates an die Institute enthielt die Aufforderung, personelle Vorschläge für mögliche Gutachterinnen und Gutachter im Evaluationsverfahren einzureichen.⁵⁴⁷ Neben den ostdeutschen Instituten waren auch das BMFT und die Großforschungseinrichtungen vorschlagsberechtigt. Bestimmte Kriterien, wer geeignet sein könnte und wer nicht, wurden im Vorfeld nicht definiert. Auch DDR-Expertise spielte dabei keine Rolle. Vielmehr ging es darum, unter dem erheblichen Zeitdruck überhaupt Kandidaten zu finden. Dabei erzeugte die personelle Offenheit auch den Eindruck eines offenen Verfahrens und die Möglichkeit der Einflussnahme. Gleichzeitig beabsichtigte die Leitungsebene des Wissenschaftsrates, vor allem ehemalige Mitglieder der Wissenschaftlichen Kommission einzubeziehen. Mit der Einbindung bestimmter Personen und ihrer wissenschaftspolitischen Ansichten war wiederum eine gewisse Steuerung des Verfahrens gewollt. Die Konstituierung der Evaluationskommissionen war insofern kein völlig offener Prozess, sondern zumindest teilweise planbar.

Dieses Vorgehen deckt sich mit einer früheren Beschreibung Dieter Simons zur Kommissionsarbeit. In einem Aufsatz von 1988 widmete sich der wortgewandte Rechtswissenschaftler zugespitzt dem Phänomen der Kommission, das auch für sein Verständnis des Evaluationsverfahrens und seinem Selbstbild als Vorsitzender des Wissenschaftsrates aufschlussreich ist. Er hob die rhetorischen Praktiken in Ausschüssen und Kommissionen hervor, wonach sich die berufenen Personen stets verblüfft darüber äußern, dass die Auswahl ausgerechnet auf sie gefallen sei. Dabei würden in Kommissionen nur solche Mitglieder berufen werden, deren Position zum Verhandlungsgegenstand neutral und unparteiisch sei. Bezeichnend waren auch Simons Rollenzuschreibung und das praktische Vorgehen der Kommissionsarbeit: Den Vorsitzenden charakterisierte Simon als „geschickten Arrangeur",⁵⁴⁸ der bereits das Konzept und die Entscheidung für die verhandelte Thematik ausgearbeitet habe, während die einfachen Kommissionsmitglieder den Vorschlag in der Regel widerstandslos absegneten. Somit werde die interne Absprache „raffiniert als offener Prozeß dargestellt, an dem sich die Mitglieder des Gremiums noch beteiligen können. Gleichzeitig ist völlig klar, daß auf derlei Beteiligung kein Wert gelegt wird [...]."⁵⁴⁹ Auch wenn es sich hierbei um einen früheren Text aus dem Jahr 1988 handelt, ist er dennoch aufschlussreich für Simons Verständnis von Gremienarbeit, wonach Entscheidungen bereits im Vorfeld festgelegt seien und lediglich der Eindruck eines offenen Verfahrens suggeriert werde. Den Vorsitzenden hob Simon außerdem als verantwortlich für die getroffenen

---

546 ABBAW: FOB GeWi, Nr. 21, Protokoll des Sektionsrates Sozial- und Geisteswissenschaften vom 12.06.1990.
547 ABBAW: FOB GeWi, Nr. 21, Protokoll des Sektionsrates Sozial- und Geisteswissenschaften vom 12.06.1990.
548 Dieter Simon: Die Kommission, in: Rechtshistorisches Journal 7 (1988): 275–280, S. 276.
549 Ebd.

Entscheidungen hervor. Er sei derjenige, der später die Beschlüsse und Konsequenzen rechtfertigen müsse, während die einfachen Kommissionsmitglieder kaum wahrgenommen würden. Suggestiv fragt Simon abschließend danach, warum man bei dieser Art der Verfahrensweise überhaupt weiterhin Kommissionen einsetze, und gibt folgende Antwort darauf:

> Die Kommission ist lebende Partizipationsillusion, Garant von Identität, Beteiligung und Mitbestimmung. Sie absorbiert überschüssige Kräfte und animiert zur folgenlosen Äußerung vernichtender Kritik.[550]

Bei den früheren Mitgliedern der Wissenschaftlichen Kommission sollten im Jahr 1990 bestimmte Personen eingebunden werden, deren Reformvorstellungen vom Wissenschaftssystem für den anstehenden Begutachtungsprozess und den Neuaufbau der ostdeutschen Sozialwissenschaften hilfreich sein würden.

Bereits Mitte Juli 1990 war die Zusammensetzung der Kommission schließlich so weit gediehen, dass der Kern der Arbeitsgruppen feststand. Dieser setzte sich aus den drei Mitgliedern des Wissenschaftsrates, zwei Vertretern des BMFT und einem DDR-Wissenschaftler mit ‚Gast-Status' zusammen. Darüber hinaus mussten noch weitere Gutachter gefunden werden, von denen mindestens ein Wissenschaftler beziehungsweise eine Wissenschaftlerin aus der DDR sowie dem Ausland stammen sollte.[551]

Der Direktor des Instituts für Wirtschaftsgeschichte (IWG) Thomas Kuczynski (geb. 1944) kam der Aufforderung, Vorschläge für potenzielle Gutachter einzureichen, bereitwillig nach und kontaktierte einen britischen Historikerkollegen. Dieser zeigte sich im Interesse des Instituts zugewandt und äußerte die Forderung, dass die Evaluation nicht „on the basis of inner-German criteria, or Bonn's policy priorities"[552] verlaufen solle. Kuczynski leitete das Schreiben gemäß der Nomenklatur an den Rat der Sektion Sozial- und Geisteswissenschaften der Akademie der Wissenschaften weiter und schlug den Historiker als Gutachter vor. Ein Grund für diese Empfehlung war sicherlich, dass Kuczynski an einer international besetzten Kommission interessiert war. Denn bei dem IWG handelte es sich um ein renommiertes Institut, das im Unterschied zu anderen historischen Instituten der DDR durchaus im Ausland bekannt und anerkannt war. Die Meinung der internationalen Fachcommunity war für das Institut, auf das noch an verschiedenen Stellen zurückzukommen sein wird, zentral. Ferner spielte womöglich auch die Vorstellung, durch persönliche Beziehungen Einfluss auf den Verlauf der Begutachtung nehmen zu können, eine Rolle. Inwiefern Kuczynskis Vorschlag überhaupt an den Wissenschaftsrat weitergeleitet, dort wahrgenommen

---

550 Ebd., S. 280.
551 AdWR: SO I 3/4 Zusammensetzung der Ausschüsse und Arbeitsgruppen vom 12.07.1990.
552 ABBAW: FOB GeWi, Nr. 270, Schreiben des IWG an den Rat der Sektion Sozial- und Geisteswissenschaften der AdW der DDR vom 27.06.1990.

oder diskutiert wurde, lässt sich nicht mehr feststellen. Fest steht aber, dass in der späteren Arbeitsgruppe kein britischer Historiker vertreten war.

Der Institutsdirektor Kuczynski stand zudem in gutem Kontakt mit einigen westdeutschen Kollegen zum Beispiel mit Rudolf Vierhaus in Göttingen, wo er schon im April 1990 auslotete, ob das IWG künftig als Max-Planck-Institut fortgeführt werden könne. Vierhaus bestätigte daraufhin mehrfach, dass das IWG sehr gute Chancen habe, erhalten zu bleiben. Insofern blickte der Berliner Institutsdirektor Thomas Kuczynski positiv auf die bevorstehenden Evaluationen.[553]

Die Geschäftsstelle des Wissenschaftsrates versuchte in den Monaten Juli und August, weitere externe Gutachter für die Evaluation zu gewinnen. Dazu verschickte der Vorsitzende Dieter Simon Einladungen an westdeutsche Sozial- und Wirtschaftswissenschaftler sowie Forscherinnen und Forscher aus dem näheren deutschsprachigen Ausland. Simon verwies darauf, dass der Arbeitsaufwand zwei bis drei Sitzungswochen beanspruchen werde und mit der ersten Sitzungswoche vom 15. bis 19. Oktober gerecht werden könne. Bei der Gutachtertätigkeit handelte es sich um ein Ehrenamt, das nicht vergütet wurde und insofern keinen finanziellen Anreiz bot. Entstehende Reisekosten konnten jedoch über die nordrheinwestfälische Reisekostenbestimmung abgerechnet werden.[554]

Der Findingsprozess der Arbeitsgruppe gestaltete sich wegen der Sommerpause im Hochschulbetrieb und der Kurzfristigkeit schwierig. So erhielt der Wissenschaftsrat einige Absagen und eingeschränkte Zusagen. Schließlich waren die zwei Begehungswochen auch mit viel Arbeit und Vorbereitungszeit verbunden. In einem Antwortschreiben des Soziologen Rolf Ziegler von der LMU München vom 17. September 1990 heißt es: „[...] da ich soeben aus dem Urlaub zurückgekehrt bin, komme ich erst jetzt dazu, Ihr Schreiben vom 24.8. [...] zu beantworten. Ich bin bereit, als Sachverständiger an der Arbeitsgruppe Wirtschafts- und Sozialwissenschaften mitzuwirken."[555] Gleichzeitig erklärte der Soziologe, dass er aufgrund einer Tätigkeit im Senatsausschuss der DFG nicht an der gesamten ersten Sitzungswoche teilnehmen könne, sondern nur an einigen ausgewählten Terminen. Der Wirtschaftswissenschaftler Knut Bleicher von der Universität St. Gallen musste mit „Blick auf einen vollen Terminkalender" eine Absage aussprechen. Eine weitere abschlägige Antwort erteilte die Schweizer Wirtschaftswissenschaftlerin Heidi Schelbert mit der Begründung, dass es sich zwar um eine „ehrenvolle Aufgabe"[556] handele, aber die Termine sich mit anderen Verpflichtungen überschnitten.

---

553 Vgl. Thijs, Vier Wege in das Aus der Einheit, S. 250.
554 AdWR: SO I 3.2.1 AG Wirtschafts- und Sozialwissenschaften 1/6, Einladungsschreiben durch den Vorsitzenden Simon.
555 AdWR: SO I 3.2.1 AG Wirtschafts- und Sozialwissenschaften 1/6, Schreiben vom 17.09.1990 an den WR.
556 AdWR: SO I 3.2.1 AG Wirtschafts- und Sozialwissenschaften 1/6, Brief vom 06.09.1990 an den WR.

Damit ergab sich für die im Oktober und November des Jahres 1990 angesetzten Sitzungswochen ein Bild wechselnder Gutachter und unterschiedlich zusammengesetzter Begehungen. Der Kreis feststehender Personen wurde aus dem inneren Zirkel des Wissenschaftsrates um einige externe Sachverständige ergänzt. Angesichts des Zeitpunkts und der Kurzfristigkeit der Anfrage musste mit Absagen und eingeschränkten Teilnahmen wohl gerechnet werden. An den eingegangenen Zu- und Absagen wird deutlich, dass durchaus beabsichtigt war, Wissenschaftlerinnen und Wissenschaftler aus dem deutschsprachigen Ausland zu gewinnen sowie einschlägige Forscherinnen zu beteiligen. Dabei nahmen die kontaktierten Personen die Gutachtertätigkeit an den ostdeutschen Instituten als ehrenvolle Aufgabe wahr und explizierten sie auch als solche.

In der Korrespondenz mit dem Bundesministerium für Forschung und Technologie, das ebenfalls Vorschläge für potenzielle Gutachter gemacht hatte, äußerte das Ministerium Kritik an der bisherigen personellen Zusammensetzung der Arbeitsgruppe. In dem Schreiben des BMFT vom 28. August heißt es:

> Zunächst fiel mir mit meinem inzwischen in dieser Richtung geschärften Blick auf, daß auch in dieser Fachkommission wie in allen anderen Kommissionen des Wissenschaftsrates keine einzige Wissenschaftlerin als Mitglied vorgesehen ist. Ich halte das nicht nur wegen des hohen Anteils von Frauen in der wissenschaftlichen Forschung und Lehre in der DDR für mißlich, sondern auch wegen der verstärkten Bemühungen der Forschungsorganisationen, von Bund und Ländern, Frauen in verantwortungsvollen Positionen des Wissenschaftsbetriebs zu berücksichtigen. Für den Bereich der Sozial- und Wirtschaftswissenschaften halte ich die Mitwirkung von ein oder zwei Frauen für besonders wichtig.[557]

Daran anschließend benannte der Mitarbeiter des BMFT eine Soziologin und eine Wissenschaftsforscherin als mögliche Kandidatinnen. Die Forderung, verstärkt Gutachterinnen einzubeziehen, stützte sich hier auf zwei Argumente. Erstens gebe es im Wissenschaftssystem der DDR mehr Frauen als in der Bundesrepublik, weshalb diese auch in den Kommissionen sichtbar und vertreten sein müssten. Und zweitens hatten Bund und Länder sich bereits mit der Geschlechterthematik befasst und strebten ein ausgeglicheneres Geschlechterverhältnis in Wissenschaft und Forschung an.[558] Insofern repräsentierten die ausschließlich männlich besetzten Fachkommissionen des Wissenschaftsrates keineswegs eine neue Frauenpolitik, sondern spiegelten eher ein tradiertes Rollen- und Machtverständnis wider. Aufschlussreich ist zudem das zugrun-

---

557 AdWR: SO I 3.2.1 AG Wirtschafts- und Sozialwissenschaften 1/6, Schreiben des BMFT an den WR vom 27.08.1990.
558 Zur Entwicklung der Gleichstellungspolitik in der Bundesrepublik vgl. Mechthild Cordes: Gleichstellungspolitiken. Von der Frauenförderung zum Gender Mainstreaming, in: Ruth Becker / Beate Kortendiek (Hg.): Handbuch Frauen- und Geschlechterforschung. Theorie, Methoden, Empirie, 3. Aufl. Wiesbaden 2010: 924–932.

de liegende Verständnis der Fachdisziplin Sozialwissenschaft, das als soziales und damit weiches Fach eine besondere Verantwortung für die Integration von Frauen trage. In der internen Kommunikation der AG Wirtschafts- und Sozialwissenschaften wehrte Max Kaase die Kritik an der Kommissionsbesetzung mit den Worten „ansonsten sollte das Frauen-Argument nicht überstrapaziert werden"[559] entschieden ab. Die gesellschaftspolitische Stellung von Frauen spielte im Wissenschaftsrat zu diesem Zeitpunkt noch keine Rolle. So befand sich zwischen 1989 und 1990 keine einzige Frau in der Wissenschaftlichen Kommission. Erst mit der Vergrößerung des Gremiums wurden 1993 auch drei Wissenschaftlerinnen in den Rat berufen. Eine von ihnen war die Physikerin Dagmar Schipanski, die 1996 auch zur ersten weiblichen Vorsitzenden gewählt wurde.[560]

Als der Findungsprozess der Arbeitsgruppe abgeschlossen war, zählten vor allem männliche, westdeutsche Sozial- und Wirtschaftswissenschaftler zu den Gutachtern. Dabei handelte es sich um etablierte Professoren, die in den 1920er bis 30er Jahren geboren waren und zum Zeitpunkt der Evaluation an den Akademieeinrichtungen über Lehrstühle und Direktorenstellen verfügten. In der Regel konnten sie bereits gutachterliche Erfahrung nachweisen, so zum Beispiel als Fachgutachter für die DFG oder bei Begutachtungen der Blauen Liste. Innerhalb der Fachcommunity besaßen sie also ein gewisses Renommee und ihre Namen hatten Gewicht.

Zudem speiste sich der Kreis der Gutachter aus dem näheren Umfeld Max Kaases und Heinz Königs, die seinerzeit beide in Mannheim tätig waren. Unter anderem gehörte M. Rainer Lepsius (1928–2014) dazu. Er war seit 1981 Lehrstuhlinhaber in Heidelberg, aber zuvor ebenfalls Ordinarius in Mannheim. Er wurde als Experte für die Soziologie herangezogen, genauso wie der Politikwissenschaftler Peter Graf von Kielmansegg (geb. 1937), der in Mannheim den Lehrstuhl für Politische Wissenschaften bekleidete. Ständiges Mitglied der Arbeitsgruppe war auch Franz Emmanuel Weinert (1930–2001). Er erhielt 1968 einen Ruf an die Universität Heidelberg, wo er bis 1981 tätig war, ehe er die Tätigkeit als Gründungsdirektor des Max-Planck-Instituts für psychologische Forschung in München aufnahm. Weinert war in den folgenden Jahren in zahlreichen wissenschaftspolitischen Gremien aktiv und erlangte später vor allem durch seine Kompetenzdefinition wissenschaftliche Bekanntheit. Sein Kompetenzbegriff entstand 2001 im Rahmen eines Gutachtens für eine OECD-Studie und folgte der Logik des Evaluationsparadigmas, das in einer outputorientierten Leistungsmessung bestand. Seine 1990 gesammelten Erfahrungen im Bereich der Evaluation von Forschungsleistungen setzte er in den 1990er Jahren in einer Befürwortung der Leis-

---

559 AdWR: SO I 3.2.1 AG Wirtschafts- und Sozialwissenschaften 1/6, Schreiben vom 29.08.1990.
560 Zu Schipanski und der Frauenförderung unter ihrer Ägide s. u. S. 240–244.

tungsmessung an Schulen fort, wo er sich explizit dafür aussprach, Messverfahren in den Kontext einer „schulischen Evaluationskultur"[561] zu stellen.

Bei dem Schweizer Soziologen handelte es sich um Hans-Joachim Hoffmann-Nowotny (1934–2004). Für ihn hatte Lepsius bereits 1976 in einer Berufungskommission an der Universität Heidelberg votiert, und auch über den beruflichen Rahmen hinaus kannten sich die beiden Kollegen gut.[562] Zum Kreis der ehemaligen Mannheimer zählte auch der Wirtschaftshistoriker Knut Borchardt (geb. 1929). Er war ebenfalls ein früherer Kollege von M. Rainer Lepsisus und agierte in den 1960er Jahren an der hiesigen Wirtschaftshochschule, kurz darauf wurde er Rektor der Universität Mannheim. Zum Zeitpunkt der Evaluierungen im Jahr 1990 hatte Borchardt eine Professur an der LMU München inne. Neben diesem Mannheimer Personenkreis waren weitere Gutachter aus Trier und Hamburg beteiligt. Aus mikropolitischer Perspektive ergibt sich aus diesem Gefüge ein informelles Netzwerk lose miteinander verbundener Akteure, die neben der fachlichen auch eine regionale Verbindung gemein hatten.[563] Sicherlich führte der immense Zeitdruck, unter dem der Wissenschaftsrat agieren musste, dazu, dass vor allem auf regionale Netzwerke und Kontakte zurückgegriffen wurde.

Mit „Graf Wettbewerb"[564] nahm ein ehemaliges Mitglied des Wissenschaftsrates teil, so wie es die Planungen der Leitungsebene vorsahen. Peter Graf Kielmansegg war von 1982 bis 1985 Vorsitzender der Wissenschaftlichen Kommission und erhielt den Spitznamen aufgrund seiner neoliberalen Vorstellung vom Wissenschaftssystem und seinen Versuchen, Marktregulierungsprozesse und Wettbewerb im Hochschulbereich zu implementieren. Graf Kielmansegg unterhielt auch Kontakte zum neoliberalen Netzwerk der Mont Pelerin Society, wie Szöllösi-Janze schon 2011 darstellte.[565] Die Entscheidung, Kielmansegg in die Arbeitsgruppe zu berufen, lässt darauf schließen, dass dessen Agenda auf die ostdeutsche Sozialwissenschaft übertragen werden sollte. Die Mitte der 1980er Jahre kaum rezipierten *Empfehlungen zum Wettbewerb im deutschen Hochschulsystem* entstanden maßgeblich auf Initiative Graf Kielmanseggs.[566] Sie sollten mit der Wiedervereinigung eine erneute, nunmehr durchsetzungsfähigere Bedeutung erlangen und über seine Person handlungsleitend werden.

In der personellen Besetzung der Kommission manifestierte sich damit auch eine ideelle Ausrichtung. Die wissenschaftlichen Maximen des Mannheimer Kreises soll-

---

561 Franz E. Weinert: Vergleichende Leistungsmessung in Schulen – eine umstrittene Selbstverständlichkeit, in: Ders. (Hg.): Leistungsmessungen in Schulen, Weinheim u. a. 2001: 17–32, S. 31.
562 Vgl. Adalbert Hepp / Martina Löw (Hg.): M. Rainer Lepsius. Soziologie als Profession, Frankfurt a. M. 2008, S. 106.
563 Zur Mikropolitik vgl. Wolfgang Reinhard: Einleitung, in: Ders. (Hg.): Römische Makropolitik unter Papst Paul V. Borghese (1605–1621) zwischen Spanien, Neapel, Mailand und Genua, Tübingen 2004: 1–20.
564 Bei dem Namen handelt es sich um einen Spitznamen, vgl. Szöllösi-Janze, ‚Eine Art pole position im Kampf um die Futtertröge', S. 333.
565 Dies., ‚Der Geist des Wettbewerbs ist aus der Flasche!', S. 66
566 Wissenschaftsrat: Empfehlungen zum Wettbewerb im deutschen Hochschulsystem, Köln 1985.

ten strukturbildend auf den östlichen Teil Deutschlands wirken. Die neoliberalen Vorstellungen spiegelten sich in der Kommissionsbesetzung wider und prägten das vereinte Wissenschaftssystem. Auch die Zuordnung zu sozialwissenschaftlichen Ansichten und Denkschulen spielte in diesem Zusammenhang sicherlich eine Rolle.[567]

Nicht in die Auswahl einbezogen wurden indes ausgewiesene DDR-Expertinnen und -Experten. Fachliche Expertise über die DDR wurde zu keinem Zeitpunkt thematisiert. Dabei fällt mit Blick auf die DDR-Forschung der Vorwendezeit auf, dass sich unter den Kommissionsmitgliedern des Jahres 1990 niemand befand, der zuvor zur DDR geforscht hatte. Markmann und Lepsius waren zwar in den 1970er Jahren an den *Berichten der Bundesregierung und Materialien zur Lage der Nation* beteiligt und agierten dabei im Dunstkreis um Peter Christian Ludz, doch sie waren keineswegs DDR-Experten, sondern trugen in den Berichten vermutlich Beiträge zum bundesrepublikanischen System bei. Die personelle Konstellation überrascht daher zunächst, da es durchaus Personen im Fach gab, die über einschlägiges Fachwissen über den ostdeutschen Staat verfügten. So war auch niemand aus dem Institut für Gesellschaft und Wissenschaft unter den Gutachtern. Allerdings war das Handeln des Wissenschaftsrates großem Zeitdruck unterworfen, weshalb vermutlich pragmatische Gründe im Vordergrund standen und sich deshalb regionale Netzwerk formierten. Außerdem agierte die Kommission, so wie der Wissenschaftsrat insgesamt, an der Zukunft orientiert, weshalb die DDR und ihre in den letzten 40 Jahren entwickelten Spezifika nicht relevant erschienen. Fachwissen über die DDR war aus dieser Perspektive nicht erforderlich. Zwar versuchte der Wissenschaftsrat durchaus, Informationen über in der DDR erschienene Publikationen einzuholen, wozu der Essener Stifterverband eine bibliometrische Analyse im Science Citation Index durchführte, doch die daraus gewonnenen Erkenntnisse wurden nicht weiter berücksichtigt.[568] Der Zeitdruck und die Dynamik der Situation determinierten das Handeln, sodass die Vergangenheit gegenüber der Gegenwartsbewältigung in den Hintergrund rückte.

Nachdem die personellen Fragen geklärt waren, versorgte die Geschäftsstelle des Wissenschaftsrates die Gutachter mit Ablaufplänen und Terminen für die anstehenden Begehungen, die auch mit Übernachtungen an den entsprechenden Begehungsorten verbunden waren. Die erste Begutachtungswoche fand vom 15. bis 19. Oktober in Berlin statt und begann mit einem Besuch am Institut für Wirtschaftsgeschichte. Für Montag bis Donnerstag war täglich eine Begehung vorgesehen, die immer dem gleichen Ablauf folgte und sich am bisherigen Verfahren des Wissenschaftsrates ori-

---

[567] Der Aspekt der sozialwissenschaftlichen Denkschule kann an dieser Stelle nur angedeutet werden. Durch den praxeologischen Zugriff fand keine systematische Auseinandersetzung mit der wissenschaftlichen Verortung der Beteiligten statt.
[568] Vgl. Peer Pasternack: Die vier Dimensionen des ostdeutschen Wissenschaftsumbaus, in: Jens Blecher / Jürgen John (Hg.): Hochschulumbau Ost. Die Transformation des DDR-Hochschulwesens nach 1989/90 in typologisch-vergleichender Perspektive, Stuttgart 2021: 45–66, S. 54.

entierte: interne Vorbesprechung der Arbeitsgruppe, Gespräch mit den leitenden Wissenschaftlerinnen und Wissenschaftlern des Instituts, Gespräche mit den wissenschaftlichen Mitarbeitern, ein abschließendes Gespräch mit der Leitung sowie eine interne Nachbesprechung. Zur Vorbereitung auf die Gespräche erhielten die Gutachter die Antworten der Institute auf den Fragenkatalog des Wissenschaftsrates.[569]

Der anfängliche Plan der Leitungsebene des Wissenschaftsrates, die Arbeitsgruppen paritätisch unter Teilnahme von DDR-Wissenschaftlerinnen und Wissenschaftlern und der internationalen Fachcommunity zusammenzusetzen, wich den zeitlichen, unvorhersehbaren und damit realen Umständen. Das improvisatorische Moment überrollte gewissermaßen den vorher gefassten Plan.[570]

5.1.2 Die Beantwortung des Fragebogens

Wie vom Wissenschaftsrat vorgegeben, trafen Ende August in der Kölner Geschäftsstelle die Berichte der Institute ein. Die Beantwortung der Fragen variierte stark unter den Forschungseinrichtungen und umfasste zwischen 22 und 99 Seiten, die um umfangreiche Anlagen, Informationsmaterialien zu Forschung, Organisation und Publikationen ergänzt waren. Eine einheitliche Strategie in der Beantwortung der Fragen oder der Versuch der Kooperation zwischen den Instituten war nicht erkennbar[571] – im Gegenteil, die Institute beantworteten die Fragen sowohl sprachlich als auch inhaltlich sehr unterschiedlich.

Eine besondere sprachliche Auffälligkeit fand sich in den Antworten des Instituts für Wirtschaftsgeschichte, das als einziges Institut eine geschlechtergerechte Sprache verwendete. Auf die Frage des Wissenschaftsrates, wer die Schwerpunktsetzung für die wissenschaftlichen Aufgaben des Instituts vornimmt, erklärte das IWG, dass der Fünfjahresplan automatischer Bestandteil der Forschungsschwerpunkte sei. Weiter heißt es dort: „Es gab zwei weitere Bestandteile, die im Institut auf der Basis von Vorschlägen der MitarbeiterInnen, Abteilungs- und BereichsleiterInnen und der DirektorInnen erarbeitet wurden."[572] Mit der geschlechtergerechten Sprache wollte das IWG sich womöglich als innovatives und modernes Institut präsentieren. Dabei könnte das

---

569 AdWR: SO I 3.2.1 AG Wirtschafts- und Sozialwissenschaften 1/6, Schreiben an die Mitglieder der Kommission vom 20.09.1990.
570 Vgl. Boer / Bubert, Absichten, Pläne und Strategien. In dem Band werden Pläne und Strategien dahingehend unterschieden, dass Pläne verändert und verworfen werden können und adaptierbar sind, wohingegen es sich bei Strategien um relativ stabile Dispositionen handele.
571 In dem Teilkapitel Ostdeutsche Bewältigungsstrategien wird noch genauer der Frage nach Zusammenarbeit und Kooperation zwischen den Instituten nachgegangen. Der Eindruck, der hier auf der Grundlage der Institutsberichte gewonnen wurde, wird sich noch weiter bestätigen.
572 AdWR: SO I 3.2.1 AG Wirtschafts- und Sozialwissenschaften 2/6, Antworten des IWG auf die Fragen des WR.

den Antragstext durchziehende Binnen-I für westdeutsche Gutachter eine durchaus irritierende Darstellung gewesen sein. Schließlich begann zu diesem Zeitpunkt in den bundesdeutschen Wissenschaftsorganisationen erst die Diskussion um Frauen in Politik und Wissenschaft. Das Gendern mit Binnen-I oder anderen sprachlichen Varianten war zwar im Kontext der Frauenbewegung der 1980er Jahre geläufig, erreichte aber mit Ausnahme der feministischen Linguistik sowie der Frauen- und Geschlechterforschung noch längst nicht die Wissenschaftssprache. Und auch in der DDR waren weiblich markierte Personenbezeichnungen unüblich.[573] Insofern wich diese Schreibvariante sowohl vom DDR- als auch vom BRD-Standard der Zeit ab, weshalb sie ungewöhnlich war.

Eine umgekehrte Irritationserfahrung brachten sicherlich auch einige Fragen des Wissenschaftsrates für die ostdeutschen Institute mit sich. Der Fragebogen ermittelte die in den letzten fünf Jahren eingeworbenen Drittmittel und Quellen der Mittel. Das Zentralinstitut für Wirtschaftswissenschaften (ZIW) beantwortete diese Frage, indem es erklärte, dass bis auf die Einladung durch Dritte zu wissenschaftlichen Tagungen beziehungsweise Studienaufenthalte zwischen 1986 und 1990 keine Mittel eingeworben worden seien. Zudem erläuterte das ZIW: „Mitteleinwerbung – soweit sie sich nicht aus der unmittelbaren Auftragsforschung ergab [...] – war nicht Bestandteil des Systems der Forschungsbeauftragung und -finanzierung."[574] Andere Institute erklärten schlichtweg, sie hätten „keine Drittmittel eingeworben", seien „hausfinanziert" oder gaben an, wie viel DDR-Mark sie durch Tagungsgebühren, den Verkauf von Institutspublikationen und durch Honorare eingenommen hatten.[575] Hier stellt sich die Frage, inwiefern überhaupt klar war oder klar gewesen sein konnte, was mit Drittmitteln gemeint war. Dass der Verkauf von Literatur nicht dazu zählte, wussten ostdeutsche Wissenschaftlerinnen und Wissenschaftler vor dem Hintergrund ihrer systemischen Erfahrungen nicht. Aus der historiografischen Forschung ist zwar bekannt, dass die sogenannten Staatsplanthemen durchaus eine ähnliche Funktion im Wissenschaftssystem der DDR besaßen wie Drittmittel im Westen.[576] Allerdings erfolgte für die ostdeutsche Seite keine Einordnung der Begriffe und Zusammenhänge.

Insgesamt gingen die Institute sehr unterschiedlich mit der für sie kaum beantwortbaren Frage nach eingeworbenen Drittmitteln um. Nicht beantwortbar und daher wo-

---

573 Gorny zeichnet die aus der Frauenbewegung stammende Kritik an bestehenden Sprachgewohnheiten nach und gibt Beispiele aus den Bereichen der Politik und öffentlichen Verwaltung, in denen es zu Beginn der 1990er Jahre Diskurse um geschlechtergerechte Sprache gab, vgl. Hildegard Gorny: Feministische Sprachkritik, in: Georg Stötzel / Martin Wengeler (Hg.): Kontroverse Begriffe. Geschichte des öffentlichen Sprachgebrauchs in der Bundesrepublik Deutschland, Berlin u. a. 1995: 517–562, S. 535–557
574 AdWR: SO I 3.2.1 AG Wirtschafts- und Sozialwissenschaften 2/6, Antworten des ZIW auf die Fragen des WR.
575 AdWR: SO I 3.2.1 AG Wirtschafts- und Sozialwissenschaften 2/6, 4/6, Antworten auf die Fragen des WR.
576 Vgl. Bartz, Der Wissenschaftsrat, S. 174.

möglich irritierend war die Frage deshalb, weil das zentralistische Staats- und Wissenschaftssystem der DDR keine Finanzierung durch externe Geldgeber kannte. Einige Institute erklärten, dass es in der DDR nicht üblich war, Mittel einzuwerben, andere gaben kurze Fakten ohne weitere Erklärungen an, und wiederum andere versuchten, den Verkauf ihrer Publikationen als Drittmittel umzudeuten. Dass es in der DDR keine Drittmittel gab, berücksichtigte das Medium Fragebogen nicht. Der Versuch, eine annähernd gesichtswahrende Antwort geben zu können, stellte für ostdeutsche Forscherinnen und Forscher sicher eine ebenso irritierende Erfahrung dar wie das Lesen dieser Antworten seitens der westdeutschen Gutachter. Gegenseitige Lernprozesse und Fremdheitserfahrungen zeichneten sich also schon vor der eigentlichen Evaluation und persönlichen Kontaktaufnahme ab, wodurch Unsicherheiten und Vorbehalte sich schon in dieser frühen Phase des Spätsommers 1990 anbahnten, als die DDR noch existierte.

Die letzte Frage im Bogen des Wissenschaftsrates bezog sich auf die Vorstellung der Institute hinsichtlich ihrer wissenschaftlichen und organisatorischen Fortführung. Hier zeigten die sieben Institute ähnliche Perspektiven auf, die alle darauf zielten, die Institute in der jetzigen Form bestehen zu lassen. So erklärte das Zentrum für gesellschaftswissenschaftliche Information: „Wenn es nach den Wünschen der Mehrzahl der Mitarbeiter ginge, sollte die Einrichtung im ganzen und mit inhaltlichen Strukturen, wie sie sich aus den anliegenden Projektkonzepten ergeben, fortbestehen. Es wäre möglich, diese Ziele mit nahezu der Hälfte des 89er Potentials zu realisieren."[577] Die Institutsleitung wollte die Einrichtung also unbedingt erhalten und war bereit, dafür die Hälfte ihres Personals zu entlassen.

Neben diesem Wunsch wurden verschiedene Möglichkeiten der organisatorischen Anbindung erwähnt. Mehrere Einrichtungen äußerten die Vorstellung, als selbstständige Forschungseinrichtung in die Finanzierung von Bund und Ländern als Blaue-Liste-Institut aufgenommen oder an andere Forschungsstätten der Bundesrepublik angegliedert zu werden. In dem Zusammenhang wurden das Wissenschaftszentrum Berlin und die Gesellschaft Sozialwissenschaftlicher Infrastruktureinrichtungen (GESIS) genannt.[578] Die Institute zeigten sich somit in hohem Maße flexibel, was ihre künftige Angliederung betraf. Zudem deuteten sie Vertrautheit und Wissen über die westdeutschen Einrichtungen an sowie das Selbstbewusstsein, sich als Teil dieser bundesrepublikanischen Forschungseinrichtungen zu begreifen.

Der ostdeutsche Historiker Ulrich van der Heyden äußerte sich in einem Aufsatz 2013 dazu, dass diese von den Akademieinstituten vorgetragenen Ideen keine Berücksichtigung im laufenden Verfahren des Wissenschaftsrates gefunden haben. Der

---

577 AdWR: SO I 3.2.1 AG Wirtschafts- und Sozialwissenschaften 4/6, Antworten des ZGI auf die Fragen des WR.
578 AdWR: SO I 3.2.1 AG Wirtschafts- und Sozialwissenschaften 2/6, 4/6, 5/6, Antworten des IWG, ZIW, ZGI und des IfR auf die Fragen des WR.

Wissenschaftsrat fragte zwar danach, wie die Institute sich ihre Zukunft vorstellten, doch war dies keineswegs eine DDR-spezifische Frage. Vielmehr ergab sie sich aus der historischen Entwicklung des Fragebogens, der bereits seit 1984 nach der weiteren Entwicklung der Institute fragte.[579] Dass die Vorstellungen aus der DDR in dem Evaluationsverfahren nicht weiter aufgegriffen wurden, schreibt van der Heyden aber nicht dem Wissenschaftsrat zu, sondern den Akteuren der Politik. Sie hätten sich nicht für die ostdeutschen Vorstellungen zur künftigen Wissenschaftslandschaft interessiert.[580]

Um das Verfahren möglichst transparent zu gestalten, erstellte der Wissenschaftsrat im August 1990 einen Kriterienkatalog zur Vorbereitung der Begehungen. Dabei sollten die Institute hinsichtlich ihrer allgemeinen Bedeutung und unter Betrachtung der einzelnen Abteilungen und Arbeitsbereiche begutachtet werden. Abschließend folgten daraus Empfehlungen zur weiteren Entwicklung. Diese Erläuterungen dienten einerseits den Instituten als Orientierung, andererseits ermöglichten sie den Gutachtern eine Bestandsaufnahme nach vergleichbaren Maßstäben. Somit konnten sich beide Seiten, Gutachter und Begutachtete, gleichermaßen auf die Gespräche vorbereiten und sich mit den Anforderungen des Verfahrens vertraut machen. Die Kriterien umfassten die Bedeutung des Instituts innerhalb der nationalen und internationalen Community, Entwicklungsperspektiven des Forschungsfeldes und die fachliche Qualität der wissenschaftlichen Arbeit. Auch die Zusammenarbeit mit anderen Forschungseinrichtungen im In- und Ausland und die Förderung des wissenschaftlichen Nachwuchses unterlagen der Bewertung. Hinsichtlich einzelner Forschungsbereiche sollten „gegenwärtiger Erkenntnisstand, Vorarbeiten, Methoden, Ziele, Originalität, Durchführbarkeit, möglicher Erkenntnisgewinn für das eigene Fachgebiet, für andere Fachgebiete oder für die Anwendung"[581] betrachtet werden. Für das abschließende Fazit war die Frage leitend, ob unter fachwissenschaftlichen und/oder wissenschaftspolitischen Gesichtspunkten eine Fortführung des Instituts empfohlen werden könne.

5.2 Die Evaluation

Im Vorfeld der ersten Begutachtungen unterrichtete die Geschäftsstelle unter maßgeblichem Einfluss von Wilhelm Krull die Leiter der Arbeitsgruppen hinsichtlich der Gesprächsführung während der örtlichen Begehungen. Die Gutachter waren angehalten,

---

579 Vgl. BArch Koblenz: B247/479, Fragebogen an die medizinischen Institute vom 26.11.1984.
580 Vgl. Ulrich van der Heyden: Anspruch und Wirklichkeit beim Umbau der außeruniversitären Forschung nach der Wende. Das Beispiel des Forschungsschwerpunkts Moderner Orient, in: Leviathan. Berliner Zeitschrift für Sozialwissenschaft 41 (2013): 511–527, S. 514.
581 AdWR: SO I 3.1 Evaluationsausschuss 1/6, Bewertungskriterien für die Bestandsaufnahme in den außeruniversitären Forschungseinrichtungen der DDR vom 20.08.1990.

sich insbesondere auf Artikel 38 des Einigungsvertrages zu stützen, um den politisch legitimierten Auftrag darzulegen und keine Zweifel an der Richtigkeit des Verfahrens aufkommen zu lassen. In den handschriftlichen Notizen Max Kaases finden sich für die „on site visits" Hinweise für das Erstgespräch zwischen Kommission und Instituten. Dabei verwies die AG neben einer allgemeinen Einführung in die Aufgaben des Wissenschaftsrates auch auf die spezifische Sondersituation der DDR und betonte stets die Normalität der Verfahrensweise.[582] Die Geschäftsstelle beabsichtigte mit dem Briefing ein einheitliches Auftreten aller Arbeitsgruppen zu erreichen, um somit auch ein einheitliches Bild vom Wissenschaftsrat als Organisation zu transportieren.

Zum Zeitpunkt der ersten Begehungen, also nur wenige Tage nach der Wiedervereinigung, hatte die Kölner Geschäftsstelle des Wissenschaftsrates vernommen, dass an den Akademieinstituten hinsichtlich der Verfahrensweise noch viele offene Fragen bestanden. Ein internes Papier vom Oktober 1990 fasst zusammen, dass die ostdeutschen Wissenschaftlerinnen und Wissenschaftler nur wenig Kenntnis über westdeutsche Förderinstitutionen, Bewerbungsverfahren und das Verfassen von Forschungsanträgen besaßen. Auch sei das „westliche Verständnis von Wettbewerb unklar und verursacht erhebliche Verunsicherung, teilweise auch das Gefühl, im Wettbewerb chancenlos zu bleiben."[583] Obwohl damit eine realistische Einschätzung der Ausgangssituation vorlag, erfolgte keine Reaktion auf die offenkundige Unsicherheit auf ostdeutscher Seite. Die Arbeitsgruppen des Wissenschaftsrates agierten weiterhin nach dem standardisierten Prozedere und wahrten damit den Schein der Routine, wie der Historiker Krijn Thijs beschreibt.[584]

5.2.1 Die örtlichen Begutachtungen

Die erste Evaluation der AG Wirtschafts- und Sozialwissenschaften fand am Institut für Wirtschaftsgeschichte statt, in deren Folge es noch zu einer harschen Auseinandersetzung zwischen Institut und Kommission kam, wie das Teilkapitel Ostdeutsche Bewältigungsstrategien zeigt.[585] Die Grundlage der Begehung bildeten der Institutsbericht und einige Publikationen, die am IWG entstanden waren. Beteiligt waren an der Begehung auf der Seite des Wissenschaftsrates 14 Mitglieder der Arbeitsgruppe, worunter stellvertretend für die AG Geisteswissenschaften auch die Historiker Jürgen Kocka (geb. 1941) und Rudolf Vierhaus (1922–2011) teilnahmen, da das Institut einen

---

582 Vorlass Max Kaase an der Jacobs University: Akte 16, Handschriftliche Notizen zum Vorgehen während der Evaluation.
583 AdWR: SO I 3.2.1 AG Wirtschafts- und Sozialwissenschaften 6/6, BMBW-relevante Problemkreise, 19.10.1990, S. 5.
584 Thijs, Die Evaluierer aus dem Westen und der Schein der Routine.
585 S. u. S. 184–191.

deutlichen historischen Schwerpunkt hatte, sowie zwei Verwaltungsmitarbeiter der Geschäftsstelle. Dem standen auf der Seite des IWG sechs Wissenschaftler gegenüber, was in diesem Verhältnis als Machtdemonstration wahrgenommen werden kann.

In der internen Vorbesprechung äußerten die beteiligten Gutachter, dass für die anstehenden Bewertungen der Arbeitsgruppe zwei mögliche Vorgehensweisen denkbar seien. Die eine beinhaltete eine Strukturbetrachtung und die Frage nach der Kompatibilität mit dem bestehenden Forschungssystem der Bundesrepublik, während die andere eine Bestandsbewertung im Sinne einer qualitativen Überprüfung darstellte. Die Mitglieder verständigten sich darauf, dass beide Aspekte wichtig seien, aber der Bestandsbewertung Priorität eingeräumt werden müsse. Diese allgemeinen Überlegungen zum Vorgehen bildeten die Grundlage für alle späteren Begutachtungen der Arbeitsgruppe. Max Kaase erklärte in einem späteren Aufsatz aus dem Jahr 1995, dass es im Vorfeld keine spezifischen Überlegungen zum Umgang mit den DDR-Instituten gab, sich aber „schon bald ein Standardmuster für den Ablauf der Begehungen herauskristallisierte."[586] Der Ablauf konkretisierte sich also erst im Zuge des ersten Treffens innerhalb der Kommission und wurde vorab nicht zentral für alle Arbeitsgruppen festgelegt.

Als es im Anschluss an die allgemeinen Aspekte der Begutachtung um den eigentlichen Gegenstand nämlich das Institut für Wirtschaftsgeschichte ging, betonten einige Kommissionsmitglieder die „weltweit einzigartige Stellung"[587] des IWG. Die Bedeutung und der gute Ruf des vom IWG herausgegebenen *Jahrbuchs für Wirtschaftsgeschichte* bewerteten vor allem die Historiker als erhaltenswert. Zur Beurteilung der Forschungseinrichtung einigte sich die Arbeitsgruppe auf Fragen zu zukünftigen Forschungsschwerpunkten und dem Verhältnis zum Fach Wirtschaftsgeschichte an den Hochschulen. Allerdings hielt die Kommission die weitere Existenz des Instituts unter den Bedingungen der gesamtdeutschen Wissenschaftslandschaft für fraglich.

Seit dem Frühjahr 1990, als Thomas Kuczynksi von Rudolf Vierhaus noch eine zuversichtlichere Prognose zur Zukunft seines Instituts erhielt, hatte sich einiges geändert. Die Gutachter nahmen Kuczynski, der sein Institut als „Unikat"[588] betrachtete, als zu selbstbewusst wahr und das zu einer Zeit, als die Historikerzunft und ihre Verbände sich zwischen Ost und West neuformierten und die Stimmung regelrecht kippte. Denn gerade erst war der Skandal um die Wahl des DDR-Archäologen Joachim Herrmann in den Welthistorikerverband entfacht und der Vereinigungshistorikertag vom 26. bis 29. September in Bochum hatte demonstriert, welch tiefgreifende Konflikte innerhalb der DDR-Historiographie lagen.[589] Und nur wenige Tage nach diesen Ereignissen stan-

---

586 Kaase, Der Wissenschaftsrat, S. 313.
587 AdWR: SO I AG Wirtschafts- und Sozialwissenschaften 1/6, Entwurf des Vermerks der Sitzung der AG Wirtschafts- und Sozialwissenschaften vom 15.10.1990.
588 Zitiert nach Thijs: Vier Wege in das Aus der Einheit, S. 250.
589 Vgl. Ders.: Geschichte im Umbruch, S. 417–421.

den die westdeutschen Historiker Kocka und Vierhaus dem ostdeutschen IWG in der Rolle als Gutachter gegenüber.

In dem Einleitungsgespräch mit der Direktion des IWG erläuterte Max Kaase, dass es in dem anstehenden Evaluationsverfahren darum gehe, die Einrichtungen der ehemaligen DDR in die bundesdeutsche Hochschullandschaft einzupassen, sie jedoch nicht anzupassen. Damit nahm er direkten Bezug auf die juristische Formel im Einigungsvertrag,[590] um die Möglichkeit des Erhalts von DDR-Spezifika zu berücksichtigen. Weiterhin sei „Zentrales Kriterium [...] die Beurteilung der Qualität und Leistungsfähigkeit des Instituts nach internationalen Maßstäben".[591] In der Besprechung mit den Mitarbeiterinnen und Mitarbeitern des Instituts ging es vor allem um Fragen der Arbeitsschwerpunkte und um das Verhältnis der Disziplinen Ökonomie und Geschichte. Zum damaligen Zeitpunkt waren 35 Personen am Institut beschäftigt, deren Projekte zum Teil historisch gewachsen und im Kontext des politischen Umbruches in der DDR neu ausgerichtet worden waren. Das abschließende Gespräch mit den Leitern nutzte Jürgen Kocka, um danach zu fragen, welchen Stellenwert marxistische Theorieansätze künftig am IWG besäßen. Thomas Kuczynski erwiderte, dass diese „weiterhin genauso zum Arsenal wie etwa die von Max Weber"[592] gehörten.

Als auf eine kritische Anmerkung hin bemängelt wurde, dass die Projekte des Instituts wenig Kohärenz zueinander aufweisen, erklärten der Institutsleiter und sein Stellvertreter, dass dies auf den politischen Wandel seit dem Herbst 1989 zurückzuführen sei. Während die Forschungsthemen unter dem SED-Regime zentral vorgegeben wurden, konnten die Forschenden nun ihren Interessen nachgehen und neue Themen erschließen. Aus dieser veränderten politischen Konstellation entstanden ganz neue Forschungsrichtungen. Abschließend stellte Kuczynski fest, dass er die Gespräche und Nachfragen der Gutachter als nützlich empfunden habe und daraus einige Aspekte für die inhaltliche Ausrichtung des Instituts ableitete.[593]

Die interne Nachbesprechung zeichnete ein negatives Bild für die Zukunft des Instituts für Wirtschaftsgeschichte. Innerhalb der geschichtswissenschaftlichen Institute schnitt das IWG zwar am besten ab, konnte aber in der damaligen Form nicht weiterbestehen, „da insgesamt die gedankliche Klammer fehle",[594] wie das Protokoll des Wissenschaftsrates zusammenfasst. Die Historiker stellten zudem fest, dass das Institut der Geschichtswissenschaft näher steht als der Wirtschaftswissenschaft. Deshalb müsste es im Kontext der AG Geisteswissenschaften beurteilt werden und nicht im Vergleich zu den sozialwissenschaftlichen Einrichtungen. Vermutlich gab es hier einen

---

590 Vgl. Bundesrepublik Deutschland, Deutsche Demokratische Republik, Einigungsvertrag, Art. 38, Abs. 1.
591 Ebd.
592 Ebd., S. 5.
593 Ebd.
594 Ebd., S. 6.

Konflikt zwischen den Historikern und Sozialwissenschaftlern hinsichtlich der Aufgabenverteilung, den das Protokoll an dieser Stelle lediglich andeutet. Die geisteswissenschaftliche Kommission unter der Ägide von Jürgen Kocka wollte die Evaluation am IWG eigentlich selbst durchführen, stand aber unter der Federführung von Kaase nur beratend zur Seite. Dass die Wirtschaftswissenschaftler eine Zugehörigkeit zu ihrer Arbeitsgruppe beanspruchten, lässt sich auf die bundesrepublikanische Struktur zurückführen. Das Fach Wirtschaftsgeschichte war in Westdeutschland vornehmlich den Wirtschaftswissenschaften zugeordnet und nicht der Geschichtswissenschaft.[595] Wegen dieser Einordnung wurde das IWG der entsprechenden AG Wirtschafts- und Sozialwissenschaften zugeteilt.

Die Ökonomen argumentierten, dass die wirtschaftswissenschaftliche Expertise am Institut zu gering sei. Insgesamt kam die Arbeitsgruppe zu dem Fazit, dass die Wirtschafts- und Sozialgeschichte als Fachbereich zu klein sei, „um die Existenz eines derartigen Instituts außerhalb der Hochschule zu rechtfertigen."[596] Die ablehnende Haltung resultierte folglich aus dem Stellenwert des Faches und seiner institutionellen Beschaffenheit, weniger aus qualitativen Gesichtspunkten. Die Gutachter sprachen sich letztlich einstimmig für eine Schließung des Instituts aus, wie das Protokoll festhält. Dennoch dürfe „aus politischen Gründen keine tabula rasa in der Wissenschaftslandschaft der ehemaligen DDR [ge]schaffen werden",[597] weshalb es in Ostdeutschland weiterhin ein bis zwei außeruniversitäre Institute geben müsse, die Teile des IWG-Personals übernehmen. An welche Institute die Kommission dabei dachte und welchen fachlichen Zuschnitt sie haben sollten, stand zu diesem Zeitpunkt noch nicht fest. Im Anschluss an die interne Besprechung übermittelte Max Kaase der Institutsleitung den Eindruck der Kommission. Er gab bekannt, dass das IWG wahrscheinlich nicht weiterbestehen werde.

Zu dieser ersten Begutachtung am IWG gibt es eine Vorgeschichte jenseits des Protokolls, die mehrere an der Evaluation beteiligte Akteure schildern und die einen Eindruck der zwischenmenschlichen Situation vermittelt.[598] Das seit 1989 von Thomas Kuczynski geführte Institut für Wirtschaftsgeschichte wurde vormals von dessen Vater und Begründer Jürgen Kuczynski (1904–1997) geleitet, der das Institut aufgebaut und über viele Jahre maßgeblich geprägt hatte. Er galt als „grand old man der Historikerschaft"[599] der DDR und schaffte es als Vertrauter Erich Honeckers, in der real-

---

595 Vgl. André Steiner: Wirtschaftsgeschichte, Version: 1.0, in: Docupedia-Zeitgeschichte (15.10.2013).
596 AdWR: SO I 3.2.1 AG Wirtschafts- und Sozialwissenschaften 1/6, Entwurf des Vermerks der Sitzung der AG Wirtschafts- und Sozialwissenschaften vom 15.10.1990, S. 6.
597 Ebd., S. 7.
598 Im Interview berichtete Max Kaase (Gespräch vom 13.10.2017 in Berlin) von der Begebenheit mit Jürgen Kuczynski und auch dem Historiker Krijn Thijs ist diese Darstellung durch ehemalige IWG-Mitglieder bekannt.
599 Joachim Radkau: Geschichte der Zukunft. Prognosen, Visionen, Irrungen in Deutschland von 1945 bis heute, München 2017, S. 309 [Hervorhebung im Original].

sozialistischen Wissenschaft eine Familiendynastie aufzubauen. Die Nähe zur Politik ermöglichte ihm einige Freiräume. Das IWG fand als eines der wenigen geschichtswissenschaftlichen Institute der DDR auch internationale Anerkennung und Beachtung. Mit dem 1976 eingeführten René-Kuczynski-Preis, gestiftet von Jürgen Kuczynski in Erinnerung an dessen Vater, den Ökonomen René Kuczynski (1876–1947), vergab das Institut sogar einen eigenen Preis und konnte insgesamt 44 Wissenschaftlerinnen und Wissenschaftler ehren.[600]

Am Tag der Evaluation empfingen die Mitglieder des IWG – und der Erzählung nach auch der betagte Mann und langjähriger Leiter Jürgen Kuczynski – die Begutachtungskommission. Der 86-jährige Kuczynksi bat nun Max Kaase, den er von wissenschaftlichen Tagungen bereits kannte, um die Teilnahme an der Evaluation, da er sein Institut in dieser entscheidenden Angelegenheit begleiten wollte. Kaase schlug ihm den Wunsch mit dem Verweis auf die Einhaltung des Protokolls und das standardisierte Verfahren ab. Der Grund dafür war, dass Kuczynski am Institut keine offizielle Funktion mehr erfüllte. Jürgen Kuczynski musste daraufhin in einem Nebenraum warten und sich später von den Mitarbeiterinnen und Mitarbeitern über den Verlauf des Gesprächs unterrichten lassen. Diese ost-westdeutsche Begegnung muss, wenn sie sich tatsächlich in dieser Form zutrug, eine starke Degradierung und persönliche Demütigung für den bekannten Wirtschaftshistoriker der DDR, Jürgen Kuczynski, bedeutet haben. Zudem zeugt diese Begegnung von einer erheblichen Machtdemonstration und einem Verfahrensvorsprung der westdeutschen Gutachter. Nicht die Begutachteten entschieden, wer ihrerseits teilnehmen durfte, sondern westdeutsche Evaluierer definierten die Spielregeln auf ostdeutschem Terrain.

In derselben Woche fanden weiterhin Begehungen am Zentralinstitut für Wirtschaftswissenschaften, am Institut für Rechtswissenschaften und Informationsgespräche an der Hochschule für Ökonomie statt. Der Einigungsvertrag begründete zwar keine Hochschulevaluation, doch die vom Wissenschaftsrat verfolgte Gesamtstrategie sah vor, die Hochschulen als Referenzrahmen für die Akademieinstitute heranzuziehen.[601] Die Personen im Wissenschaftsrat um Dieter Simon und Wilhelm Krull vertraten die Ansicht, dass Empfehlungen zur Zukunft der Institute nicht ohne Berücksichtigung der Hochschulen getroffen werden können. Kaase und seine Arbeitsgruppe legten diese Prämisse so aus, dass sie an den Hochschulinstituten Gespräche nach dem gleichen Schema der Akademien durchführten. Diese Gespräche sind jedoch nicht so gut dokumentiert, was möglicherweise kein Zufall ist, sondern vielmehr ein Versuch, das Vortasten der Arbeitsgruppe auf dem Hoheitsgebiet der neuen Länder zu verschleiern.

---

600 Vgl. Thomas Kuczynski: Erinnerung an den ‚alten' René-Kuczynski-Preis, in: 1999. Zeitschrift für Sozialgeschichte des 20. und 21. Jahrhunderts (1997): 154–158.
601 Vgl. Wissenschaftsrat, Perspektiven für Wissenschaft und Forschung auf dem Weg zur deutschen Einheit, S. 37.

Die Begutachtung am Institut für Rechtswissenschaft (IfR) ist ebenfalls nicht gut überliefert. Allerdings berichteten Max Kaase und Wilhelm Krull, dass die Begehung bei den Kommissionsmitgliedern einen prägenden Eindruck hinterließ.[602] Die interne Vorbesprechung fand in den Räumlichkeiten des Instituts für Rechtsgeschichte statt, welches laut Aussage von Kaase und Krull von den Institutsmitarbeitern mithilfe der alten Abhöranlagen belauscht worden sein soll. Diese Vermutung entstand in dem anschließenden Gespräch mit den wissenschaftlichen Mitarbeitern, als diese die zuvor intern besprochenen Aspekte exakt wiedergaben, was den Kommissionsmitgliedern merkwürdig vorkam. Die „Abhöranlagen funktionierten alle noch wunderbar", erklärte Wilhelm Krull später. Diese Erfahrung stellte einen Vertrauensbruch für die Kommission dar. Die Konsequenz daraus war, dass die folgenden Gespräche nicht mehr in den Instituten, sondern in Hotels geführt wurden. Ob es sich dabei um ost- oder westdeutsche Hotels handelte, ist unklar. Die ostdeutschen Hotels dürften allerdings nicht weniger verwanzt gewesen sein als die Akademieinstitute.[603]

Im Anschluss an das Begehungsgespräch erarbeitete der zuständige Verwaltungsmitarbeiter aus der Geschäftsstelle den Entwurf der späteren Empfehlung. Grundlage dafür war das Fazit der internen Nachbesprechung. Die Mitglieder der Arbeitsgruppe erhielten den Entwurf und konnten kritische Anmerkungen machen. Einer der externen Gutachter aus dem Bereich der Rechtswissenschaft merkte an, dass der Entwurf nicht so klingen dürfe, als bestehe überhaupt kein Bedarf für ein rechtswissenschaftliches Institut im gemeinsamen Wissenschaftssystem: „Man sollte nicht prinzipiell von vornherein etwa die spätere Errichtung eines Instituts für Grundlagenforschung in den Rechtswissenschaften etwa in der MPG ausschließen."[604] Der Gutachter sah also durchaus die Chance, das eigene Fachgebiet durch die Gründung neuer Institute zu stärken.

Den ebenfalls an dem rechtswissenschaftlichen Institut angesiedelten Forschungsbereich Kriminologie bewertete der Entwurf als gut und mit westdeutschen Standards vergleichbar. Diese Einschätzung sah ein anderer Gutachter wiederum kritisch und schlug als Korrektur vor: „Die Arbeiten der Gruppe Kriminologie haben einen anerkennenswerten methodischen Standard erreicht, sie beschäftigen sich mit ähnlichen Fragestellungen wie an westdeutschen kriminologischen Instituten."[605] Diese weniger positive Beschreibung deutet auf wahrgenommene Konkurrenz hin. Die ostdeutsche Forschergruppe sollte nicht zur Rivalin für westdeutsche Einrichtungen werden.

---

602 Der Inhalt der Interviews liegt bei der Autorin (Gespräch mit Max Kaase am 13.10.2017 in Berlin; Gespräch mit Wilhelm Krull am 23.01.2018 in Hannover).
603 Zum Spionagesystem durch das MfS vgl. Kristie Macrakis: Die Stasi-Geheimnisse. Methoden und Techniken der DDR-Spionage, München 2009, S. 324.
604 AdWR: SO I 3.2.1 AG Wirtschafts- und Sozialwissenschaften 5/6, Schreiben an die Geschäftsstelle des WR vom 18.12.1990.
605 Ebd.

Der Entwurf würdigte auch in der Justizforschung einige gut qualifizierte Mitarbeiter, die an eine Universität übernommen werden können. Das Protokoll zog zwar kein Fazit bezüglich des Erhalts oder der Schließung des Instituts, doch der Hinweis auf die universitäre Anbindung lässt die Absicht erkennen, das Institut in der derzeitigen Form nicht fortzuführen.

Die nächste Sitzungswoche fand zwischen dem 19. und 22. November 1990 statt. Dabei begutachtete die AG das Zentrum für gesellschaftswissenschaftliche Information, das Institut für zeitgeschichtliche Jugendforschung, das Institut für Soziologie und Sozialpolitik und das Institut für Theorie, Geschichte und Organisation der Wissenschaft. Darüber hinaus fanden an den sozial- und wirtschaftswissenschaftlichen Fachbereichen der Berliner Humboldt-Universität Informationsgespräche statt. Sie dienten der Strukturperspektive, um Angliederungen der Akademieinstitute an bestehende Hochschulen zu prüfen.

Über diese organisatorischen Aspekte hinaus hatten die ostdeutschen Akteure auch Fragen zu sozialen Aspekten der Evaluation. So äußerte die Historikerin und Direktorin des Instituts für zeitgeschichtliche Jugendforschung (IzJ) Helga Gotschlich (geb. 1938) Bedenken, dass sie und ihr Institut im Evaluationsprozess aufgrund ihres Geschlechts benachteiligt werden könnten: „Nur am Rande sei erwähnt, daß ich auch durch Ihren Besuch bei uns als einzige weibliche Direktorin der 16 sozial- und geisteswissenschaftlichen Institute im Evaluierungsprozeß die gleichen Chancen erhoffe, wie Sie meinen männlichen Kollegen zuteilwerden lassen."[606] In der Aussage lässt sich eine Verunsicherung erkennen, welche Rolle die soziale Kategorie ‚Geschlecht' in dem für die Institutsdirektorin neuen Staat und Wissenschaftssystem einnimmt. Außerdem deutet sich ein Vorbehalt gegenüber dem westdeutschen Umgang mit Frauen an.[607]

Damit beschäftigte die Genderfrage also nicht nur das BMFT hinsichtlich der Zusammensetzung der Gutachterkommission, sondern auch die Institutsdirektorin Gotschlich, die eine Benachteiligung aufgrund ihres Geschlechts nicht für ausgeschlossen hielt. Die Historikerin informierte in dem Brief gleichzeitig über ihr Institut, das erst im Juli 1990 gegründet worden sei und das ehemalige FDJ-Archiv beherberge. Das Institut fungierte damit auch als Archiv und bewahrte wichtige Dokumente der DDR-Vergangenheit. Zur Sicherung des Archivs hatte das Institut ein unabhängiges wissenschaftliches Gremium konstituiert, dem unter anderem der bekannte westdeutsche Historiker Hermann Weber (1928–2014) angehörte. Weber schätzte das FDJ-Archiv als bedeutende Einrichtung der ehemaligen Massenorganisationen ein, anhand derer das Verhältnis zur Staatspartei der SED aufgezeigt werden könne: „Aufgrund des Engagement der jetzigen Archivleitung im Jahre 1989/90 ist eine nahezu lückenlose

---

606 AdWR: SO I 3.2.1 AG Wirtschafts- und Sozialwissenschaften 4/6, Schreiben an den Vorsitzenden des Wissenschaftsrates vom 30.10.1990.
607 Zum Themenkomplex Frauen in der DDR und den gegenseitigen Vorurteilen zwischen Ost und West vgl. Anna Kaminsky: Frauen in der DDR, Berlin 2016.

Dokumentation der FDJ-Geschichte von der Gründungszeit 1945/46 bis zum Umbruch in der DDR möglich",[608] wie er in einem Schreiben an Max Kaase schilderte. Weber hielt den Verbleib des Archivs am Institut prinzipiell für möglich. Für den Fall allerdings, dass das Institut geschlossen würde, schlug er eine Angliederung an das Bundesarchiv vor. Welche Lösung er befürworte, ob den Verbleib des Archivs am Institut oder die Trennung der beiden Einrichtungen, lässt sich anhand der verfügbaren Unterlagen nicht mehr nachvollziehen.

Die Evaluation am IzJ verlief nach dem etablierten Muster. Von Institutsseite aus waren sieben Wissenschaftlerinnen und Wissenschaftler beteiligt, 16 Personen als Mitglieder der Arbeitsgruppe sowie zwei Mitarbeiter aus der Geschäftsstelle des Wissenschaftsrates. Die Direktorin Helga Gotschlich erklärte, dass sie bereits seit 1983 versuchte, die Jugendforschung als eigene Forschungsrichtung zu etablieren. Dies gelang jedoch erst erst im Zuge der Wende. Politisch bestand wohl kein Interesse an institutioneller Jugendforschung. Doch mit der Institutsgründung im Juli 1990 konnte das Forschungsgebiet gefestigt werden. Dabei bewilligte die Akademie der Wissenschaften dem Institut inmitten der Vereinigungsplanungen allerdings keine Mittel mehr, sodass Räumlichkeiten und Ausstattung nur durch Eigeninitiative der Mitarbeitenden erlangt werden konnten. Vermutlich wollte auch die neue Akademieleitung unter Horst Klinkmann die Aufarbeitung der FDJ nicht unterstützen, sonst wäre die Institutsgründung einfacher gewesen.

Die Akademie der Wissenschaften befand sich im Frühjahr und Sommer 1990 in einer internen Reform. Eine neue Leitung wurde gesucht und ein neues Statut verabschiedet. Alte und neue Kräfte bildeten eine verworrene Gemengelage. So stellte sich später heraus, dass Horst Klinkmann bis 1987 als inoffizieller Mitarbeiter unter dem Decknamen ‚Ludwig' für die Staatssicherheit gearbeitet hatte.[609] Insofern ist denkbar, dass das IzJ auch aus politischen Interessen keine Unterstützung fand.

In der weiteren Begutachtung informierte sich die Kommission über die Anzahl der Beschäftigten und stellte erste Überlegungen zur Anbindung des IzJ an. Im Gespräch waren die Technische Universität Berlin und die Humboldt-Universität.[610] Die AG Wirtschafts- und Sozialwissenschaften befürwortete stets die universitäre Anbindung gegenüber der außeruniversitären. Diese Prämisse stand ganz im Einklang mit der grundsätzlichen Haltung des Wissenschaftsrates, die Hochschulen als Institution zu festigen.

In der internen Nachbesprechung diskutierte die Kommission rege über die weitere organisatorische Einbindung der Jugendforscher. Dabei lautete die zentrale Frage,

---

608 AdWR: SO I 3.2.1 AG Wirtschafts- und Sozialwissenschaften 4/6, Schreiben von Hermann Weber an Max Kaase vom 13.11.1990.
609 Gunther Latsch: Eifrig zu Diensten, in: Der Spiegel 18 (2004).
610 AdWR: SO I 3.2.1 AG Wirtschafts- und Sozialwissenschaften 1/6, Vermerk aus der Geschäftsstelle des WR vom 11.01.1991, S. 3 f.

sollte das Institut weiterhin das FDJ-Archiv unterhalten oder sollte das Archiv stattdessen ausgelagert werden? Gegen die Lösung, das Archiv am Institut zu belassen, sprach aus Sicht der Gutachter, dass Archive, die an Forschungsinstitute gebunden sind, häufig nur der eigenen Forschung und nicht der allgemeinen Öffentlichkeit zugänglich sind. Das FDJ-Archiv müsse aber auf jeden Fall allen Interessierten zur Verfügung stehen. Die Forschungsthemen Kindheit und Jugend seien so relevant, dass sie an einer Universität erforscht werden müssten und nicht an so einem kleinen Institut wie dem IzJ, wo lediglich acht Wissenschaftlerinnen und Wissenschaftler beschäftigt waren. Beeindruckt zeigten sich die Gutachter jedoch vom Engagement der Mitarbeitenden und wollten vor allem den jüngeren Forschenden eine Anschlussperspektive bieten.

Im Gegensatz zum Institut für Wirtschaftsgeschichte findet sich am Ende des Protokolls kein eindeutiges Stimmungsbild zum weiteren Umgang mit dem IzJ. Stattdessen diskutierte die AG verschiedene Möglichkeiten, darunter eine Angliederung an das Institut für Zeitgeschichte in München, eine dreijährige Projektförderung zur Erforschung der FDJ-Geschichte, eine universitäre Anbindung oder die Einrichtung einer unabhängigen Forschergruppe. In jedem Falle sollte die ostdeutsche Forschergruppe um ausgewiesene westdeutsche Wissenschaftler ergänzt werden. Namentlich wurden die Professoren Hermann Weber, Arno Klönne und Wolfgang Benz genannt.[611]

5.2.2 Eine Evaluation der Hochschulen?

Der Einigungsvertrag regelte die formalen Zuständigkeiten entsprechend den Bundesministerien und Hoheitsbereichen von Bildung und Wissenschaft. Während sich der Wissenschaftsrat nach Artikel 38 des Einigungsvertrags einer „Begutachtung der öffentlich getragenen Einrichtungen" widmete, entschied über „Überführung oder Abwicklung" landesrechtlicher Einrichtungen gemäß Artikel 13 die Länder. Der Beschluss der Länder musste in dem kurzen Zeitfenster bis zum 31.12.1990 getroffen werden.[612] Die Hochschulen als Einrichtungen der Länder unterstanden seit der Wiedervereinigung den noch in der Aufbauphase befindlichen Landesministerien. Dadurch folgte für den Wissenschaftsrat lediglich die Zuständigkeit im Bereich der außeruniversitären Einrichtungen. Ein Auftrag für die Hochschulen existierte auf Grundlage des Einigungsvertrags nicht. Und auch der letzte DDR-Minister für Bildung und Wissenschaft, Hans-Joachim Meyer, hatte dem Wissenschaftsrat auf Anraten der alten Länder dezidiert keinen Evaluationsauftrag für die Hochschulen erteilt. Dennoch setzte das Kölner Beratungsgremium einen Strukturausschuss für die Hochschulen ein, um die Neuordnung von Wissenschaft und Forschung als Ganzes betrachten zu können.[613]

---

611 Ebd., S. 6.
612 Bundesrepublik Deutschland, Deutsche Demokratische Republik, Einigungsvertrag, Artikel 13; 38.
613 Vgl. Bartz, Der Wissenschaftsrat, S. 162.

Dass diese Konstellation einen heiklen Eingriff in die föderale Struktur darstellte und mit der Evaluation von Hochschulbereichen gleichzeitig ein umstrittenes wissenschaftspolitisches Thema verbunden war, war wohl allen Beteiligten klar. Denn im Nachgang beteuerten die westdeutschen Akteure, dass es keine Evaluation der Hochschulen gegeben habe und sich der Rat stattdessen auf „Leitlinien für die Qualitätssicherung"[614] beschränkt habe, wie Wilhelm Krull 1994 beschrieb. Außerdem empfahl der Rat den neuen Ländern den Einsatz von Hochschulstrukturkommissionen, die detaillierte Pläne zur Transformation der Hochschulen erarbeiteten und damit länderspezifische Akzente setzten.[615]

Auch der Historiker Olaf Bartz folgt der Argumentation der Akteure, wenn er feststellt: „Die Hochschulen der DDR evaluierte der Wissenschaftsrat nicht."[616] Entgegen diesem Standpunkt kann aus praxeologischer Perspektive und mit Blick auf die Mikropolitik innerhalb der AG Wirtschafts- und Sozialwissenschaften argumentiert werden, dass diese Arbeitsgruppe verglichen mit den anderen Arbeitsgruppen des Wissenschaftsrates zwar eigenmächtig handelte, aber durchaus eine Evaluation der Hochschulbereiche vornahm, wie die folgende Analyse zeigt.

Um die Empfehlungen zur Zukunft der Akademieinstitute planen und Verbindungen zum Hochschulbereich ziehen zu können, übernahm die AG Wirtschafts- und Sozialwissenschaften gleichzeitig die Tätigkeit als Strukturausschusses an den Hochschulen. Die ursprünglich als zwei unterschiedlich angelegte und mit differenten Aufgaben betrauten Kommissionen wurden in diesem Falle von ein und derselben Arbeitsgruppe wahrgenommen. Der im Wissenschaftsrat gefasste Plan, zwei unterschiedliche Kommissionen einzurichten, wurde mit der Entscheidung innerhalb der Arbeitsgruppe zugunsten einer einzigen Kommission aufgegeben.[617] Die von Max Kaase geleitete Kommission vertrat die Ansicht, „daß zur Erarbeitung fundierter Empfehlungen auf der Grundlage der Evaluationen die Kenntnis auch der Situation an Hochschulen der neuen Bundesländer (NBL) unabdingbar sei. Sie hat daher Informationsgespräche geführt [...]."[618]

In Anbetracht der Tatsache, dass es sich um zwei unterschiedliche Hoheitsbereiche handelte, wäre zu erwarten gewesen, dass den unterschiedlichen Gegenständen auch

---

614 Vgl. Wilhelm Krull: Im Osten wie im Westen – nichts Neues? Zu den Empfehlungen des Wissenschaftsrates für die Neuordnung der Hochschulen auf dem Gebiet der ehemaligen DDR, in: Renate Mayntz (Hg.): Aufbruch und Reform von oben. Ostdeutsche Universitäten im Transformationsprozeß, Frankfurt a. M. 1994: 205–226, S. 209.
615 Vgl. ebd.
616 Bartz, Der Wissenschaftsrat, S. 172.
617 Zum Begriff des Plans und zu den damit verbundenen Adaptionen vgl. Jan-Hendryk de Boer / Marcel Bubert: Absichten, Pläne und Strategien erforschen: Einleitung, in: Dies. (Hg.): Absichten, Pläne, Strategien. Erkundungen einer historischen Intentionalitätsforschung, Frankfurt a. M. 2018a: 9–38, S. 28 f.
618 AdWR: SO I 3.1 Evaluationsausschuss, 2/6, Bericht der AG Wirtschafts- und Sozialwissenschaften vom 27.11.1990.

mit unterschiedlichen Verfahren oder wenigstens unterschiedlichen Personen begegnet wird. Verglichen mit den anderen Kommissionen trat die AG Wirtschafts- und Sozialwissenschaften hierbei progressiv auf. Denn in den naturwissenschaftlichen Fächern nahm der Strukturausschuss seine Aufgabe erst auf, nachdem das Evaluationsverfahren an der Akademie der Wissenschaften abgeschlossen war. Danach wurde eine übergreifende Arbeitsgruppe für mathematisch-naturwissenschaftliche Fachbereiche eingesetzt, die sich interdisziplinär aus den vorherigen AGs Chemie, Physik, Biowissenschaften, Mathematik, Informatik und Geowissenschaften zusammensetzte. Und auch die AG Geisteswissenschaften befasste sich erst in einem zweiten Schritt mit den Hochschulen. Dort begann die Bestandsaufnahme der Hochschulbereiche im November 1991 und somit ein Jahr später als im Bereich der AG Wirtschafts- und Sozialwissenschaften. Die aus den Geisteswissenschaften hervorgegangene Empfehlung wurde auf der Vollversammlung des Wissenschaftsrates im Juli 1992 verabschiedet.[619] Als (Legitimations-)Grundlage benennt diese Empfehlung die Bitte der Länder Berlins, Brandenburgs, Mecklenburg-Vorpommers, Sachsen-Anhalts, Thüringens und Sachsens zur Umstrukturierung der geisteswissenschaftlichen Fachbereiche ihrer Hochschulen. Das Ziel der AG Geisteswissenschaften bestand darin, eine überregionale und koordinierende Funktion über die Ländergrenzen hinaus wahrzunehmen.[620]

Auf die Bitte der Länder konnte die AG Wirtschafts- und Sozialwissenschaften sich nicht stützen. Insofern preschte diese Arbeitsgruppe gegenüber den anderen vor und bewegte sich im föderalen System auf dünnem Eis. Zu erklären ist dieses Vorpreschen über die beteiligten Personen: Die personelle Konstellation der Gutachter sorgte für eine spezifische Denkhaltung innerhalb der Arbeitsgruppe, in der sich die Leitvorstellungen des Wissenschaftsrates wie in einem Brennglas konzentrierten. Die Idee, die Akademieinstitute im unmittelbaren Vergleich zu den Universitäten zu betrachten, um mögliche Angliederungen im Vorfeld zu prüfen, formierte sich in der ersten Sitzungswoche im Oktober 1990. Allerdings waren nicht alle Arbeitsgruppenmitglieder mit dem Vorgehen einverstanden, wie ein Briefwechsel andeutet:

> [...], es liegt mir daran, Ihnen noch einmal etwas ausführlicher meine Auffassungen und Schlußfolgerungen zu Ihrer Absicht zu schreiben, den Auftrag der Arbeitsgruppe des Wissenschaftsrats von der Evaluation der außeruniversitären sozialwissenschaftlichen und wirtschaftswissenschaftlichen Institute auf die Strukturfragen der Universitäten auszudehnen. Ich habe mich ja zu dieser Frage bereits auf unserer Sitzung am letzten Besprechungstag in Berlin kurz geäußert. Inzwischen, das heißt nach zusätzlichen Überlegungen, sind meine Zweifel und Bedenken noch größer geworden. Sie betreffen einerseits das grund-

---

619 Vgl. Wissenschaftsrat: Empfehlungen zu den Geisteswissenschaften an den Universitäten der neuen Länder, Bremen 1992; Ders.: Stellungnahme zu den mathematisch-naturwissenschaftlichen Fachbereichen an den Universitäten der neuen Länder, Bremen 1992.
620 Vgl. Wissenschaftsrat, Empfehlungen zu den Geisteswissenschaften an den Universitäten der neuen Länder, S. 3.

sätzliche Problem der Verknüpfung von Evaluation und Strukturbildung und andererseits meine persönliche Situation. Es ist für mich keine Frage, daß es gute Gründe gibt, die Evaluationsarbeit und die Strukturüberlegungen in einer Kommission zu vereinen und auf diese Weise zugleich die Verbindung zwischen der außeruniversitären Forschung und der Arbeit in den Universitäten herzustellen. Auf der anderen Seite ist sicher ebenso unzweifelhaft, daß die konzeptuelle Arbeit sehr notwendig war. Für mich steht außerdem intuitiv fest, daß bei der konzeptuellen Arbeit die Kollegen aus der früheren DDR in weit stärkerem Maße beteiligt werden müssen als dies bei der Evaluation vorgesehen war und nicht zustandegekommen ist. Ich kann mir schlechterdings nicht vorstellen, daß über Fachbereiche an Universitäten unseres Landes ernsthaft verhandelt werden soll, ohne daß Vertreter der dort Lehrenden beteiligt sind. [...]"[621]

In seiner Antwort erklärte Max Kaase als Vorsitzender der Arbeitsgruppe, dass es tatsächlich darauf ankomme, zunächst die der AG zugeteilten Institute der außeruniversitären Forschung zu betrachten. Dies stellte für ihn allerdings keinen Gegensatz dazu dar, die Evaluationsempfehlung mit der Strukturüberlegung zu verbinden: „Insgesamt zeichnet sich der bisherige Verlauf der Arbeiten des Wissenschaftsrates zum Wissenschaftssystem in der früheren DDR durch eine gewisse Offenheit aus, die vermutlich erst nach einer zusammenfassenden Analyse der bisherigen Evaluationen zu der dringend notwendigen Konkretisierung führen wird [...]."[622]

Die Entscheidung, neben den Akademieinstituten auch die Hochschulen zu betrachten, diente der Schließung von Perspektiven. Die Vielzahl an Möglichkeiten der institutionellen Anbindungen sollte durch den Fokus auf die universitäre Eingliederung verengt werden, um somit Kontingenz und Komplexität zu reduzieren. Die ‚gewisse Offenheit' bestand in den vielfältigen Möglichkeiten, die das Evaluationsverfahren bot: Von einer Angliederung an die Blaue Liste, die Helmholtz-Gemeinschaft oder Fraunhofer-Gesellschaft, eine universitäre Anbindung bis hin zur Institutsschließung waren alle Optionen denkbar. Mit dem Besuch der Universitäten sollte die Frage, ob für einige Institute eine Integration in die Hochschulen möglich war, in den Vordergrund rücken, während Alternativen zurückgestellt werden konnten. Neben dem Besuch an den beiden Ostberliner Hochschulen, der Hochschule für Ökonomie und der Humboldt-Universität, wurden für Anfang Dezember Besuche außerhalb Berlins an den Universitäten Leipzig, Dresden, Jena und Halle arrangiert. Damit beabsichtigte die Kommission, einen umfassenden Überblick über das ostdeutsche Hochschulwesen und die Situation der sozialwissenschaftlichen Fachbereiche zu gewinnen. Den Einwand, die ostdeutschen Lehrenden einbeziehen zu müssen, unterstützte Kaase.[623]

---

621 AdWR: SO I 3.2.1 AG Wirtschafts- und Sozialwissenschaften 4/6, Schreiben an den WR vom 23.10.1990.
622 AdWR: SO I 3.2.1 AG Wirtschafts- und Sozialwissenschaften 4/6, Schreiben an den Sachverständigen vom 29.10.1990.
623 Ebd.

Trotz der vorgebrachten Bedenken besuchte die AG in einer dritten Sitzungswoche im Dezember die sozialwissenschaftlichen Fachbereiche der genannten Universitäten. Dabei vermieden die beteiligten Gutachter, in Zusammenhang mit den Hochschulen von einer Begutachtung oder Evaluation zu sprechen. Stattdessen wurde der unverdächtige Begriff der ‚Informationsgespräche' für das Protokoll gewählt. Dabei entsprachen der Ablauf und das praktische Vorgehen jenem an den Akademieinstituten. Einen Fragebogen konnte der Wissenschaftsrat vorab zwar nicht an die universitären Fachbereiche verschicken, entwickelte als Pendant dazu aber einen Personalbogen, den alle Professorinnen und Professoren der Universitäten erhielten und beantworten sollten. In den Personalbögen ging es, anders als in den Fragebögen an die Akademieinstitute, nicht um ganze Sektionen, sondern um die einzelnen Wissenschaftlerinnen und Wissenschaftler. Der einseitige Bogen fragte den Namen, das Geburtsjahr, das Fachgebiet und die Jahre, in denen Promotion und Habilitation – in der DDR die Promotion B – erfolgten, ab. Die Forschenden sollten zudem zwei bis drei neuere Veröffentlichungen benennen.[624] Der formale Ablauf, wonach die Professoren zuerst schriftlich ein Dokument ausfüllten und darauf Gespräche folgten, erinnert an die Verfahrensweise der Evaluation und deren inhärentes Prozedere. Zwar war der Fragebogen für die Evaluation umfangreicher und erforderte mehr Angaben, doch die praktische Vorgehensweise verhielt sich analog. Dieser Eindruck entstand auch unter der ostdeutschen Professorenschaft. Ein Professor aus Jena wandte sich nach dem Gespräch mit der Arbeitsgruppe Wirtschafts- und Sozialwissenschaften an Dieter Simon als Vorsitzenden des Wissenschaftsrates und kritisierte das „Resultat dieser Evaluierung",[625] mit dem sein unbefristetes Arbeitsverhältnis nun in ein befristetes bis zum Jahr 1991 umgewandelt worden sei. In seiner Antwort verwies Max Kaase auf „den rein informativen Charakter"[626] des Gespräches und betonte, dass es keinerlei Rückkopplung mit der Universitätsleitung gegeben habe. Zudem sei die Arbeitsgruppe kein „Sündenbock". Das Schreiben ging zur Kenntnisnahme auch an Simon, der Kaase offenbar große Freiheiten in der Ausgestaltung der Kommissionsarbeit ließ.

Auch die Hochschule für Ökonomie unterstand seit der deutsch-deutschen Vereinigung dem Land Berlin. Der Berliner Senat wollte die Hochschule nach Artikel 13 des Einigungsvertrags abwickeln, was die Hochschulleitung zu verhindern suchte, dafür erhoffte sie sich Unterstützung durch den Wissenschaftsrat.[627] Die Hochschulleitung versuchte, die Senatsentscheidung hinauszuzögern, bis die Empfehlungen des Wissenschaftsrates vorlagen. Doch dieses Vorgehen dauerte dem Senat zu lange,

---

624 AdWR: SO I 4.3.4 AG Wirtschafts- und Sozialwissenschaften 2/6, Personalbogen des Wissenschaftsrates vom November 1990.
625 Vorlass Max Kaase an der Jacobs University: Akte 351, Schreiben vom 12.12.1990 an den WR.
626 Hier und im folgenden Zitat: Vorlass Max Kaase an der Jacobs University: Akte 351, Antwort des WR vom 19.12.1990.
627 Vorlass Max Kaase an der Jacobs University: Akte 351, Schreiben an den WR vom 14.11.1990.

da die Abwicklungsentscheidungen der Länder bis zum 31. Dezember 1990 getroffen werden mussten, die Empfehlung des Wissenschaftsrates aber erst im Frühjahr 1991 zu erwarten war. Um eine Kollision der Arbeitsgruppen des Wissenschaftsrates und der Berliner Wissenschaftskommission zu verhindern, stand Dieter Simon im Austausch mit der Berliner Senatsverwaltung. Die beiden Gremien verständigten sich darauf, dass die unter zeitlichem Druck zu vollziehende Entscheidung des Senats auf der Einschätzung des Wissenschaftsrates basieren solle. Daher bezog die Berliner Wissenschaftskommission gezielt Personen der Wissenschaftlichen Kommission ein, die bereits an den Akademieevaluationen beteiligt gewesen waren und nun ihre Expertise sowie die Perspektive des Wissenschaftsrates in die Senatskommission einbrachten. Auf diese Weise waren aufeinander abgestimmte Entscheidungen möglich. Als Vertreter für die Wirtschafts- und Sozialwissenschaften nahm Max Kaase als Mitglied der Berliner Wissenschaftskommission teil.[628] Eine gewisse personelle Kontinuität sorgte also über die verschiedenen Gremien hinweg für ein einheitliches Auftreten westdeutscher Akteure.

Keinen positiven Eindruck hinterließ der Wissenschaftsrat an der Humboldt-Universität. Der Senat der HU beschloss die Abwicklungen der Rechts-, Wirtschafts- und Erziehungswissenschaften, der Philosophie und Geschichte. Dabei wirkte es wohl nach außen so, als basiere die Entscheidung auf der Empfehlung des Wissenschaftsrates. Der Rektor der Universität, der Theologe Heinrich Fink (1935–2020), legte daraufhin Klage beim Berliner Verwaltungsgericht ein. Eine Kopie der Klage schickte er auch an den Wissenschaftsrat, den er ebenfalls in der Verantwortung sah. Der Wissenschaftsrat wiederum erklärte, er trage keine politische Verantwortung für die Entscheidung des Berliner Senats.[629] Inwiefern die AG Wirtschafts- und Sozialwissenschaften die Abwicklungsentscheidung tatsächlich beeinflusste, ist nicht ganz klar. Die personellen Überschneidungen der Berliner Wissenschaftskommission und des Wissenschaftsrates sorgten aber sicherlich für wechselseitige Beeinflussungen. Darüber hinaus ist aufschlussreich, dass der Wissenschaftsrat in der Öffentlichkeit als verantwortlicher Akteur wahrgenommen wurde, dem der Hochschulrektor Fink durchaus zutraute, auf politische Prozesse einzuwirken.

Vermerke oder Protokolle zu den Besuchen an den Universitäten sind in den Akten des Wissenschaftsrates nicht so gut dokumentiert wie zu den Besuchen an den Akademieinstituten. Das Vorgehen an den Hochschulen sollte wohl nicht in den Akten auftauchen. Lediglich zu den Gesprächen an der Humboldt-Universität zu Berlin existiert ein umfangreiches Protokoll. Demnach befasste sich die Arbeitsgruppe an dem Novembertermin vormittags mit dem Fachbereich Wirtschaftswissenschaften und

---

628 AdWR: SO I 4.3.4 AG Wirtschafts- und Sozialwissenschaften 2/6, Schreiben der Senatsverwaltung von Berlin an den WR vom November 1990.
629 AdWR: SO I 4.3.4 AG Wirtschafts- und Sozialwissenschaften 4/6, Briefwechsel vom 10.12.1990 und 08.01.1991 zwischen WR und der HU Berlin.

nachmittags mit den Sozialwissenschaften, sodass sie den ganzen Tag über bis abends um 19.30 Uhr verschiedene Begehungsgespräche führte. Die Kommission beurteilte beide Abteilungen negativ. Aus Gutachtersicht fehlte es in beiden Bereichen „in den führenden Positionen an qualifiziertem wissenschaftliche[n] Personal. Das fachliche Niveau ist gering, wenn auch im Fachbereich Sozialwissenschaften höher als im Fachbereich Wirtschaftswissenschaften."[630] Die Gutachter sahen eine „Durchmischung mit westlichen Wissenschaftlern" als dringend erforderlich, um das Niveau zu erhöhen.

Deutlich positiver bewertete die Arbeitsgruppe den wissenschaftlichen Nachwuchs. Dieser sollte unbedingt eine Zukunftsperspektive erhalten. Die Angliederung von Teilen der Akademieinstitute an die Hochschulen wurde aufgrund der personellen Überbesetzung abgelehnt. An dem bereits verkleinerten Fachbereich für Wirtschaftswissenschaften der HU arbeiteten beispielsweise 170 Mitarbeiter. In der Arbeitsgruppe entstand die Idee, das qualifizierte wissenschaftliche Personal der Forschungsinstitute nicht direkt an den Universitäten anzustellen, sondern über eine vom Bund getragene Zwischenfinanzierung von drei bis fünf Jahren zu fördern. Eine Trägerorganisation musste dafür noch gefunden werden.[631] Später folgte daraus das Wissenschaftlerintegrationsprogramm.[632]

Über die Reise der AG durch die ostdeutsche Hochschullandschaft in der Dezemberwoche liegen zwar keine Protokolle vor, doch eine Beschwerde über die Umstände der Reise erlaubt einen Einblick in die westdeutsche Wahrnehmung. Die organisatorische und logistische Durchführung der Busreise durch Ostdeutschland übernahm die Koordinierungs- und Abwicklungsstelle für die Institute und Einrichtungen der ehemaligen AdW der DDR (KAI-AdW). Dieses Gremium hatten die fünf neuen Länder und der Stadtstaat Berlin im Oktober 1990 errichtet. Die KAI-AdW vollzog die Abwicklung der außeruniversitären Forschungseinrichtungen in den wiedereingeführten Bundesländern und vormals zentral organisierten Instituten. Außerdem verwaltete sie den durch den Einigungsvertrag geregelten Übergangshaushalt der Akademie der Wissenschaften und führte später auch das Wissenschaftlerintegrationsprogramm durch.

Die Begehungsreise fand vom 3. bis 6. Dezember 1990 statt und führte mit Zwischenstopps und Übernachtungen durch Leipzig, Rauschenberg und Gera. Dabei entsprachen die Route und Unterbringung keineswegs dem gewohnten Standard der westdeutschen Professoren. Max Kaase schrieb als Vorsitzender der Arbeitsgruppe anschließend eine Beschwerde an den Generalsekretär des Wissenschaftsrates, Winfried Benz (1936–2016):

---

630 Hier und im nächsten Zitat AdWR: SO I 4.3.4 AG Wirtschafts- und Sozialwissenschaften 4/6, Entwurf über den Vermerk an der HUB vom 20.11.1990, S. 9.
631 Vgl. ebd S. 9.
632 Siehe dazu u. S. 220–222.

> Die Abwicklungsstelle hatte uns für die Durchführung der Reise einen Bus zur Verfügung gestellt, was prinzipiell auch gut geklappt hat. Die Gruppe, die mit Gesprächen jeweils bis in den Abend hinein ohnehin außerordentlich strapaziert war, wurde jedoch in unverantwortlicher Weise zu unnötigen Busfahrten gezwungen, wie ein kleiner Blick auf die Landkarte sofort zeigt. Der unglaubliche Höhepunkt dieses katastrophalen Arrangements lag am Abend des zweiten Reisetages, als wir nach dem Besuch der TU Dresden noch drei Stunden lang bei Schneefall durch das Erzgebirge kurven mussten, um schließlich kurz vor 23.00 Uhr in einer Übernachtungsstätte zu landen, die sich als ehemaliges Ferienhaus des FDGB herausstellte und entsprechend mager ausgestattet war. Dort gelang es nur nach massiver Intervention durch Herrn König, überhaupt noch ein paar warme Würstchen zum Abendessen zu bekommen. [...] Mir liegt daran, Sie darauf hinzuweisen, daß derartige Planungen den guten Willen der Mitglieder der Arbeitsgruppen bis an die Grenzen deren Kooperationsbereitschaft strapazieren, ihre Arbeitsfähigkeit beeinträchtigen und im Grunde nur als Brüskierung durch die Abwicklungsstelle gedeutet werden können. [...]⁶³³

Offenbar gab es außerhalb Berlins kaum geeignete Hotels, weshalb der Wissenschaftsrat die Dienste der KAI-AdW nicht mehr in Anspruch nahm.

Das Vorgehen der AG Wirtschafts- und Sozialwissenschaften an den ostdeutschen Universitäten orientierte sich an der Evaluationspraxis und bewegte sich damit im Spannungsfeld verschiedener Zuständigkeiten und zahlreicher Akteure im föderalen Geflecht. Neben dem Wissenschaftsrat und den zuständigen Kultusministerien traten im Laufe des Jahres 1991 auch Landesstrukturkommissionen sowie Gründungs- und Berufungskommissionen hinzu. Dadurch kann für die Hochschulen teilweise nur schwer nachvollzogen werden, welches Gremium an welcher Entscheidung beteiligt war.⁶³⁴ Die einschlägige Forschung betont zwar, dass der Wissenschaftsrat die Hochschulen nicht evaluiert habe, da sich Begutachtungsmethode und Handlungsrahmen unterschieden hätten.⁶³⁵ Doch mit Blick auf das eigenmächtige Handeln der Arbeitsgruppe und das auf einen anderen Hoheitsbereich ausgedehnte Verfahren kann hier von einem Eingriff in den Bildungsföderalismus gesprochen werden.

Die Ausweitung des Begutachtungsverfahrens auf die Hochschulen fand ihren Niederschlag außer in den Begutachtungspraktiken in der schriftlichen Empfehlung vom Mai 1991.⁶³⁶ Sie stellte zwar von ihrem Status her eine allgemeine Richtlinie dar,

---

633 AdWR: SO I 3.2.1 AG Wirtschafts- und Sozialwissenschaften 3/6, Schreiben vom 7.12.1990.
634 Die Entwicklungen an den Universitäten können im Rahmen dieser Studie nur am Rande thematisiert werden. Zu den einzelnen Akteuren und Institutionen an den Hochschulen siehe Mayntz, Aufbruch und Reform von oben.
635 Vgl. Olaf Bartz: 25 Jahre nach der Wiedervereinigung: Rückblick und Resümee aus der Perspektive des Wissenschaftsrates, in: Deutscher Hochschulverband (Hg.): 25 Jahre Wiedervereinigung, Bonn 2015: 27–32, S. 28.
636 Wissenschaftsrat: Empfehlungen zum Aufbau der Wirtschafts- und Sozialwissenschaften an den Universitäten / Technischen Hochschulen in den neuen Bundesländern und im Ostteil von Berlin, 1991.

war aber in ihren Hinweisen zum Aufbau einzelner Lehrstühle recht konkret. Wilhelm Krull selbst schilderte, dass der Wissenschaftsrat für eine Bestandsaufnahme an den Hochschulen kein Mandat gehabt und sich deshalb auf die „Formulierung von Leitlinien für die Qualitätssicherung der künftigen ostdeutschen Hochschulen"[637] beschränkt habe. Und auch Max Kaase ging explizit auf den Vorwurf ein, der Wissenschaftsrat habe ohne Aufforderung eine Evaluation der Universitäten vorgenommen: „der Wissenschaftsrat [erhielt] – entgegen manchen in der Öffentlichkeit geäußerten Auffassungen – kein Mandat, die Universitäten zu evaluieren."[638] Faktisch hielt ihn das aber nicht davon ab, die Hochschulen, ihre Fachbereiche und Strukturen zu inspizieren und Empfehlungen für ihre künftige Ausrichtung auszusprechen.

Auch aus historiografischer Sicht lässt sich das Agieren an den Hochschulen unterschiedlich einordnen. Während Olaf Bartz der Argumentation der Akteure folgt, die sich von dem Vorwurf der Hochschulevaluation distanzierten, steht in dieser Untersuchung das praktische Tun im Zentrum. Und mit Blick auf die Praktiken glich das Vorgehen in wesentlichen Parametern jenem an den Akademieinstituten, womit diese Studie sich von derjenigen von Bartz abgrenzt. Obwohl sich die späteren Empfehlungen tatsächlich an grundsätzlichen und überregionalen Aspekten orientierten, war das Vorgehen äquivalent zu demjenigen an den außeruniversitären Einrichtungen. Dass ostdeutsche Professorinnen und Professoren diese Praxis ebenfalls als Evaluation deuteten, unterstützt die hier eingenommene Forschungsperspektive.

Dabei existierte bis zur Wiedervereinigung kein durchgängiges Evaluationswesen in der Bundesrepublik. Doch im Zuge der Wende und der Wiedervereinigung wuchs die Bereitschaft zur Forschungsbewertung, wenn auch die Umsetzung vorerst ohne systematischen Zugriff erfolgte, wie Ulrich Teichler beschreibt. Teichler selbst war Mitglied der Hochschulstrukturkommission in Sachsen-Anhalt.[639] Stattdessen fanden Evaluationen ohne einheitliche Konzepte und Methoden statt. Beispielsweise lag kein Qualitätskonzept für wissenschaftliche Leistungen vor. Insgesamt, so wiederum Teichler, folgten Wissenschaftsrat und Hochschulstrukturkommissionen ohne expliziten Auftrag der Länder einem „quasi-evaluativen-Auftrag".[640] Denn sie sollten durchaus Stärken und Schwächen der Einrichtungen identifizieren. Die Quasi-Evaluation basierte somit auf einem informellen Verfahren.

Bezogen auf Niklas Luhmanns Theorem zur Legitimation durch Verfahren lässt sich das Handeln westdeutscher Akteure so deuten, dass das Verfahren der eigenen Absicherung diente. Das Prozedere mit Fragebögen und Gesprächen war inzwischen in Ost und West bekannt und wurde als solches nicht mehr infrage gestellt. Es erlaubte

---

637 Krull, Im Osten wie im Westen – nichts Neues, S. 209.
638 Kaase, Der Wissenschaftsrat, S. 308.
639 Vgl. Teichler, Zur Rolle der Hochschulstrukturkommission der Länder im Transformationsprozeß, S. 235.
640 Ebd.

den westdeutschen Akteuren standardisiert und mit bekannter Methodik Wissen über die ostdeutschen Hochschulen zu sammeln und sich vor Ort zu informieren. Dabei hatte die langsame ostdeutsche Seite kaum eine Möglichkeit, den Ablauf zu beeinflussen.[641]

Das nächste Teilkapitel gibt einen Einblick in die Entscheidungsfindungsprozesse der AG Wirtschafts- und Sozialwissenschaften, die anhand der Entwürfe der späteren Empfehlungen rekonstruiert werden.

5.2.3 Entscheidungsfindung und Aushandlung

Als Zwischenschritt zwischen der Begutachtung und dem späteren Evaluationsergebnis liegen die Aushandlungsprozesse, die innerhalb der Arbeitsgruppe getroffen wurden. Die internen Absprachen fanden in dem kurzen Zeitraum zwischen November 1990 und Februar 1991 statt, also nachdem die ersten beiden Begehungswochen vorüber waren und die Verabschiedung der Empfehlungen im März bevorstand. Die Entscheidungsfindung lässt sich für die ostdeutsche Seite als Blackbox charakterisieren, da die evaluierten Institute keinen Einblick in die internen Verhandlungen hatten. Und auch die Ziele, die die beteiligten Akteure aus dem Wissenschaftsrat, das heißt aus Wissenschaft und Politik von Bund und Ländern verfolgten, waren den Instituten nicht bekannt. Was und wie nun verhandelt wurde, unterlag den exklusiven Abstimmungen der Gutachterkommission. Die Akademieinstitute wurden dagegen nur mit den späteren Ergebnissen konfrontiert. Auch Krijn Thijs betont die kommunikative Distanz zwischen Ost und West: „[...] als wichtigster Befund [muss] der nahezu unüberbrückbare kommunikative Abstand gelten, der sich bei dieser Evaluierungsprozedur zwischen Gutachtern und Begutachteten auftat und der – das ist aus dieser Perspektive der springende Punkt – genau entlang ost-westlicher Linien verlief."[642] Ostdeutsche wurden systematisch von den Beratungen des Wissenschaftsrates ferngehalten, was die Machtasymmetrie zwischen Gutachtern und Begutachteten enorm verschärfte.

Und nicht nur für die betreffenden Institute, sondern auch für die historiografische Forschung ist es schwer, die Blackbox zu öffnen. Anhand von Briefwechseln und Anmerkungen zu den Stellungnahmen wird versucht, die hinter verschlossener Tür getroffenen Entscheidungen zu rekonstruieren. Als Grundlage dienen ein Zwischenbericht der Arbeitsgruppe sowie die Entwürfe der späteren Stellungnahme, die zum Teil handschriftlich von Mitgliedern der AG verfasst wurden.

Die zuständigen Referentinnen und Referenten der Geschäftsstelle des Wissenschaftsrates erarbeiteten unmittelbar nach den Begutachtungen die Entwürfe der Stel-

---

641 Vgl. Luhmann, Legitimation durch Verfahren, S. 44–47.
642 Thijs, Vier Wege in das Aus der Einheit, S. 262.

lungnahmen. Ausgangspunkt waren die internen Nachbesprechungen der Arbeitsgruppe. Andere Quellen als die Evaluationsgespräche flossen in die Stellungnahmen nicht ein. So gibt es keine Hinweise darauf, dass die Erfahrungen mit den evaluierten Instituten in einen größeren Kontext gestellt oder mit anderen Wissensbeständen abgeglichen wurden. Auch spezielle DDR-Expertise wurde nicht eingeholt. Die DDR-Forschung der 1960er und 1970er Jahre über das Hochschul- und Wissenschaftssystem der DDR spielte für die Erstellung der Papiere überhaupt keine Rolle. Dabei hätte dieses Wissen zu einer Einordnung ostdeutscher Spezifika beitragen können.

Ein erstes Fazit ihrer Evaluationstätigkeit zog die AG Wirtschafts- und Sozialwissenschaften bereits im November 1990. Bei einem gemeinsamen Arbeitstreffen von Evaluations- und Strukturausschuss berichtete Max Kaase als Vorsitzender beider Ausschüsse über den derzeitigen Stand. Dabei erklärte er, dass alle sozialwissenschaftlichen Akademieinstitute inzwischen begutachtet worden seien, und schilderte den Eindruck der Kommission. Dabei verwies er auf den „besonderen Status"[643] der Wirtschafts- und Sozialwissenschaften in der ehemaligen DDR. Sie seien in hohem Maße Instrument der herrschenden Elite zur „Legitimierung der politischen und wirtschaftlichen Ordnung des Sozialismus"[644] gewesen. Die Instrumentalisierung der Fächer habe negative Folgen für Forschung und Lehre mit sich gebracht, sodass ein Anschluss an die internationale Wissenschaft nicht möglich war. Unter den sieben begutachten Instituten konnte die Arbeitsgruppe nirgends „kohärente Forschungsprogramme"[645] vorfinden, dennoch gebe es einige „gut bis sehr gut qualifizierte Arbeitsgruppen und Einzelforscher", die den „Kern für den Wieder- bzw. Neuanfang"[646] der Fächer bilden sollten.

Im Ergebnis der Empfehlung unterbreitete Kaase stellvertretend für seine Arbeitsgruppe einen „allgemeinen Schließungsvorschlag"[647] für alle sieben Institute. Dieser war gleichzeitig mit der Empfehlung zur Weiterführung einzelner Arbeitsgruppen verbunden. Somit stand die Schließung der sozialwissenschaftlichen Forschungseinrichtungen schon Ende November 1990 fest. Für die drei separaten Fachbereiche der Soziologie, Politik und Wirtschaftswissenschaft wurden dabei unterschiedliche Ausgangssituationen festgemacht. Während in den Wirtschafts- und Politikwissenschaften eine „grundlegende Erneuerung" und ein „völliger Neuaufbau" als notwendig erachtet wurden, musste das Fach Soziologie überhaupt einmal aufgebaut werden.[648] Zu unterschiedlich waren die systemisch bedingten Ausrichtungen an marxistisch-

---

[643] AdWR: SO I 3.1 Ausgangslage 1990–1991 2/6, Bericht der Arbeitsgruppe Wirtschafts- und Sozialwissenschaften vom 27.11.1990, S. 3.
[644] Ebd.
[645] Ebd., S. 4.
[646] Ebd., S. 3.
[647] Ebd., S. 5.
[648] Vgl. ebd.

leninistischer Gesellschaftstheorie im Osten und den nach dem Zweiten Weltkrieg entwickelten Sozialwissenschaften im Westen.

Institutionell regte die AG an, drei neue Forschungseinrichtungen zu gründen: erstens ein wirtschaftswissenschaftliches Institut mit dem Schwerpunkt regionale Wirtschaft und Umweltprobleme, zweitens ein sozialwissenschaftliches Institut zur Erforschung des gesellschaftlichen und politischen Wandels in Ostmitteleuropa und drittens ein Institut für Wissenschaftsforschung.[649]

Neben den Neugründungen lag die Priorität auf den Universitäten. Sie wurden über die AG Wirtschafts- und Sozialwissenschaften hinaus von der gesamten Wissenschaftspolitik gestärkt. Der Wissenschaftsrat hatte für das westdeutsche Wissenschaftssystem schon vor der Wende für eine Stärkung der Hochschulen plädiert. Dabei forderte er, Institutsneugründungen künftig an Universitäten vorzunehmen.[650] Die Haltung des Gremiums war also insgesamt von einem klaren Fokus auf die Hochschulforschung geprägt, und auch die alten Bundesländer hatten ein Interesse an starken Hochschulen, schließlich wollten sie weitere finanzielle Belastungen vermeiden. Das finanzpolitische Argument besaß für die Länder großes Gewicht, wie Renate Mayntz schon 1994 betonte.[651] Die Stärkung der Universitäten bedeutete auch, dass die neuen Länder als Träger für die Finanzierung verantwortlich sein würden. Dadurch waren die alten Länder außen vor und die neuen Länder konnten eigene Gestaltungsakzente setzen. Die Bundespolitik setzte sich dabei ebenfalls für eine Stärkung der Hochschulen ein.[652]

Nach Maßgabe des Wissenschaftsrates sollten auch die geplanten Institutsneugründungen in enger Anbindung an eine Universität entstehen. Außeruniversitäre Forschungsstätten seien „nur in besonderen Fällen vertretbar", da es vor allem um den Aufbau der Fakultäten an den Universitäten ging. Ferner sollten die neuen Forschungseinrichtungen Kooperationen eingehen. Als „durchgängiges Organisationsprinzip" strebte die AG zudem eine Mischung der bestehenden Arbeitsgruppen der Akademie mit westdeutschen Wissenschaftlerinnen und Wissenschaftlern an. Zur Zwischenfinanzierung der als qualifiziert eingestuften Arbeitsgruppen schlug die AG einen vom Bund getragenen Sonderfonds vor.[653]

Die Arbeitsgruppe stellte während der Begutachtung fest, dass „bei Wissenschaftlern und Wissenschaftlerinnen in den NBL [Neuen Bundesländern] erhebliche Informationsdefizite in bezug auf die Struktur des bundesrepublikanischen Wissenschafts-

---

649 AdWR: SO I 3.1 Ausgangslage 1990–1991 2/6, Bericht der Arbeitsgruppe Wirtschafts- und Sozialwissenschaften vom 27.11.1990.
650 Vgl. Wissenschaftsrat, Empfehlungen des Wissenschaftsrates zu den Perspektiven der Hochschulen in den 90er Jahren.
651 Mayntz, Deutsche Forschung im Einigungsprozeß, S. 170.
652 AdWR: 11.1 Sitzungen Januar bis Juli 1990, Protokoll der 163. Sitzung der Wissenschaftlichen Kommission des WR, vom 16./17.05.1990, S. 44.
653 AdWR: SO I 3.1 Ausgangslage 1990–1991 2/6, Bericht der Arbeitsgruppe Wirtschafts- und Sozialwissenschaften vom 27.11.1990.

systems allgemein und insbesondere der Möglichkeiten der Forschungsförderung bestehen."[654] Dass hier keine umfassende Kenntnis des bundesdeutschen Systems vorliegen konnte, dürfte eigentlich niemanden überrascht haben. Damit ostdeutsche Forscher dennoch schnell Anträge bei Förderorganisationen wie der DFG stellen konnten, mussten die Informationslücken schnell geschlossen werden. Schließlich kam der Drittmitteleinwerbung eine große Bedeutung zu. Sie war integraler Teil des Konzepts des Wissenschaftsrates, das gezielt auf Projektstellen setzte. Der Bericht zeigt zudem, dass es auch auf westdeutscher Seite zu einem Wissenstransfer kam. Denn die AG stellte beeindruckt fest, „daß Institute der AdW u. a. wegen der Flexibilität der Arbeitsbedingungen in besonderer Weise Frauen mit Klein- und Schulkindern Arbeitsmöglichkeiten geboten haben, die vergleichbarer Weise in den ABL [Alten Bundesländern] nicht gegeben sind".[655] Diese flexiblen Arbeitsbedingungen wollten die Gutachter durchaus für das westdeutsche Wissenschaftssystem übernehmen und lernten hierbei von den ostdeutschen Strukturen.

Neben der Vereinbarkeit von Familie und Beruf stellten die Kommissionsmitglieder auch fest, dass das Wissenschaftssystem der DDR ein anderes Verständnis vom wissenschaftlichen Nachwuchs hatte und diesem auch andere Funktionen zugestand. Anders als an westdeutschen Universitäten beschäftigten die ostdeutschen Hochschulen und Akademien eine große Anzahl an wissenschaftlichen Mitarbeitern unterhalb der Professorenebene. Diese Mitarbeiterinnen und Mitarbeiter verfügten über unbefristete Stellen und nahmen vor allem Lehrtätigkeiten wahr, strebten dabei jedoch keine Professur an. Daneben gab es auch „Nachwuchswissenschaftler im engeren, dem Sprachgebrauch der ABL entsprechenden Sinne, d. h. im Alter zwischen 25 und 35 Jahren".[656] Für sie empfahl die AG eine Förderung mit Auslandsstipendien, um eine Karriere in der Wissenschaft voranzutreiben. Mit dem Ausland verbanden die Gutachter vor allem das westliche Ausland und insbesondere die USA.

Die Kommission war also mit zwei Verständnissen des wissenschaftlichen Nachwuchses konfrontiert, der in Ost und West jeweils unterschiedliche Aufgaben wahrnahm. Die verschiedenen Funktionen im jeweiligen Wissenschaftssystem mussten die Gutachter erst einmal erkennen und voneinander abgrenzen. Im Nachhinein bedauerte Dieter Simon es, die vor allem mit Lehrtätigkeiten betrauten Mitarbeiterstellen nicht erhalten zu haben.[657] Die Stellenstruktur wurde 1990 von den westdeutschen Akteuren als Personalüberhang bewertet, während sie aus Perspektive der ostdeutschen Studierendenschaft eine gute Betreuungssituation ermöglichte.

---

654 Ebd., S. 11.
655 AdWR: SO I 3.1 Ausgangslage 1990–1991 2/6, Bericht der Arbeitsgruppe Wirtschafts- und Sozialwissenschaften vom 27.11.1990, S. 6.
656 AdWR: SO I 3.1 Ausgangslage 1990–1991 2/6, Bericht der Arbeitsgruppe Wirtschafts- und Sozialwissenschaften vom 27.11.1990, S. 5.
657 Vgl. Simon, Die Quintessenz, S. 34.

Anders als der förderungswürdige Nachwuchs hatten ältere Wissenschaftlerinnen und Wissenschaftler, und dazu zählten Personen, die älter als 50 Jahre waren, nur wenig Aussicht auf eine Position in ihrer derzeitigen Form. Für sie schlug die Arbeitsgruppe sozialverträgliche Beschäftigungsverhältnisse vor, worunter insbesondere der Vorruhestand gehörte.[658] Damit etablierte sich die Vorstellung eines unbelasteten, noch formbaren wissenschaftlichen Nachwuchses, der sich durch Auslandsaufenthalte auf das Wissenschaftssystem der Zukunft vorbereiten könne. Das Karriereziel war dabei ganz auf die Professur ausgerichtet. Dem gegenüber standen die nur noch bedingt benötigten etablierten Gesellschaftswissenschaftler der DDR, für die das westdeutsche Wissenschaftssystem offenbar keine Verwendung mehr hatte.

In den folgenden zwei Monaten im Dezember und Januar 1991 bereitete die Arbeitsgruppe die Empfehlungen vor, die im Februar beraten und im März 1991 verabschiedet wurden. Dabei folgte die Arbeitsweise dem üblichen Vorgehen. Nachdem die Empfehlung auf Grundlage der Protokolle und bisherigen Absprachen von den Referenten der Geschäftsstelle ausgearbeitet wurde, konnten die Mitglieder der Arbeitsgruppe Anmerkungen und Änderungen vornehmen. Diese gingen dann zurück an die Kölner Geschäftsstelle, wo die Referentinnen und Referenten sie einarbeiteten. Einer der Gutachter bewunderte die zügige Arbeit der Referenten: „Was [...] Sie (oder wer eigentlich?) da in so kurzer Zeit zusammengestellt haben, ist schon erstaunlich. Dennoch wollte ich an einigen Stellen die Gewichte anders verteilt sehen. Und als ich schon dabei war, habe ich auch Schönheitskorrekturen vorgenommen."[659] Die eingebrachte Neugewichtung zielte auf ein eindeutigeres Urteil ab, schließlich „hätte man ja auf jede Evaluierung verzichten können",[660] wenn das Ergebnis nicht eindeutig aus der Evaluation hervorgeht. Da das wissenschaftssystemische Argument von Anfang an feststand, sollte das Urteil stärker die Bedeutung des einzelnen Instituts hervorheben und betonen, „dass das relativ gute IWG absolut gar nicht gut ist."[661]

Diese Argumentation zeigt, welche Bedeutung dem Verfahren zukam. Die politisch getroffene Entscheidung, die Akademie der Wissenschaften als solche abzuwickeln, verschleierten die Akteure hinter dem Verfahren und den damit verbundenen Einzelentscheidungen, das heißt der Begutachtung der einzelnen Institute. Auch gibt die Einschätzung, wie ‚gut' das IGW war, die Problematik des Bewertungsmaßstabes wieder. Sollten die Institute innerhalb ihrer vormaligen Fachcommunity oder vor

---

658 Die Vorruhestands- und Altersübergangsregelung wurde vor allem im Hochschulbereich ab 1992 gezielt als Instrument zur Personalreduktion eingesetzt. Hinzu kamen Bedarfskündigungen, sodass das Personal massiv reduziert wurde. Heike Amos schätzt, dass im Jahr 1995 nur noch etwa die Hälfte der Wissenschaftlerinnen und Wissenschaftler an ostdeutschen Hochschulen auch einen ostdeutschen Hintergrund hatte, vgl. Heike Amos: Karrieren ostdeutscher Physikerinnen in Wissenschaft und Forschung 1970 bis 2000, Boston 2020 (= Quellen und Darstellungen zur Zeitgeschichte, Bd. 124), S. 231.
659 AdWR: SO I 3.2.1 AG Wirtschafts- und Sozialwissenschaften 2/6, Schreiben an den WR vom 04.12.1990.
660 Ebd.
661 Ebd.

dem Hintergrund der vereinten Bundesrepublik bewertet werden? Die Frage des Vergleichs tauchte gerade in Zusammenhang mit dem IGW immer wieder auf, obwohl sie politisch schon längst entschieden war. Die Bundesrepublik und ihre Orientierung an der internationalen Wissenschaft bildeten den Referenzrahmen.

Der Entwurf der Stellungnahme vom Januar 1991 enthielt Bemerkungen zum Auftrag des Wissenschaftsrates, allgemeine und übergreifende Empfehlungen sowie Ausführungen zu den einzelnen Instituten. Die Einleitung erläuterte, dass „in Verbindung mit den Institutsbegehungen [...] auch Einrichtungen der Wirtschafts- und Sozialwissenschaften an den Hochschulen besucht [wurden], um die notwendigen Referenzinformationen zum Stand der Fächer in den Hochschulen zu gewinnen."[662] Der gesamte Entwurf ist mit zahlreichen händischen Änderungen versehen. So findet sich beispielsweise zu den Wirtschaftswissenschaften die folgende Passage:

> Es fehlt vor allem die theoretische Ausbildung, die für das Verstehen der Allokation der Ressourcen unter Bedingungen von Knappheit bei gegebenen Präferenzen der einzelnen Wirtschaftssubjekte unerlässlich ist. Auch die auf solcher Kenntnis aufbauenden, für das Verständnis der Funktionsweise marktwirtschaftlicher Volkswirtschaften erforderlichen Kenntnisse in Finanzwissenschaft, Wirtschafts- und Sozialpolitik werden und können gegenwärtig offenbar nicht qualifiziert vermittelt werden. Dazu kommen die Defizite in der allgemeinen Betriebswirtschaftslehre und die fehlende Möglichkeit für die Studenten, sich in Spezialfächern (spezielle Betriebswirtschaftslehren) für besondere, in der Bundesrepublik relevante Berufe notwendige Detailkenntnisse zu erwerben (z. B. Bankbetriebslehre, ...).[663]

Der Sprachduktus zeugt von einer durchweg westdeutschen Orientierung. Bei dem Verfasser handelt es sich vermutlich um Max Kaase, der hier die geringe theoretische und berufspraktische Kenntnis über marktwirtschaftliche und betriebswirtschaftliche Prozesse in der Studienausbildung kritisiert. Wie bereits in der internen Nachbesprechung zu den Hochschulen anklang, schätzten die Gutachter die Fachkenntnis der ostdeutschen Kollegen insgesamt als gering ein. Systemimmanente Gründe dafür, so das Modell der Planwirtschaft in der DDR, blieben unberücksichtigt. Einzig und allein die Vergleichsfolie Bundesrepublik wurde angeführt, vor der die Wirtschaftswissenschaftler der DDR wie Nichtwissende wirkten. Weiterhin gibt der Abschnitt einen Eindruck von der wirtschaftswissenschaftlichen Markttheorie, die hier mit dem Verweis auf „Knappheit" zugrunde liegt und der neoklassischen Denkschule der Wirt-

---

[662] AdWR: SO I 3.2.1 AG Wirtschafts- und Sozialwissenschaften 1/6, Entwurf für die Stellungnahme vom 22.01.1991, S. 3.
[663] Ebd. Die handschriftlich ergänzte Stelle wurde in der späteren Veröffentlichung des Wissenschaftsrates zu den außeruniversitären Forschungseinrichtungen im gleichen Wortlaut übernommen.

schaftswissenschaften entspricht. Diese geht grundsätzlich von begrenzten wirtschaftlichen Ressourcen aus und befürwortet eine Selbstregulierung der Märkte.[664]

Positiv hob der Entwurf die mit der politischen Wende eingeleiteten methodischen Veränderungen einiger Forschergruppen hervor, die sich an internationalen Standards orientierten und „im Hinblick auf die Verbesserung der Forschungssituation an den Hochschulen unbedingt erhalten bleiben (und weiterentwickelt werden) muß."[665] Die vormalige Politisierung wurde also nicht direkt, sondern vielmehr indirekt kritisiert. Demnach bedeutete die Wende 1989/90 eine Verbesserung der Forschungs- und Methodenvielfalt.

Die darauffolgenden Abschnitte gingen auf die einzelnen Institute ein und gaben im Wesentlichen die Überlegungen der internen Besprechungen und Möglichkeiten der institutionellen Anbindung wieder.

Parallel zu der Arbeit an der Empfehlung stellten die Arbeitsgruppen des Wissenschaftsrates für einzelne Institute schon konkrete Weichen. Nicht nur die Arbeitsgruppe Wirtschafts- und Sozialwissenschaften kontaktierte bereits während des Verfahrens künftige Trägereinrichtungen. Vielmehr handelte es sich hierbei fachübergreifend um eine gängige Praxis. Hatte eine Arbeitsgruppe eine mögliche Lösung für ein Institut gefunden, wurde direkt Kontakt zu dem entsprechenden Träger aufgenommen. Sofern es Widerstand durch den Träger gab, sahen die Arbeitsgruppen des Wissenschaftsrates davon ab, eine Angliederung an diese Einrichtung zu empfehlen. Dieses Vorgehen erhöhte die Wahrscheinlichkeit, dass die Empfehlungen später auch tatsächlich umgesetzt wurden.[666] Planung und mögliche Umsetzung der Empfehlungen gingen also Hand in Hand.

Dem Vorschlag Hermann Webers folgend, wonach das FDJ-Archiv im Falle einer Schließung des Instituts für zeitgeschichtliche Jugendforschung an das Bundesarchiv übergehen solle, kontaktierte die sozialwissenschaftliche Arbeitsgruppe das Bundesarchiv in Koblenz. Der Vorsitzende der AG setzte das Archiv darüber in Kenntnis, dass „die Arbeitsgruppe Wirtschafts- und Sozialwissenschaften dem Wissenschaftsrat vorschlagen [wird], daß das FDJ-Archiv vom Bundesarchiv übernommen, in seinen Beständen gesichert und erschlossen und für die Forschung zugänglich gemacht wird."[667] Zudem bat er Friedrich P. Kahlenberg (1935–2014), den Archivar und Präsidenten des Bundesarchivs, darum, die dafür notwendigen Schritte schnellstmöglich einzuleiten. Für das Institut für zeitgeschichtliche Jugendforschung und das FDJ-Archiv wurde somit im Januar 1991 ein institutioneller Weg angebahnt. Das geschah zu einem Zeit-

---

664 Vgl. Till van Treeck: Zur historischen Entwicklung von Neoklassik und Keynesianismus [https://www.bpb.de/themen/wirtschaft/europa-wirtschaft/239934/zur-historischen-entwicklung-von-neoklassik-und-keynesianismus/; zuletzt aufgerufen am 18.12.2022].
665 AdWR: SOI 3.2.1 AG Wirtschafts- und Sozialwissenschaften 1/6, Entwurf für die Stellungnahme vom 22.01.1991, S. 8.
666 Vgl. Mayntz, Deutsche Forschung im Einigungsprozeß, S. 170.
667 AdWR: SO I 3.2.1 AG Wirtschafts- und Sozialwissenschaften 4/6, Schreiben vom 17.01.1991.

punkt, als das Institut selbst noch nicht über seine Zukunft und eine mögliche Anbindung an das Koblenzer Bundesarchiv informiert worden war.

Ein Eklat am IzJ beeinflusste diese perspektivschließende Maßnahme womöglich. Das Institut spaltete sich schon im Herbst 1990 in zwei Lager. Das eine waren die Befürworter der Institutsleitung und das andere deren Gegner. Die Gegner verfassten kurz nach der Begutachtung im November ein anonymes Schreiben „An den Wissenschaftsrat der BRD", in dem von unrechtmäßigen Suspendierungen einiger Institutsmitarbeiter, Veruntreuung von Geldern und Aktenvernichtung durch die Leitung die Rede war.[668] Dabei war den Verfassern wohl nicht bekannt, dass das Kürzel BRD im Westen selbst nicht verwendet wurde.[669] Kurze Zeit später erreichte den Wissenschaftsrat eine Stellungnahme der Gegenseite, die sich „mit aller Entschiedenheit vom Verhalten dieser Kollegen"[670] distanzierte und die Leiterin verteidigte. Welche der beiden Versionen in dieser „Verleumdungskampagne",[671] die ihren Höhepunkt in einer Dienstaufsichtsbeschwerde gegen Helga Gotschlich erreichte, den tatsächlichen Begebenheiten nähersteht, lässt sich nicht rekonstruieren und ist auch für den Argumentationsgang nicht relevant. Interessant ist jedoch, dass während der Evaluation eine Vielzahl solcher Anschuldigungen in der Geschäftsstelle des Wissenschaftsrates eingingen.[672] Zwischen Herbst 1990 und Sommer 1991 erreichten den Vorsitzenden des Rates, Dieter Simon, zahlreiche solcher Eingaben, in denen Mitarbeiterinnen und Mitarbeiter der Akademieinstitute ihre Kolleginnen und Kollegen oder Vorgesetzten anschwärzten. Die innerostdeutschen Konflikte waren weiterhin virulent und die Menschen suchten eine Instanz, über die sie diese Konflikte austragen konnten. Diese Instanz sahen die Akademiebeschäftigten im Wissenschaftsrat, über den sie aus der SED-Zeit stammende Ungerechtigkeiten und Ungleichbehandlungen lösen wollten. Neben den ost- und westdeutschen Fremdheitserfahrungen und Auseinandersetzungen war die frühe Phase der Wiedervereinigung stark von innerostdeutschen Differenzen gekennzeichnet. Dabei verstärkte die aufregende und bis dato unbekannte Begutachtungssituation die Grabenkämpfe noch einmal. Denn die Begutachteten missverstanden die Evaluation mitunter als Personenbewertung, die sie durch Denun-

---

668 AdWR: SO I 3.2.1 AG Wirtschafts- und Sozialwissenschaften 4/6, Anonymes Schreiben an den Wissenschaftsrat vom 26.11.1990.
669 Manfred W. Hellmann: Das ‚kommunistische Kürzel BRD'. Zur Geschichte des öffentlichen Umgangs mit den Bezeichnungen für die beiden deutschen Staaten, in: Irmhild Barz / Marianne Schröder (Hg.): Nominationsforschung im Deutschen. Festschrift für Wolfgang Fleischer zum 75. Geburtstag, Frankfurt a. M. 1997: 93–107.
670 AdWR: SO I 3.2.1 AG Wirtschafts- und Sozialwissenschaften 4/6, Schreiben der ‚Befürworter' vom 05.12.1990.
671 Gotschlich selbst bezeichnete die Entwicklungen als Verleumdungskampagne, AdWR: SO I 3.2.1 AG Wirtschafts- und Sozialwissenschaften 4/6, Schreiben vom IzJ an Kaase vom 16.01.1991.
672 Zur Denunziation in der DDR vgl. Anita Krätzner: Politische Denunziation in der DDR-Strategien kommunikativer Interaktion mit den Herrschaftsträgern, in: Totalitarismus und Demokratie 11 (2014): 191–206.

ziationen beeinflussen wollten. Anders als den westdeutschen Gutachtern, die auf eine systemische Betrachtung abseits einzelner Personen eingestellt waren, gelang es den ostdeutschen Begutachteten nicht, das Verfahren von den Personen zu trennen. Beides war für sie unmittelbar miteinander verbunden. Und auch die Kolleginnen und Kollegen anzuschwärzen und politische Argumente in das Verfahren einzubeziehen, war aus der Erfahrung mit dem politisierten Gesellschaftssystem der DDR nur folgerichtig. Schließlich basierte die SED-Diktatur auf der Politisierung aller Bereiche und dem Schüren von Misstrauen.

Der Rechtshistoriker Simon wählte einen pragmatischen Zugang mit den eingegangenen Denunziationen. Er sammelte sie in einem Koffer, behielt sie für sich und vernichtete den Koffer nach den Evaluierungen, wie er selbst erklärte. Für die historische Analyse stehen die Unterlagen also nicht mehr zur Verfügung. Sein Handeln begründete er im Interview damit, dass die Aktenvernichtung verhindern sollte, dass im Nachgang böses Blut fließe. Das vereinte Wissenschaftssystem sollte unbelastet und frei von Zwängen der Vergangenheit sein.[673] Ein Bewusstsein für die Bedeutung der Vergangenheit war damit vorhanden, doch sie sollte nach Ansicht Simons keine Rolle für die Zukunft spielen.

Neben den diskreditierenden Inhalten ist auch die gewählte Form aufschlussreich, mit der sich ostdeutsche Akteure an den westdeutschen Wissenschaftsrat wandten. Die Art der Anklage, wie auch die Reaktion und Fürsprache für die Institutsleitung des IzJ, folgten dem Muster des in der DDR üblichen Eingabewesens.[674] Die Eingabe ermöglichte die Meinungsäußerung und war ein legitimes und anerkanntes Kommunikationsmittel in der DDR. In diesem Falle übertrugen die Akademiemitarbeiterinnen und -mitarbeiter das Eingabewesen auf den Wissenschaftsrat, an den sie ihre Probleme richteten. Darin zeigt sich, dass die gewohnten und erlernten Formen und Praktiken der politischen Artikulation nach der Wiedervereinigung fortwirkten und die Kommunikationsform zwischen Ost und West prägten. Mit dem Anschreiben auf braunem DDR-Papier, schreibmaschinengetippt, stellte diese Form der Beschwerde für westdeutsche Institutionen eine untypische Form der Kommunikation und sicherlich eine Fremdheitserfahrung dar. In der DDR waren die Eingabe als Kommunikationsmedium und die Denunziation als Instrument erlernte und eingeübte Verhaltensmuster und Routinen, welche von den Bürgerinnen und Bürgern gegenüber staatlichen Behörden genutzt wurden.[675] Aufgrund der spezifischen Sozialisation in der politischen Kultur des SED-Regimes konnten ostdeutsche Wissenschaftler nach dem Ende der

---

673 Dieter Simon im Interview (Gespräch vom 13.10.2017 in Berlin).
674 Vgl. Anja Schröter: Eingaben im Umbruch. Ein politisches Partizipationselement im Verfassungsgebungsprozess der Arbeitsgruppe ‚Neue Verfassung der DDR' des Zentralen Runden Tisches 1989/90, in: Deutschland Archiv (DA) (2012) und allgemein zum Eingabewesen in der DDR Mühlberg, Bürger, Bitten und Behörden. Geschichte der Eingaben in der DDR.
675 Vgl. Krätzner, Politische Denunziation in der DDR-Strategien kommunikativer Interaktion mit den Herrschaftsträgern.

DDR kaum anders handeln, als sich dieser Mittel weiterhin zu bedienen. Die Instrumente der westdeutschen Wissenschaftskultur waren ihnen noch nicht vertraut. Ob die Mitglieder der AG sich von den Anschuldigungen beeindrucken ließen, ist nicht nachvollziehbar. Skepsis oder Verunsicherung hinsichtlich des Vorfalls am IzJ sind jedenfalls denkbar, da sich die Überlegungen der Arbeitsgruppe nach diesem Zwischenfall in die Richtung der Trennung von FDJ-Archiv und -Institut bewegten.

Auch die Pläne zu Neugründungen nahmen zu Beginn des Jahres 1991 konkrete Form an. Mitte Februar 1991 fand ein Treffen der Arbeitsgruppe Wirtschafts- und Sozialwissenschaften in Mannheim statt, an dem Max Kaase über die Sitzungsergebnisse des Evaluationsausschusses vom November berichtete und den Entwurf der Stellungnahme zur Diskussion stellte. Die von der AG eingebrachte Idee, Einzelwissenschaftler und Arbeitsgruppen durch das BMFT zu fördern, wurde bei dem Arbeitstreffen positiv aufgenommen. Das BMFT hatte bereits Mittel für die Akademieinstitute berücksichtigt. Das geplante Institut für empirische Wirtschaftsforschung sollte demnach in die Blaue Liste aufgenommen werden. Ein möglicher Standort war noch nicht klar. Die Überlegungen zu dem sozialwissenschaftlichen Institut zur Erforschung des gesellschaftlichen Wandels entwickelten sich in die Richtung einer befristet tätigen Kommission.[676] Sie sollte als vom Bund finanzierter Verein die gesellschaftliche Transformation erforschen. Das Institut für Wissenschaftsforschung kam indes nicht mehr zur Sprache. Wann es aus den Planungen herausfiel und welche (finanzpolitischen-)Interessen dazu führten, lässt sich nicht mehr rekonstruieren. In der weiteren Diskussion ging es um die sozialwissenschaftlichen Fachbereiche an den ostdeutschen Universitäten und die angestrebte Anzahl an Gründungsprofessuren.[677]

Die Gründung des Instituts für empirische Wirtschaftsforschung auf ostdeutschem Terrain befürwortete auch das Bundeswirtschaftsministerium (BMWi). Schon im September 1990, und damit noch vor der Wiedervereinigung, hatte das Wirtschaftsministerium erste Finanzkalkulationen für das kommende Jahr erstellt und berücksichtigte bereits einen „Leertitel"[678] für ein neues Institut in Ostdeutschland. Das BMWi war außerdem gut über die Evaluationen des Wissenschaftsrates informiert und stellte eigene Strukturüberlegungen an. So hieß es im September 1990 zum Zentralinstitut für Wirtschaftswissenschaften:

---

676 Zur KSPW s. S. 210–217.
677 Vorlass Max Kaase an der Jacobs University: Akte 12, Vermerk aus der Geschäftsstelle des WR vom 18.03.1991.
678 AdWR SO I 3.2.1 AG Wirtschafts- und Sozialwissenschaften, 8/1990–3/1991, 1/6; Dokument aus dem Bundeswirtschaftsministerium vom 24.09.1990.

Wie ab 1992 das Fortbestehen dieses Instituts aussehen könnte, ist unklar. Eine Anbindung an Berliner Universitäten kommt wegen der Größe des Instituts nicht in Frage. Auch ein Fortbestehen als Blaue Liste Institut ist ausgeschlossen. Die Erhaltung des Instituts bis Ende 1991 kann im Grunde nur dazu dienen, damit eine Infrastruktur für das neue Forschungsinstitut in der DDR vorzuhalten. Die Mitarbeiter können sich bei dem neuen Institut bewerben.[679]

Diese Einschätzung wurde im BMWi erstellt und erreichte auch die AG Wirtschafts- und Sozialwissenschaften. Auf welchen Quellen sie basierte, ist unklar. Und auch, ob damit eine Handlungsanweisung gegenüber der Arbeitsgruppe verbunden war, lässt sich aus den Akten nicht erschließen. Im Ergebnis entstand aber tatsächlich ein solches Institut als Neugründung. Das Geflecht aus politischen Interessen und der Evaluationstätigkeit des Wissenschaftsrates ist hier nicht eindeutig zu entzerren. Die Planungen des Bundeswirtschaftsministeriums griffen vor allem finanzpolitische Aspekte des aktuellen und kommenden Haushaltsjahres auf. Um eine politische Diskreditierung der DDR-Wissenschaft ging es dem Bundeswirtschaftsministerium nicht.

Im Februar 1990 verschickte die Geschäftsstelle des Wissenschaftsrates den Entwurf der Empfehlung auch an einige Forschungseinrichtungen der Bundesrepublik. Von diesen erwartete man eine Einschätzung der geplanten Umstrukturierungen. Dadurch waren einige westdeutsche Einrichtungen bereits über die bevorstehenden Reorganisationen informiert, während die ostdeutschen Institute selbst noch nichts über ihre weitere Zukunft wussten. Kontaktiert wurde unter anderem das Deutsche Jugendinstitut in München, das die Empfehlung äußerst positiv bewertete und die „klare Analyse"[680] herausstellte. Zudem komme in der Empfehlung zum Ausdruck, „wie gut und professionell in solchen Ausnahmesituationen, wie sie die deutsch-deutsche Wiedervereinigung nun einmal darstellt, auch so eingespielte Gremien wie der Wissenschaftsrat zu Empfehlungen kommen, […] [die] für die zukünftige Entwicklung der Wirtschafts- und Sozialwissenschaften in den fünf neuen Bundesländern von großer Bedeutung sein können."[681] In einer leicht überarbeiteten Version verabschiedete der Rat die Stellungnahme der AG Wirtschafts- und Sozialwissenschaften im März 1991, womit der „allgemeine Schließungsvorschlag" beschlossen wurde. Wie die Institutsschließungen insgesamt einzuordnen sind, dazu mehr in dem Teilkapitel zum Evaluationsergebnis. Doch zunächst folgt ein Blick in die ostdeutschen Bewältigungsstrategien, die darauf abzielten, das Verfahren zu beeinflussen.

---

679 AdWR SO I 3.2.1 AG Wirtschafts- und Sozialwissenschaften, 8/1990–3/1991, 1/6; Dokument aus dem Bundeswirtschaftsministerium vom 24.09.1990.
680 Vorlass Max Kaase an der Jacobs University: Akte 356, Schreiben an den WR vom 18.02.1991.
681 Ebd.

5.2.4 Ostdeutsche Bewältigungsstrategien

Eine einheitliche Strategie während der Evaluationen zu nutzen, um somit positiv aus den Verfahren hervorzugehen, war seitens der Forschungsgemeinschaft der Akademie der Wissenschaften (FG) über den Sommer 1990 durchaus angedacht. Strategien werden hier als Zweck-Mittel-Kalküle verstanden, mit denen bestimmte Absichten oder Pläne realisiert werden sollen.[682] In diesem Fall handelte es sich um Strategien, die das übergeordnete Ziel ostdeutscher Akteure verfolgten, die Institute in ihrer organisatorischen Form weiterhin bestehen zu lassen. Die Forschungsgemeinschaft beschloss in ihrer Sitzung am 7. Juni 1990, dass es nach der ersten Fremdbegutachtung durch den Wissenschaftsrat zu einer internen Auswertung im Vorstand der Forschungsgemeinschaft kommen solle.[683] Das Ergebnisprotokoll führt zwar nicht im Detail aus, welche Maßnahmen dazu geplant waren, vermutlich sollte es aber um ein Lernen aus den ersten Evaluationserfahrungen gehen, um die folgenden Begutachtungen besser vorbereiten zu können. Schließlich konnten Forschungsgemeinschaft und Institute auf keinerlei Erfahrung mit dem westdeutschen Begutachtungswesen zurückgreifen. Im weiteren Verlauf wurde die Strategie allerdings nicht weiterverfolgt. Die späteren Dokumente geben zumindest keinen Hinweis auf eine Zusammenarbeit der Institute. Anstelle von kooperativem Verhalten zeichneten sich hingegen Einzelstrategien ab, was sich ebenfalls für die historischen Institute zeigte.[684] Dieses Teilkapitel zeichnet die Strategien auf der Ebene der Forschungsgemeinschaft nach, wendet sich westdeutschen Organisationen zu, die interessanterweise eine koordinierende Funktion unter den Akademieinstituten einnahmen, und kommt dann zu den konkreten Einzelstrategien.

Da die vorliegende Untersuchung nicht allen Perspektiven nachgehen kann, wendet sich dieser Abschnitt im Unterschied zu den vorherigen dezidiert den ostdeutschen Akademieinstituten und deren Handeln zu. Dass die Institute nach den Begutachtungen versuchten, das Verfahren zu beeinflussen, verstärkt den Eindruck, dass es sich bei den Aushandlungsprozessen des Wissenschaftsrates für Außenstehende um eine Blackbox handelte, deren Interna nicht nach außen drangen. Für die Institute war keineswegs klar, was im Anschluss an die Begutachtung geschehen würde.

Die Forschungsgemeinschaft der Akademie der Wissenschaften beabsichtigte im Sommer 1990, sich von vornherein als gesamtdeutsch zu definieren, auch wenn klar war, dass „die BRD-Partner nur ungern zugeben werden, daß ihr Forschungs-Fördersystem noch zu ergänzen ist."[685] Gleichzeitig erforderten die finanzielle Situation und der drohende Konkurs der Akademie Strukturveränderungen. Die Rolle der einzel-

---

[682] Vgl. Boer / Bubert, Absichten, Pläne und Strategien, S. 29.
[683] ABBAW: FOB GeWi, Nr. 12, Protokoll vom 07.06.1990.
[684] Vgl. Thijs, Vier Wege in das Aus der Einheit.
[685] ABBAW: FOB GeWi, Nr. 12, Vorlage zur Vorstandssitzung der Forschungsgemeinschaft am 20.06.1990.

nen Institute wurde dahingehend verändert, dass sie mehr Eigenständigkeit erlangten. Allerdings führte dies gleichzeitig dazu, dass die Akademie als Ganzes auseinanderfiel und die Durchsetzungsfähigkeit der Leitungsebene massiv geschwächt wurde. Das uneinheitliche Vorgehen im Umgang mit der Evaluation hing wahrscheinlich mit der Entwicklung innerhalb der Akademie der Wissenschaften und ihrem institutionellen Wandel zusammen, der insbesondere nach der Friedlichen Revolution begann. Die Akademie verabschiedete im Mai 1990 ein neues Statut, das die Trennung der Gelehrtensozietät von der Forschungsgemeinschaft vorsah. Die Institute, die nicht mehr in das neue Profil der verkleinerten und personell reduzierten Forschungsgemeinschaft passten, sollten ausgegliedert werden. In den folgenden Monaten, und damit noch während des Bestehens der DDR, wurden bereits für 3.000 Akademiemitarbeiterinnen und -mitarbeiter Vorruhestandsregelungen eingeleitet.[686] Auch durch diese interne Reorganisation war die Forschungsgemeinschaft letztlich nicht in der Lage, sich nach außen für die Interessen ihrer Institute einzusetzen.

In diese Gemengelage mischten sich im Herbst 1990 zwei westdeutsche Organisationen, die eine koordinierende Aufgabe wahrnahmen. Eine der Organisationen war das schon bekannte Erlanger Institut für Gesellschaft und Wissenschaft. Das IGW führte Anfang Oktober 1990 eine Veranstaltung zur Situation der Gesellschaftswissenschaften an der Akademie der Wissenschaften durch. Daran nahmen neben dem IGW alle gesellschaftswissenschaftlichen Institute teil und damit auch die der AG Wirtschafts- und Sozialwissenschaften zugeordneten. Dabei bleibt die Rolle des Erlanger Instituts in diesem Prozess in gewisser Weise widersprüchlich. Denn die für die Politik ausgearbeiteten Pläne zum Personalerhalt stellte das IGW auch den Akademieinstituten vor:

> Nach Schätzungen des IGW könnten von den etwa 1.450 Wissenschaftlern des Bereiches Gesellschaftswissenschaften der AdW nur etwa 500 mit einer Weiterbeschäftigung rechnen. Da aber mit diesem Potential nicht alle kreativen Gesellschaftswissenschaftler erfaßt seien, müßten Überlegungen angestellt werden, wie der qualifizierte Rest weiterbeschäftigt werden könnte.[687]

Das IGW nutzte seine Kenntnisse also wahlweise für die eine oder andere Seite, also die westdeutsche Politik oder die ostdeutschen Institute. Damit nahm das Institut weiterhin die ambivalente Position ein, die es schon in den 1980er Jahren innehatte, als es sich politikzugewandt und gleichzeitig DDR-freundlich stilisierte.[688]

---

686 Dies berichtete Frank Terpe auf einer Sitzung der Verwaltungskommission im Wissenschaftsrat, vgl. AdWR: 11.1 Sitzungen Januar bis Juli 1990, Protokoll der 129. Sitzung der Verwaltungskommission des WR vom 05.07.1990, S. 26.
687 BArch Koblenz B 345/156, Protokoll des V. Jour Fixe des IWG vom 09.10.1990, S. 1.
688 Siehe dazu o. S. 36–38.

Im weiteren Verlauf der Veranstaltung berichteten die Institute von dem laufenden Personalabbau, der sich in Richtung drastischer Stellenkürzungen entwickelte. So verkleinerte das Institut für Soziologie und Sozialpolitik (ISS) die Anzahl der seinerzeit 98 Mitarbeiterinnen und Mitarbeiter bis zum Jahresende 1991 auf nur noch 30 Forschende. Auch die anderen Institute leiteten ähnliche Maßnahmen ein. Einig waren sich die anwesenden Wissenschaftlerinnen und Wissenschaftler darin, dass es ein Sozialprogramm für die Gesellschaftswissenschaftler geben müsse.[689]

Das ISS sah seine Zukunft als verkleinertes Soziologieinstitut mit Sitz in Brandenburg. Am Vorgehen der ostdeutschen Einrichtungen kritisierte es, „daß die Kommunikation zwischen den Instituten des Bereiches Gesellschaftswissenschaften der ehemaligen AdW unzureichend sei. Jedes Institut entwickele für sich eine eigene ‚Überlebensstrategie'".[690]

Auch der Bund demokratischer Wissenschaftlerinnen und Wissenschaftler (BdWi) beabsichtigte, dies zu ändern. Der 1968 konstituierte Bund hegte als linksorientierte Hochschullehrervereinigung wohl ein spezifisches Interesse und Solidarität gegenüber den ostdeutschen Kolleginnen und Kollegen.[691] Mit ihm brachte sich eine weitere westdeutsche Organisation ein. Im November 1990 führte der BdWi eine Podiumsdiskussion mit dem Titel ‚Evaluation der Evaluation' an der Humboldt-Universität durch. Dort berichteten die bereits begutachteten Berliner Institute der nunmehr ehemaligen Akademie der Wissenschaften von ihren Erfahrungen mit der Evaluation. Anliegen der Veranstaltung war es, „Öffentlichkeit zu gewinnen, um nicht, wie es bei Evaluationen sonst der Fall sei, die Bewertungsvorgänge geheim, privat oder halböffentlich zu halten",[692] wie es im Protokoll des Wissenschaftsrates heißt, der ebenfalls teilgenommen hatte.

Unter den acht anwesenden Institutsvertretern befanden sich drei, die von der AG Wirtschafts- und Sozialwissenschaften begutachtet worden waren. Eine Vertreterin des Instituts für Theorie, Geschichte und Organisation der Wissenschaft bezeichnete „die gesamte Evaluation als ‚makabren Vorgang', dem vergleichbar es in der Geschichte der Wissenschaft noch nichts gegeben habe."[693] Zudem habe anfangs niemand gewusst, was überhaupt unter ‚Evaluation' zu verstehen sei. Die meisten Wissenschaftlerinnen und Wissenschaftler hätten dem Prozess enthusiastisch gegenübergestanden und gingen davon aus, dass das Verfahren positiv für sie enden würde. Und auch die

---

689 BArch Koblenz B 345/156, Protokoll des V. Jour Fixe des IWG vom 09.10.1990, S. 7.
690 BArch Koblenz B 345/156, Protokoll des V. Jour Fixe des IWG vom 09.10.1990, S. 3.
691 Der Bund demokratischer Wissenschaftlerinnen und Wissenschaftler konstituierte sich 1968, um nach eigener Auskunft „politisch unmittelbarer als die damals eher berufspolitisch agierende GEW für die Demokratisierung wissenschaftlicher Inhalte und Arbeitsformen einzutreten" [https://www.bdwi.de/bdwi/organisation/index.html; zuletzt aufgerufen am 06.09.2019].
692 Vorlass Max Kaase an der Jacobs University: Akte 352, Vermerk aus der Geschäftsstelle des WR über das Hearing ‚Evaluation der Evaluation' vom 07.12.1990.
693 Ebd., S. 8.

Kommissionsmitglieder machten einen „sympathischen" Eindruck auf die Institutsmitarbeiter, wodurch hoffnungsvolle Erwartungen entstanden.

Ein Vertreter des Instituts für Rechtswissenschaft, Karl-Heinz Schöneberg, beklagte die Zusammensetzung der Arbeitsgruppe. Es habe keine ausländische Expertise und kaum juristische Fachkompetenz gegeben, da die Arbeitsgruppe zu zwei Dritteln aus Sozialwissenschaftlern bestanden habe. Der Rechtswissenschaftler Schöneberg meldete sich stellvertretend für seine früheren Kollegen zur Evaluation zu Wort, der er gar nicht persönlich beigewohnt hatte. Er war ähnlich wie Jürgen Kuczynski nicht mehr an dem Institut tätig, verstand sich aber als Experte und beanspruchte, sich zu äußern. Nach Aussage seiner Kollegen sei das Fachwissen der westdeutschen Gutachter gering gewesen und das Gespräch folgte der „Oberlehrerabfragemethode".[694]

Die Evaluationen wurden aber nicht ausschließlich negativ bewertet. Andere Akademiewissenschaftler zeigten sich sehr positiv und betonten, es habe sich bei den Mitgliedern der Arbeitsgruppen um namhafte Wissenschaftler gehandelt, die man eben von der eigenen Forschung überzeugen müsse. Dennoch waren sich die Gutachter ihrer Rolle als „Mittäter am Kahlschlag oder Mitretter"[695] durchaus bewusst, weshalb bei zukünftigen Evaluationen die soziale Dimension stärker berücksichtigt werden sollte.

Und nicht nur unter den Wirtschafts- und Sozialwissenschaften fiel das Urteil über die Evaluation ambivalent aus. Der Historiker Wolf Barthel vom Institut für Deutsche Geschichte gab einerseits seinen Eindruck wieder, wonach die Gutachter sich sympathisch und kollegial gezeigt hätten. Andererseits griffen sie mit Fragen wie „Wer hat Ihrem Institut Forschungsaufträge erteilt?" oder „Wer übte die Zensur aus?" Vorurteile aus der Westpresse auf. Nach Ansicht des Historikers bestand in der Arbeitsgruppe nur wenig Kenntnis der Wissenschaftsstruktur und -kultur in der DDR. Die Molekularbiologin Christiane Jung mahnte zudem an, dass die fachliche Diskussion strukturellen Fragen nachgeordnet gewesen sei. Ihr Institut erhielt zudem unmittelbar nach der Begutachtung den Hinweis, dass es voraussichtlich nicht weiterbestehen werde.[696]

Der Geschäftsführer des BdWi, der Soziologe Rainer Rilling (geb. 1945), fasste am Ende der Veranstaltung zusammen, dass die Evaluation durch den Wissenschaftsrat auf jeden Fall positiver zu beurteilen sei als eine rein politische Bewertung ohne Beteiligung der Wissenschaft. Mögliche Verfahrensfehler oder methodische Schwächen sah er nicht beim Wissenschaftsrat, schließlich arbeite dieser unter unglaublicher Geschwindigkeit an dem „groteske[n] Umfang der Evaluation".[697] Verfahrensfehler betrachtete Rilling vielmehr Ausdruck eines „Demokratieproblems". Die Konsequenz für den BdWi bestand darin, die künftigen Evaluationen zu begleiten, dokumentieren und stärker in die Öffentlichkeit zu tragen.

---

694 Ebd., S. 9.
695 Ebd., S. 17.
696 Ebd., S. 5–12.
697 Ebd., S. 17.

Das Institut für Wirtschaftsgeschichte, das sich bereits aktiv eingebracht hatte, als es darum ging, personelle Vorschläge für die Arbeitsgruppe zu unterbreiten, versuchte auch das Evaluationsverfahren aktiv zu beeinflussen. Nachdem die Kaase-AG im Anschluss an das Gespräch das vorläufige Evaluationsergebnis verkündet hatte, wonach das Institut wahrscheinlich geschlossen werde, blieb die Institutsleitung des IWG hartnäckig. Sie versuchte auf zwei Wegen, das vorläufige Ergebnis zu verändern. Zum einen probierte die Institutsleitung, die Verfahrensweise der Evaluation anzufechten, und zum anderen aktivierte sie internationale Kontakte, um die Schließung zu verhindern.

Nur wenige Tage nach der Evaluation wandte sich der IWG-Historiker Thomas Kuczynski an den Wissenschaftsrat. Und zwar direkt an den Vorsitzenden Dieter Simon und nicht zuerst an Max Kaase als Leiter der zuständigen Arbeitsgruppe. In einem Schreiben focht er das „als ziemlich definitiv charakterisierte Zwischenergebnis der Evaluation"[698] an und stellte die Verfahrensweise als solche infrage. Demnach habe es einen „definitive[n] Formfehler"[699] gegeben, da die Arbeitsgruppe nicht, wie ursprünglich vereinbart, paritätisch aus ost- und westdeutschen Mitgliedern und solchen aus dem Ausland besetzt gewesen sei: „Stattdessen wurde das Institut von einer Arbeitsgruppe evaluiert, der angehörten: siebzehn Herren aus der Altbundesrepublik, niemand aus der ehemaligen DDR und niemand aus dem Ausland",[700] so Kuczynski. Das Resultat der Begutachtung wollte er offiziell anfechten, da es nicht nach den ausgemachten Bedingungen verlaufen sei. In Dieter Simons Antwort heißt es, dass dem „Wunsch nach einer Wiederholung der Evaluation"[701] nicht nachgegangen werden könne, da „Formfehler nicht möglich sind." Weiterhin äußerte der Vorsitzende des Wissenschaftsrates:

> Da der Wissenschaftsrat kein exekutives oder judikatives Organ ist, halte ich auch Ihre Meinung, Sie könnten eine Wiederholung ‚verlangen', für nicht gut begründet, wenngleich ich Verständnis dafür habe, daß Ihnen die Funktionsweise derartiger Gremien des demokratischen Rechtsstaats noch nicht völlig vertraut ist.[702]

Mit dieser Aussage diskreditierte das westdeutsche Beratungsgremium den ostdeutschen Institutsleiter auf harsche Art und Weise. Dabei warf man ihm nicht nur vor, sich nicht mit den Verfahrensweisen des Wissenschaftsrates, sondern dem gesamten Rechtsstaatssystem nicht auszukennen. Dieter Simon betonte zudem, dass es sich bei dem Zwischenergebnis erst einmal um einen vorläufigen Eindruck der AG handele

---

[698] AdWR: SO I 3.1 Ausgangslage 1990–1991 2/6, Schreiben an den WR vom 24.10.1990.
[699] Ebd.
[700] Ebd.
[701] AdWR: SO I 3.1 Ausgangslage 1990–1991 2/6, Schreiben vom WR vom 05.11.1990.
[702] Ebd.

und das Evaluationsergebnis „noch völlig offen"⁷⁰³ sei. Damit dämpfte die Leitungsebene das Vorpreschen der Arbeitsgruppe ein und entkräftete Kaases Äußerung. Ob und inwiefern solch heikle Äußerungen einzelner Beteiligter im Wissenschaftsrat thematisiert wurden, ist nicht mehr nachvollziehbar. In Bezug auf diesen Vorfall musste Dieter Simon als Vorsitzender des Wissenschaftsrates jedenfalls die Wogen glätten.

Der Leiter des IWG ließ sich von Simons Machtdemonstration nicht einschüchtern. Vielmehr antwortete er, dass seine bisherige Vermutung bestätigt werde, wonach der gesamte Evaluationsprozess in einer Weise vorgenommen werde, „die die Möglichkeit rechtlicher Einwendungen ausschließt, d. h. wir bewegen uns in einem, vornehm formuliert, rechtsfreien Raum."⁷⁰⁴ Weiter führte Kuczynski aus, dass er sich durchaus mit den „Gepflogenheiten demokratischer Wissenschaftspolitik"⁷⁰⁵ auskenne, da er selbst als Gutachter für den britischen Economic and Social Research Council tätig gewesen sei. Damit brachte der Historiker ein sachliches Argument ein und zog die eigene Expertise als Ausweis für seine Kenntnis des Evaluationsverfahrens heran.

Das Papier, das Kuczynski verwendet hatte, war noch das alte Institutspapier mit der durchgestrichenen Zeile ‚Akademie der Wissenschaften'. Das Papier symbolisierte und materialisierte den Zustand, in dem sich die ostdeutschen Akademieinstitute nach der Wiedervereinigung vom 3. Oktober 1990 befanden. Die Akademie als solche existierte nach der Vereinigung nicht mehr und den Instituten fehlte eine Anbindung. Sie befanden sich in einer Art Schwebezustand. Und nicht nur aus institutioneller Perspektive, die die westdeutschen Gutachter eingenommen hatten, war die Zukunft offen. Für ostdeutsche Akademikerinnen und Akademiker hingen vielmehr ganz unmittelbare Folgen ihrer Erwerbungsbiografien daran. Diese Motivation führte bei einigen Mitarbeitern zu großem Engagement, aber auch wie oben gesehen zu Denunziationen gegenüber früheren Kolleginnen und Kollegen.

Die Aktivitäten des IWG blieben nicht auf den Schriftverkehr mit dem Wissenschaftsrat beschränkt. Vielmehr verfasste die Institutsleitung parallel ein offenes Protestschreiben, das die Verfahrensproblematik der Evaluation und die geplante Institutsschließung offenlegte. Auch die Argumentation der Arbeitsgruppe griff das Schreiben auf, wonach das Institut wegen einer fehlenden tragenden Idee geschlossen werden sollte. Die Kommission fand zwar interessante Einzelprojekte vor, aber keine thematische Verbindung oder übergeordnete Fragestellung. Das Institut empfand dies als besonders „tragisch",⁷⁰⁶ da mit diesem Argument die gleiche Kritik geäußert wurde wie schon in der Zeit vor der Friedlichen Revolution: Die Wissenschaftlerinnen und Wissenschaftler passten nicht in das ideologische Korsett der staatlichen Wissenschafts-

---

703 Ebd.
704 AdWR: SO I 3.1 Ausgangslage 1990–1991 2/6, Schreiben an den WR vom 13.11.1990.
705 Ebd.
706 AdWR: SO I 3.1 Ausgangslage 1990–1991 2/6, Schreiben des IGW an nationale und internationale Forschungseinrichtungen vom 24.10.1990.

politik.⁷⁰⁷ Mit dieser Kritik wandte sich die Leitung des Instituts für Wirtschaftsgeschichte an zahlreiche Kolleginnen und Kollegen aus dem In- und Ausland und informierte über die zu erwartende Institutsauflösung. Dabei entfachte ein öffentlich ausgetragener Skandal, bei dem „ostdeutsche Akademiker auf die Barrikaden [stiegen]"⁷⁰⁸ und mediale Beachtung fanden.

Die Korrespondenz mit den Forschungseinrichtungen blieb keineswegs folgenlos. In den nächsten Wochen erreichten den Wissenschaftsrat etliche Briefe mit Empfehlungsschreiben für das IWG. Darunter fanden sich Anschreiben aus Polen, England, Italien, den USA und sogar der Bundesrepublik. Zu einigen Forschungseinrichtungen in Westdeutschland und dem westlichen Ausland unterhielt das IWG trotz der politischen Zwänge wissenschaftliche Kontakte und nahm an Tagungen teil. Aus Warschau hieß es: „Institut für Wirtschaftsgeschichte served well the development of historical studies, not only in East Germany. Its closure would be a step back and – I am afraid – can only be interpreted as a new kind of political repression."⁷⁰⁹ Damit brachte der polnische Wissenschaftler zum Ausdruck, dass das IWG international anerkannte Forschung durchführe und eine Schließung den Eindruck politischer Unterdrückung erwecke. Und die University of Sussex äußerte, dass es sich beim IWG um ein Institut mit vielseitigen und interessanten Ansätzen handele, dessen Vielfalt vor allem einen Vor- und weniger einen Nachteil darstelle.⁷¹⁰ Dieser Aspekt bezog sich direkt auf das Argument der Arbeitsgruppe. Auch der westdeutsche Historiker Heiko Haumann von der Universität Freiburg schaltete sich ein und kritisierte die Beurteilung durch den Wissenschaftsrat:

> Soeben habe ich erfahren, daß laut einer Empfehlung Ihrer Arbeitsgruppe das Institut für Wirtschaftsgeschichte, ehemals an der Akademie der Wissenschaften der DDR, aufgelöst werden soll; damit wäre auch die Einstellung des ‚Jahrbuchs für Wirtschaftsgeschichte' verbunden. Diese Nachricht hat mich bestürzt. Nach meiner Einschätzung gehörte dieses Institut zu denjenigen wissenschaftlichen Einrichtungen der ehemaligen DDR, die internationalen Ruf genossen, sich ein beachtliches Maß an Unabhängigkeit und Selbstständigkeit bewahrt hatte und deren Projekte für die weitere Forschung einen hohen Rang einnehmen.⁷¹¹

Ein positives Votum erhielt das IWG also nicht nur aus osteuropäischen, sondern auch aus westlichen Ländern und selbst der Bundesrepublik. Über die Fachkollegen und den Kreis der Sozialhistorikerinnen und -historiker hinaus schrieb auch das Rektorat der Technischen Hochschule Darmstadt an den Wissenschaftsrat. Es hatte durch den

---

707 Ebd.
708 Thijs, Vier Wege in das Aus der Einheit, S. 251.
709 AdWR: SO I 3.2.1 AG Wirtschafts- und Sozialgeschichte 2/6, Schreiben an den WR vom 14.11.1990.
710 AdWR: SO I 3.2.1 AG Wirtschafts- und Sozialwissenschaften 2/6, Schreiben an den WR vom 21.11.1990.
711 AdWR: SO I 3.2.1 AG Wirtschafts- und Sozialwissenschaften 2/6, Schreiben an den WR vom 12.11.1990.

Bund demokratischer Wissenschaftlerinnen und Wissenschaftler von der negativen Bewertung des IWG gehört und sprach sein Bedauern über die Entscheidung aus.[712] Die angestrebte Öffentlichkeitswirksamkeit des BdWi hinterließ also ihre Spuren, auch wenn der Wissenschaftsrat sich nicht davon beeinflussen ließ.

Die Strategie, die das Institut mit der nationalen und internationalen Kontaktaufnahme verfolgte, zielte auf eine stärkere Beachtung der deutsch-deutschen Wissenschaftsentwicklungen. Sie sollte mehr Aufmerksamkeit durch die internationale Scientific Community erhalten und somit den Druck auf die Arbeit des Wissenschaftsrates erhöhen, womit das IWG allerdings möglicherweise das Gegenteil bewirkte und von der Wissenschaftlichen Kommission als zu fordernd wahrgenommen wurde. Im Januar 1991 probierte der Historiker Jan Peters als Personalvertreter des IWG noch einmal den Kontakt zum Wissenschaftsrat zu versachlichen:

> Ich will Ihnen bei dieser Gelegenheit meine Besorgnis darüber nicht verhehlen, daß der Kontakt zwischen der Arbeitsgruppe unter der Leitung von Herrn Kaase und unserem Institut – aus welchen Gründen auch immer – auf die Zusammenkunft am 15. Oktober 1990 beschränkt zu bleiben scheint. Bei aller Normalität des Evaluierungsverfahrens an sich, stimmen Sie mir sicher zu, daß zur Zeit ein ganz ungewöhnlicher Prozeß der Selbstbesinnung von Wissenschaft in Deutschland abläuft, der eine besondere Art von Behutsamkeit im Umgang mit gewachsenen Forschungspotentialen verlangt.[713]

Peters schlug daher ein zweites Gespräch mit der Arbeitsgruppe vor. Doch unter Verweis auf die Gleichbehandlung aller Institute kam die AG dem Wunsch nicht nach.[714]

Auch das Institut für zeitgeschichtliche Jugendforschung versuchte, das Evaluationsverfahren im Anschluss an die Begehung zu lenken. Das in der Novemberwoche begutachtete Institut stand im Zuge der „Verleumdungskampagne"[715] um die Institutsleiterin ohnehin in regem Schriftverkehr mit der Kölner Geschäftsstelle. Darin ging es außer um persönliche Anfeindungen um die Zukunft des Instituts. Im Februar 1991 verschickte das IzJ erneut einen Brief an Max Kaase als zuständigen Leiter der Arbeitsgruppe Wirtschafts- und Sozialwissenschaften, worin sie den derzeitigen Entwicklungsstand des Instituts darlegte.[716] In dem Schreiben betonte die Institutsleiterin Helga Gotschlich noch einmal, dass es sich um eine neugegründete Einrichtung handelt. Zum Zeitpunkt der Beantwortung des Fragebogens befand sich das Institut noch

---

712 AdWR: SO I 3.2.1 AG Wirtschafts- und Sozialwissenschaften 2/6, Schreiben an den WR vom 20.11.1990.
713 AdWR: SO I 3.2.1 AG Wirtschafts- und Sozialwissenschaften 2/6, Schreiben an den WR vom 09.01.1990.
714 AdWR: SO I 3.2.1 AG Wirtschafts- und Sozialwissenschaften 2/6, Schreiben vom WR an das IWG vom 18.01.1991.
715 AdWR: SO I 3.2.1 AG Wirtschafts- und Sozialwissenschaften 4/6, Schreiben vom IzJ an Kaase vom 16.01.1991.
716 AdWR: SO I 3.2.1 AG Wirtschafts- und Sozialwissenschaften 4/6, Schreiben und Informationsdokument über das IzJ an den WR vom 01.02.1991.

in der „Konsolidierungsphase",[717] weshalb die Leiterin die Arbeitsgruppe nun darum bat, die aktualisierten Informationen in die „Entscheidungsfindung über die Zukunft unseres Instituts für zeitgeschichtliche Jugendforschung einzubeziehen."[718]

In dem Informationspapier betonte Gotschlich, dass es sich beim IzJ um die „einzige noch bestehende Jugendforschungseinrichtung auf dem Gebiet der neuen Bundesländer handele".[719] Diese Einzigartigkeit spiegele sich auch in dem innovativen Ansatz und der Methodenvielfalt wider. Die Struktur des Instituts sei maßgeblich durch die „Einheit zweier Bereiche",[720] nämlich Forschung und Archiv geprägt. Zudem differenziere sich die Jugendforschung in Projektgruppen zur Geschichte der FDJ, zu sozialen Konfliktfeldern von Jugendlichen und zur Persönlichkeitsentwicklung weiter aus. Am Ende des Schreibens bekräftigte das Institut noch einmal seinen Wunsch, die Einheit von Forschung und Archiv beizubehalten und entweder als außeruniversitäre Einrichtung oder An-Institut einer Universität zu bestehen.

Damit ging das Institut Anfang Februar noch davon aus, die Entscheidung der Kommission weiterhin beeinflussen zu können. Sich selbst dachte die Institutsleitung also eine Form der Mitbestimmung, eine Form der *agency*, zu. Doch innerhalb der AG stand bereits Ende November 1990 fest, dass keines der begutachteten Institute in seiner derzeitigen Form weitergeführt und das FDJ-Archiv an das Bundesarchiv übergeben werden sollte, wovon das Institut selbst nichts wusste. Die Überlegungen innerhalb des Wissenschaftsrates blieben Teil des internen Aushandlungsprozesses und drangen nicht nach außen. Dabei wurden die ostdeutschen Akademieinstitute gezielt von den westdeutschen Planungen ferngehalten. Stattdessen wurden sie im März 1991 mit den fertigen Empfehlungen konfrontiert.

Zusammenfassend lassen sich Strategien auf unterschiedlichen Ebenen erkennen. Aufgrund des institutionellen Auseinanderfallens der Akademie der Wissenschaften erfolgte kein koordiniertes Vorgehen, weshalb sich einzelne Überlebensstrategien durchsetzten. Dabei versuchte das Institut für zeitgeschichtliche Jugendforschung nach der Begutachtung Einfluss auf das Verfahren auszuüben, indem es seine wissenschaftliche Entwicklung darlegte und seine Einzigartigkeit hervorhob. Das Institut für Wirtschaftsgeschichte setzte darauf, den Druck auf den Wissenschaftsrat zu erhöhen und kritisierte die Verfahrensweise der Evaluation. Außerdem setzte das Institut das In- und Ausland über das Prozedere in Kenntnis und informierte anerkannte Forschungseinrichtungen über die wissenschaftspolitischen Entwicklungen in Ostdeutschland. Damit setzte das IWG die Verfahrensweise des Wissenschaftsrates einer Rechtfertigungssituation aus, was jedoch nichts am Vorgehen des Wissenschaftsrates änderte.

---

717 Ebd.
718 AdWR: SO I 3.2.1 AG Wirtschafts- und Sozialwissenschaften 4/6, Schreiben vom 01.02.1991.
719 Ebd.
720 Ebd.

5.2.5 Das Evaluationsergebnis

Die im Februar von der Arbeitsgruppe Wirtschafts- und Sozialwissenschaften beratene Stellungnahme verabschiedete die 130. Vollversammlung des Wissenschaftsrates am 13. März 1991. Kurz darauf, im Mai desselben Jahres, wurden auch die Hochschulempfehlungen zum Aufbau der Wirtschafts- und Sozialwissenschaften verabschiedet.[721]

Die Stellungnahme zu den Akademieinstituten beinhaltete die im November intern beratene Absicht, die sieben gesellschaftswissenschaftlichen Institute aufzulösen. Die publizierte Stellungnahme führte diese Entscheidung aus und begründete sie für jedes Institut separat. Von den öffentlichkeitswirksamen Maßnahmen einiger Akademieeinrichtungen, die zum Ziel hatten, die Institutsschließungen zu verhindern, ließen sich der Wissenschaftsrat insgesamt, aber auch die Mitglieder der AG Wirtschafts- und Sozialwissenschaften nicht beeindrucken. Im Gegenteil waren die Akteure stolz darauf, sich nicht von der öffentlichen Meinung beeinflusst lassen zu haben, wie Max Kaase schilderte.[722]

In einer Pressemitteilung vom 18. März 1991 erklärte die Arbeitsgruppe weiterhin, dass:

> die Forschung weitgehend von der Lehre getrennt und aus den Hochschulen u. a. in die Akademieinstitute verlagert worden war. Aufgrund politischer Vorgaben fehlte es ferner an der notwendigen Vielfalt von Forschungsansätzen und damit an einer wichtigen Bedingung wissenschaftlicher Leistungsfähigkeit [...]. Unter diesen Umständen und auch wegen der politisch gesteuerten Beschränkung der Reisemöglichkeiten war es den Wissenschaftlern in den Akademieinstituten vielfach unmöglich, Anschluß an den internationalen Erkenntnisstand zu halten oder zu gewinnen.[723]

Aus diesem Grund sollte die Grundlagenforschung in den Wirtschafts- und Sozialwissenschaften „in bemessener Zeit an Hochschulen oder in hochschulnahen Einrichtungen"[724] bearbeitet werden. Aus dieser Erklärung lassen sich zwei Aspekte ableiten, die über die AG Wirtschafts- und Sozialwissenschaften hinaus Aufschluss über die Haltung der westdeutschen Wissenschaftspolitik geben. Der erste Aspekt betraf die Annahme, Forschung sei in der DDR in die Akademien verlagert worden.[725] Diese Hal-

---

721 Wissenschaftsrat, Empfehlungen zum Aufbau der Wirtschafts- und Sozialwissenschaften an den Universitäten / Technischen Hochschulen in den neuen Bundesländern und im Ostteil von Berlin.
722 So Max Kaase im Interview (Interview vom 13.10.2017 in Berlin). Der Inhalt des Interviews liegt bei der Autorin.
723 Wissenschaftsrat: Pressemitteilung vom 18.03.1991.
724 Ebd.
725 Die neuere Forschung hat dies inzwischen widerlegt. Midells Befund ist, dass nicht von einem Auszug der Forschung aus den Universitäten gesprochen werden könne, sondern dass vielmehr in beiden Einrichtungen – Akademien und Universitäten – geforscht wurde und es sich um einen ‚Parallelkosmos' gehandelt habe, vgl. Midell, Auszug der Forschung aus der Universität.

tung dominierte bereits die Verhandlungen zum Einigungsvertrag und prägte weiterhin die Phase des Neuaufbaus der ostdeutschen Wissenschaftslandschaft. Damit beabsichtigte die Wissenschaftspolitik, die Grundlagenforschung an den Hochschulen zu stärken und den Einklang von Forschung und Lehre gemäß dem Mythos Humboldt zu wahren.[726]

Der zweite Aspekt zielte auf die internationale Ausrichtung der Forschung. Der immer wiederkehrende Rekurs auf die internationale Wissenschaft und fehlende Reisemöglichkeiten in der DDR bedeuteten für die ostdeutsche Wissenschaft einen erheblichen Nachteil im Begutachtungsprozess. Aus der Perspektive westdeutscher Gutachter waren die Orientierung am westlichen Ausland und insbesondere an den USA ein Qualitätssigel. Dabei stand der Westen für die Freiheit der Wissenschaft und vielfältige Forschungsmethoden und -theorien. Gleichsam kreideten die Gutachter die fehlende Auslandserfahrung nicht den Forschenden an, sondern machten das politische System dafür verantwortlich.

Der Neuaufbau der Wirtschafts- und Sozialwissenschaften an den Universitäten sollte von qualifiziertem Akademiepersonal ausgehen. Allerdings bewertete die AG weniger als die Hälfte der Akademieprojekte positiv. Schlecht schnitten vor allem die Institute ab, die kein klares Profil aufwiesen, sondern thematisch breit aufgestellt waren. Nach Auffassung der Gutachter erschwerte dies die Bearbeitung übergreifender Fragestellungen. Eine weitere Existenz dieser Institute im gemeinsamen Wissenschaftssystem konnte die Arbeitsgruppe schließlich aus wissenschaftlichen und strukturellen Gründen nicht empfehlen.[727] Der institutionelle Rahmen ostdeutscher Akademieforschung passte nicht mit dem System bundesrepublikanischer Forschung zusammen. In der Stellungnahme heißt es dazu: „Sie [die Evaluation] muß nach internationalen Qualitätsstandards fortzuführende Einheiten identifizieren, und sie muß das System der Organisation von Wissenschaft in der Bundesrepublik nicht als alleinige, aber doch als wichtige Zielgröße vor Augen haben."[728] Und obwohl die Gutachter einige Arbeitsgruppen als gut einstuften, war ein Fortbestehen der Akademieeinrichtungen aus Kompatibilitätsgründen mit dem westdeutschen Forschungssystem nicht möglich. Dabei stellt sich die Frage, welchen Zuschnitt ein Institut hätte gehabt haben müssen, um positiv evaluiert zu werden. Einige Institute waren fachlich zu klein, um als eigene Forschungseinrichtung zu existieren, andere waren fachlich zu breit oder methodisch zu eng aufgestellt. Angesichts dieser unklaren Bewertungsmaßstäbe verfestigte sich

---

726 Vgl. Mitchell G. Ash (Hg.): Mythos Humboldt. Vergangenheit und Zukunft der deutschen Universitäten, Wien u. a. 1999. Der Sammelband gibt einen Überblick über das Humboldt'sche Bildungsverständnis, das im 20. Jahrhundert immer wieder verschiedentlich adaptiert wurde.
727 Vgl. Wissenschaftsrat: Stellungnahme zu den außeruniversitären Forschungseinrichtungen in den neuen Ländern und in Berlin – Sektion Wirtschafts- und Sozialwissenschaften, Mainz 1991, S. 4–12.
728 Wissenschaftsrat, Stellungnahme zu den außeruniversitären Forschungseinrichtungen in den neuen Ländern und in Berlin – Sektion Wirtschafts- und Sozialwissenschaften, S. 4.

unter ostdeutschen Begutachteten der Eindruck, dass das Urteil ohnehin schon im Vorfeld feststand.[729]

Die Arbeitsgruppe Wirtschafts- und Sozialwissenschaften empfahl schließlich die Gründung eines einzigen Instituts. Dabei handelte es sich um das Institut für Wirtschaftsforschung, das 1992 in Halle als Blaue-Liste-Institut gegründet wurde und bis heute als Leibniz-Institut für Wirtschaftsforschung existiert.[730] Wie bereits beschrieben, hatte das Bundeswirtschaftsministerium offenbar Interesse daran, weshalb die Gründung zügig realisiert werden konnte. Dort waren Stellen für etwa 40 Wissenschaftlerinnen und Wissenschaftler vorgesehen, wozu noch einige drittmittelgeförderte Projektstellen kamen. Die Stellen waren vor allem für die Mitarbeiter des Zentralinstituts für Wirtschaftswissenschaften und des Instituts für Soziologie und Sozialpolitik vorgesehen. Dabei sollte die Forschung gemeinsam mit westdeutschen Kollegen durchgeführt werden. Mit der Entscheidung, ein Blaue-Liste-Institut einzurichten, ging die Voraussetzung einher, in circa fünf Jahren eine erneute Evaluation durchzuführen. Die Überprüfung der wissenschaftlichen Leistungsfähigkeit und eine Stabilisierung des Verfahrens waren auf diese Weise gewährleistet.

Als Zweites empfahl die AG die Gründung einer Forschungskommission zur Erforschung des sozialen und politischen Wandels in Ostmitteleuropa. Finanziell gesichert bis 1995 sollten auch hier 40 Wissenschaftlerinnen und Wissenschaftler tätig werden. Insbesondere die Mitarbeiter des Instituts für Soziologie und Sozialpolitik erachtete die AG als geeignet dafür. Vorbild für das Modell der Forschungskommission war die 1951 ins Leben gerufene Kommission für Geschichte des Parlamentarismus und der politischen Parteien e. V., an deren Konzept sich die AG orientierte.[731]

Weiterhin regte die Stellungnahme die Förderung von Arbeitsgruppen und Einzelwissenschaftlern an, um das qualifizierte Personal an die Hochschulen anzubinden. Daneben gab es aber „auch eine Reihe von Gruppen, deren Arbeiten mit den Merkmalen und Maßstäben der öffentlich geförderten Forschung nicht vereinbar sind und deshalb auch nicht fortgeführt werden sollten."[732]

Das übergeordnete Ziel der Arbeitsgruppe Wirtschafts- und Sozialwissenschaften bestand darin, ost- und westdeutsche Potenziale zu bündeln, um eine größtmögliche Leistungsfähigkeit zu erreichen. Insgesamt schuf die AG auf diese Weise Stellen für etwa 40 Prozent der vormals wissenschaftlich Beschäftigten. Soziale Aspekte oder einzelne Personen spielten eine untergeordnete Rolle. Dass viele der Stellen im Zuge

---

729 Vgl. Thijs, Vier Wege in das Aus der Einheit, S. 263.
730 Vgl. die Website des Leibniz-Instituts für Wirtschaftsforschung Halle [https://www.iwh-halle.de/; zuletzt aufgerufen am 25.10.2020].
731 Zur Entstehungsgeschichte der Kommission vgl., Ewald Grothe: Zwischen Geschichte und Recht. Deutsche Verfassungsgeschichtsschreibung 1900–1970, München 2005 (= Ordnungssysteme. Studien zur Ideengeschichte der Neuzeit, Bd. 16), S. 337–340.
732 Wissenschaftsrat: Pressemitteilung vom 18.03.1991.

der Besetzungsverfahren mit westdeutschem Personal besetzt wurden, steht indes auf einem anderen Blatt geschrieben und ging über die Planungen des Wissenschaftsrates hinaus. Die Stellenbesetzungen stellten die nächste Phase der wissenschaftspolitischen Transformation dar, die die Wissenschaftliche Kommission nur noch beobachten konnte.[733]

Die Forschungsgruppe empirisch-methodische Forschung vom Institut für Soziologie erhielt darüber hinaus die Beurteilung einen „beachtlichen Standard erreicht"[734] zu haben. Kaases Arbeitsgruppe empfahl daher für den Leiter und drei weitere Forscher eine Anbindung an das Zentrum für Umfragen, Methoden und Analysen (ZUMA) in Mannheim. Damit sicherte sich der Mannheimer Kreis die als gut erachteten Forscherpotenziale und konnte Konkurrenz ausschalten, indem man sie für sich gewann.

Im Anschluss an die allgemeinen Empfehlungen folgten differenzierte Einschätzungen zu den einzelnen Instituten. Dabei wurden jeweils die Geschichte, Organisation und Forschungsschwerpunkte thematisiert. Unter dem Aspekt Organisation und Ausstattung bezog sich die Stellungnahme auf den beantworteten Fragebogen und legte die Finanzierung der Einrichtungen dar. So sei beispielsweise das Institut für Theorie, Geschichte und Organisation der Wissenschaften „bisher voll aus dem Staatshaushalt finanziert"[735] worden und auch das Institut für zeitgeschichtliche Jugendforschung habe bisher keine Drittmittel eingeworben.[736] Eine Reflexion darüber, weshalb die Frage durchgängig verneint wurde, erfolgte nicht.

Gleiches galt für die aufgelisteten Publikationen. Dabei standen nicht der Inhalt der Veröffentlichungen und damit die wissenschaftliche Qualität im Zentrum, sondern vielmehr die numerische Auflistung. So heißt es zum Institut für Wirtschaftsgeschichte: „Die Arbeitsergebnisse des Instituts wurden in Monographien, Sammelwerken, Zeitschriften und Vorträgen veröffentlicht. Zwischen 1985 und 1990 sind 5 monographische Veröffentlichungen erschienen, deren Verfasser ausschließlich Mitarbeiter des Instituts waren [...]."[737] Hieran zeigt sich die Bedeutung quantitativer Indikatoren, denen durch das Medium Fragebogen und durch das Evaluationsverfahren eine wichtige Rolle zuteilwurde. Denn die ‚objektiv' erscheinenden Kennzahlen ermöglichten eine Vergleichbarkeit der wissenschaftlichen Leistungen der verschiedenen Einrichtungen, wobei keinerlei Aussage über deren Qualität getroffen wurde. Angesichts des knappen Zeitrahmens konnte eine intensive Auseinandersetzung mit den Publikationen gar nicht stattfinden. Dennoch wäre es sinnvoll gewesen, zumindest über die Vor-

---

733 Zur Perspektive auf die Personalsituation, vgl. Pasternack, Wissenschaftspersonal als Transformationsproblem.
734 Wissenschaftsrat, Stellungnahme zu den außeruniversitären Forschungseinrichtungen in den neuen Ländern und in Berlin – Sektion Wirtschafts- und Sozialwissenschaften, S. 62.
735 Ebd., S. 69.
736 Vgl. ebd., S. 80.
737 Wissenschaftsrat, Stellungnahme zu den außeruniversitären Forschungseinrichtungen in den neuen Ländern und in Berlin – Sektion Wirtschafts- und Sozialwissenschaften, S. 32.

und Nachteile des gewählten Verfahrens in Bezug auf den spezifischen ostdeutschen Handlungsrahmen nachzudenken.

Abschließend griff die Stellungnahme die von den Instituten selbst unterbreiteten Vorschläge zur künftigen Entwicklung auf, ehe die eigentlichen Empfehlungen der AG folgten. Hierbei wurden meist einzelne als gut erachtete Forschergruppen und deren Anschlussperspektive hervorgehoben. So betrachtete die AG Wirtschafts- und Sozialwissenschaften den Forschungsschwerpunkt Energie und Umweltökonomie am Zentralinstitut für Wirtschaftswissenschaften für besonders wichtig. Ökologische Fragestellungen galten als zukunftsweisend, weshalb eine Angliederung an das neuzugründende Institut für empirische Wirtschaftsforschung empfohlen wurde. Die Forschungen aus den Bereichen der Wachstums- und Strukturforschung, Europäischen Wirtschaftsforschung und Datensysteme seien jedoch „von unterschiedlicher Qualität",[738] so die Stellungnahme, weshalb sie nicht in das neue Institut passten. Dennoch sollten sich 10 Forschende aus diesen Bereichen um Fördermittel als Einzelwissenschaftlerinnen und -wissenschaftler bemühen.

In den internen Aushandlungsprozessen und den darauffolgenden Empfehlungen fanden sich mit Blick auf die Frage, welche Rolle die Politisierung der gesellschaftswissenschaftlichen Institute spielte, kaum Hinweise. Die Arbeitsgruppe des Wissenschaftsrates kritisierte zwar, dass die Gesellschaftswissenschaften bestimmte Ansätze oder Theorien nicht rezipiert hatten. Allerdings führte sie dies auf den erschwerten Zugang zu westlicher Literatur und die Reiseeinschränkungen zurück. Die Politisierung der gesellschaftswissenschaftlichen Fächer war wohl Grundkonsens unter westdeutschen Beteiligten, weshalb darüber keine Diskussion mehr geführt wurde. Eine Abrechnung mit dem Marxismus-Leninismus lässt sich jedenfalls nicht erkennen. Innerhalb der AG war die Frage der Einbettung der ostdeutschen Forschungslandschaft in das bundesrepublikanische Wissenschaftssystem prägender als politische und wissenschaftliche Gesichtspunkte. Dabei war diese Prämisse keineswegs spezifisch für die AG Wirtschafts- und Sozialwissenschaften. Sie folgte vielmehr der Programmatik des Wissenschaftsrates und den Interessen der beteiligten Akteure aus Wissenschaft und der Politik.[739]

Und dennoch war ein Unterschied in der Argumentationslogik auffällig. Während die Politisierung der Gesellschaftswissenschaften in der internen Kommunikation der Arbeitsgruppe und auch in der Verwaltungskommission nicht direkt verhandelt wurde, tauchte der Aspekt in der öffentlichen Darstellung häufiger auf, worauf weiter unten noch eingegangen wird.[740] Das bis heute bestehende und wirksame Narrativ ei-

---

738 Ebd., S. 61.
739 Zu den Interessen der Akteure vgl. Mayntz, Deutsche Forschung im Einigungsprozeß, S. 108–120.
740 So bspw. an einer gemeinsamen Pressekonferenz von Dieter Simon und Heinz Riesenhuber am 10.01.1992, AdWR: SO I 3.1 Evaluationsausschuss 6/6. Dazu mehr unter ‚Öffentliche und interne Kommunikation im Wissenschaftsrat'.

nes Neuaufbaus der ostdeutschen Gesellschaftswissenschaft aufgrund ihrer Politiknähe erzeugte der Wissenschaftsrat durch seine Rhetorik selbst. Dieser Befund schließt an bisherige Forschungen zur Stellenvergabe ostdeutscher Wissenschaftler nach der Vereinigung an. Auf dem sich nach Abwicklungen und Institutsneugründungen geöffneten Arbeitsmarkt spielten Konkurrenzstrukturen, habituelle Unterschiede zwischen Ost- und Westdeutschen sowie politische und fachliche Argumente eine entscheidende Rolle. Dabei ließen sich die Aspekte der Konkurrenz und des Habitus durch politische und fachliche Gründe verschleiern, wie der Sozialwissenschaftler Peer Pasternack betont.[741]

Die Evaluationen an anderen Fachbereichen

Zur Einordnung der sozialwissenschaftlichen Empfehlungen des Wissenschaftsrates ist ein Blick in die Arbeit der anderen Begutachtungskommissionen hilfreich. Denn nicht nur die hier fokussierte Arbeitsgruppe legte weitreichende Schließungen nahe. Vielmehr kann das Modell der Institutsschließung und -neugründung als Teil der Gesamtstrategie des Wissenschaftsrates verstanden werden. Der Kölner Rat empfahl insgesamt 13.300 Stellen ‚neu' zu schaffen. Diese Anzahl resultierte aus den neu- oder umzugründenden Forschungseinrichtungen, während fast alle alten Einrichtungen geschlossen wurden.[742] Nur wenige Institute blieben konstant über die Transformationsphase bestehen. Die meisten Einrichtungen wurden aufgelöst, um sie in veränderter Organisationsform neuzugründen oder in anderen Forschungsstellen aufgehen zu lassen. Dieses Vorgehen bedingte, alle Stellen neu auszuschreiben und führte zu einer weitreichenden personellen Erneuerung.[743] Dabei waren die Bewerbungsverfahren auch für westdeutsche Bewerberinnen und Bewerber geöffnet, um die gewünschte Ost-West-Durchmischung zu erzielen. Für viele ostdeutsche Gesellschaftswissenschaftler avancierte „das Jahr 1991 zum Jahr der ‚Abwicklung' und der Frustrationen",[744] wie Uta Schlegel, eine ehemalige Mitarbeiterin des Zentralinstituts für Jugendforschung, 1997 resümierte.

Ähnlich wie die AG Wirtschafts- und Sozialwissenschaften empfahl auch die von Jürgen Kocka geleitete AG Geisteswissenschaften für sieben der acht evaluierten Institute die Auflösung. Doch anders als im Falle der Sozialwissenschaften regte diese

---

741 Vgl. Pasternack, Wissenschaftspersonal als Transformationsproblem, S. 508.
742 Vgl. Wissenschaftsrat: Stellungnahmen zu den außeruniversitären Forschungseinrichtungen in den neuen Ländern und in Berlin – Allgemeiner Teil, Köln 1992, S. 22.
743 Vgl. ebd., S. 17.
744 Hervorhebung im Original, Uta Schlegel: Ostdeutsche Jugendforschung in der Transformation: Forschungsfelder. Wissenschaftler, Institutionen, in: Hans Bertram (Hg.): Soziologie und Soziologen im Übergang. Beiträge zur Transformation der außeruniversitären soziologischen Forschung in Ostdeutschland, Hemsbach 1997: 75–114, S. 76.

AG gleichzeitig die Gründung sieben geisteswissenschaftlicher Zentren an. Sie boten pro Institut jeweils 25 Stellen für Wissenschaftlerinnen und Wissenschaftler.[745] Zudem stellten die Zentren durchaus eine institutionelle Innovation und keinen reinen Institutionentransfer von West nach Ost dar. Als selbstständige Forschungseinrichtungen führten sie in enger Anbindung an eine Hochschule interdisziplinäre Forschungsprojekte durch. Damit griff die AG die Idee der Forschungskollegs auf, die auf die Geisteswissenschaftler Wolfgang Frühwald, Hans Robert Jauß, Reinhart Koselleck, Jürgen Mittelstraß und Burkart Steinwachs zurückging. Sie skizzierten ihre Vorstellungen der Kollegs 1990 in der Denkschrift *Geisteswissenschaften heute*.[746] Die Finanzierung der Zentren war am Ende der 1990er Jahre zwar schwierig, doch einige der Institute wie das Zentrum für Zeithistorische Forschung in Potsdam existieren bis heute als profilierte Leibniz-Institute.[747]

Als Beispiel für eine Umgründung kann das Institut für Technologie der Polymere (ITP) angeführt werden. Das ITP betrieb Grundlagenforschung im Bereich der Polymerchemie und der ingenieurwissenschaftlichen anwendungsnahen Forschung. Im Jahr 1989 waren an dem Institut 255 Mitarbeiterinnen und Mitarbeiter beschäftigt, davon 99 in wissenschaftlichen Positionen. Bei der Evaluation präsentierte sich das Institut gegenüber dem Wissenschaftsrat mit einem Konzept zur Stärkung der Grundlagenforschung und konnte die Gutachter überzeugen. Das ITP wurde als bestes chemisches Institut bewertet. Hinzu kam, dass im Westen keine vergleichbare Einrichtung existierte. So empfahl die entsprechende Arbeitsgruppe für Chemie die Aufnahme in die Blaue Liste mit 200 haushaltsfinanzierten Stellen, von denen 100 wissenschaftliche Stellen waren. 1992 wurde das Institut für Polymerforschung als Nachfolgeinstitut des ITP gegründet. Das BMFT finanzierte schließlich 170 Planstellen. Dazu wurde das alte Institut zunächst aufgelöst und das Personal mit Ausnahme einiger mit der Stasi verstrickter Mitarbeiter in die neue Organisation übernommen.[748]

An anderen naturwissenschaftlichen Fachbereichen wurden, wie im Falle der Gesellschaftswissenschaften, Institute geschlossen, ohne dass Nachfolgeeinrichtungen gegründet wurden. Denn während der Evaluationen stellten die Arbeitsgruppen des Wissenschaftsrates fest, dass sie sich in der Zuschreibung der apolitischen Naturwissenschaften gegenüber den instrumentalisierten Geistes- und Gesellschaftswissenschaften getäuscht hatten. Demnach erfolgte die Stellenvergabe auch in den Natur-

---

745 Vgl. Ders.: Stellungnahme zu den außeruniversitären Forschungseinrichtungen der ehemaligen Akademie der Wissenschaften der DDR auf dem Gebiet der Geisteswissenschaften, Düsseldorf 1991.
746 Dass die AG Geisteswissenschaften auf das Konzept der Forschungskollegs Bezug nahm, schilderte Jürgen Kocka selbst, vgl. Jürgen Kocka: Geisteswissenschaftliche Zentren: Die umstrittene Innovation, in: Das Hochschulwesen (1994): 122–124.
747 Die Gründung eines Zentrums für zeithistorische Studien konnte 1992 in Form eines Max-Planck-Instituts realisiert werden. 1996 kam es zur Umgründung in Zentrum für Zeithistorische Forschung, das von der DFG finanziert wurde, bis es 2009 schließlich in die Leibniz-Gemeinschaft aufgenommen wurde.
748 Vgl. Wolf, Organisationsschicksale im deutschen Vereinigungsprozeß, S. 207–228.

wissenschaften häufig über politische Beziehungen und nicht nur aufgrund fachlicher Qualifikation.[749]

Die Arbeitsgruppe Biowissenschaften und Medizin des Wissenschaftsrates fand unter den 18 Instituten, die sie evaluiert hatte, eine „Vielzahl von kompetenten und engagierten Mitarbeitern vor."[750] Für 17 der Institute entwickelte die Arbeitsgruppe, wenn auch in verkleinerter und organisatorisch veränderter Form, eine Anbindung. Nur hinsichtlich der Arbeitsstelle für Technische Mikrobiologie sprach sich die AG dezidert gegen eine Weiterführung aus. Ansonsten wurden etwa 2.380 Planstellen für die zuvor 5.700 Beschäftigten im Bereich Biologie und Medizin geschaffen. Damit erhielt zunächst etwa die Hälfte des alten Personals eine Anstellung. Doch die Anzahl der Planstellen berücksichtigte bereits rund 1.000 Drittmittelstellen, die für einen Übergang von drei bis fünf Jahren vorgesehen waren. Auf einen längeren Zeitraum gesehen wurde hierüber also eine Personalreduktion um 75 Prozent eingeleitet.

Grundsätzlich positiv bewertete die AG Biowissenschaften und Medizin die enge Verzahnung von Klinik und Forschung in der früheren DDR. Die klinische Forschung sollte auch im vereinten Deutschland gestärkt werden sowie insgesamt eine „Neuordnung der Gesundheitsforschung"[751] bewirken. Als problematisch erachtete die Arbeitsgruppe dagegen, dass bislang zu wenig Grundlagenforschung betrieben worden sei.

Sowohl die geistes- als auch die biomedizinische Arbeitsgruppe beabsichtigte mit der Evaluation an den ostdeutschen Instituten organisatorische und forschungsstrategische Akzente zu setzen. Die Schließung von Instituten war wiederum kein Spezifikum der Arbeitsgruppe Wirtschafts- und Sozialwissenschaften. Wohl aber war die Tatsache, dass daraus kaum neue Institutionen hervorgegangen waren, speziell. Hierin unterschied sich die AG Wirtschafts- und Sozialwissenschaften deutlich von anderen Fachbereichen. Vor allem verglichen mit den Natur- und Ingenieurswissenschaften folgte in den früheren Gesellschaftswissenschaften ein deutlich größerer Personalabbau.[752]

Die Stellungnahme zu den Hochschulen

Die *Empfehlungen zum Aufbau der Wirtschafts- und Sozialwissenschaften an den Universitäten / Technischen Hochschulen in den neuen Bundesländern und im Ostteil von Berlin* beriet der Strukturausschuss des Wissenschaftsrates am 23. April 1991. Die inhaltliche

---

749 AdWR: 11.1 Sitzungen November 1990 bis März 1991, Protokoll der 128. Vollversammlung des WR vom 16.11.1990, S. 5.
750 Wissenschaftsrat: Stellungnahme zu den außeruniversitären Forschungseinrichtungen in der ehemaligen DDR im Bereich ‚Biowissenschaften und Medizin', Düsseldorf 1991, S. 186.
751 Ebd., S. 9.
752 Vgl. Bartz, Der Wissenschaftsrat, S. 168.

Ausgestaltung oblag wiederum, wie bereits oben dargelegt, der Arbeitsgruppe Wirtschafts- und Sozialwissenschaften in der gleichen personellen Konstellation.[753] Einen Monat später wurde die Vorlage verabschiedet.

Die Einleitung der Stellungnahme beginnt mit einem Verweis auf Artikel 38 des Einigungsvertrages, obwohl sich dieser gerade nicht auf die Hochschulen bezog. Vielmehr rekurrierte der Artikel auf die Begutachtung öffentlich getragener Einrichtungen und damit auf die durch den Bund finanzierten ehemaligen Akademieinstitute. Weiter schilderte die AG ihr Vorgehen, wonach sie die wirtschafts- und sozialwissenschaftlichen Fachbereiche der ostdeutschen Hochschulen und Universitäten „besucht"[754] und Gespräche mit Hochschullehrenden, Assistenten und Studierenden geführt habe. Außerdem lagen aktuelle Informationsmaterialien mit statistischen Daten und Studienordnungen zugrunde. Der Hinweis auf den Einigungsvertrag, der sich übrigens in der Stellungnahme zu den evaluierten Akademieinstituten nicht findet,[755] kann als Selbstvergewisserung und Legitimationsstrategie für das Vorgehen an den Hochschulen gedeutet werden.

Darüber hinaus fasst die Einleitung zusammen, dass die Wirtschafts- und Sozialwissenschaften zu jenen Fächern gehörten, in denen eine „grundlegende personelle und inhaltliche Neu- und Umorientierung"[756] notwendig sei. Die Studiengänge waren in der DDR auf die marxistisch-leninistische Gesellschaftstheorie verengt und wesentliche Merkmale „wissenschaftlicher Leistungsfähigkeit"[757] nicht vorhanden.

Anders als die Stellungnahme zu den außeruniversitären Einrichtungen gliedert sich die Empfehlung nicht nach Instituten, sondern zum einen nach den drei Fachdisziplinen der Wirtschaftswissenschaft, Soziologie und Politikwissenschaft, für die jeweils die bestmögliche Ausstattung an Professuren definiert wurde. Und zum anderen basierte die Empfehlung auf regionalpolitischen Aspekten, die den neuen Bundesländern als Orientierung für den Aufbau der Fakultäten dienen sollten. Die Wirtschaftslehre wurde beispielsweise in BWL und VWL unterteilt, mit jeweils sieben Kernlehrstühlen. Diese konnten um weitere Professuren ergänzt werden wie etwa die Wirtschaftsgeschichte oder Sozialökonomie.[758] Dass die Wirtschaftsgeschichte hier der Ökonomie

---

753 Vgl. M. Rainer Lepsius: Zum Aufbau der Soziologie in Ostdeutschland, in: Kölner Zeitschrift für Soziologie und Sozialpsychologie (KZfSS) 45 (1993): 305–337.
754 Wissenschaftsrat, Empfehlungen zum Aufbau der Wirtschafts- und Sozialwissenschaften an den Universitäten / Technischen Hochschulen in den neuen Bundesländern und im Ostteil von Berlin, S. 58.
755 Die Vorbemerkungen der Stellungnahme waren nicht so stark auf Legitimität ausgerichtet. Auf den Einigungsvertrag ist man zwar auch eingegangen, allerdings ohne Bezug auf Artikel 38 und stattdessen erzählerischer, indem die Entwicklungen seit der Veröffentlichung der Zwölf Empfehlungen skizziert wurden, vgl. Ders., Stellungnahme zu den außeruniversitären Forschungseinrichtungen in den neuen Ländern und in Berlin – Sektion Wirtschafts- und Sozialwissenschaften, S. 2.
756 Ders., Empfehlungen zum Aufbau der Wirtschafts- und Sozialwissenschaften an den Universitäten / Technischen Hochschulen in den neuen Bundesländern und im Ostteil von Berlin, S. 2.
757 Ebd.
758 Ebd., S. 68.

zugeordnet wurde, zeigte sich bereits in der Zuteilung des Instituts für Wirtschaftsgeschichte zu den Sozialwissenschaften. Wirtschaftsgeschichte war nach bundesrepublikanischem Verständnis Teil der Wirtschaftswissenschaften und nicht der Geschichtswissenschaft.[759]

Nach den Vorschlägen zu einzelnen Professuren folgten Empfehlungen zum Aufbau von Fakultäten. Diese orientierten sich an einer regional ausgewogenen Verteilung. So empfahl die Arbeitsgruppe Wirtschafts- und Sozialwissenschaften dem Land Berlin wegen der zu erwartenden hohen Studienanfängerzahlen im Fach Wirtschaft, auch im Ostteil der Stadt eine wirtschaftswissenschaftliche Fakultät einzuplanen. Zur regionalen Ausgewogenheit sollten zudem Absprachen mit dem Land Brandenburg getroffen werden. Die AG konnte den neuen Bundesländern zwar keine Vorschriften hinsichtlich der Gestaltung der Hochschulen machen, fand mit dem Instrument der Empfehlung aber eine subtile Form der Einflussnahme. Während an den Akademieinstituten gemäß Evaluationsauftrag ‚Stellung' bezogen wurde, bestand an den Hochschulen die Möglichkeit, Empfehlungen auszusprechen. Auf begriffliche Präzision waren die Akteure aus dem Wissenschaftsrat zu dieser Zeit sehr bedacht. Die Umsetzung der Empfehlung lag letztlich in der Verantwortung der neuen Länder, genauer gesagt der Hochschulstruktur- und Gründungskommissionen der Hochschulen.

Dabei war es der Wissenschaftsrat selbst, der den Hochschulen der neuen Länder im November 1990 nahegelegt hatte, Hochschulstrukturkommissionen einzusetzen. Deren Aufgabe bestand darin, Neu- und Umgründungen von Hochschulen unter regionalen Gesichtspunkten zu betrachten und Entscheidungen dazu zu treffen. Die Mitglieder der AG Wirtschafts- und Sozialwissenschaften bedauerten, dass es keine überregionale Abstimmung zwischen den neuen Ländern gab, wie M. Rainer Lepsius 1993 monierte.[760] Insofern verstanden sich der Wissenschaftsrat und seine Arbeitsgruppen als koordinierende und länderübergreifende Akteure der Hochschultransformation.

In Anbetracht zu erwartender Studienanfängerzahlen unterschied die Empfehlung zwei Phasen. Die erste Phase definierte eine Aufbauzeit von drei bis fünf Jahren, innerhalb der das Konzept des Wissenschaftsrates umgesetzt werden sollte. Die zweite Phase ab Mitte der 1990er Jahre beinhaltete eine erneute Überprüfung der Rahmenbedingungen.[761] Während der Aufbauphase sollte der Lehrbetrieb trotz der Berufungsverfahren und Stellenneubesetzungen aufrechterhalten bleiben. Dies sollte durch Vertretungen, Gastdozenturen und den Einsatz emeritierter westdeutscher Professoren gelingen.

Aus der Zeit der ‚Überfüllungskrise' der 1970er und 80er Jahre im westdeutschen Wissenschaftssystem resultierten für viele qualifizierte Wissenschaftlerinnen und Wis-

---

759 Zum Verhältnis von Wirtschafts- und Geschichtswissenschaft siehe Steiner, Wirtschaftsgeschichte.
760 Lepsius, Zum Aufbau der Soziologie in Ostdeutschland, S. 314.
761 Vgl. Wissenschaftsrat, Empfehlungen zum Aufbau der Wirtschafts- und Sozialwissenschaften an den Universitäten / Technischen Hochschulen in den neuen Bundesländern und im Ostteil von Berlin, S. 69.

senschaftler prekäre Beschäftigungsverhältnisse. Sie konnten aufgrund der Stellensituation und -struktur im bundesrepublikanischen System keine Professur erlangen und andere feste Stellen mit Forschungsauftrag existierten kaum. Gerade für diese Gruppe westdeutscher Forscher erkannte die AG Wirtschafts- und Sozialwissenschaften berufliche Chancen in Ostdeutschland. So sollten hochqualifizierte Fachvertreter aus den alten Bundesländern auch nicht aufgrund von Altersbeschränkungen daran gehindert werden, in den neuen Bundesländern berufen zu werden: „Er [der Wissenschaftsrat] empfiehlt den neuen Bundesländern, für Berufungen an ostdeutsche Hochschulen solche Altersbegrenzungen auszusetzen oder vorerst nicht einzuführen."[762] Auf ostdeutscher Seite führte die Kategorie Alter dagegen zu einer systematischen Benachteiligung älterer Wissenschaftlerinnen und Wissenschaftler ab 50 Jahren. Im Gegensatz zu dem ‚unbelasteten Nachwuchs' griffen für diese Personen häufig Vorruhestandsregelungen, um ihre Stellen neubesetzen zu können. Für westdeutsche Personen spielte das Alter hingegen keine Rolle, stattdessen sollten sogar Emeriti berücksichtigt werden. In dieser Hinsicht wurde mit Blick auf die soziale Kategorie Alter mit zweierlei Maß gemessen.

5.3 Umsetzung der Empfehlungen und Probleme

> Evaluation: Saddam Simon besetzt Land von Buschmännern
> und stellt überrascht fest, daß es doch richtige Menschen sind.[763]

Die Stellungnahme zu den außeruniversitären Einrichtungen sorgte unter den Akademieinstituten für Fragen und Kritik. Einige gesellschaftswissenschaftliche Forschungseinrichtungen wussten teilweise überhaupt nicht, wie sie die Empfehlungen interpretieren sollten und wie es in Zukunft weitergehen würde. Im Gegensatz dazu ging ein von der AG Biowissenschaften negativ bewertetes Institut bereits einen Schritt weiter und äußerte eine ironische und zynische Kritik am gesamten Evaluationsverfahren. Das Zentralinstitut für Molekularbiologie (ZIM) verschickte im März 1991 ein selbst gestaltetes ‚Politik-Info-Heft' an die Geschäftsstelle des Wissenschaftsrates. Das Heft richtete sich explizit an Dieter Simon und beinhaltete das einleitende Zitat. Dieser Evaluationswitz gibt einen Einblick in die Wahrnehmung des Evaluationsverfahrens und die Rolle des Vorsitzenden.[764] Dabei ist der Witz vor dem Hintergrund des politischen Witzes in der DDR zu sehen, der dort eine spezifische Funktion hatte, nämlich

---

762 Vgl. ebd., S. 76.
763 AdWR: SO I Vorsitzender Simon 1990–1992, Broschüre vom Zentralinstitut für Molekularbiologie: ZIM-Politik-Info vom 12.03.1991.
764 Zur Rolle Dieter Simons und seiner ambivalenten Haltung, s. S. 251–254.

die Äußerung von Kritik an politischen Verhältnissen.⁷⁶⁵ Ebenso wie mit der Eingabe im Bereich der politischen Artikulation wirkten auch humoristische Besonderheiten der DDR-Gesellschaft im nunmehr vereinten Deutschland fort und veränderten die Form der Kommunikation. In der halb schreibmaschinengetippten, halb gebastelten Broschüre kritisierten die Mitarbeiterinnen und Mitarbeiter des ZIM, dass soziale Aspekte keine Rolle in den Entscheidungen des Wissenschaftsrates gespielt hätten. Sie beschrieben die Evaluation als „Kahlschlag in der Wissenschaft"⁷⁶⁶ und als „Gehirnamputation im Osten". Ihrer Meinung nach müsste es auch Abwicklungen im Westen geben, um hier eine gerechte Ausgangssituation zu schaffen. Das Institut verschickte die Broschüre mit der Aufforderung an den Wissenschaftsrat, Stellung zu diesem „schwarzen Humor" zu beziehen. Aller Wahrscheinlichkeit nach kam Dieter Simon der provokanten Aufforderung nicht nach.

Probleme mit den Stellungnahmen des Wissenschaftsrates traten hauptsächlich auf, wenn verschiedene Akteure aus Wissenschaft und Politik an der Umsetzung beteiligt waren. Dieses Kapitel gibt einen Einblick in die Kommunikationsstrategie, die die Leitungsebene des Wissenschaftsrates verfolgte und zeigt zugleich die Entwicklungen an den vormals gesellschaftswissenschaftlichen Instituten während der Umsetzungsphase auf.

5.3.1 Öffentliche und interne Kommunikation im Wissenschaftsrat

Die Verantwortlichen im Wissenschaftsrat differenzierten in ihrer internen und externen Kommunikation stark. Dabei bildete sich allmählich das westdeutsche Narrativ einer ‚gelungenen Transformation' heraus,⁷⁶⁷ das auch im wissenschaftspolitischen Sprachjargon Einzug hielt. So sprach Dieter Simon Mitte März 1991 auf einer Tagung über den Stand des Evaluationsverfahrens und Probleme der Überführung von Einrichtungen und Einzelforschern in neue Trägerschaften und Förderverfahren.⁷⁶⁸ Zu den Aufgaben der Evaluation erklärte Simon, dass es dem Wissenschaftsrat darum gehe, eine strukturelle Weiterentwicklung von Wissenschaft und Forschung zu bewirken, die in beide Teile Deutschlands strahle. Damit bezog er sich auf die *Zwölf Empfehlungen* vom Sommer des Jahres 1990 und die darin formulierte Zielvorstellung, die

---

765 Zum politischen Witz in der DDR vgl. Anke Blasius: Der politische Sprachwitz in der DDR. Eine linguistische Analyse, Hamburg 2003, S. 38.
766 Hier und in den folgenden zwei Zitaten AdWR: SO I Vorsitzender Simon BMFT Gespräch mit WR und Länderministern 1990–1992, Broschüre vom Zentralinstitut für Molekularbiologie: ZIM-Politik-Info vom 12.03.1991.
767 Vgl. Böick / Goschler / Jessen, Die deutsche Einheit als Geschichte der Gegenwart.
768 Hier und in den nächsten Zitaten AdWR: SO I Vorsitzender Simon BMFT Gespräch mit WR und Länderministern 1990–1992, Stichworte zum Vortrag aus der Geschäftsstelle des Wissenschaftsrates vom 11.03.1991.

Wiedervereinigung als Chance zur Neuausrichtung des westdeutschen Wissenschaftssystems zu nutzen.

Zudem hatte sich der Wissenschaftsrat gerade erst mit den Institutionen der Großforschungseinrichtungen auf westdeutschem Gebiet befasst und eine stärkere Zusammenarbeit von Hochschulen und Großforschungseinrichtungen gefordert.[769] Darin bekräftigte der Wissenschaftsrat abermals seine Haltung zur Hochschulforschung: „Die Hochschulen bilden das Fundament für das gesamte Forschungssystem, da sie den wissenschaftlichen Nachwuchs heranbilden."[770] Darüber hinaus seien die Hochschulen mit ihrer Disziplinenvielfalt geradezu prädestiniert, interdisziplinär zu arbeiten, was sie von den Großforschungseinrichtungen unterscheide. Perspektivisch sollte daher geprüft werden, ob Aufgaben der Großforschungseinrichtungen zurück an die Hochschulen überführt werden können. Der Wissenschaftsrat begrüßte zudem, dass Bund und Länder an den Zentren mittlerweile ein Begutachtungsprinzip installiert hatten, das ähnlich wie die Begutachtung der Sonderforschungsbereiche funktionierte.[771] Die Argumente waren damit die gleichen wie für die ostdeutschen Akademieinstitute.

Zum damaligen Zeitpunkt im März 1991 waren bis auf zwei biowissenschaftliche beziehungsweise medizinische Institute der Akademie der Wissenschaften alle Einrichtungen begutachtet worden. Obwohl Simon es als „gewagt" bezeichnete, in einem noch nicht abgeschlossenen Prozess bereits ein Fazit zu ziehen, sah er es als notwendig an, den vormaligen Akademieeinrichtungen in Aussicht zu stellen, was nach Verabschiedung der Empfehlungen passieren würde. Gleichzeitig wollte er der Politik für das geplante Haushaltsjahr 1992 eine ungefähre Größenordnung der zu erwartenden Kosten präsentieren. Nach Berechnungen der Geschäftsstelle sollten 9.000 bis 10.000 Personen der ehemaligen Akademie der Wissenschaften neu eingestellt werden: „Diese Zahl mag [...] erschrecken", so Dieter Simon, vor dem Hintergrund, dass ein Jahr zuvor noch über 23.000 Personen an der Akademie angestellt waren. Für die Personen, die ab dem 1. Januar 1992 arbeitslos wurden, sollten „komplementäre Maßnahmen" wie Umschulungen, Weiterbildungen und Arbeitsbeschaffungsmaßnahmen greifen.

Abschließend erörterte Simon das Problem, wie zu verhindern sei, dass hochqualifiziertes Personal aus den neuen Bundesländern abwandere und nicht für künftige Max-Planck- oder Blaue-Liste-Institute zur Verfügung stehe.[772] In dieser frühen Phase, die zeitlich nah an dem Evaluationsgeschehen lag, wurden Probleme durchaus offen thematisiert und nicht beschönigt.

---

769 Wissenschaftsrat: Empfehlungen zur Zusammenarbeit von Großforschungseinrichtungen und Hochschulen, Berlin 1991.
770 Ebd., S. 24.
771 Wissenschaftsrat, Empfehlungen zur Zusammenarbeit von Großforschungseinrichtungen und Hochschulen, S. 51.
772 AdWR: SO I Vorsitzender Simon BMFT Gespräch mit WR und Länderministern 1990–1992, Stichworte zum Vortrag aus der Geschäftsstelle des Wissenschaftsrates vom 11.03.1991.

Ein halbes Jahr später, im November 1991, zog der Wissenschaftsrat eine interne Bilanz, die deutlich negativer ausfiel. Denn inzwischen zeichnete sich ab, wie es um die Umsetzung der Empfehlungen bestellt war. Die Bilanz bezog sich auf die Hochschulempfehlungen. An einigen Fachbereichen der ostdeutschen Universitäten seien die Empfehlungen des Wissenschaftsrates bereits umgesetzt worden, darunter auch die Wirtschafts- und Sozialwissenschaften. In anderen Disziplinen hingegen zog sich die Umsetzung noch bis in das Jahr 1992 hinein. Dabei erwies sich die Zusammenarbeit mit und zwischen den neuen Bundesländern als schwierig. Insbesondere fehlte eine koordinierende Instanz, um die übergreifenden Empfehlungen durchzusetzen. Der Wissenschaftsrat selbst war in dieser Phase nicht mehr aktiv involviert. Bis auf den Appell, seine Empfehlungen an den Hochschulen zu realisieren, hatte er keinerlei Handhabe. Die Abstimmung der neuen Länder untereinander erachtete der Wissenschaftsrat als „defizitär", und „alle länderübergreifenden Empfehlungen des Wissenschaftsrates machten Probleme."[773]

Die Probleme betrafen vor allem die Stellenpläne, die von den entsprechenden Finanzministerien abgesegnet werden mussten. Die Finanzminister wollten aber Einsparungen vornehmen, wovon auch das Wissenschaftlerintegrationsprogramm (WIP) betroffen war.[774] Das Programm wurde in seiner Laufzeit gekürzt und existierte schließlich von 1992 bis 1996. Der Wissenschaftsrat hatte eigentlich eine fünf-jährige Förderung für die Projektstellen der Akademiewissenschaftlerinnen und -wissenschaftler an den Hochschulen vorgesehen. Die Kürzung erschwerte die Integration der Forschenden in die Hochschulen. Außerdem waren die Arbeitsbedingungen an den ostdeutschen Universitäten nicht besonders attraktiv, weshalb Berufungen vielfach scheiterten. So hatte beispielsweise im Frühjahr 1991 erst ein einziger Juraprofessor an der Universität Rostock seine Tätigkeit aufgenommen. Dennoch sollten die Gründungspläne für neue Fakultäten und Universitäten nicht übereilt werden, denn „wenn jetzt rasch gegründet wird, besteht Gefahr der Zweitklassigkeit",[775] wie der Wissenschaftsrat befürchtete.

Auf einer gemeinsamen Pressekonferenz mit dem Bundesminister für Forschung und Technologie, Heinz Riesenhuber, im Januar 1992 berichtete Dieter Simon erneut vom Stand der Neuordnung der ostdeutschen Forschungslandschaft. Diese bezeichnete er öffentlich als „gelungen"[776] und trug damit zum westdeutschen Narrativ der erfolgreichen Transformation bei. Riesenhuber und Simon zeichneten ein ausschließlich positives Bild und rückten die erzielten Ergebnisse in den Vordergrund. Negative Begleiterscheinungen der Wiedervereinigungspolitik wurden hingegen ausgeblendet.

---

773 AdWR: SO I 4.2 Strukturausschuss, Vermerk aus der Geschäftsstelle des WR vom 28.11.1991 über die Stellungahme zu den Hochschulen in den neuen Ländern.
774 Zum Wissenschaftlerintegrationsprogramm s. in diesem Kapitel u. S. 220–220.
775 AdWR: SO I 4.2 Strukturausschuss, Vermerk aus der Geschäftsstelle des WR vom 28.11.1991 über die Stellungahme zu den Hochschulen in den neuen Ländern.
776 AdWR: SO I 3.1 Evaluationsausschuss 6/6, Pressekonferenz am 10.01.1992.

Demnach konnte der personelle Überhang an den Akademieinstituten reduziert und die beeinträchtigte Forschung an den Hochschulen gestärkt werden. Die Kultusminister der neuen Länder hatten sich zudem darauf verständigt, die Empfehlungen des Wissenschaftsrates möglichst vollständig umzusetzen, um den vormaligen Akademiebeschäftigten einen zügigen Übergang in neue Arbeitsverhältnisse zu ermöglichen.

Im Hinblick auf die neu entstehende Forschungslandschaft in Ostdeutschland erklärten Riesenhuber und Simon, dass Artikel 38 des Einigungsvertrages tatsächlich als Chance genutzt worden sei: „Im Vergleich zu den alten Bundesländern zeigt die außeruniversitäre Forschungslandschaft der neuen Länder durchaus andere Gewichtungen und Schwerpunktsetzungen."[777] Strukturell wurden nur wenige Großforschungseinrichtungen errichtet, die auf die staatliche Vorsorgeforschung in den Bereichen Gesundheit, Umwelt und Ökologie beschränkt sei.[778] Darüber hinaus entstanden vergleichsweise viele Fraunhofer-Institute, die an der Schnittstelle von Wissenschaft und Wirtschaft angesiedelt waren und die Auftragsforschung kleinerer bis mittelgroßer Unternehmen durchführten. Insbesondere war es aber die Blaue Liste, die durch ihr breites Profil überaus viele Neugründungen vorgenommen hatte.

Über die nur wenige Monate vorher festgestellten Problemlagen verlor Dieter Simon an der Pressekonferenz kein einziges Wort. Die Arbeit der Kultusminister wurde stattdessen großzügig gelobt. Auch die schwierige Eingliederung der Akademiewissenschaftlerinnen und -wissenschaftler in die Hochschulen kam nicht zur Sprache, obwohl sie einen wesentlichen Teil der Hochschulempfehlungen ausmachte. Wie bereits im Evaluationsergebnis vor dem Hintergrund des Aushandlungsprozesses anklang, zeigt sich auch hier, dass die interne Kommunikation eine andere Rhetorik verfolgte als die öffentliche. Sie zeichnete in diesem Fall ein ausschließlich positives Bild der Evaluationsfolgen.

5.3.2 Wie sollte es weitergehen? Unsicherheit und Kritik an den gesellschaftswissenschaftlichen Instituten

Die sozialwissenschaftlichen Institute nahmen die Empfehlungen zum großen Teil mit „Bestürzung und Enttäuschung"[779] auf und teilten dem Wissenschaftsrat das negative Stimmungsbild in Briefen und Stellungnahmen schonungslos mit. Außerdem ergaben sich einige Fragen dazu, wie die Empfehlungen ganz praktisch zu verstehen seien und auch die Strukturperspektive des Wissenschaftsrates, die sich auf Forschergruppen

---

777 Ebd.
778 Ebd.
779 AdWR: SO I 3.2.1 AG Wirtschafts- und Sozialwissenschaften, Schreiben vom Institut für Wirtschaftswissenschaften an den WR vom 27.03.1991.

und nicht auf Einzelpersonen bezog, sorgte für Unverständnis, wie die folgenden Beispiele illustrieren.

Dem Institut für Wirtschaftsgeschichte war zum Beispiel nicht klar, weshalb die Stellungnahme einige Forschergruppen hervorhob, während andere überhaupt nicht erwähnt wurden. In Bezug auf die geplanten Angliederungen fragte die Institutsleitung nach, wann mit der Gründung des Zentrums für zeithistorische Studien gerechnet werden könne und ob die Humboldt-Universität bereits davon in Kenntnis gesetzt wurde, dass Wissenschaftlerinnen und Wissenschaftler des IWG dort eine Anstellung finden sollten. Die empfohlene Weiterbeschäftigung von fünf Mitarbeitern warf zudem die Frage auf, welche der vorhandenen Personen diese Stellen erhalten sollten. Und auch die Förderung von Einzelwissenschaftlern brachte die Schwierigkeit mit sich, welche der Wissenschaftlerinnen und Wissenschaftler dafür infrage kamen und welche Projekte eine Chance hatten.[780]

Das Institut für zeitgeschichtliche Jugendforschung wandte sich direkt an den Vorsitzenden des Wissenschaftsrates und gab eine „notwendige Erwiderung"[781] auf die Stellungnahme zu den Wirtschafts- und Sozialwissenschaften ab. Diese Erwiderung war wiederum als Eingabe verfasst. Der Institutsleiterin Helga Gotschlich war bekannt, dass westdeutschen Direktoren, deren Institute zuvor vom Wissenschaftsrat evaluiert wurden, bislang das Recht eingeräumt wurde, ihre Meinung zu den Gutachten zu äußern: „Ich weiß nicht genau, ob Sie den ehemaligen DDR-Bürgern und Institutsdirektoren der untergehenden Akademie der Wissenschaften ein gleiches Recht einräumen möchten",[782] erklärte die Direktorin, und tat ihre Meinung kund. Demnach gebe es einige Widersprüche zwischen dem Gutachten und den tatsächlichen Gegebenheiten am Institut. So sei das Institut von „ca. 20 (ausschließlich männliche[n]) Gutachtern in Berlin"[783] besucht worden, die unter terminlichem Druck gestanden und auch keine Zeit für eine Besichtigung der Institutsräumlichkeiten oder des Archivs gehabt hätten. Somit beschränkte sich das Gespräch lediglich auf den Entwicklungs- und Neugründungsprozess der Jugendforschungseinrichtung. An der Stellungnahme kritisierte die Leiterin, dass die vom IzJ im Januar versandten Ergänzungsmaterialien keine Berücksichtigung fanden und sich dadurch falsche Informationen eingeschlichen hätten. Dieses „Kardinalproblem", so Gotschlich, zeige sich unter anderem in einer Passage zum FDJ-Archiv: „Die Bemühungen des Instituts, das FDJ-Archiv einzugliedern, waren bisher nicht erfolgreich."[784] Das Institut erklärte sich die aus seiner Sicht unzutreffende

---

780 AdWR: SO I 3.2.1 AG Wirtschafts- und Sozialwissenschaften 2/6, Schreiben an den WR vom 28.03.1991.
781 AdWR: SO I Vorsitzender Simon Korrespondenz und Materialien zu AdW-Instituten (44–60) 1990–1992, Schreiben vom IzJ an den WR vom 02.04.1991.
782 Ebd.
783 AdWR: SO I Vorsitzender Simon Korrespondenz und Materialien zu AdW-Instituten (44–60) 1990–1992, Schreiben vom IzJ an den WR vom 02.04.1991.
784 Ebd.

Darstellung mit Ignoranz seitens des Wissenschaftsrates. Da die Empfehlung dennoch so schicksalhaften Charakter hat, bat sie um ein persönliches Gespräch in Köln.

Auch das Institut für Wirtschaftswissenschaften erkundigte sich, wie die Stellungnahme zu deuten sei. Die Wirtschaftswissenschaftler begannen bereits Ende April 1991 mit der Umsetzung der Empfehlungen, waren sich allerdings unsicher, worauf sich die Förderung der zehn Einzelwissenschaftlerinnen und -wissenschaftler bezog: „Die sich stellende Frage lautet: Sind diese 10 Plätze an das empirische Wirtschaftsforschungsinstitut gekoppelt oder sind sie eine davon abgehobene Offerte?"[785] Mit der Förderung von Einzelwissenschaftlern war die projektfinanzierte Förderung durch das BMFT gemeint. Die Stellungnahme war jedoch allgemein gehalten und schlüsselte nicht *en détail* auf, welche Personen entsprechende Projektanträge stellen sollten. Auch konnte das Akademieinstitut der Stellungnahme keine Hinweise darauf entnehmen, welche Forschergruppen aus Sicht des Wissenschaftsrates erhaltenswert seien und wie die künftige Anbindung aussehen würde.[786] Die Empfehlungen, die keine konkreten Personen benannten, waren den Betroffenen zu unspezifisch und abstrakt.

Die zahlreichen Schreiben, die den Wissenschaftsrat nach der Veröffentlichung der Stellungnahme erreichten, zeugen von großer Unsicherheit auf Seiten der Institutsmitarbeiterinnen und -mitarbeiter sowie der Leitungen. Die vormals im zentralistischen Wissenschaftssystem der DDR angesiedelten Forschungsinstitute standen den Empfehlungen des Wissenschaftsrates ohne jedwede Erklärungen gegenüber und wussten diese nicht einzuordnen. Insbesondere die Förderung von Einzelwissenschaftlern, die ein extra für die Akademieinstitute konzipiertes Verfahren darstellte, zog Probleme nach sich. Neben der fortbestehenden Kommunikationsstruktur der Eingabe zeigt sich hieran die etablierte Entscheidungskultur in der DDR: Das zentralistische Wissenschaftssystem hatte einzelnen Personen Entscheidungen abgenommen und sie entsprechend der Nomenklatur an die nächsthöhere Instanz delegiert. Organisationsfragen und Stellenpläne legte die Akademieleitung in Abstimmung mit der staatlichen Plankommission und dem Finanzministerium fest.[787] Dadurch waren einzelne Wissenschaftlerinnen und Wissenschaftler nicht an zentralen Entscheidungen beteiligt. Der Erfahrungshintergrund dieser Entscheidungspraxis schlug sich nun im Umgang mit den Empfehlungen nieder, die den Wissenschaftlern entgegen ihrer bisherigen Praxis und Kultur ein hohes Maß an Eigenständigkeit abverlangte.

Am Institut für Soziologie und Sozialpolitik zog sich die Umsetzung der Empfehlungen bis in den Herbst 1991. Die Forschungsgruppe Demografie des Instituts sollte gemäß Empfehlung dem Bundesinstitut für Bevölkerungsforschung (BIB) in Wiesba-

---

[785] Vorlass Max Kaase an der Jacobs University: Akte 11, Schreiben an den WR vom 30.04.1991.
[786] Ebd.
[787] Malycha beschreibt diese Konstellation für die Hochschulen, vgl. Andreas Malycha: Geplante Wissenschaft. Eine Quellenedition zur DDR-Wissenschaftsgeschichte 1945–1961, Altenburg 2003 (= Beiträge zur DDR-Wissenschaftsgeschichte, Bd. 1), S. 33 ff.

den zugeordnet werden. Dies erwies sich in der Realität jedoch als schwierig. Statt der ursprünglich vorgesehenen fünf Stellen reduzierte sich die Anzahl nach Absprache mit dem BIB während des Sommers auf drei befristete Anstellungen, die sich bis zum September schließlich auf null minimierten. Das Institut für Soziologie und Sozialpolitik wandte sich in dieser Angelegenheit an Max Kaase und schilderte ihm die Problematik. Dabei verwies die Forschergruppe auch auf ihre Bereitschaft, sich gegebenenfalls einem anderen Institut anzuschließen. Wichtig war lediglich, weiterhin einer wissenschaftlichen Tätigkeit nachgehen zu können.[788] Kaase hatte sich in dieser Angelegenheit bereits mit dem nun verantwortlichen Gremium, der Umsetzungsdelegation, in Verbindung gesetzt. Sie war seit dem Frühjahr 1991 für die Umsetzung der Empfehlungen zuständig und vereinte verschiedene Akteure der Wissenschaftspolitik.[789]

Einen Erhalt der Stellen konnte Kaase trotz seines Engagements nicht bewirken. In der Hoffnung, Dieter Simon könne als Vorsitzender des Wissenschaftsrates mehr bewirken, leitete er das Schreiben weiter und ersuchte Simons Einflussnahme: „[ich könnte] mir vorstellen, daß eine Intervention Ihrerseits in dieser Angelegenheit zu bewegen vermag, was mir nicht gelungen ist."[790] Damit hoffte Kaase auf eine größere Wirkmächtigkeit Simons, was zeigt, dass ihm tatsächlich an einem für das Institut glücklichen Ausgang gelegen war.

5.3.3 Transformation als Forschungsgegenstand – die KSPW

Mit dem Ende der DDR entstand für die zeithistorische, sozial- und politikwissenschaftliche Forschung ein neuer Untersuchungsgegenstand. Bereits im November 1990 reichte eine Forschergruppe der Mannheimer Fakultät für Sozialwissenschaften gemeinsam mit dem Mannheimer Zentrum für Umfragen, Methoden und Analysen (ZUMA) einen Schwerpunktantrag bei der DFG ein. Dieser hatte den sozialen und politischen Wandel der DDR-Gesellschaft im Vereinigungsprozess zum Thema. Der bewilligte Schwerpunkt verfügte über ein Finanzvolumen von 30 Millionen D-Mark und konnte etwa 100 Projekte in drei Förderphasen unterstützen. Hier waren wiederum Mannheimer Sozialwissenschaftler beteiligt, die die Transformationsforschung schnell als Forschungsgebiet für sich entdeckten, obwohl sie sich zuvor nicht mit der DDR befasst hatten. Westdeutsche Wissenschaftler waren also nicht nur maßgeblich an der Evaluation der ostdeutschen Gesellschaftswissenschaften beteiligt, sondern nahmen auch unmittelbar das Potenzial des ostdeutschen Systemumbruchs als Thema

---

[788] AdWR: SO I 3.2.1 AG Wirtschafts- und Sozialwissenschaften 3/6, Schreiben an Max Kaase vom 24.09.1991.
[789] Zur Umsetzungsdelegation siehe u. S. 223 f.
[790] AdWR: SO I 3.2.1 AG Wirtschafts- und Sozialwissenschaften 3/6, Max Kaase an den Vorsitzenden des WR vom 30.09.1991.

wahr, über das sich Forschungsgelder akquirieren ließen. Hier agierten westdeutsche Sozialwissenschaftlerinnen und Sozialwissenschaftler sehr strategisch und positionierten sich rasch in dem neuen Forschungsfeld. Insbesondere Personen, die sich zuvor nicht mit der DDR auseinandergesetzt hatten, prägten diese erste Welle der Transformationsforschung nach 1990. So befasste sich auch der Wahlforscher Max Kaase nach 1990 mit dem Prozess der deutschen Einheit.[791]

Doch der Mannheimer Schwerpunkt bildete nicht die einzige Initiative. Auch verschiedene westdeutsche Stiftungen beschäftigten sich mit der Transformation.[792] Neben der institutionalisierten Forschung entstand parallel in Ostdeutschland eine zweite Wissenschaftswelt. Die von Arbeitslosigkeit betroffenen Wissenschaftlerinnen und Wissenschaftler organisierten sich jenseits der Universitäten und Forschungseinrichtungen in Vereinen oder informellen Zusammenschlüssen. Mit eigenen Veranstaltungen und Publikationen entstand eine „wissenschaftliche Parallelwelt",[793] wie Peer Pasternack herausstellt. Wegen der hier eingenommenen Perspektive auf die Institutionen können die selbst organisierten Zusammenschlüsse jedoch nur gestreift und nicht näher behandelt werden. Denn diese Studie fokussiert die Zeit der Wende und der Wiedervereinigung aus westdeutscher Warte. Eine nach westdeutschem Vorbild gebildete Forschungskommission war die KSPW, die nun näher vorgestellt wird.

Die Kommission für die Erforschung des sozialen und politischen Wandels in den neuen Bundesländern (KSPW) bildete die größte institutionelle Forschungsplattform zur Transformationszeit. Gegründet wurde die vom Wissenschaftsrat empfohlene KSPW Ende des Jahres 1991 in Halle. Sie wurde gemeinsam vom Bundesministerium für Forschung und Technologie und dem Bundesministerium für Arbeit und Soziales (BMA) finanziert und sollte nicht nur den Transformationsprozess in Ostdeutschland untersuchen, sondern gleichzeitig einen Vergleich zu den Entwicklungen in Westdeutschland und Osteuropa ziehen. Überdies hatte die Kommission ein besonderes Interesse daran, den wissenschaftlichen Nachwuchs in Ostdeutschland zu fördern.

Im Laufe des Jahres 1991 erarbeitete die KOSOPOWA, wie ihre Initiatoren Max Kaase und M. Rainer Lepsius die Kommission zu Beginn nannten, das Konzept. Organisationsform, Vorstand, Geschäftsführung, die Zusammensetzung der Forschenden, Zweckbestimmung und Mittelverwendung wurden definiert. Zu den Beteiligten zählten nicht nur Wissenschaftlerinnen und Wissenschaftler, sondern auch die Geldgeber aus BMFT und BMA. Die formelle Vereinsgründung fiel in den Oktober 1991. Der Bundestag beschloss jedoch noch im Vormonat eine Kürzung des Haushalts und

---

791 Vgl. dazu Max Kaase u. a. (Hg.): Politisches System, Opladen 1996 (= Berichte der Kommission für die Erforschung des sozialen und politischen Wandels in den neuen Bundesländern e. V. (KSPW), Bd. 3).
792 Vgl. Rudi Schmidt: Von der KSPW zum SFB 580. Vorgeschichte und Basiskonzept des Sonderforschungsbereich, in: Heinrich Best / Everhardt Holtmann (Hg.): Aufbruch der entsicherten Gesellschaft. Deutschland nach der Wiedervereinigung, Frankfurt a. M. 2012: 43–60, S. 45.
793 Pasternack, Erneuerung durch Anschluss, S. 312.

reduzierte die Mittel für die Kommission um 25 Prozent. Pro Jahr standen damit nur noch sechs Millionen D-Mark anstelle der vom Wissenschaftsrat empfohlenen acht Millionen zur Verfügung. Der ursprüngliche Forschungsplan musste somit revidiert werden.[794]

Trotz der Startschwierigkeiten nahm die Kommission ihre Tätigkeit wie geplant auf. Das Forschungsinteresse lag darin, den gesellschaftspolitischen Wandel in Ostmitteleuropa zu erfassen und systematisch für spätere Forschungen zu dokumentieren. Die Forscherinnen und Forscher wollten auf der Grundlage zeitnaher Beobachtungen eine fundierte Datenbasis schaffen. Einvernehmen bestand darüber, dass die zur Verfügung stehenden Finanzmittel vor allem ostdeutschen Wissenschaftlern zugutekommen sollten, weshalb viele Westdeutsche ehrenamtlich tätig waren.[795]

Unter den Beteiligten befanden sich vorrangig Soziologen. Der Politikwissenschaftler Wilhelm Bleek merkte in der Rückschau an, dass sich in der KSPW, wie auch in anderen Forschungszusammenhängen nach der Wende, insbesondere Soziologen und Zeithistorikerinnen und -historiker einbrachten und weniger die Politologen.[796] Auch mit Blick auf die Leitung der Kommission kann diese Beobachtung bestätigt werden. Denn der erste Vorsitzende war der westdeutsche Soziologe Burkart Lutz (1925–2013). Er trat jedoch nach nur vier Monaten von seinem Amt als Gründungsvorsitzender zurück, was unterschiedlichen Gründen geschuldet war. Der Soziologe Rudi Schmidt (geb. 1939), der von 2000 bis 2003 Sprecher des Sonderforschungsbereichs 530 war, einem aus der KSPW fortgeführten SFB, schildert, dass Lutz die Familiensoziologin Jutta Gysi vom Institut für Soziologie und Sozialpolitik der Akademie der Wissenschaften für die Geschäftsführung der Kommission vorgeschlagen hatte. Die seit vielen Jahren von ihrem Mann, Gregor Gysi, geschiedene Wissenschaftlerin galt für die CDU-Vertreter der Bundesministerien aufgrund ihres Namens als untragbar. Lutz hielt jedoch weiterhin an seinem Vorschlag fest, weshalb er die Unterstützung seiner Kollegen verlor und schließlich zurücktrat.[797]

Darüber hinaus geben einige Archivdokumente Einblick in die Probleme, die unter Lutz' Ägide entstanden. So empfahl der Wissenschaftsrat, dass insbesondere Mitarbeiterinnen und Mitarbeiter vom Institut für Soziologie und Sozialpolitik eine Anstellung an der KSPW erhalten sollten. Die Wissenschaftler des ISS waren allerdings nicht in den Gründungsprozess der Kommission involviert, weshalb sie sich erneut an Max Kaase wandten. In einem Schreiben vom November 1991 erklärte die Institutsleitung des ISS, dass die Empfehlungen des Wissenschaftsrates keine Rolle beim Aufbau der KSPW spielten und sich dadurch „erhebliche Nachteile für die positiv bewerteten

---

794 Vgl. Schmidt, Von der KSPW zum SFB 580, S. 47.
795 Vgl. ebd., S. 48.
796 Vgl. Wilhelm Bleek: Geschichte der Politikwissenschaft in Deutschland, Darmstadt 2001, S. 443.
797 Vgl. Schmidt, Von der KSPW zum SFB 580, S. 47.

Wissenschaftler und Projektgruppen"[798] ergaben. Aus dem Vorstand der Kommission höre man von pauschalen Vorwürfen gegenüber ostdeutschen Sozialwissenschaftlern, denen eine „prinzipielle[n] Inkompetenz"[799] unterstellt werde. Außerdem hielten die westdeutschen Kollegen sie thematisch, organisatorisch und räumlich nicht für flexibel, was die ISS'ler von sich wiesen. Sechs Wochen vor Schließung des Instituts konnte schließlich für keinen der positiv evaluierten Mitarbeiter eine verbindliche Regelung für die weitere Tätigkeit gefunden werden. Somit ergab sich faktisch eine Umkehrung der Empfehlungen: Die positiv Evaluierten wurden durch die Nichtumsetzung der Empfehlungen benachteiligt. Max Kaase zeigte sich brüskiert von den Vorgängen und schrieb unmittelbar an den Generalsekretär des Wissenschaftsrates, Winfried Benz (1989–2002), sowie den zuständigen Referatsleiter des BMFT, Hansvolker Ziegler (geb. 1938).[800] Aus dem Schreiben geht hervor, dass der Wissenschaftsrat vor allem Personal mit ostdeutschem Hintergrund in die neue Kommission integrieren wollte. Es sollte 90 Prozent der Beschäftigten ausmachen. Der Integration vormaliger Akademiewissenschaftler an neue Forschungseinrichtungen räumte der Rat eindeutig Priorität ein. In Bezug auf die KSPW hob Kaase hervor:

> Wir hatten in dem einschlägigen Papier zu den Wissenschafts- und Sozialwissenschaften volle Stellen für insgesamt 40 Wissenschaftler bei der KSPW vorgesehen; nach der Kürzung von 25 % auf 6 Mio. DM 1992 sind dies immer noch ca. 30 Stellen, von denen ca. 20 mit Personal aus dem ISS zu besetzen wären.[801]

Der Politikwissenschaftler Kaase verdeutlichte zudem, dass der „Wissenschaftsrat [...] in Ostdeutschland durchgängig mit einer offenen, in Zweifelsfällen stets positiven Tendenz votiert [hat]. Es kann nicht angehen, wenn in der Phase der Umsetzung diese Grundhaltung durch übergroße Rigidität ins Negative verkehrt wird."[802] Auch über den Kreis der unmittelbar Beteiligten hinaus sprachen sich die Schwierigkeiten innerhalb der KSWP herum. Der Soziologe Friedhelm Neidhardt, der bislang nichts mit den Entwicklungen um die KSPW zu tun hatte, meldete sich hierzu bei Max Kaase und M. Rainer Lepsius:

> Wenn es richtig ist, was ich aus der Vorstandsarbeit der KOSOPOWA höre, dann besteht Anlaß zur Sorge darüber, daß Burkart Lutz seine Stellung zur Durchsetzung eigener Interessen und eigener Leute ganz ungebührlich ausnutzt. Mir fehlen Durchsicht und Nähe

---

798 Vorlass Max Kaase an der der Jacobs University: Akte 13, Schreiben des ISS an den WR vom 12.11.1991.
799 Ebd.
800 Ziegler selbst befasste sich 2005 am WZB mit der KSPW, vgl. Hansvolker Ziegler: Sozialwissenschaften und Politik bei der deutschen Wissenschafts-Vereinigung. Der Fall der ‚Kommission für die Erforschung des sozialen und politischen Wandels in den neuen Bundesländern' (KSPW), Berlin 2005.
801 Vorlass Max Kaase an der der Jacobs University: Akte 13, Schreiben von Kaase an das BMFT vom 18.11.1991.
802 Ebd.

zu dem ganzen Unternehmen, um das überprüfen und gegebenenfalls konterkarieren zu können. Deshalb wollte ich Sie sensibilisiert haben und bitten, mal genauer hinzuschauen […]. Und Lutz braucht jemanden, der ihm, wenn es nötig ist, Paroli bieten kann. Ich habe den Eindruck, daß dies im Vorstand keiner schafft.[803]

Der KSPW-Leiter Lutz gab wenig später seinen Rücktritt bekannt. Vermutlich stand er aus mehreren Gründen unter Druck, die zu der Entscheidung beitrugen. Die Nachfolge trat mit Hans Bertram (geb. 1946) wiederum ein westdeutscher Soziologe an.

Die Kommission nahm ihre Tätigkeit im Dezember 1991 auf und förderte in der ersten Phase 176 sogenannte Kurzstudien. Diese sahen eine Förderung von drei bis sechs Monaten mit einer maximalen Fördersumme von 25.000 D-Mark vor. In der zweiten Förderrunde von 1992 bis 1996 konnten größere Projekte mit einer Laufzeit von sechs bis 25 Monaten finanziert werden. Hieraus entstanden 60 Projekte zum Transformationsprozess in Ostdeutschland. Darüber hinaus gab es sechs Arbeitsgruppen, die zu den Themen Arbeit, soziale Ungleichheit, Kommunal- und Verwaltungspolitik, Sozialisation und Ausbildung, regionale Disparitäten sowie Arbeits- und Sozialrecht forschten. Die Ergebnisse erschienen in grauen Reihen und wurden 1996 mit dem Auslaufen der Kommission noch einmal als Abschlussberichte zusammengefasst.[804] Insgesamt ging aus der wissenschaftlichen Tätigkeit der KSPW eine beachtliche Anzahl an Schriften und publizierten Studien hervor, die in der KSPW-Reihe *Transformationsprozesse* in 20 Bänden veröffentlicht wurden. Darüber hinaus entstanden 28 Bände der Reihe *Berichte zum sozialen und politischen Wandel in Ostdeutschland*.[805]

Mit Blick auf die Gesellschafts- beziehungsweise Sozialwissenschaften ist insbesondere der Band *Soziologie und Soziologen im Übergang* aufschlussreich.[806] Interessant ist schon der Titel, der wie bereits in Zusammenhang mit der Namensgebung der AG Wirtschafts- und Sozialwissenschaften erkennbar eine rein westliche Perspektive einnahm. Denn bei den ‚Soziologen im Übergang' handelte es sich nach dem früheren Sprachgebrauch der DDR um ‚Gesellschaftswissenschaftler im Übergang'. Der Sammelband hat diese Gesellschaftswissenschaftlerinnen und -wissenschaftler, deren Evaluation und Abwicklungen zum Gegenstand. Darin berichtete beispielsweise Klaus-Peter Schwitzer, ein ehemaliger Mitarbeiter des Instituts für Soziologie und Sozialpolitik, über sein Institut während und nach der Wendezeit. Den Umgestaltungsprozess in den letzten Monaten der DDR vom Oktober 1989 bis zur Evaluation durch den Wissenschaftsrat im Herbst 1990 bezeichnete der Soziologe als „möglicherweise

---

803 Vorlass Max Kaase an der der Jacobs University: Akte 13, Schreiben an Kaase vom 12.11.1991.
804 Vgl. Schmidt 2012, S. 49.
805 Vgl. Hans Bertram: Editoral, in: Wendelin Strubelt (Hg.): Jena, Dessau, Weimar. Städtebilder der Transformation, Berlin 1997: 6–7.
806 Ders. (Hg.): Soziologie und Soziologen im Übergang. Beiträge zur Transformation der außeruniversitären soziologischen Forschung in Ostdeutschland, Hemsbach 1997 (= KSPW: Transformationsprozesse).

die kreativste und produktivste Zeit"[807] seiner Erwerbsbiografie. Mit Verweis auf die *Zwölf Empfehlungen* des Wissenschaftsrates vom Juni 1990 und die darin enthaltene Wunschvorstellung, nicht einfach das bundesrepublikanische Wissenschaftssystem auf die DDR zu übertragen, sondern eine „Neuordnung"[808] zu prüfen, hatten sich die Mitarbeiterinnen und Mitarbeiter des ISS keine Sorgen um ihre berufliche Zukunft gemacht, denn „man vertraute den Empfehlungen des Wissenschaftsrats".[809] Während der Evaluation entstanden jedoch Bedenken bezüglich der Zielvorstellung. Es zeichnete sich ab, dass die zukünftige Ausrichtung hauptsächlich fremdbestimmt und autonome Entwicklungsdynamiken nicht mehr möglich sein werden. Auch etablierten sich zunehmend Konkurrenzstrukturen unter den Mitarbeitenden, wodurch sich der zwischenmenschliche Umgang untereinander veränderte.[810] Schließlich stellte die Konkurrenz um Stellen eine neue Erfahrung für ostdeutsche Wissenschaftler dar.

Mit Wolfgang Schütze (geb. 1934) war auch ein ehemaliger Mitarbeiter des Instituts für Theorie, Geschichte und Organisation der Wissenschaft in der KSPW tätig und hatte sich an dem Band beteiligt. Das Ergebnis des Wissenschaftsrates sei „aus wissenschaftsinternen und aus dem Wissenschaftssystem der Bundesrepublik immanenten Gründen"[811] heraus entstanden. Eine Kritik an der Tätigkeit und am Vorgehen des Kölner Gremiums äußerte er nicht. Lediglich die Umsetzungspolitik der Empfehlungen bemängelte er.[812] Dass diese Sozialwissenschaftler den Evaluationsprozess vergleichsweise positiv bewerteten, liegt sicherlich daran, dass ihnen die institutionelle Anbindung und damit der Übergang in das gemeinsame Wissenschaftssystem geglückt war. Sie gehörten nicht zu den Personen, die sich in der ‚zweiten Wissenschaftskultur' behaupten mussten.

Betrachtet man die KSPW im gesellschaftlichen Kontext der Zeit nach der Wiedervereinigung, trug sie zu einer Versachlichung der Kontroversen zwischen Ost und West bei. Mitunter diente sie aber auch als Projektionsfläche für politische Ausei-

---

807 Klaus-Peter Schwitzer: Das Institut für Soziologie und Sozialpolitik der Akademie der Wissenschaften der DDR (ISS) in und nach der Wende, in: Hans Bertram (Hg.): Soziologie und Soziologen im Übergang. Beiträge zur Transformation der außeruniversitären soziologischen Forschung in Ostdeutschland, Hemsbach 1997: 45–74, S. 52.
808 Wissenschaftsrat, Perspektiven für Wissenschaft und Forschung auf dem Weg zur deutschen Einheit, S. 6.
809 Schwitzer, Das Institut für Soziologie und Sozialpolitik der Akademie der Wissenschaften der DDR, S. 53.
810 Vgl. ebd.
811 Wolfgang Schütze: Lebendigkeit der Wissenschaftsforschung – zum Beitrag des Instituts für Theorie, Geschichte und Organisation der Wissenschaft (ITW) der AdW der DDR, in: Hans Bertram (Hg.): Soziologie und Soziologen im Übergang. Beiträge zur Transformation der außeruniversitären soziologischen Forschung in Ostdeutschland, Hemsbach 1997: 115–126, S. 123.
812 Vgl. ebd., S. 123 ff.; Raj Kollmorgen: Soziologen in der DDR der 8oer Jahre und nach der Vereinigung: einige quantitative Analysen, in: Hans Bertram (Hg.): Soziologie und Soziologen im Übergang. Beiträge zur Transformation der außeruniversitären soziologischen Forschung in Ostdeutschland, Hemsbach 1997: 27–44, S. 41.

nandersetzungen. Die damalige schwarz-gelbe Bundesregierung betrachtete die Forschungen der Kommission kritisch. Denn sie untermauerte die negativen Folgen des Vereinigungsprozesses wie die anhaltende Arbeitslosigkeit auch noch wissenschaftlich.[813]

Im Jahr 1996, dem letzten Jahre ihres Bestehens, waren 43 Mitglieder und weitere 40 Wissenschaftlerinnen und Wissenschaftlern in der KSPW tätig. Ihr Auslaufen bedeutete aber keineswegs ein Ende der Transformationsforschung. Burkart Lutz gründete 1995 das Zentrum für Sozialforschung (ZSH) an der Martin-Luther-Universität Halle-Wittenberg, das die Forschungsansätze der KSPW fortsetzte und einen Schwerpunkt in der Arbeitsmarktforschung legte. Etwa 20 ost- und westdeutsche Sozialwissenschaftler arbeiten bis heute am ZSH. Darüber hinaus bestand zwischen 2001 und 2012 an den Universitäten Jena und Halle-Wittenberg der gemeinsame Sonderforschungsbereich ‚Gesellschaftliche Entwicklungen nach dem Systembruch: Diskontinuitäten, Tradition, Strukturbildung'. Dieser ging Langzeitfolgen des sozialen und politischen Wandels in Ostdeutschland und anderen postsozialistischen Staaten nach. Außer zur theoretischen Einordnung trug der SFB auch zur Lösung aktueller politischer Problemlagen bei. Dabei wies die Forschergruppe eine hohe inhaltliche und personelle Kontinuität zu KSPW und ZSH auf. Dies stellte eine Abweichung von der geforderten thematischen Flexibilität und Mobilität der Forschenden durch den Wissenschaftsrat dar. Trotz der befristeten Stellen und Projektarbeiten etablierte sich eine Transformationsforschung, die aus dem Umfeld der KSPW hervorgegangen war, um einen Personenkreis in Jena und Halle.

Als dritte Folgeeinrichtung der Kommission ging aus dem Sonderforschungsbereich ein DFG-Projekt an der Freien Universität Berlin hervor. Das Projekt ‚Wissenstransfer als interkulturelle Translation' bestand zwischen 2013 und 2015 als Kooperationsprojekt zwischen dem Institut für Koreastudien der FU Berlin, dem Ministerium für Wiedervereinigung in Südkorea und Wissenschaftlern der Universität Jena. Es entwickelte Modelle zur Annäherung zwischen Nord- und Südkorea und thematisierte Fragen einer möglichen Übertragung der ost- und westdeutschen Vereinigung auf das geteilte asiatische Land.[814]

Im Rahmen der vorliegenden Studie konnten die Forschungsverbünde, die aus der KSPW entstanden waren, nur am Rande thematisiert werden. Interessant ist jedoch, dass der Systemumbruch in Ostdeutschland nicht nur über einen längeren Zeitraum einen zentralen Forschungsgegenstand der gesamtdeutschen Sozialwissenschaft darstellte, sondern sich daraus Institutionen der Forschungsorganisation ableiteten. Da-

---

813 Vgl. Schmidt, Von der KSPW zum SFB 580, S. 49 ff.
814 Vgl. Internetseite des Projektes: Wissenstransfer als interkulturelle Translation: Erarbeitung modellhafter Praxen transformationsvorbereitender Aktivitäten in Korea [https://wait-korea.zsh.uni-halle.de/de/index.html; zuletzt aufgerufen am 13.07.2018].

mit beeinflussten die KSPW und ihre Nachfolgeorganisationen die jüngste Vergangenheit und Gegenwart und schließlich die „Vereinigungsgesellschaft".[815]

5.4 Neue Gremien entstehen

Als die Empfehlungen des Wissenschaftsrates verabschiedet waren, standen in der Umsetzungsphase stärker finanzpolitische Aspekte im Vordergrund. Dabei betraten bekannte und neue Akteure die wissenschaftspolitische Bühne. Hierzu zählten der Bund, vor allem in Form des BMFT, die Regierungen der neuen Länder sowie die großen Wissenschaftsorganisationen, die an einer Zusammenarbeit mit den vormaligen Akademieinstituten interessiert waren. Obwohl der Wissenschaftsrat jetzt nicht mehr im Zentrum der Entwicklungen stand, beobachtete er den Umgang mit den Empfehlungen sehr genau und setzte sich aktiv für deren Umsetzung ein.[816]

Neben den bestehenden und etablierten Akteursgruppen der Wissenschaftspolitik bildeten sich zu dieser Zeit neue Organisationen heraus, die aus den Evaluationen hervorgegangen waren. Zu einem relativ frühen Zeitpunkt, bereits Ende des Jahres 1990, wurde die Koordinierungs- und Abwicklungsstelle gegründet. Ein Jahr später setzten die Wissenschaftsorganisationen eine Umsetzungsdelegation ein, um die Realisierung der Empfehlungen voranzutreiben. Da es sich bei den Veröffentlichungen des Wissenschaftsrates lediglich um Empfehlungen handelte und die beteiligten Akteure sich bewusst waren, dass diese nicht zwangsläufig umgesetzt werden mussten, etablierten die Wissenschaftsorganisationen eine eigene „Implementationsstruktur".[817] Teil dieser neuen Struktur waren die Abwicklungsstelle (KAI-AdW) und die Umsetzungsdelegation, die im Folgenden betrachtet werden. Dabei geht es um die Gründung der Gremien, ihre Aufgaben und das Verhältnis zum Wissenschaftsrat.

5.4.1 Die KAI-AdW

Die Abwicklungsstelle AdW (AWS) wurde im Oktober 1990 nach Inkrafttreten des Einigungsvertrages von den fünf neuen Ländern und dem Land Berlin gegründet. Der Begriff ‚Abwicklungsstelle' griff die Terminologie des Einigungsvertrags auf. Darin tauchte der Begriff ‚Abwicklung' insgesamt 38 Mal auf und wurde für verschiedenste Bereiche wie die Abwicklung von Landeseinrichtungen, der Staatsbank oder von For-

---

815 Thomas Großbölting / Christoph Lorke: Vereinigungsgesellschaft. Deutschland seit 1990, in: Dies. (Hg.): Deutschland seit 1990. Wege in die Vereinigungsgesellschaft, Stuttgart 2017: 9–32.
816 Vgl. Wolf, Organisationsschicksale im deutschen Vereinigungsprozeß, S. 65.
817 Mayntz, Deutsche Forschung im Einigungsprozeß, S. 221.

derungen gegenüber dem Ausland verwendet.[818] Für den Hochschul- beziehungsweise Wissenschaftsbereich war der Begriff gleich zweifach institutionell verankert, nämlich in Bezug auf die Abwicklung der Hochschulen und in Form der Abwicklungsstelle für die ehemaligen Akademieinstitute. Die mehrfache Nennung des Begriffs trug zunächst zu seiner Verbreitung bei und führte schließlich zur (Negativ-)Bewertung der Gesamtsituation. Die infolge der Evaluation eingeleitete personelle Erneuerung, die vor allem die Geistes-, Gesellschafts- und Rechtswissenschaften betraf, führte dazu, dass die Evaluation mit der Abwicklung gleichgesetzt wurde.[819]

Die Abwicklungsstelle war für vermögensrechtliche und verwaltungstechnische Fragen der nunmehr ehemaligen Akademieeinrichtungen zuständig. Hintergrund war, dass die Akademie der Wissenschaften selbst nicht mehr handlungsfähig und die neuen Länderverwaltungen noch nicht handlungsfähig waren.[820] Zu den Aufgaben der AWS zählten die Verwaltung des Übergangshaushalts während des Evaluierungszeitraumes, die Zuständigkeit in Personalangelegenheiten, der Umgang mit Infrastruktur und der Verkauf von Immobilien. Auch die Durchführung der Arbeitsbeschaffungsmaßnahmen und später des Wissenschaftlerintegrationsprogramms gehörten zu den Aufgaben. In einem begrenzten Zeitraum bis Ende des Jahres 1991 fungierte die AWS als Dienstherr der ehemaligen Akademie und koordinierte die Übergangszeit. Die etwa 70 Mitarbeiterinnen und Mitarbeiter der Geschäftsstelle setzten sich aus früheren Beschäftigten der Akademieverwaltung zusammen und wurden personell und administrativ durch das Bundesministerium für Forschung und Technologie unterstützt. Auf Einladung der KAI-Geschäftsführung konnten sich außerdem frühere Akademiebeschäftigte auf die neuen Verwaltungsstellen bewerben, um dort befristet für ein halbes Jahr im „Abwicklungsteam",[821] wie es in der Ausschreibung hieß, die Schließung der eigenen Organisation durchzuführen. Die Finanzierung der Abwicklungsstelle und der Beschäftigten erfolgte aus Geldern der in Artikel 38 des Einigungsvertrags festgelegten Übergangsfinanzierung und wurde zur Hälfte vom Bund und zur Hälfte von den jeweiligen Sitzländern getragen.[822]

Im Dezember 1990 wurde die Abwicklungsstelle in ‚Koordinations- und Abwicklungsstelle für die Institute und Einrichtungen der ehemaligen AdW der DDR', kurz KAI-AdW, umbenannt. Sie avancierte zu einer „Art Treuhandanstalt für die AdW".[823] Neben den Verwaltungs- und Finanzierungsaufgaben trug sie ab dem Frühjahr 1991 maßgeblich zur Umsetzung der Ratsempfehlungen bei und „entwickelte sich binnen kurzer Zeit zum zentralen Akteur der Transformation nach Abschluß der Evaluati-

---

818 Vgl. Bundesrepublik Deutschland, Deutsche Demokratische Republik, Einigungsvertrag.
819 Vgl. Pasternack, Wissenschaftspersonal als Transformationsproblem, S. 496.
820 Mayntz, Deutsche Forschung im Einigungsprozeß, S. 221 f.
821 ABBAW: NSch., Nr. A 1309, Anschreiben der KAI-Geschäftsführung an Akademiemitarbeiter.
822 Art. 38, Abs. 2 des Einigungsvertrags der Bundesrepublik Deutschland, Deutsche Demokratische Republik, Einigungsvertrag.
823 Wolf, Organisationsschicksale im deutschen Vereinigungsprozeß, S. 66.

on",⁸²⁴ wie es bei Renate Mayntz heißt. In Zusammenarbeit und Kooperation mit anderen Gremien wie der Bund-Länder-Kommission und dem Wissenschaftsrat baute die KAI-AdW schnell ein Netzwerk zu wichtigen Akteuren im Bereich der Forschungspolitik auf. Sie stand aber nicht in Konkurrenz zu diesen, sondern beschränkte sich auf die Umsetzung der Empfehlungen.

Die Geschäftsführung der KAI-AdW übernahm mit Hartmut Grübel ein Ministerialrat des BMFT, der bereits an den Verhandlungen des Artikel 38 des Einigungsvertrags beteiligt war. Insofern war er mit den rechtlichen Aspekten der Wiedervereinigung vertraut.⁸²⁵ Nun vollzog er im nächsten Schritt die konkreten Abwicklungen. Als übergeordnete Instanz der KAI gründeten Vertreter des BMFT und der Wissenschaftsministerien der Länder einen Gemeinsamen Ausschuss AdW. Dieser nahm eine wichtige Funktion in der zwischenstaatlichen Koordination ein.⁸²⁶

Das Verhältnis der KAI-AdW zu den Akademieinstituten bestand in einer doppelten Funktion: Zum einen führte sie die Abwicklungen durch und zum anderen trieb sie den strukturellen Neuaufbau voran. Um den Informationsfluss zwischen den administrativen Prozessen und den Instituten am Laufen zu halten, gab die Abwicklungsstelle ein Mitteilungsblatt heraus und führte zwei große Informationsveranstaltungen durch. Erklärtes Ziel der Maßnahmen war es, Transparenz gegenüber den Instituten herzustellen und über Formen der Forschungsförderung zu informieren.⁸²⁷

Die umfangreichen Aufgaben der KAI, insbesondere die Organisation und Durchführung des Wissenschaftlerintegrationsprogramms, aber auch die weiteren Abwicklungstätigkeiten erforderten eine Verlängerung ihres Auftrags. Die neuen Länder beschlossen daher im Sommer 1991 die Gründung einer Nachfolgeeinrichtung als eingetragener Verein. Der Verein KAI e. V. trug noch immer die gleiche Abkürzung, hatte aber die Abwicklung nicht mehr im Namen. Mit Gespür für die negative Aufladung des Begriffs ‚Abwicklung' benannte der Leiter Grübel sie in ‚Koordinierungs- und Aufbau-Initiative für die Forschung in den neuen Ländern' um. Mit dem neuen Namen stand nun der Aufbauprozess im Vordergrund und weniger die negative Konnotation der Auflösung.⁸²⁸

Die Satzung des Vereins sah eine Tätigkeit bis Jahresende 1993 vor mit der Option auf eine weitere Verlängerung.⁸²⁹ Bis in das Jahr 1993 war die KAI-AdW daher mit weiteren Aufgaben befasst, die in Zusammenhang mit der Abwicklung standen. Sie führte Einstellungen und Entlassungen durch, überwies bis Ende 1991 Gelder an die Institute und trat im Falle von Arbeitsgerichtsprozessen ehemaliger Akademiewissen-

---

824 Mayntz, Deutsche Forschung im Einigungsprozeß, S. 223.
825 Vgl. Mayntz, Deutsche Forschung im Einigungsprozeß, S. 223.
826 Vgl. Wolf, Organisationsschicksale im deutschen Vereinigungsprozeß, S. 66.
827 Vgl. Mayntz, Deutsche Forschung im Einigungsprozeß, S. 230.
828 Vgl. Joachim Nettelbeck: Verwalten von Wissenschaft, eine Kunst. Preprint Nr. 497 (2019), S. 69.
829 AdWR: SO I Korrespondenz Simon BMFT Gespräch mit WR und Länderministern 1990–1992, Satzung der KAI e. V.

schaftler, die Klage gegen ihre Entlassung erhoben hatten, als Klagegegner auf.[830] Da der Wissenschaftsrat bei seiner Evaluationstätigkeit ausschließlich wissenschaftlichen und wissenschaftsstrukturellen Gesichtspunkten gefolgt war und die Frage der persönlichen Integrität und Verbindungen zur Staatssicherheit nicht geprüft hatte, kam die KAI auch dieser Aufgabe nach. In einem Schreiben vom 13. März 1991 forderte sie alle Akademiemitarbeiterinnen und -mitarbeiter zu einer eidesstattlichen Erklärung bezüglich der Zusammenarbeit mit dem Geheimdienst der DDR auf.[831]

Eine zentrale Aufgabe der Abwicklungsstelle bestand in der Umsetzung des Wissenschaftlerintegrationsprogramms, das der Wissenschaftsrat angeregt hatte. Hierzu sollten einzelne Wissenschaftlerinnen und Wissenschaftler mit Projekten an Hochschulen gefördert werden, um sie perspektivisch in diese Hochschulen zu integrieren. Im Sinne einer längeren Übergangsphase empfahl der Kölner Rat eine Laufzeit von fünf Jahren. Das Konzept traf auch bei der Hochschulrektorenkonferenz auf Zustimmung, und Bund und Länder verabschiedeten das Programm schließlich im Mai 1991 als Teil des Hochschulerneuerungsprogramms (HEP). Doch anders als vom Wissenschaftsrat vorgesehen, wollte die Politik das Programm aus Kostengründen nur bis zum Jahresende 1992 finanzieren. Letztlich einigten sich Bund und Länder auf eine geänderte Fassung des HEP und stockten es im Sommer 1992 von zunächst 400 Millionen D-Mark auf 600 Millionen auf und verlängerten es bis 1996. Viel stärker als in der Planungsphase, in der der Wissenschaftsrat agierte, dominierten in der anschließenden Umsetzungsphase finanzielle Aspekte beziehungsweise realpolitische Einschränkungen.

Das Ziel des Wissenschaftlerintegrationsprogramms bestand darin, positiv evaluierte Wissenschaftler und Forschergruppen, denen keine Weiterbeschäftigung an einer anderen Einrichtung empfohlen worden war, über befristete Verträge zumindest temporär an einer Hochschule anzustellen. 2.000 Akademiewissenschaftlerinnen und -wissenschaftler sollten hierüber eine befristete Universitätsanstellung im Sinne einer Projektförderung erlangen. Gemäß dem Evaluationskonzept ging es darum, die Forschungspotenziale an den Universitäten zu stärken und gleichzeitig eine Zwischenfinanzierung für die Akademiemitarbeiter sicherzustellen.

Im Sinne eines neoliberalen Reformkonzepts ging es sicherlich auch darum, möglichst viele Befristungen im Wissenschaftssystem zu institutionalisieren. Aus der Logik von Flexibilität und Wettbewerb waren solche Projektstellen nur allzu naheliegend. Gerade die westdeutsche Erfahrung mit unbefristeten Stellen in der außeruniversitären Großforschung könnte hier eine Vergleichsfolie zur Verankerung befristeter Stellen geboten haben. Die unbefristeten Stellen an den Großforschungszentren führten zu einer Verfestigung der Strukturen, die wenig Spielraum für Innovationen und Fle-

---

830 Vgl. Mayntz 1994, S. 228.
831 ABBAW: NSch., Nr. A 1309, Schreiben der KAI vom 13.03.1991 an alle Mitarbeitenden in ihrem Verantwortungsbereich.

xibilität ließ.[832] Aus dieser Kritik heraus sollte auf dem Gebiet Ostdeutschlands wohl eine andere Stellenstruktur geschaffen werden.

Die Realisierung des Programms gestaltete sich abseits der Planungen schwierig. Schon die Zielmarke von 2.000 Forscherinnen und Forschern für das Programm zu gewinnen, erwies sich als schwierig. Etwa 1.700 Wissenschaftler und Wissenschaftlerinnen förderte das Programm letztlich über die verschiedenen Fachbereiche hinweg. Der schlechte Anlauf lag vor allem an der geringen Bereitschaft der Hochschulen, die Akademiewissenschaftler aufzunehmen. An den Hochschulen war die Einstellung vorherrschend, erst einmal dem eigenen Personal eine Perspektive zu bieten, ehe Stellen für Externe ausgeschrieben wurden.

Darüber hinaus existierten auch innerostdeutsche Vorurteile. Die Hochschulwissenschaftler hegten gegenüber ihren Akademiekolleginnen und Kollegen das Vorurteil, sie hätten wegen ihrer politischen Haltung gewisse Privilegien genossen, die den Mitarbeitern an den Hochschulen verwehrt blieben.[833] Der ‚WIPianer' Gottfried Seifert, wie die durch das WIP finanzierten Forscher sich schnell nannten, schilderte das Problem folgendermaßen:

> Ein anderes Vorurteil war, daß die Akademien (nicht nur aus strukturellen, sondern) auch aus politischen Gründen aufgelöst werden mußten. Damit werden mitunter auch die WIPianer in pauschaler Weise unterschwellig in die Nähe ehemals staatstragender Kader gerückt. Das ist einer Integration kaum förderlich. Vielleicht abgesehen von speziellen gesellschaftswissenschaftlichen Einrichtungen waren aber mindestens die Mitarbeiter auf unteren Ebenen im wesentlichen Forscher und standen dem SED-Staat keineswegs überdurchschnittlich nahe. Es gab sogar Fälle, wo wissenschaftliche Mitarbeiter an der Akademie der Wissenschaften eingestellt wurden, damit sie bei der politisch sehr sensiblen „sozialistischen Erziehung" der Studenten keinen Schaden mehr anrichten konnten.[834]

Die Rolle der Akademie der Wissenschaften und ihr Verhältnis zu den Hochschulen lag wahrscheinlich zwischen den beiden Polen der Privilegierung durch das System und dem genauen Gegenteil, das heißt einer ‚Verbannung' an die Akademie.

---

832 Vgl. Hohn, Schimank, Konflikte und Gleichgewichte im Forschungssystem, S. 273 ff.
833 Vgl. Fuchs, Bildung und Wissenschaft seit der Wende, S. 271.
834 Gottfried Seifert: Das Wissenschaftler-Integrations-Programm: Ein Instrument zum Aufbau einer blühenden Hochschul- und Forschungslandschaft in den neuen Ländern? In: Hochschule Ost 5 (1996): 179–190, S. 187. Vgl. Teresa Brinkel: Volkskundliche Wissensproduktion in der DDR. Zur Geschichte eines Faches und seiner Abwicklung, Wien u. a. 2012 (= Studien zur Kulturanthropologie / Europäischen Ethnologie, Bd. 6), S. 222.

Im Ergebnis erhielten nach dem Auslaufen des WIP im Jahr 1997 lediglich 357 der etwa 1.700 geförderten ‚WIPianer' eine Festanstellung an einer ostdeutschen Hochschule.[835] In einer Stellungnahme von 1996 zogen die Verantwortlichen Bilanz:

> Die geplante Integration dieser zur Zeit noch 1.460, zu 70 % wissenschaftlich tätigen Personen umfassenden Gruppe, ist bislang nur zum Teil gelungen. Auch ist ein Teil der Mitarbeiterstellen an den ostdeutschen Hochschulen, auf die sich das WIP bezog, beim Neuaufbau mit westdeutschen Bewerbern besetzt worden. Hinzu kam, daß wegen der Finanznot an den Universitäten viele Stellen abgebaut werden mußten.[836]

Damit zeichnete sich ab, dass das Programm sein Ziel verfehlte, weshalb es schnell das Attribut ‚gescheitert' zugeschrieben bekam. Mitarbeiter der KSPW bezeichneten das WIP zwar als mit beträchtlichem Finanzvolumen ausgestattetes Programm, das jedoch keine institutionelle Perspektive bot. Die Anbindung an die Hochschulen sei schlichtweg „ins Blaue konzipiert"[837] gewesen. Plan und Realität fielen auseinander oder aber verfolgten, wenn der Wissenschaftsrat konsequent eine neoliberale Agenda verfolgte, hintergründige Ziele, wonach Projektstrukturen und Wettbewerb mit allen Konsequenzen durchaus beabsichtigt waren. Ob solch eine Motivlage tatsächlich vorlag, lässt sich nicht abschließend beantworten und muss an dieser Stelle offenbleiben.

Die Länder Berlin und Sachsen drängten schließlich darauf, eine weitere Förderung der WIP-Projekte in das Hochschulsonderprogramm III von 1996 aufzunehmen, um zumindest einigen Forschungsvorhaben eine Verlängerung zu bieten. Unter dem Titel *Förderung innovativer Forschungsvorhaben in den neuen Ländern und Berlin* konnten somit 200 ehemalige ‚WIPianer' ihre Forschungsvorhaben bis in das Jahr 2000 fortsetzen. Mit dem Auslaufen dieser Frist kam es 2001 zu einer letzten Verlängerung im Rahmen des von Bund und Ländern geförderten Hochschulsonderprogramms. Dabei erhielten frühere WIP-Wissenschaftler eine Anschlussfinanzierung für weitere fünf Jahre.[838]

Die Folgen der Evaluationstätigkeit und des daraus entstandenen Finanzierungsprogramms zogen sich wie auch im Falle der KSPW bis weit in die 2000er Jahre hinein. Dabei ist die Personalpolitik und Stellensituation der ostdeutschen Wissenschaftler infolge der Wiedervereinigung bis heute konfliktbeladen und prägt die öffentliche Meinung stark.[839]

---

835 Vgl. Teresa Brinkel: Volkskundliche Wissensproduktion in der DDR. Zur Geschichte eines Faches und seiner Abwicklung, Wien u. a. 2012 (= Studien zur Kulturanthropologie / Europäischen Ethnologie, Bd. 6), S. 222.
836 Memorandum zur Überleitung des Wissenschaftlerintegrationsprogramms, Berlin 1996.
837 Raj Kollmorgen u. a.: Ohne Netz und doppelten Boden. Lage und Zukunftsaussichten freier sozialwissenschaftlicher Institute und Vereine in den neuen Bundesländern, in: Hans Bertram (Hg.): Soziologie und Soziologen im Übergang. Beiträge zur Transformation der außeruniversitären soziologischen Forschung in Ostdeutschland, Hemsbach 1997: 141–164, S. 168.
838 Brinkel, Volkskundliche Wissensproduktion in der DDR.
839 Pasternack, Wissenschaftspersonal als Transformationsproblem, S. 496.

5.4.2 Die Umsetzungsdelegation

Als weitere Organisationseinheit entstand auf Anregung Dieter Simons im März 1991 die sogenannte Umsetzungsdelegation. Neben dem Wissenschaftsrat hatten insbesondere die KAI-AdW und das Land Berlin Interesse an dem Gremium. Im Unterschied zur Abwicklungsstelle wurde sie bereits während der Evaluationen beziehungsweise in der Umsetzungsphase gegründet und ergänzte die Implementationsstrategie, womit eine schnelle Abstimmung mit staatlichen Financiers und nicht-staatlichen Trägern möglich war.[840]

Die Delegation bestand aus Vertretern der betroffenen Bundesressorts, Abgesandten der Wissenschaftsverwaltungen der neuen Länder und Berlin, BLK, KMK, DFG, den Wissenschaftsorganisationen Max-Planck, Fraunhofer, der Arbeitsgemeinschaft der Großforschungseinrichtungen, der Hochschulrektorenkonferenz, dem Wissenschaftsrat sowie dem Personalräteforum der Akademie der Wissenschaften. Der Vorsitz oblag dem Generalsekretär der Bund-Länder-Kommission, Jürgen Schlegel.[841]

Das erste Treffen der Delegation fand im April 1991 statt. Bis zum Jahresende traf sich das Gremium etwa einmal im Monat. Dabei wurden konkrete Probleme behandelt, in denen es meist um Abweichungen von den Ratsempfehlungen ging. Eigentlich war die Umsetzungsdelegation als entscheidungsvorbereitendes Gremium angelegt, etablierte sich in der Praxis aber als Problemlöseinstrument. Die Delegation selbst fasste ihre Aufgabe als „Privatisierung von Forschungs- und Serviceeinrichtungen"[842] zusammen.

Mayntz beschreibt die Arbeit der Umsetzungsdelegation als effektiv, da die Delegation in regelmäßigen Abständen Sachstandberichte vorlegte.[843] Dabei etablierte sich ein permanentes Monitoring, das die beteiligten Akteure normativ unter Druck setzte, die Umsetzung der Empfehlungen voranzutreiben. Die jeweiligen wissenschaftspolitischen Organisationen mussten ihr „Verhalten für alle anderen im forschungspolitischen Netzwerk sichtbar mach[en] und so vom WR quasi öffentlich zur Rechenschaft gezogen werden".[844] Auch Max Kaase schildert, dass die Empfehlungen des Rates „im Laufe der Jahre auf vielen Gebieten eine gesetzesähnliche Natur angenommen haben",[845] was sich hier ganz besonders zeigt. Auch in den Sitzungen der Delegation wurde die Frage der Verbindlichkeit zum Diskussionsthema. Obwohl zahlreiche Organisationen an dem Umsetzungsprozess involviert waren, stellte lediglich das Bundesfinanzministerium den Verbindlichkeitsanspruch des Wissenschaftsrates infrage.

---

840 Vgl. Mayntz, Deutsche Forschung im Einigungsprozeß, S. 225.
841 ABBAW: NSch., Nr. A 1312 zur Umsetzungsdelegation.
842 BArch Koblenz 138/94516, Bl. 14, Bericht der Umsetzungsdelegation vom 13.12.1991.
843 Vgl. ebd., S. 226.
844 Ebd.
845 Kaase, Der Wissenschaftsrat, S. 309.

Das BMFT, die neuen Bundesländer und das Land Berlin unterstützten die starke Position des Kölner Wissenschaftsrates.[846]

Betrachtet man die Umsetzung der Wissenschaftsratsempfehlungen insgesamt, funktionierten diese „erstaunlich gut",[847] wie Hans-Georg Wolf zusammenfasst. Die von den Wissenschaftsorganisationen geschaffene Implementationsstruktur konnte einerseits flexibel auf Probleme reagieren und andererseits einen raschen Umbau der außeruniversitären Forschung in Ostdeutschland erzielen.[848] Dass die Empfehlungen des Wissenschaftsrates nahezu vollständig umgesetzt wurden, verschaffte ihm innerhalb der wissenschaftspolitischen Organisationen ein hohes Ansehen, gleichzeitig brachte die herausgehobene Stellung das Gleichgewicht unter den Mitgliedern der Allianz der Wissenschaftsorganisationen ins Wanken.

---

846 Vgl. Mayntz, Deutsche Forschung im Einigungsprozeß, S. 226.
847 Wolf, Organisationsschicksale im deutschen Vereinigungsprozeß, S. 67.
848 Vgl. ebd.

6. Der Wissenschaftsrat nach der großen Evaluationsaufgabe

Die Zeit nach der Wiedervereinigung bedeutete für den Wissenschaftsrat ein „Zurück auf Normalmaß",[849] wie Olaf Bartz treffend beschreibt. Die im Frühjahr des Jahres 1990 gesehene Chance zur kritischen Selbstprüfung des Forschungs- und Wissenschaftssystems, die in Ost und West große Hoffnungen geweckt hatte, wurde nicht realisiert. Vielmehr bedeutete die Wiedervereinigung eine Übertragung westdeutscher Strukturen auf den Osten, ohne in einem zweiten Schritt grundlegende Reformen auf gesamtdeutschem Terrain vorzunehmen. Das Handeln des Wissenschaftsrates und die aus seiner Sicht nicht umgesetzten Reformvorstellungen wirken vordergründig widersprüchlich, drücken hintergründig jedoch fehlende Unterstützung der (Wissenschafts-)Politik aus.

Zudem war im Anschluss an die Evaluation ein anderes Vorgehen gefragt. Nun ging es nicht mehr um Planungen, sondern um Zahlen und Finanzierungsfragen: „Man würde rechnen müssen statt zu planen",[850] wie Dieter Simon deutlich später im Jahr 2006 resümierte. Die beabsichtigte Gesamtbewertung des vereinten Wissenschaftssystems rückte hinter die (wissenschafts-)politischen Ziele, sodass ab 1992 niemand mehr von einer Revision des bisherigen Systems sprach.[851]

Besonders brisant war in diesem Zusammenhang die Affäre um Dieter Simons Nachfolger, den Zoologen Gerhard Neuweiler. Er war bestrebt, Simons Reformagenda fortzusetzen, amtierte allerdings nur ein Jahr lang als Vorsitzender des Wissenschaftsrates. Hier waren es insbesondere die anderen Mitglieder der Allianz der Wissenschaftsorganisationen, die einerseits ein Problem mit der Person Neuweilers hatten und andererseits den mit der Wende erlangten Einfluss des Wissenschaftsrates zurückdämmen wollten.[852]

---

849 Bartz, Der Wissenschaftsrat.
850 Simon, Rollenspiel: Die Wiedervereinigung der Wissenschaft, S. 291.
851 Vgl. ebd.
852 Der Präsident der HRK, Hans-Uwe Erichsen, äußerte sich dahingehend, dass der WR sich nicht als „zentrale Wissenschaftsplanungsinstanz" erheben solle, siehe dazu Bartz, Der Wissenschaftsrat, S. 190 f.

Zu der geforderten neoliberalen Reform des Wissenschaftssystems kam es in den 1990er Jahren nicht. Und dennoch setzte der Wissenschaftsrat mit einigen Themen Akzente, die zu einer allmählichen, sukzessiven Transformation des Wissenschaftssystems führten. Somit hatte der Beitritt der DDR zur Bundesrepublik auch gesamtdeutsche Folgen.[853] Diese Überlegungen knüpfen an die Darlegungen von Thomas Großbölting und Christoph Lorke zur Thematik der Vereinigungsgesellschaft an.[854] Denn obwohl es infolge der Vereinigung keine radikale Reform gab, lässt sich das in den 1990er Jahren etablierte gesamtdeutsche Wissenschaftssystem nicht als bloße Verlängerung des westdeutschen Systems begreifen, wie wir sehen werden.

Dieses Kapitel schildert zunächst den brisanten Abgang des nur einjährigen Vorsitzenden Gerhard Neuweiler und nimmt dabei die Allianz der Wissenschaftsorganisationen in den Blick – eine Organisation, die bislang noch keine zentrale Rolle in dieser Untersuchung spielte. Danach folgt ein kurzer Abriss der Themen und Empfehlungen, mit denen sich der Rat in den 1990er Jahren befasst hat. Den Abschluss des Kapitels bildet die Jubiläumsveranstaltung ‚10 Jahre danach', bei der die Akteure des Jahres 1990 im Jahr 2002 ein Resümee der wissenschaftlichen Vereinigung zogen. Hierbei wird es insbesondere um die unterschiedlichen Positionen und nachträglichen Bewertungen des Vereinigungsprozesses gehen.

6.1 Der Fall Neuweiler

Gerhard Neuweiler gehörte dem Wissenschaftsrat als Mitglied der Wissenschaftlichen Kommission seit 1988 an. Der 1935 geborene Zoologe hatte bereits während seiner Zeit als Tübinger Assistent in den 1960er Jahren eine kritische Position zum Wissenschaftssystem entwickelt. In seiner Funktion als Sprecher der süddeutschen Universitätsassistenten diagnostizierte er in einem Artikel vom 28. Oktober 1967, der in der Wochenzeitung Die Zeit erschienen war, „Absolutistische Machtbefugnisse"[855] der Ordinarien und rechnete zwei Jahre später schonungslos mit dem deutschen Hochschulwesen ab. Dabei forderte er umfassende Reformen an den Universitäten.[856] Während der Evaluationen an den ostdeutschen Akademieinstituten agierte der Zoologe und Hochschulpolitiker als Vorsitzender der AG Agrarwissenschaften und wurde mit Dieter Simons Ausscheiden zu dessen Nachfolger gewählt. Doch Neuweilers Vorgehen und seine

---

853 Siehe hierzu auch Marie-Christin Schönstädt: Transformation der Wissenschaft. Die Evaluation des ostdeutschen Wissenschaftssystems als Impuls für den Westen, in: Marcus Böick / Constantin Goschler / Ralph Jessen (Hg.): Jahrbuch Deutsche Einheit 2021, Berlin 2021: 215–242.
854 Vgl. Großbölting / Lorke, Vereinigungsgesellschaft.
855 Gerhard Neuweiler: Absolutistische Machtbefugnisse, in: Die Zeit (28.10.1967).
856 Vgl. Benedikt Grothe: Nachruf Prof. Dr. Dr. h. c. Gerhard Neuweiler (1935–2008), in: Neuroforum 4 (2008), S. 286.

Ambitionen sollten verheerende Konsequenzen sowohl für ihn als Person als auch für den Wissenschaftsrat als Institution nach sich ziehen.

Gleich zu Beginn seiner Amtszeit, im Januar 1993, trat Neuweiler mit zehn Thesen zur Hochschulpolitik in Erscheinung, worin er massive Steuerungsdefizite der deutschen Hochschulen feststellte.[857] Die Thesen eckten unweigerlich an, vor allem die Überlegungen zur Verkürzung der Studiengänge. Die spätere Vorsitzende des Wissenschaftsrates, Dagmar Schipanski (1996–1998), hatte Neuweiler an die Hochschule Ilmenau eingeladen, wo Neuweiler seine wissenschaftspolitischen Standpunkte darlegen sollte. Leider musste Neuweiler den Termin wegen anderer Verpflichtungen absagen und erklärte im selben Atemzug:

> Ich bedaure dies sehr, weil ich gerne Gelegenheiten wahrnehme, in den Hochschulen die 10 Thesen des Wissenschaftsrats zu erläutern. Sie werden immer häufiger, gewollt oder ungewollt, in einem entscheidenden Punkt fehlinterpretiert: unser 8–9 semestriges Studium mit berufsbefähigendem Abschluß wird zunehmend als Schmalspurstudium ohne wissenschaftlichen Gehalt apostrophiert und eine wissenschaftliche Ausbildung sei nach unseren Plänen erst im Graduiertenstudium vorgesehen. Es wäre fatal, wenn sich in den Hochschulen eine solche verheerende Fehlinterpretation festsetzen würde.[858]

Neuweiler fühlte sich in seinen Thesen missverstanden, hatte damit aber bereits ein eindeutiges Signal in die Wissenschaftswelt entsandt, nämlich die radikale Umstrukturierung des Wissenschaftssystems. Über die veränderte Studienstruktur hinaus beabsichtigte er, die Fachhochschulen massiv auszubauen, um die überfüllten Universitäten zu entzerren und berufsnahe Studiengänge wie Jura, Medizin und die Lehramtsausbildung an hochspezialisierten Akademien unterzubringen, was interessanterweise an die Spezialeinrichtungen im Hochschulsystem der DDR erinnert. Lehrevaluationen sollten zudem die Qualität der Lehre sichern, obwohl sie wie auch die Forschungsevaluation zu dieser Zeit noch keineswegs ein etabliertes Instrument der Wissenschaftspraxis darstellten. Neuweiler wagte außerdem ein heikles Unterfangen, indem er die traditionelle Einheit von Forschung und Lehre an den Universitäten infragestellte. Seiner Meinung nach müsste auch hervorragende Lehre gewürdigt werden und die Chance zur Habilitation bieten. Gleichzeitig forderte er mehrfach öffentlich, die Habilitation ganz abzuschaffen. Und auch gegenüber Studiengebühren zeigte er sich offen. Nicht zuletzt plädierte der Zoologe für die Evaluation der westdeutschen Forschungseinrichtungen als konsequente Folge der Evaluation im Osten und wollte damit die Reformagenda seines Vorgängers Simon fortsetzen.[859]

---

857 Wissenschaftsrat: 10 Thesen zur Hochschulpolitik, Berlin 1993.
858 AdWR: 4. Vorsitzende/r Gerhard Neuweiler 1993–1994, Antwortschreiben von Neuweiler an Dagmar Schipanski vom 17.03.1993.
859 Vgl. Konrad Adam: Der Einjährige, in: Frankfurter Allgemeine Zeitung (20.01.1994).

Aus einem internen Papier gehen Neuweilers Vorstellungen der Evaluation hervor. Das Papier entstand in Vorbereitung auf ein bildungspolitisches Gespräch, das der Vorsitzende Ende des Jahres 1993 mit Bundeskanzler Helmut Kohl führte. Dabei unterbreitete Neuweiler dem CDU-Politiker Vorschläge für mehr Wettbewerb und Transparenz im Wissenschaftssystem. Die Evaluation der Lehre, die der engagierte Vorsitzende beim Wissenschaftsrat angesiedelt wissen wollte, spielte dabei eine entscheidende Rolle wie die Gesprächsnotizen zeigen:

> Evaluation der Lehre und des Ressourceneinsatzes in drei ausgewählten Fächern an Universitäten und Fachhochschulen. Die Hochschulen müssen beteiligt werden – selbstverständlich auch die Wirtschaft. Der Wissenschaftsrat ist bereit, Organisation und Durchführung zu übernehmen. Evaluation muß Folgen haben – sonst wird sie in den Hochschulen nicht ernst genommen. Deswegen müssen die Länder die Ressourcenzuweisung von Leistungen und Evaluationsergebnissen abhängig machen.[860]

Die Überlegungen gingen so weit, die Grundausstattung der Hochschulen ähnlich dem britischen Modell an Leistungs- und Evaluationserfolge zu knüpfen. Im Sinne einer neuen Wissenschaftskultur, die verstärkt auf Hochschulautonomie und Kundenorientierung beruht, sollten die Hochschulen das Recht erhalten, ihre Bewerberinnen und Bewerber eigenständig auszuwählen, während den Studierenden gemäß ihrer Rolle als „Kunden mehr Macht"[861] zukam. Studiengebühren wurden dabei als ökonomisches Instrument verstanden: „Bringen wir ein Stück Marktwirtschaft in die Hochschule!",[862] so der damalige Gedanke.

Seine Ansichten vertrat Neuweiler offensiv und teilweise recht undiplomatisch gegenüber den Medien, was ihn unter seinen Kollegen in der Allianz der Wissenschaftsorganisationen nicht gerade beliebt machte. Ganz im Gegenteil brachte er nach und nach alle Gremien der Allianz gegen sich auf, da er sie immer wieder namentlich anprangerte.[863] Die Allianz der Wissenschaftsorganisationen versammelt bis heute die bedeutendsten Forschungs- und Wissenschaftsorganisationen in Deutschland unter einem Dach und fungiert als Beratungsgremium der Wissenschaftspolitik. Die Gründungsmitglieder der Allianz, zu denen die Westdeutsche Rektorenkonferenz, die Max-Plack-Gesellschaft, die Deutsche Forschungsgemeinschaft und der Wissenschaftsrat zählten, befanden sich im Jahr ihrer Entstehung 1962 in engem Austausch miteinander. In den folgenden Jahren changierten sie zwischen den Polen der Kooperation und der Konkurrenz.[864]

---

860 AdWR: 6.2 Allianz Bildungsgipfel 1983–1994, Vorlage vom 08.11.1993.
861 Ebd.
862 Ebd.
863 Vgl. Osganian / Trischler, Die Max-Planck-Gesellschaft als wissenschaftspolitische Akteurin in der Allianz der Wissenschaftsorganisationen, S. 65.
864 Vgl. ebd., S. 16–28.

Das Handeln der Allianz war in den darauffolgenden Dekaden maßgeblich von Diskretion und informellen Regeln bestimmt. Konflikte wurden stets intern behandelt und drangen nicht nach außen. Schließlich fühlten sich alle Organisationen der Wissenschaft verpflichtet – persönliche Differenzen sollten das System nicht in Verruf bringen. Mit seinem forschen Auftreten und der Kritik an seinen Kollegen verstieß Neuweiler massiv gegen diese Konvention und brach mit allen bisherigen Gepflogenheiten. Dadurch kam es zum Zerwürfnis zwischen Wissenschaftsrat und den übrigen Allianzmitgliedern, was nicht nur an Neuweiler als Person, sondern auch an inhaltlichen Differenzen lag. Insbesondere die Stärkung der Blauen Liste und der Machtzuwachs des Wissenschaftsrates infolge der Wiedervereinigung stellten das bisherige Gleichgewicht der Allianzorganisationen auf den Kopf.

Einen Hebel für den Umgang mit dem unbequemen Vorsitzenden bot sich der Allianz in Neuweilers bevorstehender Wiederwahl. Die vorschlagsberechtigten Wissenschaftsorganisationen berieten im Spätsommer 1993 regulär die Nominierung der Mitglieder für die Wissenschaftliche Kommission des Kölner Gremiums. Dabei hatte die Allianz bereits Wind davon bekommen, dass im Wissenschaftsrat schon über Neuweilers Wiederwahl gesprochen wurde. Allerdings war für Gerhard Neuweilers Wiederwahl eine Verlängerung seiner Mitgliedschaft im Wissenschaftsrat erforderlich, da er bereits 1988 berufen und 1991 wiedergewählt worden war. Aus rein formellen Gründen hätte die Amtszeit des Zoologen nach sechsjähriger Mitgliedschaft im Wissenschaftsrat also geendet, doch dass es zu einer solchen Absetzung aus formellen Gründen tatsächlich kommen würde, antizipierte im Wissenschaftsrat niemand.[865] Schließlich hatte die Allianz bereits in anderen Fällen Ausnahmen von dem Sechsjahres-Prinzip gemacht. So etwa bei den Gründungsmitgliedern Gerhard Hess (1958–1965) und Ludwig Raiser (1958–1965) und den Vorsitzenden Hans Leussink (1962–1969) und Reimar Lüst (1965–1972). Auch Dieter Simons Amtszeit war wegen der Turbulenzen durch die Wiedervereinigung verlängert worden (1985–1993). Doch im Falle Simons entstand der Vorschlag dazu innerhalb der Allianz, die hierbei das Vorschlagsrecht besaß, wohingegen es sich bei Neuweiler um einen Wunsch aus dem Wissenschaftsrat oder möglicherweise gar Neuweilers eigenen Wunsch handelte. Jedenfalls lag damit eine für den Wissenschaftsrat und ihren Vorsitzenden denkbar ungünstige Gemengelage vor. Dabei hatte die Allianz gemäß ihrem Nominierungsrecht nun über den weiteren Fortgang im Fall Neuweiler zu beraten.

Vor allem die DFG versuchte, die prekäre Situation zu lösen. Ihr Vorsitzender Wolfgang Frühwald (1992–1997) lud die Vertreter der Max-Plack-Gesellschaft, der Hochschulrektorenkonferenz und der Arbeitsgemeinschaft der Großforschungseinrichtungen noch vor der eigentlichen Allianzsitzung zu einem informellen Gespräch ein. Die DFG verschickte im Anhang der Einladung bereits Ausführungen zum „Grundsatz

---

865 Hier und im Folgenden paraphrasiert nach ebd., S. 61–65.

der einmaligen Wiederbenennung". Auf dem Treffen zeigte sich dann, dass alle vier Organisationen mit dem unabgestimmten Vorgehen des Wissenschaftsrates nicht einverstanden waren. Sie schmiedeten eine Gegenallianz und verständigten sich darauf, den derzeitigen Vorsitzenden, Gerhard Neuweiler, nicht erneut zu nominieren. Die Entscheidung kommunizierte die verkleinerte Allianzrunde in der anschließenden offiziellen Sitzung, worunter sich auch Vertreter des Wissenschaftsrates befanden. In ihrer Argumentation bezogen sich die großen Allianzorganisationen auf die etablierten Prinzipien der Nominierung und kündigten an, die Auswahl der Mitglieder künftig ohne den Wissenschaftsrat treffen zu wollen, da es sich hierbei um den Zuständigkeitsbereich der Allianz handele. Diese Geste stellte einen Affront dar und wies den Wissenschaftsrat in die Schranken.

Gerhard Neuweiler und sein Generalsekretär Winfried Benz zeigten sich brüskiert und enttäuscht vom Vorgehen der Allianzkollegen. Neuweiler selbst fasste es als demonstrativen Akt auf, dem Wissenschaftsrat seine Grenzen aufzuzeigen und seinen Einfluss einzudämmen.[866] Im Nachgang versuchte Helmut Gabriel als Vorsitzender der Wissenschaftlichen Kommission, die Position Neuweilers zu stärken, und erklärte, dass sowohl die Wissenschaftliche Kommission als auch die Verwaltungskommission seine erneute Nominierung unterstützten. Und auch Vertreter der Verwaltungskommission, vor allem der Staatssekretär des BMBW Fritz Schaumann und der saarländische Wissenschaftsminister Diether Breitenbach versuchten, den Konflikt zu entschärfen und baten die Allianz um eine weitere Nominierung Neuweilers, um „Arbeitsfähigkeit und [...] Wirkungsmöglichkeiten"[867] des Wissenschaftsrates sicherzustellen. Die Allianz erklärte zwar, dass sie noch einmal über die Entscheidung nachdenken wolle, nominierte Neuweiler nach nur einem Jahr im Amt jedoch nicht erneut, womit die Wiederwahl scheiterte. Zu Neuweilers Nachfolger wurde am 21. Januar 1994 der Mathematiker Karl-Heinz Hoffmann gewählt.

Doch mit Neuweilers Ausscheiden war der Vorfall keineswegs beendet, vielmehr ließ der Hochschulpolitiker sich im Nachgang öffentlich über die „kleinkarierte Haltung der Wissenschaftsorganisationen"[868] aus:

> Die Allianz ist mit vielem, was der Wissenschaftsrat 1993 empfohlen hat, nicht einverstanden, beispielsweise mit den Blaue-Liste-Instituten, die von Bund und Ländern gemeinsam getragen werden. Der Wissenschaftsrat hat im Zuge der Wiedervereinigung eine ganze Reihe von neuen Blaue-Liste-Instituten eingerichtet, die damit in der außeruniversitären Forschungslandschaft ein sehr viel stärkeres Gewicht bekommen haben. Die anderen Wissenschaftsorganisationen betrachten diese Entwicklung mit gewisser Sorge. Ich bin

---

866 Vgl. Bartz, Der Wissenschaftsrat, S. 193.
867 Zit. nach Osganian / Trischler, Die Max-Planck-Gesellschaft als wissenschaftspolitische Akteurin in der Allianz der Wissenschaftsorganisationen, S. 64.
868 Petra Meyer: Waren Sie zu kritisch, Herr Neuweiler? Interview zwischen Petra Meyer und Gerhard Neuweiler, in: Süddeutsche Zeitung (31.01.1994).

davon überzeugt, daß der Bedarf an staatlich initiierter Forschung langfristig steigen wird. [...] Letztlich geht es aber wohl auch um die Machtbalance innerhalb der Wissenschaftspolitik. Ich persönlich vermute, daß die Allianz ihre Interessen im Wissenschaftsrat nicht genügend repräsentiert sieht und unter Führung der DFG die Chance genutzt hat, dem Wissenschaftsrat eins auszuwischen. Denn seit der Wiedervereinigung ist der Einfluß des Rates gestiegen.[869]

Reimar Lüst erwiderte daraufhin in einem Artikel, Neuweiler sei nicht zum Dialog bereit gewesen und habe seine eigene Person über die Institution gestellt, was mit Lüsts wissenschaftspolitischem Verständnis, wonach unbedingt Schaden von den Institutionen der Wissenschaft abgewendet werden müsse, unvereinbar war.[870]

Der Fall Neuweiler stellte einen „Prüfstein für die Reformfähigkeit im geeinten Deutschland"[871] dar, wie Ariane Neumann beschreibt, und demonstriert die Abwehrhaltung der großen Wissenschaftsorganisationen gegenüber weitreichenden Reformen. Im Nachgang bekräftigte die Allianz, an dem Grundsatz der einmaligen Wiederwahl festzuhalten und verständigte sich darauf, den Fall nicht weiter zu thematisieren, um den damit verbundenen Differenzen zwischen dem Wissenschaftsrat und den übrigen Organisationen keinen weiteren Raum zu bieten.[872]

Neumann sieht in dem Vorgang einen Deutungskampf um die Frage der Hochschulautonomie zwischen reformwilligen Wissenschaftspolitikern, dem Bund und den Ländern. Dabei begünstigte der Deutungskonflikt die parallel zu Neuweilers Abgang im Februar 1994 realisierte Gründung des Centrums für Hochschulentwicklung (CHE) durch die Bertelsmann Stiftung und die Hochschulrektorenkonferenz (HRK). Der reformorientierte Präsident der HRK, Hans-Uwe Erichsen, hielt mit seiner Kritik an der finanziellen Lage der Universitäten nicht hinterm Berg. Regelmäßig klagte der 1934 geborene Rechtswissenschaftler in den großen Zeitungen über schlechte Bedingungen in Forschung und Lehre. Erichsen setzte sich für die Kooperation zwischen Bertelsmann Stiftung und HRK ein: Das CHE sollte als unabhängige Einrichtung Reformen für das Hochschulsystem ausarbeiten und konkrete Modelle entwickeln. Die Befürworter sahen in dem CHE einen neuen hochschulpolitischen Akteur, der das Potenzial barg, Steuerungsmechanismen für das Hochschulsystem zu entwickeln und Leistungsmessungen durchzuführen.[873] Seitdem agierte das CHE nach den Prinzipien des freien Hochschulmarktes, wonach Studiengebühren, Hochschulrankings und

---

869 Ebd.
870 Vgl. Reimar Lüst: Zum Abschied des Vorsitzenden des Wissenschaftsrats. Brüderliche Härte, in: Die Zeit (04.02.1994).
871 Ariane Neumann: Die Exzellenzinitiative. Deutungsmacht und Wandel im Wissenschaftssystem, Wiesbaden 2015, S. 168.
872 Vgl. Osganian / Trischler, Die Max-Planck-Gesellschaft als wissenschaftspolitische Akteurin in der Allianz der Wissenschaftsorganisationen, S. 71.
873 Vgl. Neumann, Die Exzellenzinitiative, S. 169–172.

betriebswirtschaftliche Marketingstrategien opportun waren, um die Hochschulen einem systematischen Wettbewerb auszusetzen.[874] Insofern wurden Neuweilers Ideen, wenn auch in einem anderen Zusammenhang, seit der Mitte der 1990er Jahre durchaus weiterverfolgt. Erster Leiter des CHE war der ehemalige Rektor der Universität Dortmund, Detlef Müller-Böling. Im Gegensatz zu Gerhard Neuweiler war er von wissenschaftspolitischen Debatten und den Finanzierungsproblemen der Länder unabhängig.

6.2   Themen und Empfehlungen bis in die 2000er Jahre

Nach Neuweilers Abgang besann sich der Wissenschaftsrat in den folgenden Jahren auf seine inhaltliche Agenda. Schwerpunkte lagen in der Konsolidierung der Blauen Liste, der Lehrevaluation, der Förderung von Frauen in Wissenschaft und Forschung und der Systemevaluation. Die Evaluation beschäftigte den Wissenschaftsrat also auch nach der Vereinigung auf verschiedenen Ebenen, weshalb hier von einem „Jahrzehnt der Evaluation"[875] gesprochen werden kann. Dieses Kapitel zeigt, wie sich der Kölner Wissenschaftsrat mit der Evaluation als wissenschaftspolitischem Steuerungsinstrument auseinandersetzte und die Evaluation schließlich auch an den Hochschulen verankerte. Flächendeckende Durchschlagskraft erhielt das Verfahren der Forschungsbewertung schließlich mit der Einführung der Systemevaluation.

6.2.1   Die Konsolidierung der Blauen Liste

Die Forschungsorganisation der Blauen Liste erfuhr durch die Ausdehnung auf ostdeutschem Gebiet nach 1990 eine enorme Vergrößerung und zwar sowohl in quantitativer als auch in qualitativer Hinsicht. Sie wuchs von 47 Einrichtungen im Jahr 1989 auf 81 Einrichtungen im Jahr 1992. Allein diese Tatsache wurde von den übrigen Mitgliedern der Allianzorganisationen mit Skepsis vernommen. So schrieb der Wissenschaftsmanager und damalige Präsident der Alexander-von-Humboldt-Stiftung, Reimar Lüst, am 27. März 1993 in einem Artikel in der Frankfurter Allgemeinen Zeitung:

> Mit der Begründung, die Blaue Liste habe sich als ein ‚flexibles wissenschaftspolitisches Instrument' erwiesen, wird sie zu einer der fünf tragenden Säulen der staatlichen Wissenschaftsförderung in der Bundesrepublik Deutschland umdefiniert. Es war deshalb auch

---

[874] Siehe dazu Thomas Barth: Gütersloher Reform-Vollstrecker und ihr deutscher Sonderweg in den Neoliberalismus, in: Jens Wernicke / Torsten Bultmann (Hg.): Netzwerk der Macht – Bertelsmann. Der medial-politische Komplex aus Gütersloh, Bamberg 2007: 55–74.
[875] Bartz, Der Wissenschaftsrat, S. 204.

> kein Zufall, daß schon kurz nach der Vereinigung im Dezember 1990 die Arbeitsgemeinschaft der Blauen Liste gebildet wurde. Inzwischen wird überlegt, ihr nach dem Vorbild der Max-Planck-Gesellschaft und der Fraunhofer-Gesellschaft mit entsprechenden Gremien eine Struktur zu geben, die sie als ‚tragende Säule' festigt. [...] Wer glaubt, der Wissenschaftsrat selbst könne noch eine Steuerungsfunktion wahrnehmen, würde ihn überfordern. Die Blaue Liste als fünfte tragende Säule der staatlichen Wissenschaftsförderung zu etablieren wäre fatal: Für die Qualität der Forschung wird nichts gewonnen, gesorgt wird nur dafür, daß die Quantität erhalten bleibt. Von einem solchen Kurs muß dringend abgeraten werden. Das Ziel bleibt, die wichtigste Säule der Forschung in Deutschland zu stärken, und das sind die Hochschulen.[876]

Mit der Stärkung der Blauen Liste ging also eine weitreichende strukturelle Veränderung der deutschen Forschungslandschaft einher, die das etablierte Gleichgewicht zwischen den großen Forschungsorganisationen infragestellte. Und auch thematisch und administrativ hatte sich die Blaue Liste verändert. Schon seit dem Ende der 1980er Jahre vernetzten sich einzelne Institutsvertreter des ansonsten losen Institutsverbunds stärker miteinander und intensivierten ihre Zusammenarbeit. Dabei standen die gemeinsame Öffentlichkeitsarbeit, Finanzierungsfragen und das Tarifrecht im Zentrum. Im Bereich der Öffentlichkeitsarbeit wollten die Befürworter einer engeren Kooperation an das Konzept der Arbeitsgemeinschaft Großforschungseinrichtungen anknüpfen, die eine gezielte Öffentlichkeitsarbeit gegenüber Ministerien, Parlamenten und der Presse betrieb. Auch eine Geschäftsstelle mit eigenen Büros sollte für die Administration der Blauen Liste eingerichtet werden.[877]

Die Bund-Länder-Kommission unterstützte die Bemühungen, eine gemeinsame Interessenvertretung zu bilden, von Beginn an. Denn bis dato musste die BLK in allen Aspekten der Personalplanung oder in Bezug auf wissenschaftliche Aktivitäten jedes Institut separat kontaktieren. Gleiches galt für das Bundesforschungsministerium, das bislang keinen zentralen Ansprechpartner bei der Blauen Liste hatte. Und schließlich war es der Blauen Liste in den 1980er Jahren wegen der schlechten internen Kommunikation kaum möglich, am Sonderforschungsprogramm teilzunehmen.

Im Juni 1990, während auf politischer Ebene der Einigungsvertrag verhandelt wurde, legten die Befürworter der Arbeitsgemeinschaft eine ausgearbeitete Satzung vor. Diese sah die Gründung einer auf freiwilliger Mitgliedschaft basierenden Arbeitsgemeinschaft vor, die sich am Modell der AG Großforschungseinrichtungen orientierte. Dieses Modell war besonders naheliegend, da die Institute ihre Eigenständigkeit weiterhin beibehalten konnten. Nach einigen Modifikationen wurde die Satzung am 22. Oktober 1990 von 25 teilnehmenden Instituten unterzeichnet und angenommen.

---

876 Lüst, Blaue Listen.
877 Vgl. Brill, Von der ‚Blauen Liste' zur gesamtdeutschen Wissenschaftsorganisation, S. 25 f.

Die Arbeitsgemeinschaft Blaue Liste, wie sich der Zusammenschluss von nun an nannte, umfasste einen Vorstand, mehrere Ausschüsse, eine alljährliche Mitgliederversammlung und eine Geschäftsstelle in Dortmund. Der Aufbau der Arbeitsgemeinschaft als einheitliche Organisation erfolgte zeitlich parallel zu den Begutachtungsverfahren und zur Überführung der Akademieinstitute in die Blaue Liste. Von den neuen Instituten in Ostdeutschland traten 30 der insgesamt 34 gegründeten Institute der Arbeitsgemeinschaft bei.[878] Insofern trafen die Aufbauphase der Arbeitsgemeinschaft und die Integration der ostdeutschen Institute zu einem günstigen Zeitpunkt zusammen, der den jungen Zusammenschluss stärkte.

Durch die neu hinzugekommenen Akademieinstitute verlagerte sich das Forschungsprofil hin zu den Natur-, Technik- und Agrarwissenschaften. Aufgrund dieser thematischen Verschiebung und erheblichen Vergrößerung fanden in den folgenden Jahren bis etwa 1998 mehrere organisatorische Umstrukturierungen statt. Eingeleitet wurden diese mit dem Auftrag der Bund-Länder-Kommission für Bildungsplanung und Forschungsförderung an den Wissenschaftsrat, im Sommer 1991 ein koordiniertes Gesamtkonzept zur zukünftigen Struktur und inhaltlichen Ausrichtung der Blauen Liste auszuarbeiten. Damit reagierte die BLK auf die Vergrößerung und Heterogenität der Institute.

Der Wissenschaftsrat setzte dazu einen Ausschuss ‚Neuordnung der Blauen Liste' ein und erstellte in Absprache mit der neugegründeten Arbeitsgemeinschaft ein Konzept für den Forschungsverbund. Die neue Arbeitsgemeinschaft wurde somit unmittelbar in die Überlegungen einbezogen, was verdeutlicht, dass sie als Gremium ernst genommen wurde. Für das Konzept spielte besonders der Aspekt der Qualitätssicherung, namentlich der Evaluation, eine Rolle. Der Ausschuss erkundigte sich bei der Arbeitsgemeinschaft Blaue Liste, wie die Einstellung zur Evaluation sei, und erhielt durchaus positive Resonanz: „Insbesondere betont die AG BL die Bereitschaft ihrer Mitglieder, sich regelmäßig gründlichen Evaluationen zu unterziehen. Diese Evaluationen sollten dezentral erfolgen."[879]

Der Ausschuss des Wissenschaftsrates, und allen voran Wilhelm Krull, hatte sich in diesem Zusammenhang auch Gedanken zum Namen der Blauen Liste gemacht. In einem Zeitungsartikel vom 19. Juni 1992 äußerte der Wissenschaftsadministrator Krull, dass sich die Arbeitsgemeinschaft auf einen Namenspatron beziehen solle, der das Bild eines Universalgelehrten vertrete. Ihm schwebte dabei Gottfried Wilhelm Leibniz vor.[880] Doch auf Leibniz berief sich schon seit 1966 die in Hannover beheimatete Gottfried-Wilhelm-Leibniz-Gesellschaft. Nach Krulls Artikel wandte sie sich an die

---

878 Vgl. ebd., S. 37.
879 BArch Koblenz B247/306: Schreiben von Wolfang Zapf, Sprecher der Arbeitsgemeinschaft Blaue Liste, an den WR vom 16.06.1992.
880 Artikel im Rheinischen Merkur vom 19.06.1992, zitiert nach BArch Koblenz B247/306: Briefwechsel zwischen der Gottfried-Wilhelm-Leibniz-Gesellschaft und dem WR, 30.06.1992.

Arbeitsgemeinschaft Blaue Liste und gab zu verstehen, dass sie den Vorschlag einer weiteren Leibniz-Gemeinschaft nicht für gut befinden könne:

> Zur Vermeidung von Verwechselungen wäre es wohl zweckmäßig, wenn Sie für Ihre Arbeitsgemeinschaft einen anderen Namen als ‚Gottfried-Wilhelm-Leibniz-Gesellschaft' finden könnten. Wir wünschen der Tätigkeit Ihrer Arbeitsgemeinschaft alles Gute und viel Erfolg![881]

Zunächst blieb es hinsichtlich des Namens bei einer Überlegung, doch fünf Jahre später sollte Leibniz tatsächlich zum Namenspatron der blauen Institute werden.

Der Wissenschaftsrat veröffentlichte schließlich im Herbst 1993 seine *Empfehlungen zur Neuordnung der Blauen Liste*. Darin hob er die Bedeutung des Forschungsverbunds hervor und ordnete ihr einen „festen Platz unter der gemeinsam von Bund und Ländern geförderten außeruniversitären Forschungseinrichtungen"[882] zu. Die Blaue Liste stieg somit auf eine Stufe neben der Max-Planck-Gesellschaft, der Fraunhofer-Gesellschaft und den Großforschungseinrichtungen auf. Der Wissenschaftsrat betonte in der Empfehlung auch die historische Tradition einiger Institute, die zum Teil bis in das 19. Jahrhundert reichten.[883]

Zur besseren Organisation und Koordination empfahl der Wissenschaftsrat institutsübergreifende Sektionen. Sie verbanden die Institute netzwerkartig miteinander, wozu die Sektionen Biologie-Medizin, Natur- und Ingenieurwissenschaften sowie Geistes-, Sozial- und Wirtschaftswissenschaften gebildet wurden.[884] Und um die personelle Flexibilität zu erhöhen, sollten künftig 30 bis 50 Prozent des wissenschaftlichen Personals befristet angestellt werden. Mit Blick auf die forschungspolitische Steuerung sprach sich das Kölner Beratungsgremium für eine Weiterentwicklung des Evaluationsverfahrens aus. Die Bewertung der Institute sollte weiterhin im Turnus von vier bis fünf Jahren erfolgen, von nun an jedoch mit einem geänderten Verfahren: Dazu richtete der Wissenschaftsrat in seiner Kölner Geschäftsstelle einen eigenen Ausschuss Blaue Liste ein. Ihr gehörten Gutachter derjenigen Wissenschaftsorganisationen an, die selbst nicht über eigene Institute verfügten, was auf die DFG, die Hochschulrektorenkonferenz und den Wissenschaftsrat selbst zutraf. Darüber hinaus stand die Professionalisierung der Evaluation im Zentrum: „Der Ausschuß Blaue Liste müßte die in der Vergangenheit verwendeten Kriterien für die Evaluierung der Institute weiterentwickeln und für die Begutachtung der Institute vor Ort ad hoc-Arbeitsgruppen unter Nutzung externen Sachverstandes aus dem In- und Ausland einsetzen."[885]

---

[881] BArch Koblenz B247/306: Schreiben von der Leibniz-Gesellschaft an die AG Blaue Liste vom 24.06.1992.
[882] Wissenschaftsrat: Empfehlungen zur Neuordnung der Blauen Liste, Wiesbaden 1993, S. 38.
[883] So bspw. das Forschungsinstitut Senckenberg in Frankfurt am Main, das bereits 1817 gegründet worden war, vgl. ebd., S. 11 f.
[884] Vgl. ebd., S. 29.
[885] Ebd., S. 39.

In diesem Zusammenhang befürwortete der Wissenschaftsrat eine externe Evaluation mit differenzierten Kriterien. Zudem nutzte er den Ausbau des Evaluationsverfahrens, um die eigene Geschäftsstelle zu erweitern, war aber auch an einer permanenten Verwaltungsstelle der Arbeitsgemeinschaft interessiert. Diese sollte die gemeinsame Öffentlichkeitsarbeit vorantreiben und Daten über die Institute sammeln, die für interne und externe Evaluationszwecke nützlich sein könnten.[886] Das Ziel, das Evaluationsverfahren umfassend zu professionalisieren, wurde damit auf allen Ebenen forciert.

Die Akteure der AG Blaue Liste bemühten sich, die Empfehlungen rasch umzusetzen, und beriefen einen Grundsatzausschuss ein. Als Ergebnis entstand daraus 1995 die Wissenschaftsgemeinschaft Blaue Liste e. V. Die Umbenennung ging mit einer organisatorischen Umstrukturierung als Verband einher, der einen Mittelweg zwischen dezentraler Koordination und netzwerkartigem Verbund ermöglichte. Das Grundsatzdokument verstand sich als „Dokument des Neubeginns", das eine „breitere wissenschaftspolitisch betroffene Öffentlichkeit ansprechen mochte, insbesondere die Zuwendungsgeber in Bund und Ländern, den Wissenschaftsrat, die großen Forschungsorganisationen und die Hochschulen."[887] In zehn einleitenden Thesen bezog sich der Gründungsausschuss zuallererst auf die Feststellung des Wissenschaftsrates von 1993, wonach die Blaue Liste die vierte Säule der außeruniversitären Forschung in Deutschland darstelle. Für die noch am Ende der 1980er Jahre als schwache Wissenschaftsorganisation wahrgenommene Einrichtung bedeutete diese Würdigung eine besondere Anerkennung. Das Image der Blauen Liste hatte sich seit der Wende enorm gewandelt, wie die Organisation auch selbst vernommen hatte:

> Ganz offensichtlich hat der Wissenschaftsrat dabei [gemeint ist die Transformation der ostdeutschen Wissenschaftslandschaft; M. S.] bewußt das Instrument der Blauen Liste zur Neuordnung der Forschung empfohlen und aus guten Grund z. B. nicht die Umwandlung der ehemaligen Akademie der Wissenschaften der DDR in einige wenige Großforschungseinrichtungen vorgeschlagen, was ja aufgrund der vorgefundenen Strukturen durchaus nahe gelegen hätte. [...] Daß dies richtig war und die damit bewirkte Stärkung der Blauen Liste als flexibles Instrument der föderalen Forschungspolitik sinnvoll, beweist der zügige und erfolgreiche Umbau der Forschungslandschaft in den neuen Bundesländern. Die Blaue Liste hat sich somit als ein besonders geeignetes Instrument zur Angleichung der Lebensverhältnisse von Ost und West im Wissenschaftsbereich erwiesen.[888]

---

[886] Vgl. ebd., S. 35 ff.
[887] Grundsatzausschuss: Empfehlungen des Grundsatzausschusses für Grundsätze und Arbeitsweisen der Wissenschaftsgemeinschaft Blaue Liste (WBL), Berlin 1995, Vorbemerkungen.
[888] Grundsatzausschuss, Grundsatzausschuss 1995, 11.

Dass der Wissenschaftsrat bewusst Blaue-Liste-Institute in Ostdeutschland implementiert hatte, nahm die Organisation durchaus wahr. Schließlich veränderte dieser Umstand ihren Stellenwert unter den forschungspolitischen Institutionen. Einen Grund dafür vermutete der Grundsatzausschuss in der Flexibilität der Strukturen. Hinzu kamen finanzpolitische Argumente sowie das Begutachtungsverfahren.

Für die neugegründete Wissenschaftsgemeinschaft war es allerdings nicht einfach, sich als Organisation zu etablieren. Einige der traditionsreichen Institute hatten kein Interesse an einer einheitlichen Organisationsform und auch medial war die Wissenschaftsgemeinschaft wenig sichtbar. Auch fehlte der Rückhalt der anderen außeruniversitären Forschungseinrichtungen, die der Wissenschaftsgemeinschaft wegen ihres neugewonnenen Einflusses infolge der deutsch-deutschen Einigung ablehnend gegenüberstanden. Vor allem die Max-Planck- und die Fraunhofer-Gesellschaft fürchteten finanzielle Kürzungen, die möglicherweise aus der Erweiterung der Blauen Liste folgten.[889]

Um ernst genommen zu werden und die Außenwahrnehmung zu verbessern, diskutierte die Wissenschaftsgemeinschaft 1996 abermals die Namensfrage. Dabei griffen die Verantwortlichen Wilhelm Krulls Vorschlag auf und brachten den Namen ‚Wissenschaftsgemeinschaft Gottfried-Wilhelm-Leibniz' ins Spiel, der ein Jahr später umgesetzt wurde. Dabei erfolgte die Umbenennung im Zuge einer Satzungsänderung, bei der die Wissenschaftsgemeinschaft nach zweijähriger Verhandlungs- und Planungszeit die Gründung eines Senats beschloss. Das Präsidium der Wissenschaftsgemeinschaft hatte sich zuvor mit der Frage der Qualitätssicherung auseinandergesetzt und auch der Wissenschaftsrat erklärte in diesem Zusammenhang, dass er ein von der Wissenschaftsgemeinschaft selbstständig durchgeführtes Evaluationsverfahren unterstütze.[890]

Der 1997 errichtete Senat der Leibniz-Gemeinschaft bestand dem Statut nach aus hochrangigen Personen der Wissenschaftspolitik und Öffentlichkeit und war für die Berufung des Evaluationsausschusses zuständig. Dieser wiederum setzte Ad-hoc-Bewertungsgruppen für die regelmäßigen Begutachtungen der Institute ein. Allerdings konnte der Senat die eigentliche Evaluationstätigkeit erst im Jahr 2002 aufnehmen. Bis dahin dauerte noch der 1995 vom Wissenschaftsrat eingeleitete Begehungsturnus an.[891]

---

[889] Vgl. Brill, Von der ‚Blauen Liste' zur gesamtdeutschen Wissenschaftsorganisation, S. 57 f.
[890] Vgl. ebd., S. 63.
[891] Vgl. ebd., S. 61; 73 f.

6.2.2 Stärkung der Lehre durch Evaluation

An westdeutschen Hochschulen wurden Reformen und Fragen der Qualitätssicherung schon seit den 1980er Jahren diskutiert. Allerdings lag der Fokus hier weniger auf der Forschungsleistung als vielmehr auf den Aspekten von Studium und Lehre. Hintergrund war, dass Politik und Wirtschaft die Studienzeiten als zu lang bewerteten und verkürzen wollten. Einheitliche und systematische Evaluationsverfahren wurden in diesem Zusammenhang aber nicht implementiert, da die Evaluation unter der Professorenschaft auf wenig Zustimmung stieß.[892]

1996, als der Wissenschaftsrat die *Empfehlungen zur Stärkung der Lehre in den Hochschulen durch Evaluation* verabschiedet hatte, änderte sich die negative Grundhaltung gegenüber der Evaluation. Die Begutachtung an den ostdeutschen Akademieinstituten war inzwischen abgeschlossen, wodurch die Evaluation breitere Akzeptanz erfuhr. Anders als im Jahr 1990, als die Akteure der Wissenschaftspolitik penibel genau darauf geachtet hatten, den Begriff der Evaluation keinesfalls im Kontext der Hochschulen zu verwenden, war es nun durchaus legitim, den Begriff öffentlich zu verwenden. Offenbar hatte sich die Wissenschaftskultur verändert.[893] Der Wissenschaftsrat zog daraus den Schluss, ‚Evaluation' auch an den Hochschulen systematisch zu verankern. Dabei verwendete er den Terminus grammatikalisch im Kollektivsingular, wodurch er zum Abstraktum aggregierte.[894] Aus seiner Sicht wandte sich das Kölner Gremium damit den bedeutendsten Einrichtungen zu, nämlich den Hochschulen. Als Ort der Einheit von Forschung und Lehre kam ihnen die Schlüsselaufgabe zu, die Studierenden und den wissenschaftlichen Nachwuchs auszubilden. Die Empfehlungen hatten keine unmittelbare praktische Relevanz für den Wissenschaftsrat, da sie keinen Evaluationsauftrag für diesen beinhalteten. Vielmehr beschränkten sie sich auf den Impuls zur Hochschulevaluation.[895]

Da es bei Evaluationen generell um Fragen der Qualitätssicherung geht, befasste sich der Wissenschaftsrat in dem Zusammenhang auch grundsätzlich mit den Dimensionen des Qualitätsbegriffs. Für den vielschichtigen Begriff wurde aber keine allgemeingültige Definition formuliert, sondern stattdessen das spezifische Erkenntnisinteresse des zu evaluierenden Gegenstands herausgestellt. Dabei müssten die Parameter der Qualität immer wieder neu verhandelt und nachjustiert werden. Für den Hochschulbereich legte die Empfehlung fünf Ebenen der Qualitätskontrolle fest: erstens das Ausbildungsprofil der Absolventinnen und Absolventen, das als gut oder schlecht

---

[892] Martina Röbbecke / Dagmar Simon: Reflexive Evaluation. Ziele, Verfahren und Instrumente der Bewertung von Forschungsinstituten, Berlin 2001, S. 34.
[893] Zum Kulturbegriff siehe Daniel, ‚Kultur' und ‚Gesellschaft'.
[894] Zum Kollektivsingular siehe Reinhart Koselleck: Begriffsgeschichten. Studien zur Semantik und Pragmatik der politischen und sozialen Sprache, Frankfurt a. M. 2006, S. 66–70.
[895] Vgl. Bartz, Der Wissenschaftsrat, S. 206.

eingeschätzt werden könne, zweitens die Kohärenz des Lehr- und Studienbetriebs, drittens die Ausbildungspraxis mit Blick auf spätere Tätigkeitsfelder, viertens der Einsatz von Finanzmitteln für die Ausstattung von Studium und Lehre und fünftens die Qualifikation der Studierenden selbst. Der letzte Aspekt bezog sich auf die Qualität von Bildung, Ausbildung, Persönlichkeitsentwicklung und Wissenserwerb,[896] womit traditionelle Werte des deutschen Bildungswesens aufgegriffen wurden. Insgesamt verdeutlichen die Punkte, dass Qualität auf sehr unterschiedlichen Ebenen und Dimensionen angelegt werden kann.

Obwohl sich der Wissenschaftsrat schon in den 1980er Jahren mit Formen der Qualität befasst hatte, machte er nun erstmalig das der Evaluation inhärente Qualitätskonzept transparent. Hieran lässt sich eine stärkere Reflexion der Verfahrensweise erkennen. Im Laufe der 1990er Jahre etablierte der Wissenschaftsrat ein regelrechtes Evaluationsmanagement und beauftragte das Wissenschaftszentrum Berlin sogar damit, eine reflexive Studie über die Evaluation der Blauen Liste zu erstellen.[897] Das seit den 1980er Jahren entstandene und an den ostdeutschen Akademieinstituten mitunter unreflektierte Verfahren gelangte damit auf eine neue Metaebene. Gegenüber dem Jahr 1990 hatte sich außerdem der internationale Bezug und Vergleich verstärkt. Insbesondere die Lehrevaluation an niederländischen Universitäten diente nun als Vorbild und Referenzrahmen.[898] Sicherlich trugen hierzu auch die Entwicklungen auf europäischer Ebene bei, denn mit der Unterzeichnung des Vertrags von Maastricht und der Gründung der Europäischen Gemeinschaft 1993 folgten auch eine gemeinsame Bildungspolitik auf europäischer Ebene und die gegenseitige Anerkennung der Hochschulabschlüsse.[899] Dies dürfte auch zu einem stärkeren Vergleich der Forschungsbewertung unter den europäischen Nachbarn geführt haben.

Hinsichtlich der Ausgangssituation an den Hochschulen zog der Wissenschaftsrat den Vergleich zur Forschungslandschaft, in der die Evaluation „in einem sich verschärfenden Wettbewerb um Ressourcen eine immer wichtigere Rolle"[900] spiele. Doch auf den Hochschulbereich dürften die dort angelegten Standards nicht ohne Weiteres übertragen werden, sondern müssten entsprechend angepasst werden:

---

896 Vgl. Wissenschaftsrat: Empfehlungen zur Stärkung der Lehre in den Hochschulen durch Evaluation, Berlin 1996, S. 14 f.
897 Siehe dazu Röbbecke, Simon, Reflexive Evaluation.
898 Vgl. Wissenschaftsrat, Empfehlungen zur Stärkung der Lehre in den Hochschulen durch Evaluation, S. 46.
899 Vgl. Peter Becker: Die Europäische Bildungspolitik – Europäisierung und Ökonomisierung eines jungen Politikbereichs, in: Rudolf Hrbek / Martin Große Hüttmann / Josef Schmid (Hg.): Bildungspolitik in Föderalstaaten und der Europäischen Union: Does Federalism Matter? Tagungsband zum Jahrbuch-Autorenworkshop in Tübingen vom 13. bis 15. Oktober 2011, Baden-Baden 2012: 183–198.
900 Wissenschaftsrat, Empfehlungen zur Stärkung der Lehre in den Hochschulen durch Evaluation, S. 3.

> Folglich ist zu fragen, welche Aufgaben, Zielsetzungen und Dimensionen Evaluationsmaßnahmen im Bereich der Hochschullehre zu verfolgen haben, welche Instrumente hierzu entwickelt werden und welche Rahmenbedingungen vorhanden sein sollten, damit ein effizientes und den verschiedenartigen Ansprüchen und Erwartungen an eine Evaluation der Lehre angemessenes Instrumentarium zum Einsatz kommen kann.[901]

Gemäß dieser Feststellung präsentierte das Kölner Beratungsgremium ein Konzept für die Lehrevaluation, dessen erklärtes Ziel in der systematischen und kontinuierlichen Überprüfung des Lehrbetriebs bestand. Dabei sollten Stärken und Profile der jeweiligen Fachbereiche herausgestellt werden, um somit die Bedingungen für einen größeren Wettbewerb unter den Hochschulen zu schaffen. Die dabei verhandelten Aspekte des Wettbewerbs betrafen sowohl den Wettbewerb unter den Hochschulen als auch die Profilbildung und Spezialisierung einzelner Studiengänge.[902] Das Verfahren sollte einem zweistufigen Prozedere folgen, wonach zuerst eine interne Selbstevaluation und danach eine externe Fremdbegutachtung stattfanden. Dabei bezogen sich beide Stufen auf einzelne Fächer oder Fachbereiche, nicht auf die Hochschule insgesamt. Die Etablierung der Hochschulevaluation verstand der Wissenschaftsrat als Teil der Hochschulautonomie und damit als „Ausdruck der institutionellen Verantwortung".[903]

An der internen Selbstevaluation sollten alle Akteure beteiligt werden, die am Ausbildungsprozess der Studierenden beteiligt waren. Zudem war damit keine reine Bestandsaufnahme gemeint, sondern die Ableitung von Zieldefinitionen mit konkreten handlungsleitenden Maßnahmen für Studium und Lehre. Die Evaluation durch externe Sachverständige diente hingegen dem Zweck, die Kommunikation im Fach durch Gespräche mit weiteren Fachvertretern zu verbessern. Außerdem sollten die Ergebnisse der Selbstevaluierung kritisch aufgegriffen werden. Langfristig hielt es der Rat nicht für ausgeschlossen, die Mittelvergabe an die Evaluationsergebnisse zu koppeln.[904]

6.2.3 Frauen in Wissenschaft und Forschung

Infolge der zweiten Welle der Frauenbewegung befasste sich die parlamentarische Wissenschaftspolitik seit den 1980er Jahren vermehrt mit den Themen Frauen und Gleichstellung im Wissenschaftsbetrieb. 1985 wurde eine entsprechende Aufforderung zur Gleichstellung von Wissenschaftlerinnen in das Hochschulrahmengesetz aufge-

---

901 Ebd., S. 4.
902 Vgl. Wissenschaftsrat, Empfehlungen zur Stärkung der Lehre in den Hochschulen durch Evaluation, S. 22.
903 Ebd., S. 24.
904 Vgl. ebd., S. 31.

nommen und daraufhin auch auf die Landesgesetze übertragen. Bis zum Ende des Jahrzehnts wurden Frauenbeauftragte flächendeckend institutionalisiert.⁹⁰⁵

Doch die Verankerung der neuen Gleichstellungspolitik in die Wissenschaftsorganisationen, jenseits der von Bund und Ländern verfolgten Politik, stellte einen langwierigen Prozess dar. Der Wissenschaftsrat verwehrte sich dem Thema Frauenpolitik lange Zeit, was sicher damit zusammenhing, dass es für die Männer an der Spitze der Organisation keine persönliche Relevanz hatte. Vielmehr war die Einstellung vorherrschend, dass „das Frauen-Argument nicht überstrapaziert werden"⁹⁰⁶ solle, wie man noch 1990 im Wissenschaftsrat vernehmen konnte. Zwischen 1973 und 1987 war keine einzige Frau in den Kommissionen des Kölner Rats vertreten, und auch bei der Zusammensetzung der Evaluationskommission spielte der Genderproporz zwar für das BMFT, nicht aber für den Wissenschaftsrat eine Rolle. Eine Veränderung des Gender-Bias konnte erst infolge der Vereinigung und mit der Vergrößerung des Rats eingeläutet werden.

Entscheidenden Einfluss darauf hatte die 1943 geborene ostdeutsche Professorin für Festkörperelektronik, Dagmar Schipanski. Sie wurde 1992 in den Wissenschaftsrat berufen und übernahm vier Jahre später als erste Frau den Vorsitz des Gremiums. Dabei machte sie die Frauenförderung zu ihrer Agenda. Ihr ostdeutscher Hintergrund und ihre im Wissenschaftssystem der DDR gemachten Erfahrungen beeinflussten ihre Programmatik, wie die *Empfehlungen zur Chancengleichheit von Frauen in Wissenschaft und Forschung* von 1998 demonstrieren. Auch schon vor ihrer Wahl zur Vorsitzenden hatte Schipanski mehrfach erfolglos angeregt, im Wissenschaftsrat einen Arbeitsschwerpunkt zum Thema Frauenförderung zu bilden. Ihre Amtsübernahme, die ein großes Medienecho hervorrief,⁹⁰⁷ nutzte sie, um gleichsam eine Arbeitsgruppe zu der Problematik einzurichten. Die Ergebnisse dieser Arbeitsgruppe mündeten in die 1998 veröffentlichte Empfehlung.

Das Ziel des Positionspapiers bestand darin, die Chancengleichheit von Frauen und deren Beteiligung an Wissenschaft und Forschung strukturell zu verbessern. Als grundlegende Probleme wurden befristete Beschäftigungsverhältnisse und die Unterrepräsentanz von Wissenschaftlerinnen betrachtet. Daraus resultierte, dass „hochschul- und wissenschaftspolitische Entscheidungskompetenz [kaum] bei Frauen liegt."⁹⁰⁸ Eine prozentuale Aufstellung von Frauen im Hochschulbereich, an außeruniversitären Forschungseinrichtungen, in den wissenschaftlichen Fachgesellschaften sowie den Wissenschaftsorganisationen begründete die Aussage. So betrug der Anteil an DFG-Fachgutachterinnen zum Zeitpunkt der Veröffentlichung 1998 circa vier Prozent und in den Jahren 1988 bis 1992 sogar lediglich 2,6 Prozent. Als Argument für eine stärkere

---

905 Vgl. Bartz, Der Wissenschaftsrat, S. 210 f.
906 AdWR: SO I 3.2.1 AG Wirtschafts- und Sozialwissenschaften 1/6, Schreiben vom 29.08.1990.
907 Vgl. Bartz, Der Wissenschaftsrat, S. 212.
908 Wissenschaftsrat: Empfehlungen zur Chancengleichheit von Frauen in Wissenschaft und Forschung, Mainz 1998, S. 35.

Frauenförderung führte die Empfehlung die öffentlichen Unterhaltsträger der Hochschulen und Forschungseinrichtungen an, denen eine besondere Verantwortung für die Umsetzung des verfassungsrechtlich gesicherten Gleichstellungsrechts von Frauen und Männern zukam.[909] Zur stärkeren Untermauerung dieses ‚weichen' Arguments wurde noch ein ökonomisches ergänzt:

> Die Erfüllung dieses Grundrechts verbindet sich mit der Notwendigkeit, das Kreativitäts- und Innovationspotential der Gesellschaft für die Forschung zu maximieren und in allen seinen Facetten auszuschöpfen. Eine verstärkte Beteiligung von Frauen wird das Kreativitätspotential der Wissenschaft bereichern und die Perspektive erweitern. Der individuell verfassungsrechtliche Anspruch von Frauen ist auf diese Weise mit erheblichem Nutzen für die Wissenschaft und ihre Einrichtungen verbunden.[910]

Die Durchsetzung frauenpolitischer Ziele aus immanenten Gründen alleine war offenbar nicht ausreichend. Vielmehr bedurfte es einer nutzenmaximierenden Legitimation für die Begründung der Frauenförderung.

Schipanski wollte eigentlich weitreichende Verbesserungen für die Vereinbarkeit von Beruf und Familie in der Wissenschaft erzielen und legte in einem beschlussreifen Text den Vorschlag zur Einführung von Dauerstellen vor. Begründet mit ihrer Erfahrung aus dem ostdeutschen Wissenschaftssystem, sei es für Frauen hilfreich, sich in planbaren und längerfristigen Beschäftigungsverhältnissen zu wissen, um die Karriere auch nach einer Familienpause fortsetzen zu können. Die Wissenschaftliche Kommission sprach sich aber grundsätzlich gegen die Möglichkeit von Dauerstellen aus und lehnte den Vorschlag ab. Damit, so Olaf Bartz, beriefen sich die Mitglieder erneut auf das Humboldt'sche Universitätsideal, wonach es unterhalb der Professur keine Form der Festanstellung geben sollte.[911] Weil das Thema der Festanstellung schlussendlich keinen Eingang in das Papier fand, stellte es insgesamt auch keine über die zu dieser Zeit ohnehin verhandelten Forderungen dar.[912]

Dennoch enthält die Empfehlung interessante Argumentationsgänge, die der Beachtung wert sind. Denn in der Empfehlung dienten das ostdeutsche Wissenschaftssystem und die Rolle von Frauen in der DDR als Referenzrahmen. Zunächst skizziert die Empfehlung einen historischen Abriss über die Beteiligung von Frauen in Studium und Wissenschaft im 20. Jahrhundert schließt mit einer Passage über die Wissenschaftspolitik der DDR. Demnach habe der Arbeitskräftemangel in der DDR in den 1950er und 1960er Jahren zu einer konsequenten Integration von Frauen in den

---

909 Vgl. Wissenschaftsrat, Empfehlungen zur Chancengleichheit von Frauen in Wissenschaft und Forschung, S. 4.
910 Ebd.
911 Vgl. Bartz, Der Wissenschaftsrat, S. 212.
912 Zur Gleichstellungspolitik an Hochschulen siehe Hildegard Macha / Susanna Gruber / Sandra Struthmann: Die Hochschule strukturell verändern. Gleichstellung als Organisationsentwicklung an Hochschulen, Opladen 2011.

Arbeitsmarkt geführt. Insbesondere in technische Berufe seien Frauen verstärkt eingebunden gewesen. Für Studentinnen mit Kind habe es zudem spezielle Förderprogramme gegeben, die zu einer kontinuierlichen Erhöhung des Frauenanteils führten.[913]

Und auch unter dem Gesichtspunkt der gegenwärtigen regionalen Unterschiede in der Studienfachwahl bezog sich die Empfehlung auf die Bedingungen der DDR und der alten Bundesrepublik. Im Jahr 1988 lag der Frauenanteil in den Rechts-, Wirtschafts- und Sozialwissenschaften der DDR mit 71 Prozent doppelt so hoch wie in Westdeutschland. Und in den Bereichen Mathematik und Naturwissenschaft betrug der Anteil an Studentinnen in der DDR 47 Prozent, während er im Westen lediglich bei 30 Prozent lag. Und noch im Jahr 1996 waren die Folgen der unterschiedlichen Fachwahlen zwischen Ost- und Westdeutschland signifikant, wie das Papier hervorhebt.[914]

Auch auf die gesteuerte Zulassung zum Studium und die eingeschränkte Wahl des Studienfachs ging das Papier ein und relativierte die zuvor genannten Zahlen wiederum. Gemäß einer bildungssoziologischen Studie aus der DDR von 1985 hatten 35 bis 38 Prozent der Studentinnen in den Fachbereichen Ingenieur-, Natur- und Wirtschaftswissenschaften eigentlich den Wunsch, ein anderes Fach zu studieren. Dies war ihnen aufgrund der staatlichen Steuerung nicht möglich.[915]

Der Prozess der Vereinigung habe insgesamt „gravierende Rückschritte"[916] für ostdeutsche Akademikerinnen bedeutet. Gerade ostdeutsche Frauen seien von negativen Folgen des wirtschaftlichen Transformationsprozesses betroffen gewesen und verharren häufig in Langzeitarbeitslosigkeit. Und trotz dieser Einschätzung verklärte die Empfehlung das ostdeutsche Wissenschaftssystem keineswegs oder machte es zum nostalgischen Bezugspunkt. Als Schattenseite der DDR-Sozialpolitik betonte die Empfehlung vielmehr, dass traditionelle Strukturen der Geschlechterverhältnisse weiterhin existierten und Frauen nicht nur erwerbstätig, sondern gleichzeitig auch verantwortlich für die Kindeserziehung waren. Durch diese Doppelbelastung kam es ähnlich wie in der Bundesrepublik zu einer strukturellen Benachteiligung von Frauen. Dies führte zu einer geschlechtsspezifischen Qualifikationspyramide, bei der der Anteil von Frauen in aufsteigenden Karrierestufen stetig abfiel. Allerdings sorgten staatliche Maßnahmen im Bereich der Kindesbetreuung zumindest für eine flächendeckende Versorgung und ermöglichten damit die Bedingungen für weibliche Erwerbstätigkeit, die wiederum aus ökonomischen Gründen notwendig war.[917]

---

913 Vgl. Wissenschaftsrat, Empfehlungen zur Chancengleichheit von Frauen in Wissenschaft und Forschung, S. 15.
914 Vgl. ebd., S. 18.
915 Vgl. ebd., S. 66.
916 Wissenschaftsrat, Empfehlungen zur Chancengleichheit von Frauen in Wissenschaft und Forschung, S. 63.
917 Vgl. ebd., S. 65–67.

Insgesamt trug die Empfehlung zu einer differenzierten Bewertung des DDR-Wissenschaftssystems bei, dessen Vor- und Nachteile gleichermaßen gegenübergestellt wurden. Damit ging auf der Grundlage sachlicher Argumente auch eine sozialpolitische Kritik an den Folgen der deutsch-deutschen Vereinigung einher.

6.2.4 Systemevaluation

Seit der Vereinigung 1990 bis zum Beginn der 2000er Jahre verfestigte sich das Evaluationsverfahren. Die zuvor erwähnte Evaluation der Hochschullehre markierte einen bedeutenden Meilenstein auf diesem Weg, während ein weiterer in der institutionellen Akkreditierung privater Hochschulen lag. Dabei war die International University Bremen (IUB), die inzwischen Constructor University heißt, die erste private Hochschule, die der Wissenschaftsrat akkreditiert hatte. Das war kein Zufall, denn Max Kaase setzte sich als früheres Mitglied des Wissenschaftsrates und in seiner neuen Funktion als Vizepräsident der IUB für das Verfahren ein. Die Akkreditierung privater Hochschulen sollte den Nachweis wissenschaftlicher Standards auch an privaten Einrichtungen sicherstellen und damit als Qualitätssiegel wirken.

In der Gründungsphase der Bremer Hochschule befassten sich die neuberufenen Dekane daher vor allem mit dem Bericht für den Wissenschaftsrat, um positiv aus der Akkreditierung hervorzugehen.[918] Damit wurde Max Kaase selbst zum Antragsteller, und wie sollte es anders sein, schließlich kannte er sich mit Antragsprosa und Evaluationen bestens aus, konnte einen Erfolg verbuchen: Der Wissenschaftsrat akkreditierte die private IUB für einen Zeitraum von fünf Jahren. Danach sollte eine erneute institutionelle Akkreditierung vorgenommen werden.[919]

Einen vorläufigen Höhepunkt fand das Insistieren auf der Evaluation in der Einführung der Systemevaluation. Dabei verwies der seit Mitte der 1990er Jahre kursierende Begriff der Systemevaluation auf einen umfassenden und das gesamte System betreffenden Evaluationsanspruch. Der Begriff selbst entstand aber nicht im Wissenschaftsrat, sondern in der seit 1996 von Hubert Markl geleiteten Max-Planck-Gesellschaft. In Abstimmung mit der DFG entstand hier die Idee, beide Forschungsorganisationen von internationalen Kommissionen bewerten zu lassen. Die Bewertung sollte auf systematischer Ebene der Forschungsförderung ansetzen und sich nicht auf die wissenschaftliche Leistung einzelner Institute beschränken. Damit ging der Anspruch über bisherige Evaluationsansätze deutlich hinaus. Das Denken in Systemen traf offenbar,

---

918 Vgl. Max Kaase: Die International University Bremen (IUB) – ein deutsches Hochschulexperiment, in: Dorothee Kimmich / Alexander Thumfart (Hg.): Universität ohne Zukunft? Frankfurt a. M. 2004: 183–201, S. 189.
919 Vgl. Wissenschaftsrat: Stellungnahme zur vorläufigen Akkreditierung der International University Bremen (IUB), Berlin 2001.

wie sich an dem Terminus der Systemevaluation und den damit verbundenen Grundsätzen zeigte, nicht nur auf die Person Dieter Simons zu, sondern womöglich auf eine ganze Generation von Wissenschaftsmanagern dieser Zeit. Die gesellschaftstheoretische Prägung durch Niklas Luhmann und die Systemtheorie wurden in den 1990er Jahren handlungsleitend. Dabei basierte der systemische Zugang auf der Vorstellung, nicht mehr einzelne Institute und deren Forschungsergebnisse zu bewerten, sondern übergreifende Strukturzusammenhänge der Forschungseinrichtungen zum Begutachtungsgegenstand zu machen.

Die Systemevaluation an MPG und DFG führte eine international besetzte Kommission durch, die 1997 von der Bund-Länder-Kommission einberufen wurde. Die Organisation oblag der Volkswagen Stiftung. Als verantwortlicher Leiter trat dabei abermals Wilhelm Krull in Erscheinung, der seit 1996 Generalsekretär der Volkswagen Stiftung war. Aus dieser Position heraus konnte er seine Vorstellungen von der Evaluation des gesamten Wissenschaftssystems wiederum aus der Perspektive der Wissenschaftsadministration verwirklichen und beeinflussen.[920]

Entsprechend dem systematischen Ansatz befasste sich die Kommission nicht nur mit den beiden großen Forschungsorganisationen von DFG und MPG, sondern auch mit den Universitäten. Dabei trägt der Bericht deutlich Wilhelm Krulls Handschrift. Das deutsche Wissenschafts- und Forschungssystem wird als „durchaus leistungsfähig" charakterisiert, da der „Grundsatz der Subsidiarität"[921] inzwischen verwirklicht und eine spezifische Arbeitsteilung zwischen außeruniversitärer Forschung und Hochschulen realisiert werden konnte. Der explizite Verweis auf das Subsidiaritätsprinzip zieht sich wie ein roter Faden durch die Empfehlungen und programmatischen Texte, an denen Krull beteiligt war. Trotz der Anerkennung hochschulexterner Einrichtungen exponiert der Bericht wiederum die „zentrale[] Bedeutung und Funktion der Universitäten für das Gesamtsystem".[922] Noch immer galten die Universitäten als Aushängeschild des deutschen Wissenschaftssystems. Dem Bericht zufolge mangelte es insgesamt an Flexibilität im Forschungs- und Wissenschaftssystem, an einheitlichen Finanzierungsmodalitäten über Bund-Länder-Grenzen hinweg und an Fördermöglichkeiten für Nachwuchswissenschaftlerinnen und -wissenschaftler. Die angesprochenen Kritikpunkte waren keineswegs neu, sondern hatten sich gegenüber den 1980er Jahren kaum verändert. Argumentativ dienten sie als Herleitung zur Begründung der Systemevaluation:

---

920 Vgl. Wilhelm Krull: Forschungsförderung in Deutschland. Bericht der internationalen Kommission zur Systemevaluation der Deutschen Forschungsgemeinschaft und der Max-Planck-Gesellschaft, Hannover 1999.
921 Ebd., S. 6.
922 Ebd., S. 10.

> Es mangelt bisher noch an einem kontinuierlichen Monitoring des Systems, das Fehlentwicklungen aufzeigen und zur Koordination von Aufgaben und Organisationsformen seiner einzelnen Teile beitragen könnte, sowie an effektiven Elementen zur Stimulierung insbesondere des einrichtungsübergreifenden Wettbewerbs.[923]

Aufgeschlüsselt in allgemeine Aspekte, die Rolle der Universitäten und Abschnitte zur DFG und MPG folgten dann detaillierte Empfehlungen. Mit der Anlage und Form des Berichts schloss Krull an die Empfehlungen beziehungsweise Stellungnahmen des Wissenschaftsrates an. Dabei stand auch das praktische Vorgehen in Kontinuität zum Begutachtungsverfahren des Kölner Wissenschaftsrates: Beide Forschungseinrichtungen erhielten im Vorfeld einen Fragebogen, den sie berichtsartig beantworteten. Die Fragen berücksichtigten allgemeine Aspekte wie die Stärken und Schwächen des deutschen Wissenschaftssystems, aber auch spezifische Arbeitsweisen und bisherige Verfahren der Qualitätssicherung. Auf der Grundlage der schriftlichen Unterlagen führte die Kommission anschließend Gespräche mit Vertretern beider Organisationen.[924]

Krull selbst äußerte sich später zum Zusammenhang zwischen der Begutachtung der ostdeutschen Akademieinstitute und der Systemevaluation. Dabei bezeichnete er die deutsche Vereinigung als „Impulsgeber für die Systemevaluation".[925] Ohne den Evaluationsauftrag an den ostdeutschen Akademieeinrichtungen von 1990 wäre es, so seine Einschätzung, wohl niemals zu einer Systemevaluation der großen Wissenschaftsorganisationen gekommen. Insofern habe die ‚Chance' zur kritischen Prüfung des bestehenden Wissenschaftssystems durchaus eine späte Realisierung gefunden.[926]

Der Wissenschaftsrat hatte sich 1996 gegenüber der MPG dazu bereiterklärt, eine „Komplettevaluation"[927] aller Forschungsorganisationen vorzunehmen. Dabei sollten im gleichen Zuge sogar die Hochschulen mitevaluiert werden. Dieses Mal war es allerdings die KMK, die das weitreichende Vorhaben des Wissenschaftsrates ablehnte, weshalb nicht der Wissenschaftsrat, sondern die internationale Kommission unter Wilhelm Krull den Auftrag zur Durchführung der Systemevaluation an MPG und DFG erhielt.[928]

Dem Wissenschaftsrat verblieb damit die Aufgabe, eine ebensolche Systemevaluation an der Wissenschaftsgemeinschaft Gottfried Wilhelm Leibniz und der Helmholtz-Gemeinschaft deutscher Forschungszentren durchzuführen. Bei der Helmholtz-Gemeinschaft handelte es sich um die vormalige Arbeitsgemeinschaft

---

923 Ebd., S. 8.
924 Krull, Forschungsförderung in Deutschland, S. 3.
925 Krull / Sommer, Die deutsche Vereinigung und die Systemevaluation, S. 202.
926 Vgl. ebd., S. 204.
927 Bartz, Der Wissenschaftsrat, S. 207.
928 Vgl. Krull, Forschungsförderung in Deutschland.

der Großforschungszentren, die wie die Blaue Liste Mitte der 1990er Jahre eine Reform und Namensänderung vollzogen hatte.[929]

Die Stellungnahme des Wissenschaftsrates zur *Systemevaluation der Blauen Liste*, wie die Empfehlung aus dem Jahr 2000 heißt, wurde als abschließendes Dokument der letzten Begutachtungsrunde der Blauen Liste zusammengestellt. Auf Grundlage der Begutachtung einzelner Institute entstanden Schlussfolgerungen, die die Struktur und Steuerung der Forschungsorganisation betreffen. Übrigens sprach der Wissenschaftsrat immer noch von ‚Blauer Liste', wenn die gemeinsame Förderung durch Bund und Länder gemeint war.[930]

Für die Helmholtz-Gemeinschaft wurde ein anderes Verfahren gewählt. Hier betrieb der Wissenschaftsrat von vorneherein einen systemischen Ansatz, ohne im Vorfeld einzelne Institute zu begutachten. Dabei führte die zuständige Arbeitsgruppe Gespräche mit Vertretern der Wissenschaftsorganisation und Zuwendungsgebern.[931] Die beiden vom Wissenschaftsrat durchgeführten Systemevaluationen orientierten sich an dem Verfahren, das bei DFG und MPG angewendet wurde, worauf die Berichte explizit verweisen.[932] Nicht zuletzt bot wohl die Person Krull neben inhaltlichen Gründen eine Schnittstelle zu den bereits vollzogenen Systemevaluationen.

Zusammenfassend lässt sich für die beginnenden 2000er Jahre feststellen, dass die lang gehegten Bestrebungen zur Evaluation aus der Perspektive der westdeutschen Wissenschaftspolitik des Jahres 1990 schließlich in die Tat umgesetzt wurden. Denn mit der Systemevaluation wurden alle außeruniversitären Forschungseinrichtungen einer grundlegenden Überprüfung unterzogen. Und zwar nicht unter dem Gesichtspunkt einzelner Forschungsleistungen, sondern der Beschaffenheit als Forschungsorganisation. Damit trug die Wissenschaftspolitik in gewisser Weise ihrer grundsätzlichen Skepsis gegenüber der außeruniversitären Forschung Rechnung und spürte den Wissenschaftsorganisationen systematisch nach. Zur Blauen Liste beziehungsweise Leibniz-Gemeinschaft stellte die Arbeitsgruppe des Wissenschaftsrates schließlich fest, dass „generelle Bedenken hinsichtlich der Qualität der wissenschaftlichen Arbeit [...] nicht länger gerechtfertigt"[933] seien, da einige Institute internationale Spitzenforschung betreiben. Fundamentale Kritik an der Forschungsorganisation als solcher wurde damit abgewehrt. Zur besseren Öffentlichkeitswirksamkeit sollte die Blaue Liste ihre Serviceorientierung ausbauen und Kooperationen mit Universitäten

---

929 Zur Umstrukturierung der Helmholtz-Gemeinschaft siehe Helling-Moegen, Forschen nach Programm.
930 Vgl. Wissenschaftsrat: Systemevaluation der Blauen Liste. Stellungahme des Wissenschaftsrates zum Abschluß der Bewertung der Einrichtungen der Blauen Liste, Leipzig 2000.
931 Vgl. Ders.: Systemevaluation der HGF. Stellungnahme des Wissenschaftsrates zur Hermann von Helmholtz-Gemeinschaft Deutscher Forschungszentren, Berlin 2001, S. 2.
932 Vgl. ebd.; Ders., Systemevaluation der Blauen Liste, S. 2.
933 Wissenschaftsrat, Systemevaluation der Blauen Liste, S. 4.

und der Wirtschaft eingehen.⁹³⁴ Die schon angesprochene Veränderung des Begutachtungswesens, das an den Senat der Wissenschaftsgemeinschaft übergegangen war, befürwortete der Wissenschaftsrat erneut. Dennoch sollte sich das neue Verfahren an den Kriterien und dem bisherigen Verfahren des Wissenschaftsrates orientieren. Dementsprechend empfahl das Kölner Gremium eine erneute externe Evaluation in drei bis fünf Jahren, wobei parallel dazu auch permanente Formen der Qualitätssicherung durch wissenschaftliche Beiräte stattfinden sollten.⁹³⁵

6.3   Zehn Jahre danach – die Akteure des Jahres 1990 blickten zurück

Im Jahr 2002 veranstalteten der Wissenschaftsrat, der Stifterverband und die Volkswagen Stiftung ein gemeinsames Symposium unter dem Titel *10 Jahre danach. Zur Entwicklung der Hochschulen und Forschungseinrichtungen in den neuen Ländern und Berlin*. Das zehnjährige Jubiläum bezog sich auf das Gründungsdatum der am 1. Februar 1992 neugegründeten außeruniversitären Forschungseinrichtungen in den sogenannten neuen Bundesländern. Den Auftakt der Bilanz ziehenden Veranstaltung, die als Tagungsband erschienen ist und die Grundlage dieses Teilkapitels bildet, machte der Generalsekretär des Stifterverbands, Manfred Erhardt (1996–2004), der über Stärken und Schwächen des Erneuerungsprozesses in Ostdeutschland reflektierte.

Der 1939 geborene Erhardt war als CDU-Politiker zwischen 1991 und 1996 selbst als Senator für Wissenschaft und Forschung in Berlin tätig und gestaltete in dieser Funktion die Transformationsphase des Berliner Wissenschaftsraums aktiv mit. Seiner Meinung nach war für die Bewertung des Erneuerungsprozesses der jeweilige Maßstab entscheidend. Gemessen an den Leitzielen des Einigungsvertrags sei die Erneuerung der ostdeutschen Wissenschaft „zweifellos gelungen".⁹³⁶ Schließlich finde man im Osten inzwischen keine weniger blühende Wissenschaftslandschaft vor als im Westen. Die Freiheit von Forschung und Lehre sowie die Autonomie der Wissenschaft konnten hergestellt werden. Doch gemessen an dem schon 1990 an westdeutschen Hochschulen bestehenden Reformbedarf seien durch die „Verwestlichung der Osthochschulen"⁹³⁷ gravierende Strukturmängel und Reformdefizite transferiert worden. Damit spielte Erhardt auf schlechte Betreuungsschlüssel für die Studierenden und die Stellenstruktur an den Hochschulen an. Die gesamtdeutsche Modernisierung von Wissenschaft und Forschung, die der Wissenschaftsrat ursprünglich vorgesehen hatte

---

934 Vgl. ebd., S. 5 f.
935 Vgl. Wissenschaftsrat, Systemevaluation der Blauen Liste, S. 41.
936 Manfred Erhardt: Der Erneuerungsprozess – Stärken und Schwächen, in: Stifterverband für die deutsche Wissenschaft e. V. (Hg.): 10 Jahre danach. Zur Entwicklung der Hochschulen und Forschungseinrichtungen in den neuen Ländern und Berlin, Essen 2002: 6–11, S. 8.
937 Ebd., S. 9.

und worauf seine gesamte Evaluationsprogrammatik beruhte, folgte im Anschluss an die Begutachtung der ostdeutschen Wissenschaftseinrichtungen nicht, wie insbesondere der wissenschaftspolitische Rückschlag gegen Gerhard Neuweiler zeigte.

Das Ausbleiben der gesamtdeutschen Reform war der politischen Situation geschuldet, in der weitreichende Veränderungen unerwünscht waren. Zumal das westdeutsche Wissenschaftssystem aus der Perspektive der ‚Gewinner des Kalten Krieges' vermutlich nicht mehr als besonders reformbedürftig betrachtet wurde.[938] Stattdessen war die Politik auf ganzer Linie am Erhalt des Status quo interessiert. Denn angesichts der enormen sozialen, politischen und wirtschaftlichen Veränderungen, die aus dem Beitritt der DDR zur Bundesrepublik resultierten, hatte sich an den Strukturen der Bundesrepublik erstaunlich wenig verändert. Kontinuität statt Neuanfang lautete das politische Signum, das die Transformationsphase kennzeichnete. Und trotz aller Kontinuität hatte das weitreichende Evaluationsverfahren der Jahre 1990/91 zu einer Veränderung der Wissenschaftskultur beigetragen. Als Folge daraus hatte sich auch das gesamtdeutsche Wissenschaftssystem gewandelt und spätere Strukturveränderungen wie die Systemevaluation erst ermöglicht.

Am Ende seines Statements sprach Erhardt die Zuhörerschaft als „Mitwirkende, Mitgestaltende des Erneuerungsprozesses" und gleichzeitig als „Täter und Mittäter, Anstifter, Gehilfen, teilweise auch als Opfer des Transformationsprozesses"[939] an. Dabei befanden sich im Publikum vor allem die bekannten Protagonisten aus dem Umfeld des Kölner Wissenschaftsrates wie Dieter Simon, Wilhelm Krull, Hans-Jürgen Block, Jürgen Mittelstraß und Max Kaase, die sich an dem Symposium zu den 1990 getroffenen Entscheidungen äußerten.

Die angesprochenen „Opfer des Transformationsprozesses" kamen hingegen nicht zu Wort. Unter den ostdeutschen Teilnehmern befanden sich diejenigen, die im gemeinsamen Wissenschaftssystem angekommen waren und dort ihren Platz gefunden hatten. Dazu gehörten der Biologe Benno Parthier, der Linguist Manfred Bierwisch, der Theologe Richard Schröder, der Ingenieur und Gründungsrektor der Fachhochschule für Technik und Wirtschaft, Dieter Markusch, und die Physikerin Dagmar Schipanski. Diese Personen hatten gemein, dass sie es in ihrer wissenschaftlichen Biografie mit wenig politikverdächtigen beziehungsweise aus westlicher Sicht mit ‚regimefernen' Fächern zu tun gehabt hatten und viele von ihnen aus diesem Grund schon 1990 mit Gaststatus in die Wissenschaftliche Kommission des Wissenschaftsrates aufgenommen wurden. Die frühen Netzwerke und Ost-West-Kontakte erwiesen sich damit als nachhaltig.

---

[938] Siehe dazu auch Marie-Christin Schönstädt: ‚Eine neue, gesamtdeutsche zukunftsweisende Wissenschaftswelt'. Über ein implizites Versprechen des Wissenschaftsrates infolge der ‚Wende', in: Jan-Hendryk de Boer (Hg.): Praxisformen. Zur kulturellen Logik von Zukunftshandeln, Frankfurt a. M. 2019: 392–406
[939] Erhardt, Der Erneuerungsprozess – Stärken und Schwächen, S. 9.

Für einen Großteil der von Abwicklungen betroffenen ostdeutschen Wissenschaftlerinnen und Wissenschaftler ergaben sich hingegen vielfältige und unterschiedliche Karrierewege. Von den vormaligen Geistes- und Gesellschaftswissenschaftlern der Akademie der Wissenschaften der DDR gehörten nur wenige zur vordersten Wissenschaftsriege. Viele von ihnen organisierten sich stattdessen abseits der Mainstream-Forschung in privaten Vereinen.[940] Ihnen fehlten Netzwerke im vereinten Wissenschaftssystem und habituelle Gepflogenheiten der bundesrepublikanischen Wissenschaftskultur. Allein das Merkmal, in der DDR sozialisiert worden zu sein, führte dazu, dass viele Ostdeutsche keine Chance auf dem transformierten Hochschul- und Wissenschaftssektor erhielten. Dieser war vornehmlich mit westdeutschen Personalressourcen besetzt worden.[941]

So hatten sich ostdeutsche Akademiker ihre Zukunft sicher nicht vorgestellt. Die infolge der politischen Wende in der DDR entwickelten Vorstellungen zum ostdeutschen Wissenschaftssystem wurden keineswegs realisiert. Die Akademie der Wissenschaften hatte sich nicht als weitere Säule im gesamtdeutschen Forschungssystem etablieren können und ostdeutsche Akteure konnten auch nicht auf Augenhöhe mit westdeutschen Partnern verhandeln. Damit verblieben die ostdeutschen Zukunftsvorstellungen der Akademiewissenschaftlerinnen und -wissenschaftler eine Utopie, wohingegen westdeutsche Visionen eine, wenn auch verzögerte und weniger radikale Umsetzung fanden.

Die einzelnen Beteiligten, die Täter und Mittäter des Transformationsprozesses, äußerten sich in der Rückschau unterschiedlich kritisch über das westdeutsche Vorgehen und die eigene Rolle. So sprach der Philosoph Jürgen Mittelstraß, der 1990/91 gemeinsam mit Jürgen Kocka die AG Geisteswissenschaften geleitet hatte, an der zehnjährigen Jubiläumsveranstaltung über das vom Wissenschaftsrat empfohlene Instrument der Hochschulstrukturkommissionen. Dabei betonte er, dass die zwischen 1990 und 1992 veröffentlichen Empfehlungen zur Struktur der ostdeutschen Hochschullandschaft „ein eindrucksvolles Dokument des Willens und der intellektuellen Stärke des Wissenschaftsrates im Systemischen wie im Planerischen"[942] darstellten.

Sein Blick auf das Ergebnis war mit Stolz verbunden, wobei er gleichzeitig den Einfluss der Kommissionen relativierte, die entweder nach den Bedürfnissen der Wissenschaft oder der Politik agieren konnten. Die divergenten Interessen von Wissenschaft

---

940 Vgl. Pasternack, Erneuerung durch Anschluss, S. 311 ff.
941 Vgl. Ders., Die vier Dimensionen des ostdeutschen Wissenschaftsumbaus, S. 47.; Stefan Gerber: Der ‚Hochschulumbau Ost' in universitätsgeschichtlicher Perspektive, in: Jens Blecher / Jürgen John (Hg.): Hochschulumbau Ost. Die Transformation des DDR-Hochschulwesens nach 1989/90 in typologisch-vergleichender Perspektive, Stuttgart 2021: 95–114.
942 Jürgen Mittelstraß: Unverzichtbar, schwer kontrollierbar. Die Strukturkommission – Alibi oder zeitgemäßes Instrument der Hochschulpolitik? In: Stifterverband für die deutsche Wissenschaft e. V. (Hg.): 10 Jahre danach. Zur Entwicklung der Hochschulen und Forschungseinrichtungen in den neuen Ländern und Berlin, Essen 2002: 29–32, S. 29.

und Wissenschaftspolitik bestimmten demnach den Einigungsprozess. Als problematisch erachtete Mittelstraß, dass die schon tätigen Gründungsdekane die Strukturkommission oftmals mit Fakten konfrontierten und die Handlungsmacht der Kommissionen einschränkten. Der Wissenschaftsrat habe diese Entwicklung nicht vorhersehen können und das Auseinanderdriften von Evaluations- und Strukturausschuss letztlich hinnehmen müssen. Kritisch gestand der Philosoph ein, dass das Kölner Gremium zu sehr mit der Evaluation der außeruniversitären Einrichtungen beschäftigt gewesen sei und letztlich zu wenig Einfluss auf die neuen Länder genommen habe. Die vorgesehene Einheit beider Ausschüsse konnte letztlich nicht konsequent umgesetzt werden.[943]

Mittelstraß übte zudem schonungslose Selbstkritik. Er sprach vom „Unrecht"[944] gegenüber ostdeutschen Akademiewissenschaftlern und Hochschullehrern, das durch die Empfehlungen des Wissenschaftsrates herbeigeführt worden sei. Dabei bedauerte er, dass „fahrlässig mit der Ressource Geist" umgegangen und „Würde und Leben einzelner Wissenschaftler verletzt"[945] worden seien. Eingeständnisse dieser Art waren selten unter den früheren Gutachtern. Lediglich Dieter Simon kam zu einem ähnlichen Fazit.

Beide, Mittelstraß und Simon, zogen schon früh eine negative Bilanz des Vereinigungsprozesses. Der Konstanzer Philosoph beschrieb das deutsche Wissenschaftssystem in einem Zeitungsartikel vom 11. Juni 1993 als reformunfähig. Die Vereinigung habe dem Osten zwar die Wissenschaftsfreiheit, gleichzeitig aber auch die „Krisensymptome des Westens"[946] beschert. Von der Chance zur kritischen Prüfung des bestehenden Bildungs- und Forschungssystems sei nichts mehr zu spüren, vielmehr trat ein gegenteiliger Effekt ein, wonach die Übertragung westdeutscher Strukturen auf den Osten konservative Strukturen noch gestärkt habe. Mittelstraß prangerte die Unübersichtlichkeit des Wissenschaftssystems an, die er an der Vielzahl von Institutionen und am Kompetenzbereich der Bundesländer festmachte. Ein ganzheitlicher Zugriff auf das Wissenschaftssystem sei dadurch nicht möglich. Für die Zukunft der ostdeutschen Wissenschaft wäre es hingegen wünschenswert, „wenn aus der Leistungsfähigkeit bald in größerer Dichte Exzellenz erwüchse und aus der Inhomogenität der Anstoß zu tiefergreifenden Reformen".[947] Mittelstraß wissenschaftspolitisches Verständnis beruhte auf Exzellenz und Wettbewerb – zwei Parameter, die das gesamte Wissenschaftssystem durchdringen sollten, ohne dabei an föderale Grenzen zu stoßen.

Auch Dieter Simon äußerte sich noch während der Evaluationen in seiner Amtszeit als Vorsitzender kritisch gegenüber dem Verfahren. In seinen 1991 erschienenen fabelartigen *Evaluationssplittern* dachte er sich in ost- und westdeutsche Perspektiven

---

943 Vgl. ebd.
944 Ebd., S. 32.
945 Ebd.
946 Ders.: Unfähig zur Reform, in: Die Zeit (11.06.1993).
947 Mittelstraß, Unfähig zur Reform.

hinein. Die 103 relativ kurzen Splitter sind für einen Rechtswissenschaftler ungewöhnlich wertend und scharf formuliert. Mit Kritik, Sprachwitz und Ironie verweisen die kurzen Episoden auf die ambivalente Haltung des Vorsitzenden. Dabei beschrieb er die Gutachter als Apostel, Inquisitoren und Wölfe ohne Empathievermögen für die soziale Dimension ihrer Handlungen.[948] Einen Eindruck vom Stil der Splitter gibt die folgende Passage:

> Bei den Gutachtern handelt es sich meist um ältere Herren. Auch die eine oder andere Dame ist darunter. In ihren Fächern sind sie Koryphäen. Sie brauchen sich nicht mehr anzustrengen. Vorträge halten sie nur noch gegen Honorar und nur noch in amönen Gefilden. Wenn sie ins Ausland reisen, wohnen sie in den zweitbesten Hotels. Sie reisen komfortabel, und ihre Gastgeber unternehmen mancherlei Anstrengungen, um sie bei guter Laune zu halten. Jetzt reisen sie reichlich unbequem. Sie wohnen in Zwei-oder Dreibettzimmern. Die Luft ist gelb und riecht nach Schwefel. Sie sind nur mäßig willkommen. Gelegentlich wird ihnen bestätigt, daß sie völlig dem Bild des bürgerlichen Imperialisten entsprechen, das von ihnen entworfen wurde. Warum bleiben sie nicht zu Hause? Es muß am Alter liegen. In ihrer Jugend hat man ihnen Überzeugungen eingetrichtert, deren pulverisierte Rückstände jetzt zu einem rührseligen Patriotismus aufschäumen. Ihre Kinder wissen davon nichts. Bei einem Einigungsversuch 10 Jahre später hätten sie DAS VOLK an der Mauer zurückgeschickt.[949]

Simon belächelt hier den Habitus und gewohnten Standard der westdeutschen „Herren" und ihre neue, weniger hofierte Rolle im Osten. Das progressive Engagement der Gutachter erklärt er mit reflexivem Blick auf die eigene Jugendzeit, in der seine Generation nationalpatriotische Überzeugungen infiltriert bekommen habe. Der folgenden Generation sprach er eine solch patriotische Haltung ab. Auch wenn es sich um eine überspitzte Darstellung handelt, war der Bezug auf die eigene Generation beachtenswert, da Simon sich damit selbst der sogenannten 45er-Generation zuordnet.[950]

In einem anderen Splitter kamen die unterschiedlichen Erfahrungshintergründe zwischen Gutachtern und Begutachteten zum Ausdruck. Viele der westdeutschen Gutachter waren zu Forschungsaufenthalten in Amerika gewesen und hatten die dortige Wissenschaftskultur verinnerlicht, wonach man sich duzte und freundlich, kollegial miteinander umging. Die Begutachteten allerdings seien nicht positiv gestimmt gewesen, sondern „steif und ernst. Sie sagen Herr Professor und machen eine Verbeugung.

---

948 Vgl. Dieter Simon: Evaluationssplitter, in: Rechtshistorische Zeitschrift 10 (1991): 397–425, S. 402.
949 Ebd., S. 103.
950 Dieter Simon kann der sogenannten 45-Generation zugeordnet werden. Dabei ist für die historische Generationalitätsforschung entscheidend, dass die betroffenen Personen eine entsprechende Selbstverortung ihres Alters und ihrer Biographie vornehmen, vgl. Jürgen Reulecke: Einführung. Lebensgeschichten des 20. Jahrhunderts – im ‚Generationencontainer'? In: Jürgen Reulecke (Hg.): Generationalität und Lebensgeschichte im 20. Jahrhundert, München 2003, S. VII–XV.

Auf ihren Tischen liegen kleine Deckchen. Sie waren nicht in Amerika."[951] Das Leitbild Amerika, das den westdeutschen Ratsmitgliedern als Blaupause für eigene Reformen diente, spielte in der DDR bis dato keine Rolle. Daraus folgte eine Fremdheitserfahrung, die aus den systemisch bedingten und kulturellen Spezifika in Ost und West resultierte.

Mit den schwer einordbaren und polarisierenden Evaluationssplittern machte Simon sich unter seinen Kollegen im Wissenschaftsrat wohl kaum Freunde. Max Kaase erklärte, dass er die Splitter als Alleingang Simons wahrgenommen habe und den Umgang mit den Gutachtern nicht in Ordnung fand. Simon habe während der Evaluation eine Wandlung vom „Saulus zum Paulus"[952] durchlebt, bei der ihm die Splitter als Selbstreinigung gedient hätten.

Auf einige Mitglieder des Wissenschaftsrates wirkten die kritischen Einordnungen ihres Vorsitzenden vermutlich wie Verrat. Dabei hatte Simon vieles von dem, das er anmahnte, selbst initiiert, weshalb die Evaluationssplitter durchaus zwiespältig zu sehen sind. Simon selbst hatte im persönlichen Gespräch erklärt, dass ihm die mit den Evaluationen verbundenen sozialen Folgen und Einzelschicksale erst während des Prozesses und im Austausch mit den Betroffenen deutlich geworden seien.[953] Diese Einschätzung legt nahe, dass die Planungen des Wissenschaftsrates auf der grünen Wiese erfolgten und kein Gespür für die Konsequenz der Handlung vorlag.

Zum Zeitpunkt der Jubiläumsveranstaltung, im Jahr 2002, war der Rechtswissenschaftler Dieter Simon, der sich selbst immer auch als Geisteswissenschaftler verstand, inzwischen seit sieben Jahren im Amt als Präsident der Berlin-Brandenburgischen Akademie der Wissenschaften (BBAW). Die Akademie stand in der Nachfolge der 1991 aufgelösten Akademie der Wissenschaften der DDR und der zwischen 1987 und 1990 bestehenden West-Berliner Akademie der Wissenschaften. 1992 wurde die Akademie durch die Länder Berlin und Brandenburg als Gelehrtengesellschaft wiedergegründet.[954] Gründungspräsident war kein geringerer als der frühere DFG-Präsident Hubert Markl, der 1995 von der Akademie an die Spitze der Max-Planck-Gesellschaft wechselte. Dass ausgerechnet Dieter Simon 1995 zum Präsidenten der Berlin-Brandenburgischen Akademie der Wissenschaften avancierte, deren Vorgängerinstitution er fünf Jahre zuvor aufgelöst hatte, mag zynisch wirken. Dahinter steckte jedoch ein nachhaltiger und dem wissenschaftspolitischen Einigungsprozess geschuldeter Effekt: Personen aus dem Wissenschaftsrat erlangten einen Prestigezuwachs, der ihnen im vereinten Wissenschaftssystem hochkarätige Funktionen verschaffte.

---

951 Simon, Evaluationssplitter, S. 405.
952 So Max Kaase im Interview (Interview vom 13.10.2017 in Berlin). Der Inhalt des Interviews liegt bei der Autorin.
953 Diese Einschätzung gab Dieter Simon im Interview ab, das ich am 13.10.2017 in Berlin geführt habe. Der Inhalt des Gesprächs liegt bei der Autorin.
954 Zum historischen Abriss der Akademie vgl. Simon, Akademie der Wissenschaften 1999.

An dem Berliner Symposium äußerte sich Simon in einer für ihn typischen Art über *Das Märchen von Berlin*. Die Quintessenz dieses Märchens lag in einer Kritik an der Berliner Wissenschaftspolitik, die Simon als unfähig im Umgang mit Finanzen charakterisierte.[955]

Die reformorientierten Wissenschaftler Dieter Simon und Jürgen Mittelstraß, die beide im Jahr 1985 in die Wissenschaftliche Kommission des Rates berufen wurden und durch eine langjährige Freundschaft miteinander verbunden waren,[956] arbeiteten bis in die 2000er Jahre hinein auch inhaltlich zusammen. In dem *Manifest Geisteswissenschaften*, das sie 2005 gemeinsam mit Carl Friedrich Gethmann, Dieter Langewiesche und Günter Stock veröffentlicht hatten, bekundeten sie erneut ihr Verständnis der Einheit von Forschung und Lehre und der Stellung der Universität gegenüber anderen Forschungsstätten. Das Manifest beinhaltete viele der schon 1988 vom Wissenschaftsrat vorgetragenen Forderungen.[957] Für die deutschen Universitäten, die im Jahr 2005 inzwischen zum „Großbetrieb"[958] geworden seien, müsse ein radikaler Bruch mit der gegenwärtigen Personalstruktur vollzogen werden. Die Einführung von Juniorprofessuren könne dabei nur ein erster Schritt sein. Darüber hinaus bedürfe es einer differenzierten Personalstruktur zwischen den traditionellen Positionen von Assistenten und Professoren.[959]

Auch Interdisziplinarität, die Förderung des wissenschaftlichen Nachwuchses und die Einführung geisteswissenschaftlicher Gemeinschaftsforschung in Form von Exzellenzzentren forderte das Manifest. Als Vorbild für die Exzellenzzentren dienten die Institutes for Advanced Study in den USA, wo besonders prestigeträchtige Universitäten solche Institute unterhielten. Für Deutschland schwebte den Reformern eine Anzahl von zehn geisteswissenschaftlichen Zentren vor, deren Standorte die Universitäten im Wettbewerb ausfechten sollten.[960]

Das Manifest demonstriert ein großes Selbstverständnis der eigenen Wirkmächtigkeit der Beteiligten. Der Wille zur Reform, zur progressiven Gestaltung des Wissenschaftssystems und zur Durchsetzung der eigenen Agenda waren auch nach 1990 bis weit in die 2000er Jahre hinein bestimmend.

Ganz anders als Dieter Simon und Jürgen Mittelstraß argumentierte im Jahr 2002 der Politikwissenschaftler Max Kaase, der insgesamt eine gelungene Transformation

---

955 Vgl. Ders.: Das Märchen von Berlin. Wie reagiert die Hochschul- und Wissenschaftspolitik? In: Stifterverband für die deutsche Wissenschaft e. V. (Hg.): 10 Jahre danach. Zur Entwicklung der Hochschulen und Forschungseinrichtungen in den neuen Ländern und Berlin, Essen 2002: 106–108.
956 Vgl. Jürgen Mittelstraß: ‚Des Wercks künftigen grossen Nutzen'. Zwei Etüden über die Akademie und warum sie sich verändern muss, in: Rainer Maria Kiesow / Regina Ogorek / Spiros Simitis (Hg.): Summa. Dieter Simon zum 70. Geburtstag, Frankfurt a. M. 2005: 435–446.
957 Zu der 1988er Empfehlung des Wissenschaftsrates s. o. S. 62; 69 f.
958 Carl Friedrich Gethmann u. a.: Manifest Geisteswissenschaften, Berlin 2005, S. 26.
959 Vgl. ebd.
960 Vgl. ebd., S. 27.

der ostdeutschen Wissenschaftslandschaft beobachtete. Die Förderung durch die DFG sei in Ostdeutschland vor allem im Bereich der außeruniversitären Forschung hoch und auch die neuerrichteten Institute der Blauen Liste beziehungsweise der Wissenschaftsgemeinschaft Gottfried Wilhelm Leibniz seien in der zweiten Begutachtungsphase zwischen 1995 und 2001 durchweg positiv beurteilt worden.[961] Mit Blick auf die Zukunft des deutschen Wissenschaftssystems plädierte Kaase allerdings für eine stärkere Internationalisierung und Beachtung demografischer Probleme. Vor der Vergleichsfolie der DDR, in der die Fachschulen eine wichtige berufsvorbereitende Aufgabe erfüllten, beurteilte er das gesamtdeutsche Hochschulwesen als unzureichend differenziert.[962] Das ostdeutsche Wissenschaftssystem diente hierbei als Bezugspunkt, um die Kritik zu verdeutlichen. Trotz der identifizierten Defizite ließ Kaase ein lobendes Wort auf die eigene Leistung nicht unerwähnt:

> Diejenigen von uns, die an dem Prozess der Umgestaltung der Wissenschaftslandschaft 1990 bis 1993 beteiligt waren, werden es vielleicht nicht so gern offen aussprechen, weil es so unbescheiden klingt. Aber unter den gegebenen Rahmenbedingungen haben wir unsere Aufgabe einigermaßen gut erledigt. Dabei haben wir die Menschen zu keinem Zeitpunkt aus dem Auge verloren.[963]

Die frappierenden sozialen Folgen und Brüche in etlichen ostdeutschen Erwerbsbiografien, die die Umgestaltung ebenso bedeutet hatte, spielte aus dieser Perspektive keine Rolle. Dabei präsentierte er das Wissenschaftlerintegrationsprogramm, das auf ihn und die von ihm geführte Arbeitsgruppe zurückging, im Jahr 2002 als „geniale Idee".[964] Dass das Programm sein erklärtes Ziel, ostdeutsche Akademiewissenschaftlerinnen und -wissenschaftler in die Hochschulen zu integrieren, faktisch verfehlte und in der Forschung inzwischen als gescheitert gilt,[965] war für die Demonstration des eigenen Einflusses und der Lebensleistung offenbar belanglos. Diese positive Darstellung der „Erfolgsstory"[966] Wiedervereinigung, wie sie beispielsweise auch von CDU-Politiker

---

961 82 Institute begutachtete der Wissenschaftsrat zwischen 1995 und 2001. Dabei erhielten neun Institute ein negatives Votum und drei ein gemischtes. Diese Institute befanden sich alle auf dem Gebiet der alten Bundesländer, vgl. dazu Max Kaase: Integration gelungen, in: Stifterverband für die deutsche Wissenschaft e. V. (Hg.): 10 Jahre danach. Zur Entwicklung der Hochschulen und Forschungseinrichtungen in den neuen Ländern und Berlin, Essen 2002: 96–98, S. 97.
962 Ebd.
963 Kaase, Max: Diskussionsbeitrag, Stifterverband für die deutsche Wissenschaft e. V. (Hg.): 10 Jahre danach. Zur Entwicklung der Hochschulen und Forschungseinrichtungen in den neuen Ländern und Berlin, Essen 2002, S. 111.
964 Max Kaase im Interview am 13.10.2017 in Berlin. Der Inhalt des Interviews liegt bei der Autorin.
965 Jürgen John: Grundfragen einer vergleichenden Typologie des ‚Hochschulumbaus Ost', in: Jens Blecher/Jürgen John (Hg.): Hochschulumbau Ost. Die Transformation des DDR-Hochschulwesens nach 1989/90 in typologisch-vergleichender Perspektive, Stuttgart 2021: 19–44, S. 20.
966 Jürgen Rüttgers: Fünf Jahre deutsche Einheit: Die blühenden Landschaften sind überall im Kommen, in: Hochschule Ost 5 (1996): 182–186, S. 182.

Jürgen Rüttgers 1996 als Bundesminister für Bildung, Wissenschaft, Forschung und Technologie vorangetrieben wurde, hatte sich unter westdeutschen Akteuren seit den 1990er Jahren als narratives Muster etabliert und eine breite mediale Wirksamkeit erlangt.[967] Ein Muster, dessen sich auch Kaase bediente, indem er den Einigungsprozess so positiv bewertete. Die Sichtweise ostdeutscher Beteiligter blieb im öffentlichen Raum hingegen weitgehend unterrepräsentiert. Die geringe Integration ostdeutscher Geistes- und Sozialwissenschaftler in staatlichen Bereichen wie der Verwaltung oder Bildungsinstitutionen bedeutete zugleich, dass sich auch keine ostdeutsche Deutungskompetenz über die (wissenschaftliche) Vereinigung herausbilden konnte, worin bis heute eine traumatische Erfahrung liegt.[968]

Max Kaase wurde im Jahr 2002 zum Vizepräsidenten der neugegründeten International University Bremen berufen. Gründungspräsident der IUB war der FDP-Politiker und frühere Staatssekretär im Bundesbildungsministerium Fritz Schaumann, der bereits eine aktive Rolle in der Vereinigungspolitik gespielt hatte.[969] Die private Bremer Hochschule nach amerikanischem Vorbild entsprach genau dem, was Kaase und vermutlich auch der liberale Schaumann schon 1990 unter einer modernen Hochschule verstanden hatten: Internationalität, weshalb Englisch als durchgängige Unterrichts- und Kommunikationssprache eingeführt wurde, Transdisziplinarität, die auf einem Konzept von Jürgen Mittelstraß beruhte, und nicht zuletzt Unabhängigkeit. Diese bezog sich auf eine finanzielle Unabhängigkeit von staatlichen Mitteln, die es der privaten Einrichtung ermöglichen sollte, schnell, flexibel und zielgenau zu agieren.[970]

Langfristig erwies sich das Modell der privaten Volluniversität für die IUB allerdings nicht als tragfähig. Die Hochschule hatte immer wieder mit Finanzierungsproblemen zu kämpfen. Im Jahr 2020 gab die Jacobs-Stiftung als Hauptfinanzier der IUB, die sich 2007 in Jacobs Universität umbenannt hatte und heute den Namen Constructor University trägt, schließlich bekannt, sich komplett aus der Finanzierung der Hochschule zurückzuziehen. Die Mehrheitsanteile der Stiftung gingen daraufhin an den Verein zur Förderung der wissenschaftlichen Forschung in Bremen e. V. über.[971]

Auch die Wissenschaftsmanager Wilhelm Krull und Hans-Jürgen Block blickten 2002 auf den wissenschaftspolitischen Vereinigungsprozess zurück. Das Wissenschaftsmanagement hatte sich in den 1990er Jahren als neues Aufgabengebiet im Wissenschaftsbereich herausgebildet, eine Entwicklung, die eng mit Governance-Reformen und dem New Public Management verbunden war. Die Referatsleiter Krull und Block lassen sich als Typus einer neuen Generation von Wissenschaftsmanagern beschreiben, deren Karrieren auf dem Ausbau der Wissenschaftsverwaltungen seit dem Ende

---

967 Vgl. Böick / Goschler / Jessen, Die deutsche Einheit als Geschichte der Gegenwart.
968 Vgl. Pasternack, Die vier Dimensionen des ostdeutschen Wissenschaftsumbaus, S. 57.
969 Vgl. Kaase, Die Internaional University Bremen (IUB) – ein deutsches Hochschulexperiment, S. 186.
970 Ebd.
971 Vgl. Eckhard Stengel: Jacobs-Universität in Bremen in Existenznot, in: Der Tagesspiegel (10.07.2020).

der 1980er Jahre basierten.[972] Dabei war ihre Agenda von neoliberalen Leitvorstellungen geprägt, die in den 1980er Jahren auf viele Gesellschaftsbereiche einwirkte.[973]

Hans-Jürgen Block hatte durch seine Tätigkeit während der Wiedervereinigung eine gewisse Bekanntheit erlangt, sodass der Wissenschaftsadministrator in einem späteren Zeitungsartikel aus dem Jahr 1997 irrtümlicherweise sogar als „Gutachter beim Kölner Wissenschaftsrat"[974] deklariert wurde.

In seinem Beitrag von 2002 äußerte sich Block über die Neugestaltung der Hochschulen, die massiv von der desolaten Finanzlage der neuen Länder geprägt gewesen sei: „Die neuen Länder wurden für die Hochschulen zuständig, und die neuen Länder waren bettelarm."[975] Der Wissenschaftsrat habe die Lage schnell erkannt und seine Empfehlungen danach ausgerichtet. Diesen „Realitätssinn"[976] des Wissenschaftsrates machte Block auch für dessen erfolgreiche Arbeit verantwortlich, wobei er Erfolg an der Umsetzung der Empfehlungen bemaß.

Der 1990 für den Strukturausschuss und damit den Hochschulbereich zuständige Hans-Jürgen Block nannte einige leitende Eckpunkte für die Umgestaltung des Hochschulwesens, wie die Erneuerung der ideologisch belasteten Fächer. Dabei bestand die politische Konsequenz in Entlassungen und Abwicklungen, die die Hochschulstrukturkommissionen veranlasst hatten. Weiterhin waren die Stärkung der Hochschulforschung durch die Integration von Akademiewissenschaftlern und die Zusammenarbeit mit außeruniversitären Forschungseinrichtungen intendiert. Mit Blick auf die Hochschulforschung räumte Block die Fehleinschätzung ein, an den ostdeutschen Hochschulen sei nicht geforscht worden, weshalb dort mehr Personal angestellt werden müsse. Die 1990 prägende Haltung, die Forschung zurück in die Hochschulen zu bringen, fußte auf einem Trugschluss, wie Block damit eingestand.[977]

Aus seiner Skepsis gegenüber der hochschulexternen Forschung machte Block auch ‚zehn Jahre danach' keinen Hehl. Stattdessen verkündete der Wissenschaftsmanager, dass Kooperationen zwischen Hochschulen und außeruniversitären Einrichtungen eine „Second-best solution"[978] darstellten, „wenn schon die außeruniversitäre Forschung nicht zu verhindern war."[979] Deutlich kommt an dieser Stelle die den gesam-

---

972 Dipper schildert für die 1990er Jahre das Entstehen eines neuen Typus von Führungskräften in internationalen Unternehmen, der sich als Manager begriff, vgl. Christof Dipper: Die Gegenwart aus vier Perspektiven (im Erscheinen).
973 Vgl. Dietmar Süß / Meik Woyke: Schimanskis Jahrzehnt? Die 1980er Jahre in historischer Perspektive, in: Archiv für Sozialgeschichte 52 (2012): 3–20.
974 Vgl. Ferdinand Schuster: Die Chance der Stunde Null gab es eigentlich nicht, in: Welt (12.08.1997).
975 Hans-Jürgen Block: Die Realität im Blick. Die Neugestaltung der Hochschulen – Prinzipien und Ergebnisse, in: Stifterverband für die deutsche Wissenschaft e. V. (Hg.): 10 Jahre danach. Zur Entwicklung der Hochschulen und Forschungseinrichtungen in den neuen Ländern und Berlin, Essen 2002: 14–18, S. 14.
976 Ebd.
977 Vgl. Ebd., S. 15.
978 Ebd.
979 Ebd.

ten Evaluationsprozess dominierende Ablehnung gegenüber der Akademieforschung zum Tragen. Auch bemängelte Block die Neuordnung einiger Studiengänge in Westdeutschland, die vor allem in den Rechtswissenschaften und dem Lehramt zu einer Entprofessionalisierung geführt hätten. Positiv viel demgegenüber sein Urteil über die Lehramtsausbildung der früheren DDR aus, die deutlich professioneller und berufsnäher gewesen sei. Zudem schlug Block einen Bogen zu den damaligen Vergleichsstudien auf internationaler Bildungsebene. Wären die Vergleichsstudien TIMMS und PISA schon zehn Jahre früher durchgeführt worden, hätte es „eine realistische Chance gegeben, dass der Westen vom Osten lernt."[980]

Damit eignete sich Hans-Jürgen Block das ostdeutsche Bildungswesen nachträglich als nostalgischen Bezugspunkt an. Durch dieses positive Reden über das ostdeutsche Bildungssystem entstand im kollektiven Gedächtnis der Vereinigungsgesellschaft auch ein positives Bild über das ostdeutsche Bildungswesen.[981] Das Bildungssystem fungierte als gemeinsamer Bezugsrahmen, in dem nur einige der spezifischen Merkmale erinnert wurden und sich dadurch kollektiv manifestierten.[982] Andere Merkmale wie das Einheitssystem oder die Privilegierung bestimmter sozialer Gruppen wurden in der nostalgischen Erinnerung ausgeblendet.[983]

Wilhelm Krull betonte an der zehnjährigen Jubiläumsveranstaltung ebenfalls die systemisch bedingten Unterschiede der ost- und westdeutschen Wissenschaftssysteme. Dazu gehörte auch, dass es in der DDR keine Drittmittel gab, wie Krull inzwischen wusste.[984] 1990 ging der Wissenschaftsrat diesbezüglich noch von einer anderen Prämisse aus und fragte gemäß der eingeübten Evaluationsregeln die Höhe eingeworbener Drittmittel ab.

In Bezug auf die institutionellen Neuerungen im Bereich der Geisteswissenschaften bilanzierte Krull: „Träume des Westens sind hier geträumt worden",[985] obgleich die Wissenschaftsratsempfehlungen prekäre Finanzierungssituationen nach sich zogen. Abschließend zog der Wissenschaftsmanager eine Verbindung zur Einführung der Systemevaluation. Demnach wäre die Systemevaluation nie zustande gekommen, hätte es im Vorfeld keine entsprechenden Erfahrungen mit der Evaluation der ostdeutschen Akademien gegeben.[986]

---

980 Block, Die Realität im Blick, S. 18.
981 Vgl. dazu Katja Neller: DDR-Nostalgie. Dimensionen der Orientierungen der Ostdeutschen gegenüber der ehemaligen DDR, ihre Ursachen und politischen Konnotationen, Wiesbaden 2006.
982 Vgl. dazu Jan Assmann: Das kulturelle Gedächtnis. Schrift, Erinnerung und politische Identität in frühen Hochkulturen, 6. Aufl. München 2007, S. 35–38.
983 Vgl. Gerhart Neuner: Das Einheitsprinzip im DDR-Bildungswesen, in: Zeitschrift für Pädagogik 43 (1997): 261–278.
984 Wilhelm Krull: Die Wiedervereinigung vorausdenken, in: Stifterverband für die deutsche Wissenschaft e. V. (Hg.): 10 Jahre danach. Zur Entwicklung der Hochschulen und Forschungseinrichtungen in den neuen Ländern und Berlin, Essen 2002: 44–47, S. 46.
985 Ebd., S. 47.
986 Vgl. Krull, Die Wiedervereinigung vorausdenken, S. 47.

Die Tätigkeit im Wissenschaftsrat verhalf sowohl Block als auch Krull zu beeindruckenden Aufstiegen. Womöglich lag genau in dem Ziel, die eigene Karriere strategisch voranzutreiben, ein Motiv in dem großen Engagement der Referatsleiter. Nach einem kurzen Intermezzo als Referatsleiter der Generalverwaltung der Max-Planck-Gesellschaft zwischen 1993 und 1995 gelangte Wilhelm Krull danach als Generalsekretär an die Spitze der Volkswagen Stiftung – eine Position, die er bis 2019 innehaben sollte. Hans-Jürgen Block wurde 1994 Gründungsrektor der Fachhochschule Westküste in Kiel, wo er bis zum Jahr 2000 tätig war, ehe er Direktor der Technologiestiftung Schleswig-Holsteins wurde. Die Stiftung förderte unter anderem die Errichtung von Stiftungsprofessuren an Schleswig-Holsteiner Hochschulen und setzte sich somit für die private Finanzierung der Hochschulen ein.[987] Krull und Block wären diese Positionen ohne ihre Beteiligung an der Wiedervereinigung und den Prestigezuwachs, den der Wissenschaftsrat als Organisation und die Wissenschaftsmanager als Einzelpersonen daraus geschöpft hatten, wahrscheinlich nicht möglich gewesen.

Wilhelm Krull verfolgte sein Modernisierungsparadigma bis in die 2000er Jahre auf verschiedenen Ebenen weiter. So war er wie bereits beschrieben an der Einführung der Systemevaluation beteiligt und leitete in den Jahren 2005 und 2006 die Expertenkommission zur Vorbereitung der Exzellenzinitiative. Seine frühen Vorstellungen vom Wettbewerb im Wissenschaftssystem verwirklichte er somit ein Jahrzehnt später. Und auch symbolisch schloss er 2005 an die zwölf Empfehlungen vom Sommer des Jahres 1990 an, als er abermals *Zwölf Empfehlungen* verfasste, die sich erneut um Aspekte des deutschen Wissenschaftssystems drehten.[988] Die Empfehlungen dienten dazu, „Impulse zu geben für nachhaltige Verbesserungen zur Stärkung der Wettbewerbsfähigkeit des deutschen Wissenschaftssystems insgesamt, vor allem aber ihres Herzstücks: den Hochschulen!"[989] Krull sah zu diesem Zeitpunkt in der Diskussion um die Bologna-Reform eine zweite Chance, das forschende Lernen stärker in den Hochschulen zu verankern. Damit stand wiederum das Humboldt'sche Ideal der Einheit von Forschung und Lehre im Zentrum. Die Chance, die 1990 nicht genutzt werden konnte, sollte nun ein Comeback erfahren. Dabei lag es an Bund und Ländern, die Trennung außeruniversitärer und universitärer Forschung zu überwinden, um die Grundlage für eine „Potenzialbündelung"[990] im internationalen Wettbewerb zu schaffen.

Die zwölf Empfehlungen von 2005 thematisierten darüber hinaus die Bedeutung des wissenschaftlichen Nachwuchses, die Differenzierung der Personalstruktur, die

---

987 Vgl. Pressemeldung der Christians-Albrecht-Universität zu Kiel: Innovations- und Gründungsmanagement TSH-Stiftungsprofessur eröffnet neuen Schwerpunkt an der Kieler Universität vom 03.03.2003 [https://www.uni-kiel.de/pressemeldungen/index.php?pmid=2003-013-walterinnovation; zuletzt aufgerufen am 30.05.2019].
988 Vgl. Wilhelm Krull: Eckpunkte eines zukunftsfähigen deutschen Wissenschaftssystems. Zwölf Empfehlungen, Hannover 2005.
989 Ebd., Vorwort.
990 Krull, Eckpunkte eines zukunftsfähigen deutschen Wissenschaftssystems, Vorwort.

auch den Beamtenstatus der Professoren infrage stellte, die Stärkung der Hochschulautonomie, eine engere Zusammenarbeit zwischen Hochschulen und Wirtschaft sowie Formen der Qualitätssicherung. Monitoring, Akkreditierung und Evaluation entwickelten sich zu einem „entscheidenden Qualitätsmerkmal wissenschaftlicher Einrichtungen und zu einem notwendigen Bestandteil wirklicher Autonomie",[991] stellte Krull fest.

Interessant ist, dass derselbe Wilhelm Krull einige Jahre später eine Kehrtwende vornahm und seine zuvor gestellten Forderungen als übererfüllt bewertete. In der Darstellung *Die vermessene Universität* von 2017 argumentierte er aus der Warte einer überbürokratisierten und zu sehr auf Leistungsbewertungen ausgerichteten Universität, was die Autonomie der Hochschulen wiederum schwächte.[992] Die über Jahre von ihm geforderten und vorangetriebenen Formen der Leistungsbewertung durch Rankings, Ratings und Evaluationen erachtete er zunehmend als Beengung der Hochschulen. Dass er selbst einen erheblichen Anteil an dieser Entwicklung trug, war für seine Kritik unerheblich.

---

991 Ebd., S. 18.
992 Vgl. Ders.: Die vermessene Universität. Ziel, Wunsch und Wirklichkeit, Wien 2017 (= Wissenschaft – Transformation – Politik).

7. Fazit

Evaluation, Monitoring und Formen der Qualitätssicherung sind heute in ganz verschiedenen Bereichen allgegenwärtig. Auch im Wissenschaftsbetrieb ist es inzwischen selbstverständlich, dass wissenschaftliche Einrichtungen bewertet, begutachtet oder evaluiert werden. Die Outputorientierung und eine damit verbundene Ausrichtung an Kennziffern und Zahlen, die wissenschaftliche Leistungen scheinbar abbildbar werden lassen, ist Teil der gegenwärtigen Wissenschaftskultur. Woher diese Entwicklung rührt, wo sie ihren Ursprung hatte und wie sie letztlich an Durchschlagskraft gewann, war Gegenstand dieser Studie. Dabei ging die Untersuchung dem Evaluationsverfahren des Kölner Wissenschaftsrates an den Forschungsinstituten der ehemaligen Akademie der Wissenschaften der DDR infolge der Wende und der Wiedervereinigung nach. Im Zentrum standen Fragen nach dem Vorgehen des Wissenschaftsrates als Institution, der Rolle des Wissens über die DDR und ihr Forschungssystem und des Umgangs der Akteure mit der offenen und gestaltbaren Wendezeit der Jahre 1989/90.

Die Beantwortung dieser Fragen erfolgte über eine Betrachtung der in Westdeutschland vor der Wende verfügbaren Wissensbestände über die DDR, eine Gegenüberstellung der zentralen Merkmale des bundesrepublikanischen und DDR-Wissenschaftssystems und eine Analyse der wissenschaftspolitischen Umstände auf dem Weg zur deutsch-deutschen Einheit. Als Beispiel für das Vorgehen des Kölner Wissenschaftsrates diente der Blick in die Arbeitsgruppe Wirtschafts- und Sozialwissenschaften, die sieben ostdeutsche Akademieinstitute begutachtet hatte und auch einen Schwenk in die ostdeutsche Hochschullandschaft wagte. Ein Ausblick in die Zeit nach 1990 zeugt von dem wissenschaftspolitischen Gegenwind, den der Wissenschaftsrat infolge der Wiedervereinigung zunächst erfuhr und sich dennoch langfristig behaupten konnte. Inhaltlich setzte das Beratungsgremium seine Evaluationsagenda fort, die infolge der Begutachtungen der ostdeutschen Akademieinstitute mehr Durchschlagskraft erhielt und ihren vorläufigen Höhepunkt in der Systemevaluation fand.

Mit Blick auf die Frage nach der Bedeutung des Wissens über die DDR lässt sich zusammenfassen, dass das Wissenschaftssystem der DDR und seine Spezifika für den Kölner Rat keine Rolle spielten und sein Handeln stattdessen an Problemlagen orientiert war, die aus dem westdeutschen Forschungssystem resultierten. Die Transformation der ostdeutschen Forschungslandschaft galt damit dem Westen. Es handelte sich also weder um eine westdeutsche Kolonialisierung des Ostens noch um eine reine Pro-forma-Evaluation, sondern vielmehr um das Interesse an einer Reform des westdeutschen Wissenschaftssystems.

Dieses Forschungsergebnis kann anhand von vier Befunden näher aufgefächert werden. Die Untersuchung zeigte erstens, dass der Wissenschaftsrat mit der Evaluation auf ein in der außeruniversitären Forschung Westdeutschlands etabliertes Verfahren zurückgriff. Sein Handeln war damit routinisiert und zugleich intentional. Dabei spielten zweitens das forschungsbasierte Wissen über die DDR und ihr Wissenschaftssystem keine Rolle. Stattdessen orientierten sich die Akteure konsequent an der Zukunft und richteten ihr Handeln an Strukturprinzipien aus. Drittens wirkte die Wende 1989/90 wie ein Katalysator für die Entwicklung des gesamtdeutschen Wissenschaftssystems, an dessen Ende eine doppelte Kotransformation des vereinten Wissenschaftssystems stand. Und viertens gelang dem Wissenschaftsrat und den an der Evaluation beteiligten Personen ein enormer Aufstieg innerhalb der wissenschaftspolitischen Organisationen, der zu einer Erhöhung seiner Reputation beitrug und Karrieresprünge ermöglichte. Die einzelnen Ergebnisse werden im Folgenden näher erläutert und begründet.

Zum ersten Befund: Mit der Evaluation griff der Wissenschaftsrat auf ein ihm vertrautes Instrument zurück, das genug Offenheit zur Auslegung bot. Die Untersuchung hat gezeigt, dass die Akteure im Wissenschaftsrat keinen spezifischen Umgang mit der Akademie der Wissenschaften der DDR pflegten. Dieser Umstand äußerte sich darin, dass es keine Anpassung des Evaluationsverfahrens an die Besonderheit der Situation gab. Vielmehr handelten die westdeutschen Wissenschaftler und Wissenschaftsmanager nach einem Verfahren, dessen Ursprünge im Begutachtungswesen der Sonderforschungsbereiche seit den 1960er Jahren lagen und im Wissenschaftsrat in den 1980er Jahren für die Institute der sogenannten Blauen Liste weiterentwickelt wurden. Im Jahr 1990 verfügte der Wissenschaftsrat also schon über eine gewisse Evaluationserfahrung und handelte dementsprechend routinisiert. Andererseits war damit gerade die Intention verbunden, den Eindruck eines etablierten Verfahrens zu erwecken, um somit die Legitimität der Verfahrensweise zu erhöhen. Damit waren intentionales Handeln und Routine gleichermaßen möglich.

Zwischen 1980 und 1990 evaluierte der Wissenschaftsrat etwa 40 Institute in der bundesrepublikanischen außeruniversitären Forschung der Blauen Liste, was der heutigen Leibniz-Gemeinschaft entspricht. In Anbetracht der deutsch-deutschen Wiedervereinigung stand er vor der Aufgabe, etwa 140 Institute innerhalb eines Jahres zu begutachten. Um öffentliche Kritik an der Verfahrensweise abzuwenden, beschwor die westdeutsche Wissenschaftspolitik dezidiert die Normalität dieses Verfahrens der Forschungsbewertung. Doch von Normalität konnte in diesem Zusammenhang mitnichten die Rede sein. Denn 1990 ging es nicht um die Bewertung einzelner Institute, wie dies zuvor bei den blauen Instituten der Fall war, sondern um die Bestandsaufnahme eines gesamten und vor allem grundsätzlich anderen Wissenschaftssystems.

Vor dem Hintergrund der Vereinigung sahen die Akteure im Wissenschaftsrat eine Gelegenheit, gezielt die schon lang diskutierte Reform am Wissenschaftssystem vorzunehmen. Der Reformansatz lag in einer Neoliberalisierung des Forschungs- und Wissenschaftssystems. Betriebswirtschaftliche Marktmechanismen sollten das Forschungssystem durchdringen und den Wettbewerb zwischen den Forschungseinrichtungen entfachen. Der Evaluation als Instrument kam dabei die Rolle zu, den Wettbewerb zu verstärken. Sie ermöglichte eine Orientierung an Kennzahlen und damit den Vergleich der Forschungsstätten. Bei der Begutachtung der ostdeutschen Akademieinstitute ging es also nicht nur um eine Bestandsaufnahme der wissenschaftlichen Qualität, sondern im gleichen Maße um die Implementierung des Evaluationsverfahrens.

Seitdem die ‚Massenuniversität' infolge der Bildungsexpansion zum Normalzustand an deutschen Hochschulen geworden war, diskutierten verschiedene Personen der Wissenschaftlichen Kommission immer wieder den Wettbewerb im Wissenschaftssystem und propagierten ein elitäres Bildungsverständnis. Gleichzeitig kritisierten sie die auf Wilhelm von Humboldt zurückgehenden Universitätsstrukturen. Insbesondere die Personalstruktur, wonach es nur Professoren und Assistenten, aber keine dazwischenliegenden Graduierungen oder attraktive Positionen unterhalb der Professur gab, hielten sie für nicht mehr zeitgemäß. Gerade für Nachwuchswissenschaftlerinnen und -wissenschaftler sahen die Akteure im Wissenschaftsrat darin ein Vakuum, das lange Phasen der Abhängigkeit und wenig Autonomie bedeutete. Aus reformorientierter Perspektive erschien die Ausrichtung an der Humboldt'schen Universität in Bezug auf die Personalstruktur und Forschungsfinanzierung als veraltet und unflexibel.

Die Akteure im Wissenschaftsrat sahen 1989/90 in der politischen Wende der DDR eine Gelegenheit, umfassende Reformen am Wissenschaftssystem vorzunehmen. Dabei nahmen sie den brüchigen gesellschaftspolitischen Rahmen in Ostdeutschland als Handlungskontingenz wahr. Dass die infrage gestellte Ordnung eine Form struktureller Kontingenz darstellte, erfassten die Akteure nicht. Sie interpretierten die Situation gewissermaßen falsch, indem sie die Jahreswende 1989/90 als Aufforderung zum Handeln begriffen. Handlungsrelevant wurde dabei die Praktik der Evaluation, die als bekanntes Verfahren eine Bewältigung der komplexen Situation versprach. Doch dass dieses enorm aufwendige und umfassende Evaluationsverfahren alle bisherigen Erfahrungen des Wissenschaftsrates übertraf und für die Wissenschaftsstrukturen der früheren DDR eigentlich eine spezifische Verfahrensweise hätte gefunden werden müssen, stand außerhalb des Vorstellbaren.

Dabei suggerierte die Evaluation den Anschein eines offenen Verfahrens, das die Akademieinstitute mithilfe einer objektiven Methode bewertete. Doch hintergründig agierten die Wissenschaftliche Kommission und die Geschäftsstelle sehr strategisch, um ihre Reformagenda und den Wettbewerb zwischen den Forschungseinrichtungen zu entfesseln. Dieses Vorhaben entstand aus der Kritik am eigenen Wissenschaftssystem, nicht aus einer Kritik am Wissenschaftssystem der DDR. Der Wissenschaftsrat beabsichtigte ursprünglich erst die DDR zu evaluieren, dann die Bundesrepublik, um am Ende gesamtdeutsche Reformen einzuleiten, die unter dem Label der ‚Modernisierung' standen.

Es bleibt gewissermaßen ambivalent, dass ausgerechnet die Wissenschaftler, die einen Gegenentwurf zum Humboldtmodell entwickeln wollten, sich gleichermaßen auf den preußischen Bildungsreformer beriefen. Sie bezogen sich in ihrer Agenda, die die Einheit von Forschung und Lehre beinhaltete, immer wieder auf Humboldt oder rekurrierten zumindest aus strategischen Gründen auf die eingängige Formel. Aus diesem Gedanken heraus entstand eine Ablehnung der gesamten außeruniversitären Forschung, die als notwendiges Übel angesehen wurde. Allein die Hochschulen galten dem Prinzip der Einheit von Forschung und Lehre genügend. Begründet wurde die Relevanz der Universität mit der dort stattfindenden Ausbildung des wissenschaftlichen Nachwuchses.

Dabei stand die außeruniversitäre Forschung immer wieder im Kreuzfeuer der Kritik. Sie galt als inflexibel, wenig innovativ und überbürokratisiert. Folgenreich war diese Haltung indes für den westdeutschen Umgang mit den ostdeutschen Akademieeinrichtungen. Hier ging es von Beginn an um die Abwicklung der Akademien als solche. Ob die Akademie der Wissenschaften neben den vier großen Forschungseinrichtungen – der Max-Planck-Gesellschaft, der Fraunhofer-Gesellschaft, der Blauen Liste und den Großforschungszentren – als fünfte Säule hätte weiterexistieren können, stand aus westdeutscher Sicht zu keinem Zeitpunkt zur Debatte.

Und auch die an den Akademien erforschten Inhalte spielten in den Überlegungen der Wissenschaftlichen Kommission eine untergeordnete Rolle. Stattdessen befasste sie sich vorrangig mit strukturellen Gesichtspunkten und Möglichkeiten der Überführung in die westdeutsche Forschungsstruktur. Diese wurde mithilfe des Evaluationsverfahrens vollzogen.

Dass das Verfahren nicht an die Bedingungen der Forschungsorganisation in der DDR angepasst wurde, zeigte sich deutlich an den behandelten Aspekten im Fragebogen des Wissenschaftsrates. Den Bogen erhielten die Institute im Sommer 1990 im Vorfeld der Begutachtung und beantworteten ihn berichtsartig. Die Akademieinstitute sollten Auskunft darüber geben, wie hoch ihre Drittmitteleinnahmen in den letzten Jahren gewesen waren und welche Auftraggeber dahintersteckten. Doch durch eine bis dahin vollzogene Standardisierung des Fragebogens erfolgte keine Reflexion darüber, dass das Forschungssystem der DDR staatlich gesteuert und finanziert war. Drittmittel konnte es also faktisch nicht geben und die Frage machte in Bezug auf das zentralistische Wissenschaftssystem der DDR keinen Sinn.

Dieses Vorgehen des Wissenschaftsrates lässt sich so interpretieren, dass der Wissenschaftsrat mit dem Unwissen der ostdeutschen Akademikerinnen und Akademiker über die Verfahrensweise spielte. Er erhob sich zur unantastbaren Verfahrensautorität, die alle formellen und informellen Regeln kannte und setzte. Dazu verhalf ihm auch sein juristisch unscharfer, ambiguer Status. Denn das Institut für Wirtschaftsgeschichte der vormaligen Akademie der Wissenschaften kritisierte durchaus die Durchführung des Verfahrens und mahnte Formfehler an. Der Wissenschaftsrat berief sich zu seiner Verteidigung auf seine Verfasstheit und erklärte, dass er weder exekutives noch judikatives Organ sei. Verfahrensfehler und eine Anfechtung waren somit per se unmöglich. Die juristisch unklare Beschaffenheit machte sich der Wissenschaftsrat als Organisation zur Durchsetzung seiner Verfahrensabsichten zunutze. Widerstände konnte er auf diese Weise abwehren.

Mit der von Politik und Wissenschaftsrat geplanten und schließlich auch realisierten Abwicklung der DDR-Akademien folgten die Akteure einer Kritik, die aus der Bundesrepublik stammte und die außeruniversitäre Forschung als Ganzes infragestellte. Die Kritik an Ineffizienz, geringer Flexibilität und Innovationsfähigkeit bundesrepublikanischer Großforschung projizierten westdeutsche Wissenschaftspolitiker auf die ostdeutschen Akademien. Daraus folgte die Maßgabe des Wissenschaftsrates, vor allem die Universitäten in Ostdeutschland zu stärken. Die als erhaltenswert erachtete außeruniversitäre Forschung sollte nach Möglichkeit an bestehenden Hochschulen fortgeführt werden. Einige Akademiewissenschaftler sollten über das Wissenschaftlerintegrationsprogramm an eine Universität angebunden werden, was allerdings nur mäßig funktionierte.

Darüber hinaus entstanden auch einige neue hochschulexterne Institute. Von den insgesamt 84 neugegründeten Forschungsinstituten, einschließlich einiger Außenstellen, waren allein 31 unter dem Dach der Blauen Liste vereint.[993] Sie erfuhr damit eine enorme Stärkung unter den großen Wissenschaftsorganisationen. Dabei war es kein Zufall, dass der Wissenschaftsrat die Gründung etlicher Blaue-Liste-Institute empfohlen hatte. Vielmehr verbargen sich dahinter finanzpolitische Gründe. Denn die Blaue Liste stellte die im Rahmen der gemeinsamen Förderung durch Bund und Länder günstigste Möglichkeit für die beteiligten Akteure dar.

Gleichzeitig hatte auch der Wissenschaftsrat ein Interesse an der Stärkung der Blauen Liste. Denn sie bot die Möglichkeit, in Ostdeutschland eine Forschungslandschaft entstehen zu lassen, die durch das Evaluationsverfahren kompetitiv angelegt war und sich mit Blick auf die Forschungsqualität kontrollieren ließ. Zudem reproduzierte das Verfahren das Aufgabengebiet des Wissenschaftsrates. Mit Niklas Luhmanns Verfahrenstheorie lassen sich hieran zwei Aspekte erklären.[994] Zum einen diente die Evalua-

---

993 Die 84 Institute verteilten sich wie folgt auf die Forschungsorganisationen: 3 Großforschungseinrichtungen (zzgl. 9 Außenstellen bereits bestehender GFE); 11 Einrichtungen der MPG; 17 Einrichtungen der FhG; 3 Bundesressortforschungseinrichtungen (zzgl. 4 Außenstellen); 6 Landes-/Ländereinrichtungen; 27 Einrichtungen der Blauen Liste (zzgl. 4 Außenstellen). Diese Zahlen entstammen Mayntz, Deutsche Forschung im Einigungsprozeß, S. 198.
994 Vgl. Luhmann, Legitimation durch Verfahren.

tion dazu, die wissenschaftspolitische Entscheidung zu legitimieren, die Akademie der Wissenschaften sowie die anderen Akademien der DDR aufzulösen. Das Evaluationsverfahren an sich stellte ein komplexes Verfahren dar, das von einer asymmetrischen Akteurskonstellation gekennzeichnet gewesen war: Auf der einen Seite standen die erfahrenen westdeutschen Gutachter als Repräsentanten einer Organisation, die das Verfahren selbst entwickelt hatten. Auf der anderen Seite befanden sich die begutachteten ostdeutschen Akademieinstitute und ihre Wissenschaftler, für die die Begutachtungssituation Neuland darstellte. Die Abläufe, Regeln und auch mit der Evaluation verbundenen Normen stellten für die ostdeutsche Seite eine Unbekannte dar. Die Durchführung des aufwendigen Verfahrens mit mehr als 300 Gutachtern und ritualisierte Handlungen führten dazu, dass das Verfahren von den beteiligten Personen eine hohe Akzeptanz erfuhr. Dabei fehlte den westdeutschen Verantwortlichen jedoch eine Form der reflexiven Selbstbeobachtung, gewissermaßen die Beobachtung zweiter Ordnung. Das Verfahren mit all seinen Implikationen wurde nicht hinterfragt oder selbst zum Diskussionsgegenstand gemacht. Die Art und Weise der Durchführung erfuhr hingegen eine soziale Generalisierung, die wesentlich zur Legitimation der Entscheidung beitrug.

Damit verbunden ist ein zweiter Aspekt. Neben der Abwicklung der DDR-Akademien stand die Evaluation selbst im Zentrum. Als Verfahren war ihr zwar schon eine generelle Akzeptanz inhärent, diese beschränkte sich aber auf den Geltungsbereich der Blauen Liste, die in der alten Bundesrepublik eine randständige Forschungsorganisation darstellte. An anderen Forschungseinrichtungen oder gar den Hochschulen war an so ein umfassendes Evaluationsverfahren noch nicht zu denken. Die Akteure im Wissenschaftsrat beabsichtigen mit der Evaluation in Ostdeutschland eine Aufwertung der Evaluation als Verfahrensweise der Forschungsbewertung.

Eng verknüpft mit dem ersten Befund ist auch der zweite, dass nämlich das forschungsbasierte Wissen über die DDR und ihr Wissenschaftssystem für westdeutsche Akteure keine Rolle spielten, sondern stattdessen strukturalistische Handlungsmaximen leitend war. Dazu lassen sich vier Gründe anführen, weshalb auf die ‚alte DDR-Forschung' der 1970er nicht rekurriert wurde.

Erstens sorgte insbesondere der Handlungsdruck während der dynamischen (Nach-)Wendezeit dafür, dass Informationen ad hoc eingeholt und Entscheidungen schnell getroffen werden mussten. Die sich überschlagenden Ereignisse erforderten rasches Handeln und keine umfangreichen Analysen. So basierte die vom Wissenschaftsrat verfolgte Stärkung der Hochschulen auf der ‚dritten Hochschulreform' der DDR, die einen vermeintlichen Auszug der Forschung aus den Universitäten bedeutet hatte. In der Praxis wurde die bildungspolitische Zielvorstellung der SED allerdings nie vollends umgesetzt. Doch für den Wissenschaftsrat wurde sie handlungsleitend und ließ sich zudem für die eigene Programmatik ummünzen, um die Hochschulen im Sinne Humboldts auszubauen und die Forschung an ihre ‚ureigentliche' Wirkungsstätte zurückzubringen.

Zweitens wurde das in den 1970er Jahren in den westdeutschen Sozialwissenschaften erforschte Wissen über die DDR schon in den 1980er Jahren kaum mehr rezipiert. Das vorhandene Wissen ging also schon vor der Jahreswende 1989/90 verloren. Denn bereits in den Wissenschaftsabkommen der Jahre 1986 und 1987 stellten Veröffentlichungen wie das DDR-Handbuch keine Informationsquelle mehr dar. Dass die frühen DDR-Forschungen zu dieser Zeit nicht berücksichtigt wurden, lag vermutlich an dem politischen Wechsel von der sozial-liberalen zur konservativ-liberalen Bundesregierung 1982. Denn die umfangreichen Forschungen, die aus dem Umfeld von Peter Christian Ludz' in den 1970er Jahren hervorgegangen waren, standen der SPD geführten Bundesregierung nahe und beinhalteten eine systemimmanente Betrachtung der DDR. Mit dem politischen Machtwechsel auf Bundesebene war diese Forschungsperspektive womöglich weniger gefragt.

Im Jahr 1990 kam drittens hinzu, dass die alte DDR-Forschung die politische Situation im Ostblock falsch eingeschätzt hatte. Sie konnte den Untergang der Sowjetunion und die Entwicklungen in der DDR nicht vorhersehen. Damit galt die Forschung gewissermaßen als verfehlt. Nach der Wende kritisierten die Sozialwissenschaften die alte DDR-Forschung deshalb scharf und sprachen in diesem Zusammenhang von einem „Prognosedebakel".[995] Zu den Kritikern gehörte auch Kommissionsmitglied M. Rainer Lepsius. Er warf der alten DDR-Forschung später, im Jahr 1998, gemeinsam mit den Soziologen Jürgen Friedrichs und Karl Ulrich Mayer vor, sie habe sich „kaum ernsthaft mit den sozialistischen Gesellschaften befasst".[996] Die frühere Forschung degradierten sie damit pauschal als unbedeutsam. Dass Lepsius und die anderen Mitglieder der Arbeitsgruppe diese Forschungen im Jahr 1990 nicht rezipierten, lag also unter anderem an dem Prognosedebakel, das die Forschungen der Vorwendezeit abwertete.

Nicht zuletzt sprachen mit dem Referenzrahmen der Bundesrepublik auch inhaltliche Gründe gegen die Verwertung des systemimmanenten Forschungsansatzes. Schließlich war der Maßstab zur Bewertung der DDR-Forschung beziehungsweise ihrer Institutionen am Westen ausgerichtet und nicht DDR-immanent.

Neben diesen politischen Beweggründen führte viertens die Zukunftsorientierung im Wissenschaftsrat dazu, dass vorhandene Wissensbestände obsolet wurden. Denn der Wissenschaftsrat orientierte sich konsequent an der Zukunft der vereinten Wissenschaftslandschaft. Damit brauchte er das Wissen aus der Vergangenheit schlichtweg nicht. Insbesondere das Denken in Systemen sorgte hierbei für eine klare Zukunftsvorstellung. Aus systemtheoretischer Perspektive mussten nur die entscheidenden Hebel umgelegt werden, um beide Wissenschaftssysteme zu vereinen.

Dieter Simon selbst machte keinen Hehl daraus, dass er Anhänger der Systemtheorie war und dieses Denken für ihn handlungsrelevant wurde. Er war aber keineswegs

---

[995] Zur Kritik an der alten DDR-Forschung vgl. Hüttmann, DDR-Geschichte und ihre Forscher.
[996] M. Rainer Lepsius / Jürgen Friedrichs / Karl-Ulrich Mayer (Hg.): Die Diagnosefähigkeit der Soziologie, in: Kölner Zeitschrift für Soziologie und Sozialpsychologie (KZfSS), Sonderheft 38 (1998), S. 13.

der Einzige, der von den Grundsätzen der Systeme überzeugt war, vielmehr agierten die gesamte Leitungsebene und die Wissenschaftsmanager aus der Geschäftsstelle nach strukturalistischen Prinzipien und versuchten stets, ihre reformerische, neoliberale Agenda auf das gesamte Wissenschaftssystem zu beziehen. Einzelne Wissenschaftlerinnen und Wissenschaftler und damit Menschen, deren Erwerbstätigkeit von der Evaluation abhing, fanden in dem Verfahrenskonzept keinen Platz. Das Denken in Systemen verschränkte den Blick auf die Sozialverträglichkeit der Abwicklungen. Dass der ostdeutsche Personalumbau gravierende soziale Folgen implizieren würde, hatte die Wissenschaftliche Kommission nicht antizipiert. Sie stellten stattdessen Strukturaspekte in den Vordergrund, die Ost und West gleichermaßen betreffen sollten. Eine Evaluation des Ostens reichte demnach nicht aus, vielmehr erforderte es eine Evaluation aller Wissenschaftsorganisationen mitsamt den Hochschulen.

Da die Evaluation von Hochschulen zu dieser Zeit von einem Großteil der westdeutschen Professorenschaft abgelehnt wurde und die ostdeutschen Hochschulen in den Hoheitsbereich der fünf neugegründeten Länder fielen, war der Wissenschaftsrat nicht befugt, hier eine Begutachtung vorzunehmen. Für die Arbeitsgruppen des Wissenschaftsrates war daher auf Landesebene zurückhaltendes Handeln geboten. Dabei sah das ursprüngliche Konzept zwei unterschiedliche Ausschüsse für die Visitationen der Akademien und Hochschulen vor. Ambitionierter als die anderen acht Arbeitsgruppen des Wissenschaftsrates agierte die AG Wirtschafts- und Sozialwissenschaften an den ostdeutschen Hochschulen. Diese AG nahm parallel zur Evaluation an den Akademieinstituten auch Begutachtungen der Hochschulbereiche vor. Dabei ähnelte das Vorgehen an den Universitäten mit Blick auf die Praktiken stark jenem an den Akademien: Wie schon an den Akademieeinrichtungen fand hier ein zweistufiges Verfahren statt, wonach die ostdeutschen Professorinnen und Professoren zunächst über einen Personalbogen Auskunft zu ihrer Person und wissenschaftlichen Veröffentlichungen gaben. In einem zweiten Schritt folgten örtliche Gespräche an den Fakultäten beziehungsweise Sektionen der Hochschuleinrichtungen, die genauso wie die Begehungen an den Akademieinstituten verliefen. Der für die Untersuchung gewählte praxeologische Zugriff erwies sich hierbei als gewinnbringend, da anhand der Praktiken rekonstruiert werden konnte, wie das Vorgehen an den Hochschulen ablief. Obwohl die westdeutschen Akteure schon während des Verfahrens und danach betonten, dass sie die Hochschulen nicht evaluiert hätten – was aufgrund der Kulturhoheit der Länder juristisch schwer zu legitimieren gewesen wäre –, ergab ein Blick auf die praktischen Abläufe, dass es sich sehr wohl um Evaluierungspraktiken handelte. Damit dienten die ostdeutschen Hochschulen in gewisser Weise als Experimentierfeld der Hochschulevaluation.

Der Wissenschaftsrat war an den Strukturen der Wissenschaftsorganisation interessiert, weshalb die wissenschaftlichen Fachinhalte nachgeordnet waren. Die oft angeführte Politisierung der DDR-Wissenschaft, die es ohne Zweifel gab, war für die Arbeitsgruppe Wirtschafts- und Sozialwissenschaften des Kölner Rates weniger ent-

der Wissenschaft meint der Begriff, dass bis zum Beginn der 2000er Jahre ein gesamtdeutsches Wissenschaftssystem entstanden war, das sich in Ost und West in seinen Grundzügen von den Bedingungen des Jahres 1990 unterschied. Das gemeinsame Wissenschaftssystem hatte sich in seiner Wissenschaftskultur verändert. Wissenschaftskultur bezieht sich hier auf Normen und Werte im Wissenschaftssystem, die man schon seit Beginn der 1980er Jahre bestrebt war, zu verändern.[1000] Dabei kam es zwar nicht zu der von den Vorsitzenden Dieter Simon und Gerhard Neuweiler geforderten Doppelevaluation in Ost und West, die die gesamte außeruniversitäre Forschung hinterfragte und strukturelle Neuerungen für die Wissenschaft implizierte. Es begann vielmehr eine Phase der allmählichen Transformation, die mit der Wende eingeleitet wurde. Die Wissenschaftliche Kommission sah vor dem Hintergrund struktureller Kontingenz im politischen System der DDR einen Handlungsrahmen zur Durchsetzung ihrer Agenda. Das bundesrepublikanische Wissenschaftssystem sollte wie der politische Bereich in der DDR ebenfalls eine Wende erfahren. Dabei sprach Simon von der „Chance [...,] eine neue, gesamtdeutsche zukunftsweisende Wissenschaftswelt"[1001] zu schaffen. Eine Reformierung des Wissenschaftssystems, die im Rat zwar schon seit den 1960er Jahren diskutiert, aber erst mit dem neoliberalen Paradigmenwechsel der 1980er Jahre breitere Akzeptanz fand, schien nun in greifbare Nähe zu rücken. Die seit den 1980er Jahren verhandelte Reform des Wissenschafts- und Hochschulsystems sollte im Zuge der Wende des Jahres 1989/90 in eine Handlungsstrategie umgesetzt werden.

Eine Zusicherung aus dem entsprechenden Bundesministerium für Forschung und Technologie gestand dem Kölner Rat zu, dass eine solche Reform des Westens nach der Evaluierung im Osten folgen würde. Daraufhin arbeiteten Dieter Simon und seine Referenten aus der Geschäftsstelle des Wissenschaftsrates, allen voran Wilhelm Krull und Hans-Jürgen Block, an einem umfassenden Evaluationskonzept, das sich zunächst auf Ostdeutschland bezog. Wenig später erhielten die potenziellen Gutachter, bei denen es sich um renommierte Fachvertreter handelte, Einladungen zur Mitwirkung an der Bewertung der ostdeutschen Akademieeinrichtungen. Im Vorfeld der Kommissionsbesetzung war die Wissenschaftliche Kommission durchaus bestrebt, externe und unabhängige Fachgutachter zu finden. Gleichzeitig bestand aber ein Interesse daran, solche Personen zu involvieren, die die gleiche Agenda um das Schlagwort des Wettbewerbs verfolgten und deren Programmatik in die Arbeitsgruppen des Rates einfließen sollte. In den Sozialwissenschaften führte die Prämisse dazu, dass der Politikwissenschaftler Peter Graf von Kielmansegg in die Arbeitsgruppe Wirtschafts- und Sozialwissenschaften berufen wurde. Er hatte sich als Vorsitzender der Wissenschaftlichen Kommission unter dem Namen ‚Graf Wettbewerb' zu Beginn der 1980er Jahre einen Namen gemacht.

1000 Vgl. Daniel, ‚Kultur' und ‚Gesellschaft'.
1001 Simon, Die Quintessenz, S. 32.

Angesichts des massiven Zeitdrucks hatten wohl auch regionale Netzwerke Einfluss auf die Kommissionsbesetzung. So zeigte sich für die Arbeitsgruppe der Wirtschafts- und Sozialwissenschaften, dass hier vor allem Personen berufen wurden, die aus dem näheren Umfeld Max Kaases stammten. Der Mannheimer Politologe leitete die AG gemeinsam mit dem ebenfalls in Mannheim ansässigen Ökonomen Heinz König. Um sich herum versammelten die Leiter vor allem Gutachter, die aus der unmittelbaren Nähe kamen, und zwar von den Universitäten Mannheim und Heidelberg. Somit wirkten aus pragmatischen Gründen wohl auch lokale Netzwerke und Beziehungen auf die Zusammensetzung der Kommission ein. Andere Kriterien wie etwa Parität oder Fachwissen über die DDR kamen hingegen nicht zum Tragen. Die paritätische Besetzung von Arbeitsgruppen spielte im Wissenschaftsrat zu dieser Zeit noch keine Rolle, sodass im Falle der AG Wirtschafts- und Sozialwissenschaften eine ausschließlich männlich besetzte Gruppe auftrat. Die Ministerien waren in dieser Hinsicht, was die Forderung nach geschlechtlicher Parität betraf, fortschrittlicher als die Wissenschaftsorganisationen. Auch Fachwissen und Expertise über die DDR und ihr Wissenschaftssystem stellten kein Kriterium zur Mitarbeit in den Ausschüssen dar. Ganz im Gegenteil; die Personen im Wissenschaftsrat erachteten persönliche Kontakte nach Ostdeutschland als Befangenheit, die im Sinne eines objektiven Verfahrens als unerwünscht galt.

Die AG Wirtschafts- und Sozialwissenschaften trat die Begutachtungen mit viel Engagement an und legte die nach westlichen Maßstäben gültigen Kriterien an: Internationalität, Drittmittel, Flexibilität und Pluralität der Forschung. Am Ende kam sie zu dem Fazit, dass alle sieben der von ihr begutachteten Institute geschlossen werden sollten. Einzelnen Forschergruppen empfahl die AG eine Fortführung ihrer Forschungsvorhaben an anderen Einrichtungen, so zum Beispiel durch das Wissenschaftlerintegrationsprogramm oder einer Anbindung an die Hochschulinstitute. Institutionell regte die Arbeitsgruppe die Gründung eines neuen Instituts an, und zwar des Instituts für empirische Wirtschaftsforschung als Einrichtung der Blauen Liste. Darüber hinaus sollte eine soziologische Forschungskommission die Transformationszeit in Ostmitteleuropa untersuchen.

Nach den Evaluationen im Osten folgte anders als ursprünglich vorgesehen keine Reform auf westdeutschem Wissenschaftsterrain. Nicht einmal eine bloße Bestandsaufnahme konnte der Wissenschaftsrat durchsetzen. Veränderungen am System der Bundesrepublik waren auf politischer und wissenschaftspolitischer Ebene nicht mehr erwünscht. Der Wissenschaftsrat erfuhr dies massiv durch den Gegenwind, den Dieter Simons Nachfolger, Gerhard Neuweiler, von den anderen wissenschaftspolitischen Organisationen entgegengebracht bekam. Angesichts dieser Entwicklungen hielt die Phrase von der ‚verpassten Chance' Einzug in den Wissenschaftsjargon der Nachwendezeit.

Dennoch, so konnte die Untersuchung zeigen, fanden im weiteren Verlauf der 1990er Jahre Veränderungen in Richtung neoliberaler Reform des Wissenschaftssystems statt und trugen zu einer Neuausrichtung der Wissenschaftskultur bei. Insbesondere die Erhöhung der Drittmittel war zentral, die als Teil des Wettbewerbs um Forschungsgelder zu einem relevanten Indikator wissenschaftlicher Leistungen wurden. Dabei lag dem Evaluationsverfahren ein implizites, zumindest nicht transparent gemachtes Qualitätsverständnis zugrunde. Erst mit der Empfehlung zur Einführung der Evaluation an Hochschulen von 1996 legte der Kölner Rat seine Auffassung von Qualität offen.[1002] Darin demonstrierte er einen reflektierten und zugleich umfassenden Qualitätsanspruch, der Evaluationen auf verschiedenen Ebenen ermöglichte. Mit der Bekräftigung der Hochschulevaluation folgte der Rat seiner reformerischen Agenda, die am gesamten Wissenschaftssystem inklusive der Universitäten ansetzte.

Weiterhin trat der Wissenschaftsrat für eine Konsolidierung und Stärkung der Blauen Liste ein. Mit der Umbenennung in Wissenschaftsgemeinschaft Gottfried Wilhelm Leibniz und einigen strukturellen Änderungen stiegen die blauen Institute zu einer gleichberechtigten Forschungsgemeinschaft neben den etablierten Forschungsorganisationen auf. Den Abschluss dieser Konsolidierungsphase bildete die Systemevaluation. Ein für die MPG und DFG entworfenes Evaluationsverfahren, an dem in veränderter Rolle erneut Wilhelm Krull beteiligt gewesen war, wurde schließlich auch auf die Wissenschaftsgemeinschaft übertragen. Die Systemevaluation stellte eine unmittelbare Folge der 1990 erhobenen Forderung nach einer Neuordnung des westdeutschen Forschungssystems dar. Ein einheitliches Evaluationsverfahren an allen großen Wissenschaftsorganisationen fand damit schließlich eine Realisierung.

Für die Einführung der Systemevaluation war entscheidend, dass noch immer die opportunistischen Akteure des Jahres 1990 an den relevanten Schaltstellen im Wissenschaftssystem aktiv waren. Das Wissenschaftssystem selbst verharrte aber weiterhin in seinen tradierten Strukturen. Neoliberale und ‚moderne' Reformen befanden sich im Spannungsverhältnis zu konservativen Werten. Etwa zeitgleich zur Systemevaluation wurden an den Hochschulen zu Beginn der 2000er Jahre Juniorprofessuren errichtet, die einen alternativen Karriereweg zur Habilitation boten und das Gefälle zwischen Professoren- und Assistentenschaft aufweichten. Die langjährige Forderung, den ‚alten Zopf der Habilitation' abzuschneiden, wurde ansatzweise realisiert. Einen vorläufigen Höhepunkt erreichten die Strukturveränderungen und die Wettbewerbsorientierung schließlich mit der Bologna-Reform und der Exzellenzinitiative. Die Gleichheit aller Universitäten wurde dabei zugunsten einiger Leuchtturmuniversitäten mit besonderer Strahlkraft aufgegeben.[1003] Dabei dienten aber weitaus mehr als noch im Jahr 1990 internationale Entwicklungen und Europa als Referenzrahmen.

Das vierte zentrale Ergebnis der Untersuchung ist, dass es dem Wissenschaftsrat mit der Durchführung der Evaluation gelang, als wissenschaftspolitische Organisation

---

1002 Wissenschaftsrat, Empfehlungen zur Stärkung der Lehre in den Hochschulen durch Evaluation.
1003 Vgl. Michael Hartmann: Die Exzellenzinitiative. Ein Paradigmenwechsel in der deutschen Hochschulpolitik, in: Leviathan. Zeitschrift für Sozialwissenschaft 4 (2006): 447–465.

aufzusteigen und an Renommee zu gewinnen. Und nicht nur der Rat als korporativer Akteur, sondern auch die beteiligten Personen profitierten enorm von ihrer Evaluationserfahrung, wodurch vielfältige Karriereaufstiege möglich wurden.

Das ohnehin asymmetrische Machtverhältnis zwischen Bundesrepublik und DDR, West- und Ostdeutschland, äußerte sich in der spezifischen Begutachtungssituation auf besondere Weise. Das Verhältnis von Gutachtern und Begutachteten stellte in der konfrontativen Gegenüberstellung eine spezielle Machtsituation dar. Während der Evaluationen erschien der Wissenschaftsrat mit seinen Arbeitsgruppen auf dem Gebiet der früheren DDR als zentrale Instanz der bundesrepublikanischen Wissenschaftsorganisationen. Er fungierte gegenüber den Akademieinstituten als Ansprechpartner und wurde in alle Belange, ob sie organisatorische Herausforderungen oder persönliche Differenzen betrafen, einbezogen. Dabei sorgten auch die als unabänderlich suggerierten Regeln des Evaluationsverfahrens für eine autoritative Wahrnehmung der Organisation.

Über das Verfahren hinaus betrachteten die ostdeutschen Akademikerinnen und Akademiker das Kölner Gremium als Schiedsinstanz, welche die aus der Vergangenheit resultierenden Konflikte deuten und lösen sollte. Die noch immer präsenten Ungleichheiten, die aus dem politischen System des SED-Staates resultierten, versuchten sie über den Wissenschaftsrat auszuloten, beziehungsweise erachteten es gemäß der Vorerfahrungen und spezifischen Sozialisation in der DDR als legitim, Konflikte über staatliche Akteure auszutragen und zu politisieren.

Damit setzten ostdeutsche Wissenschaftlerinnen und Wissenschaftler die in der DDR erlernte Verknüpfung von Politik und Privatem nach der Wende fort. Die Verstrickung von Politik und Wissenschaft wurde zu einem relevanten Kriterium, das Ostdeutsche in das Begutachtungsverfahren und die daraus resultierenden Abwicklungsentscheidungen eingespeist wissen wollten. Dabei kam dem Wissenschaftsrat gerade nicht die Aufgabe zu, den persönlichen Voraussetzungen der Akademikerinnen und Akademikern nachzugehen. Und auch aus der Perspektive des Verfahrens spielten DDR-Interna keine Rolle. Einzig die fachliche Überprüfung oblag dem Wissenschaftsrat. Doch diesen Anspruch auf ein System zu übertragen, in dem das Politische in hohem Maße mit anderen Gesellschaftssystemen verwoben war, lässt einige Schwierigkeiten erkennen. Dieter Simon selbst bereitete den aus seiner Sicht innerostdeutschen Differenzen, die man nunmehr auch als gesamtdeutsche Kontroverse hätte begreifen können, ein sinnbildhaftes Ende. Etliche Verleumdungsschreiben, die in der Kölner Geschäftsstelle des Wissenschaftsrates eingegangen waren und die er in einem Koffer gesammelt hatte, vernichtete er. Sie erzählten Geschichten von Kollaborationen, Einfluss und Beeinflussung durch das herrschende Regime der SED. Anders als einige der ostdeutschen Akteure trachtete Simon nach einem Neuanfang für die vereinte Wissenschaftslandschaft, gewissermaßen einer Stunde Null, weshalb er die anschwärzenden Briefe physisch vernichtete. Dabei beinhalteten die vollzogenen Praktiken in ihren Zeitstrukturen unterschiedlich situierte Zeitbezüge. Die Praktiken der ostdeutschen Akteure zielten auf Veränderungen aktueller Problemlagen und waren somit an der Gegenwart orientiert. So waren ostdeutsche Akademikerinnen und Akademiker in der Nachwendezeit mit der Bewältigung akuter Problemlagen beschäftigt und bemühten sich, Reformen einzuleiten oder neue Organisationen zu gründen. Die Maßnahmen zielten auf Veränderungen des gegenwärtigen Zustands ab. Dabei verfolgten die ostdeutschen Akteure unterschiedliche Interessen: Die Akademiewissenschaftler strebten eine Reform ihrer Einrichtung an, während die letzte Regierung der DDR bereits an größtmöglicher Anpassung an westdeutsche Strukturen interessiert war. Und auch die westdeutschen Akteure im föderalen System befürworteten ein ausgewogenes Machtgleichgewicht und damit einen Erhalt des Status quo.

Die vom Wissenschaftsrat verfolgte Praktik der Evaluation hatte hingegen einen deutlichen Zukunftsbezug mitsamt einer klaren Vorstellung vom zukünftigen Wissenschaftssystem. Und auch die Vernichtung der diffamierenden Dokumente kann als radikaler Bruch mit der Vergangenheit und Befreiungsschlag für die Zukunft gedeutet werden. Auch Niklas Luhmann hat diesen inhärenten Zeitbezug den beiden an einem Verfahren beteiligten Seiten zugeordnet und festgestellt, dass die mit dem Verfahren vertraute Seite die Zukunft als Bezugspunkt avisiert.[1004] Die Machtasymmetrie war somit in gewisser Weise von vorneherein durch das Verfahren selbst und seine Strukturen angelegt.

Doch nicht nur in Ostdeutschland inszenierte sich der Rat als bestimmende Wissenschaftsorganisation und konnte seinen Einfluss langfristig steigern. Auch innerhalb der großen Wissenschaftsorganisationen der Bundesrepublik steigerte er sein Renommee. Die Vergrößerung seines Einflusses nahmen die anderen Organisationen mit Skepsis wahr. Die Allianz der Wissenschaftsorganisationen war nach dem Tumult der Wiedervereinigung an der früheren Machtbalance interessiert und fürchtete zugleich Finanzkürzungen wegen der erstarkten Blauen Liste. Die Sonderrolle, die der Rat während der Wiedervereinigung eingenommen hatte, sollte sich nach Ansicht der anderen Wissenschaftsorganisationen wieder normalisieren. Dazu wies die Allianz den undiplomatischen Gerhard Neuweiler zurück in die Schranken und zeigte dem Wissenschaftsrat seine Grenzen auf. Doch trotz des Vorfalls und der Eindämmung profitierte der Rat insgesamt von seiner Evaluationstätigkeit im Osten. Im Jahr 2008 wurde das Verwaltungsabkommen zwischen Bund und Ländern erstmals auf unbestimmte Zeit verlängert. Daraus sprechen eine große Anerkennung und Akzeptanz seiner Tätigkeit.

Parallel zu dem Machtgerangel unter den Wissenschaftsorganisationen Anfang der 1990er Jahre profitierten auch personelle Einzelakteure von ihrer Rolle während der Vereinigung und konnten berufliche Aufstiege verzeichnen. Sowohl einige der Ausschussleiter als auch der Referatsleiter aus der Geschäftsstelle machten nach 1990 be-

---

1004 Luhmann, Legitimation durch Verfahren.

achtliche Karrieresprünge. So stieg Jürgen Kocka zum Präsidenten des Wissenschaftszentrums Berlin für Sozialforschung auf, während Max Kaase als Vizepräsident der privaten Jacobs Universität in Bremen (heute Constructor University) tätig war. Und auch die Wissenschaftsmanager Wilhelm Krull und Hans-Jürgen Block konnten ihren Einfluss zwischen 1980 bis zur Jahrtausendwende kontinuierlich ausbauen. Verfassten die Referenten in den 1980er Jahren noch Entwürfe für Stellungnahmen, kam ihnen im Zuge der Wende ein Status als Quasi-Berater zu. An allen verfahrenstechnischen Fragen waren sie beteiligt und konnten ihre Ideen gestalterisch einbringen. Die Mitarbeit an der ‚großen Aufgabe' ermöglichte ihnen sodann den Absprung vom Wissenschaftsrat in andere Bereiche, wo sie selbst Führungspositionen bekleideten.

Die entscheidungsrelevanten Personen, die 1990 im Wissenschaftsrat agierten und danach andere Funktionen im Wissenschaftssystem einnahmen, bestanden unter generationellen Gesichtspunkten aus zwei Gruppen. Einer älteren Generation an Wissenschaftlern, die den ‚1945ern' zugeordnet werden kann, und einer jüngeren Generation an Wissenschaftsmanagern. Durch diese Zusammensetzung trafen seit den 1980er Jahren reformerischer Impetus, eine Orientierung am privaten Hochschul- und Forschungssystem der USA und neoliberale Elemente aufeinander. Diese wurden nicht nur diskursiv verhandelt, sondern auch handlungsleitend, wobei ostdeutsche Akteure konsequent von den Überlegungen ausgeschlossen wurden.

Dadurch, dass auch in der Vereinigungsgesellschaft die alten bundesrepublikanischen Netzwerke fortbestanden und die gleichen Akteure Entscheidungsbefugnisse besaßen, hatten ostdeutsche Wissenschaftler erhebliche Nachteile. Schließlich hatten sie nur wenige Kontakte und soziale Beziehungen zu den relevanten Akteuren der vereinten Wissenschaftswelt, wodurch sie in bestimmten Gremien und Führungspositionen unterrepräsentiert blieben. Formell waren zwar alle im Bildungswesen der DDR erworbenen Abschlüsse und Titel den westdeutschen gleichgestellt, doch in der Praxis stellte sich die Situation anders da. Dies zeigte sich vor allem im Umgang westdeutscher Professoren mit ostdeutschen Akademiewissenschaftlern. Aus westdeutscher Warte besaßen die Akademiewissenschaftlerinnen und -wissenschaftler weniger Reputation, was neben der DDR-Sozialisation auch an einer Skepsis gegenüber der außeruniversitären Forschung an den Akademien gelegen haben mag.

Die zentralen Ergebnisse resultieren aus einer praxeologischen Forschungsperspektive. Dabei standen das Vorgehen des Kölner Wissenschaftsrates und der beispielhaft untersuchten Arbeitsgruppe Wirtschafts- und Sozialwissenschaften im Zentrum. Diese AG bestand aus westdeutschen Politologen, Soziologen, Ökonomen und Psychologen, die sich mit den ostdeutschen Gesellschaftswissenschaften der Akademie der Wissenschaften der (früheren) DDR und den ostdeutschen Hochschulen befasste. Der gewählte Zugriff macht es erforderlich, die Ergebnisse vor dem Hintergrund des methodischen Zugangs einzuordnen und zu relativieren. Darüber hinaus gibt es weiterführende Aspekte, die im Rahmen der Studie nicht untersucht werden konnten.

Welche Anschlussfragen stellen sich also? Oder anders formuliert: Welche Geschichten müssen noch geschrieben werden?

Die Methode der Praxeologie rückte Fragen nach dem praktischen Vorgehen in den Vordergrund, wodurch andere Betrachtungsweisen in den Hintergrund gerieten. So untersuchte die Studie die Forschungen der beteiligten west- und ostdeutschen Akteure nicht. Die in der Untersuchung angesprochene Kritik bezog sich vielmehr auf die Verfahrensweise der Evaluation und die ausgebliebene Reflexionsschleife westdeutscher Beteiligter. Eine kulturhistorische Untersuchung könnte stattdessen erforschen, um welche Forschenden und Gutachter es sich eigentlich handelte und in welchen Denkschulen sie verortet waren. Damit verbunden ist ein zweiter Aspekt, nämlich welche Denkschulen sich nach der Wende auf ostdeutschem Gebiet besonders stark etablierten. Besonders im heterogenen Fachverbund der Sozialwissenschaften und den dort geführten Hoheitskämpfen zwischen den einzelnen Disziplinen gab es sicherlich Bemühungen, durch die seit 1991 durchgeführten Berufungsverfahren an den Hochschulen in Ostdeutschland bestimmte personelle Netze und theoretische Ansätze zu fördern. Überhaupt bedarf die personelle Transformation an den Hochschulen weiterer Forschungen. Bislang liegen kaum verlässliche Zahlen zum personellen Umbau der Wissenschaftseinrichtungen der früheren DDR vor.

Der Fokus auf westdeutsche Gutachter wandte zudem den Blick von ostdeutschen Biografien ab. Damit bleibt offen, wie die Berufungsverfahren nach den Evaluationen auch unter dem Aspekt der Stasi-Mitarbeit konkret ausfielen und welche divergenten Karrierewege ostdeutsche Akademiker beschritten. Die Geschichte der ‚Abgewickelten' steht also noch aus.

Für die zentralen Personen aus dem Wissenschaftsrat konnte an einigen Stellen ansatzweise darauf verwiesen werden, dass sie nach systemtheoretischen Überzeugungen handelten. Unter Berücksichtigung der Bereiche Politik und Wirtschaft müsste einmal der Frage nachgegangen werden, inwieweit ein Zusammenhang zwischen neoliberaler Agenda und Systemtheorie besteht. Ebenso wäre interessant zu ergründen, ob die Systemtheorie sich zur Legitimation neoliberaler Implikationen eignet. Für das Teilsystem Wissenschaft konnte gezeigt werden, wie das Übergreifen von eigentlich im Funktionssystem der Wirtschaft angelegten Prinzipien auf die Wissenschaft durch die Setzung von Normen funktionierte.

Für die Geistes- und Sozialwissenschaften liegen inzwischen profunde Forschungserkenntnisse darüber vor, wie der Umgang westdeutscher Gutachter mit ostdeutschen Begutachteten aussah.[1005] Ein systematischer Blick in die Natur-, Technik- und Ingenieurwissenschaften bedürfte jedoch weiterer Forschungen, um zu den vorhandenen Erkenntnissen komplementäre Einsichten zu gewinnen. Meine Hypothese wäre aber

---

1005 Thijs, Die Evaluierer aus dem Westen und der Schein der Routine.

scheidend. Die interne Kommunikation war vielmehr von Strukturargumenten dominiert. Gegenüber der Öffentlichkeit verfolgte der Wissenschaftsrat aber eine andere Rhetorik, die sich sehr wohl auf die Politisierung der Geistes- und Gesellschaftswissenschaften bezog.

Außerdem trug das Verfahren dazu bei, dass Forschungsthemen eine untergeordnete Rolle spielten. Gemäß dem Fragebogen des Wissenschaftsrates listeten die ostdeutschen Institute auf, welchen wissenschaftlichen Output sie in den letzten Jahren hervorbrachten, das heißt, wie viele Publikationen oder Patentanmeldungen sie nachweisen konnten. Statt der Fachinhalte ging es um vergleichbare Kennziffern. Auch die Frage nach der Höhe eingeworbener Drittmittel zielte auf eine Quantifizierung und einer daraus abgeleiteten, vermeintlich objektiven Vergleichsgröße. Dass sich nicht alle Fachdisziplinen in gleichem Maße durch solche Kennzahlen messen lassen, trat schon für die Institute der alten Bundesrepublik in den Hintergrund, wo durch die Standardisierung des Fragebogens zunehmend auch geistes- und sozialwissenschaftliche Fächer Kennziffern angeben mussten. Für die Institute der DDR kam hinzu, dass die grundsätzlich anderen Prinzipien, nach denen das ostdeutsche Wissenschaftssystem funktionierte, ausgeblendet wurden. Unter westdeutschen Akteuren aus Wissenschaftsrat und Bundesforschungsministerium erfolgte keine Reflexion der Verfahrensweise und auch nicht der Problematik, inwiefern ostdeutsche Institute und westdeutscher Fragenkatalog zusammenpassten.

Seit den früheren 1980er Jahren hatte der Fragebogen des Wissenschaftsrates sukzessive eine Objektivation und eigene *agency* entwickelt. Dabei bestand ein wissenschaftspolitisches Interesse daran, die Wissenschaftskultur hin zu mehr Drittmitteln und quantitativen Kennzahlen zu verändern. Am Ende dieses Prozesses war nicht mehr entscheidend, ob ein Institut überhaupt Drittmittel eingeworben hatte, sondern nur noch in welchem Umfang. Es kam somit zu einer Ökonomisierung und einer Verwissenschaftlichung der Wissenschaft selbst.[997]

Der dritte Befund, dem zufolge die Wende um das Jahr 1989/90 als Katalysator für eine Transformation des gesamtdeutschen Wissenschaftssystems wirkte, bezieht sich auf die Perspektive der vereinten Wissenschaftslandschaft. Nicht nur das ostdeutsche Wissenschaftssystem hatte sich nach 1990 verändert und eine Transformation durchlebt, sondern auch das westdeutsche. Dieser Befund deckt sich mit der neueren Forschung, die ebenfalls gesamtdeutsche Folgen der Wende betont.[998]

Bezugnehmend auf Philipp Ther, der der Frage nachging, inwiefern postkommunistische Einflüsse sich in westlichen Wirtschafts- und Sozialreformen niederschlagen, wurde hierfür der Begriff der *Kotransformation* gewählt.[999] Übertragen auf den Bereich

---

[997] Vgl. Lutz Raphael: Die Verwissenschaftlichung des Sozialen als methodische und konzeptionelle Herausforderung des 20. Jahrhunderts, in: Geschichte und Gesellschaft 22 (1996): 165–193.
[998] Vgl. Großbölting / Lorke, Deutschland seit 1990.
[999] Vgl. Ther, Die neue Ordnung auf dem alten Kontinent, S. 277 f.

auch hier, dass der einzelne Fachbereich eine zweitrangige Rolle hinter den Strukturaspekten spielte.

Aufschlussreich wäre eine Betrachtung der Naturwissenschaften auch unter dem Gesichtspunkt, ob Naturwissenschaftler ebenfalls in ähnlicher Weise wie Geistes- und Sozialwissenschaftler an der Verstetigung neoliberaler Prinzipien beteiligt waren oder ob hier andere Einflüsse dominierten. Doch diese Fragen müssen an anderer Stelle behandelt werden.

Anhang

Abkürzungen

ABL	Alte Bundesländer
AdW	Akademie der Wissenschaften der DDR
AG	Arbeitsgemeinschaft
AGF	Arbeitsgemeinschaft der Großforschungseinrichtungen
APW	Akademie der Pädagogischen Wissenschaften
AWS	Abwicklungsstelle der AdW
BBAW	Berlin-Brandenburgische Akademie der Wissenschaften
BdWi	Bund demokratischer Wissenschaftlerinnen und Wissenschaftler
BIB	Bundesinstitut für Bevölkerungsforschung
BLK	Bund-Länder-Kommission für Bildungsplanung und Forschungsförderung
BMA	Bundesministerium für Arbeit und Soziales
BMFT	Bundesministerium für Forschung und Technologie
BMBW	Bundesministerium für Bildung und Wissenschaft
DA	Deutschland Archiv
DBM	Deutsches Bergbaumuseum
DFG	Deutsche Forschungsgemeinschaft
DIFF	Deutsches Institut für Fernstudien
DJI	Deutsches Jugendinstitut
FDGB	Freier Deutscher Gewerkschaftsbund
FG	Forschungsgemeinschaft
FhG	Fraunhofer-Gesellschaft
GESIS	Gesellschaft Sozialwissenschaftlicher Infrastruktureinrichtungen
GFE	Großforschungseinrichtung
HBFG	Hochschulbauförderungsgesetz
HEP	Hochschulerneuerungsprogramm
HRG	Hochschulrahmengesetz
HRK	Hochschulrektorenkonferenz

HU	Humboldt-Universität zu Berlin
IfR	Institut für Rechtswissenschaft
IGW	Institut für Gesellschaft und Wissenschaft
ITP	Institut für Technologie der Polymere
IUB	International University Bremen
IWG	Institut für Wirtschaftsgeschichte
IzJ	Institut für zeitgeschichtliche Jugendforschung
KAI-AdW	Koordinierungs- und Abwicklungsstelle für die Institute und Einrichtungen der ehemaligen AdW der DDR
KMK	Ständige Konferenz der Kultusminister
KSPW	Kommission für die Erforschung des sozialen und politischen Wandels in den neuen Bundesländern und Berlin
MFH	Ministerium für Hoch- und Fachschulwesen der DDR
MPG	Max-Planck-Gesellschaft
NBL	Neue Bundesländer
NPM	New Public Management
SED	Sozialistische Einheitspartei Deutschlands
SPK	Stiftung Preußischer Kulturbesitz
WIP	Wissenschaftlerintegrationsprogramm
WR	Wissenschaftsrat
WRK	Westdeutsche Rektorenkonferenz
WTZ	Abkommen über die wissenschaftlich-technische Zusammenarbeit
WZB	Wissenschaftszentrum Berlin für Sozialforschung
ZGI	Zentrum für gesellschaftswissenschaftliche Information
ZIJ	Zentralinstitut für Jugendforschung
ZIM	Zentralinstitut für Molekularbiologie
ZIW	Zentralinstitut für Wirtschaftswissenschaften
ZK	Zentralkomitee
ZSH	Zentrum für Sozialforschung Halle e. V.
ZUMA	Zentrum für Umfragen, Methoden und Analysen

Quellenverzeichnis

Abbildungen

Abb. 1:   Bundesarchiv Koblenz, Bestand B247/351(Wissenschaftsrat)
Abb. 2:   Archiv der Berlin-Brandenburgischen Akademie der Wissenschaften, Abteilung Akademiebestände nach 1945, Bestand VA, Nr. 29288

Archive

AdWR	Archiv des Wissenschaftsrates
ABBAW	Archiv der Berlin-Brandenburgischen Akademie der Wissenschaften
BArch	Bundesarchiv Koblenz/Berlin
BStU	Bundesbeauftragter für die Unterlagen der Staatsicherheit
Mont.dok	Montanhistorisches Dokumentationszentrum beim Deutschen Bergbau-Museum Bochum

Vorlass Max Kaase an der Jacobs University (Constructor University)

Digitale Ressourcen

https://deutsche-einheit-1990.de/wp-content/uploads/BArch-DF4-32204_Wissenschaftsrat.pdf [zuletzt aufgerufen am 24.04.2019]

https://www.hsozkult.de/publicationreview/id/rezbuecher-1694 [zuletzt aufgerufen am 25.09.2023]

https://deutsche-einheit-1990.de/ministerien/mft/adw/ [zuletzt aufgerufen am 09.07.2019]

https://www.stifterverband.org/veranstaltungen/archiv/2015_07_06_wiedervereinigung [zuletzt aufgerufen am 29.01.2019]

https://www.bpb.de/themen/wirtschaft/europa-wirtschaft/239934/zur-historischen-entwicklung-von-neoklassik-und-keynesianismus/ [zuletzt aufgerufen am 18.12.2022]

https://www.bdwi.de/bdwi/organisation/index.html [zuletzt aufgerufen am 06.09.2019]

https://wait-korea.zsh.uni-halle.de/de/index.html [zuletzt aufgerufen am 13.07.2018]

https://www.uni-kiel.de/pressemeldungen/index.php?pmid=2003-013-walterinnovation [zuletzt aufgerufen am 30.05.2019]

https://www.zeit.de/2020/29/stiftung-preussischer-kulturbesitz-gutachten-aufloesung-wissenschaftsrat?utm_referrer=https%3A%2F%2Fwww.google.de%2F [zuletzt aufgerufen am 27.09.2022]

https://www.tagesspiegel.de/kultur/reform-der-stiftung-preussischer-kulturbesitz-kritische-reaktionen-auf-das-gutachten-zur-spk/25987638.html [zuletzt aufgerufen am 27.09.2022]

Interviews

Prof. Dr. Max Kaase, von 1987 bis 1992 Mitglied der Wissenschaftlichen Kommission des Wissenschaftsrates, Gespräch in Berlin am 13. Oktober 2017.

Dr. Wilhelm Krull, war seit 1985 als Wissenschaftlicher Mitarbeiter und ab 1987 bis 1993 als Referatsleiter in der Geschäftsstelle des Wissenschaftsrates tätig, Gespräch in Hannover am 23. Januar 2018.

Prof. Dr. Dieter Simon, von 1985 bis 1993 Mitglied der Wissenschaftlichen Kommission und zwischen 1989 und 1993 Vorsitzender des Wissenschaftsrates, Gespräch in Berlin am 13. Oktober 2017.

Literaturverzeichnis

Adam, Konrad: Der Einjährige, in: Frankfurter Allgemeine Zeitung (20.01.1994).
Amos, Heike: Karrieren ostdeutscher Physikerinnen in Wissenschaft und Forschung 1970 bis 2000, Boston 2020 (= Quellen und Darstellungen zur Zeitgeschichte, Bd. 124).
Arbeitskreis für vergleichende Deutschlandforschung (Hg.): Gutachten zum Stand der DDR- und vergleichenden Deutschlandforschung, Bonn 1978.
Ash, Mitchell G.: Die Universitäten im deutschen Vereinigungsprozeß – ‚Erneuerung' oder Krisenimport? in: Ders. (Hg.): Mythos Humboldt. Vergangenheit und Zukunft der deutschen Universitäten, Wien u. a. 1999: 105–135.
Ders. (Hg.): Mythos Humboldt. Vergangenheit und Zukunft der deutschen Universitäten, Wien u. a. 1999.
Ders.: ‚Wie im Westen so auf Erden'? Die Vereinigung der deutschen Hochschul- und Wissenschaftssysteme als Prozess, in: Berlin-Brandenburgische Akademie der Wissenschaften (Hg.): Wissenschaft und Wiedervereinigung. Bilanz und offene Fragen, Berlin 2009: 45–55.
Ders.: Konstruierte Kontinuitäten und divergierende Neuanfänge nach 1945, in: Michael Grüttner u. a. (Hg.): Gebrochene Wissenschaftskulturen. Universität und Politik im 20. Jahrhundert, Köln 2010: 215–246.
Ders.: Hochschulelitenwechsel in vergleichender Perspektive: 1918, 1933/38, 1945, 1989/90, in: Jens Blecher / Jürgen John (Hg.): Hochschulumbau Ost. Die Transformation des DDR-Hochschulwesens nach 1989/90 in typologisch-vergleichender Perspektive, Stuttgart 2021: 67–94.
Assmann, Jan: Das kulturelle Gedächtnis. Schrift, Erinnerung und politische Identität in frühen Hochkulturen, 6. Aufl. München 2007.
Baier, Christian: Reformen in Wissenschaft und Universität aus feldtheoretischer Perspektive. Universitäten als Akteure zwischen Drittmittelwettbewerb, Exzellenzinitiative und akademischem Kapitalismus, Köln 2017.
Barth, Thomas: Gütersloher Reform-Vollstrecker und ihr deutscher Sonderweg in den Neoliberalismus, in: Jens Wernicke / Torsten Bultmann (Hg.): Netzwerk der Macht – Bertelsmann. Der medial-politische Komplex aus Gütersloh, Bamberg 2007: 55–74.
Bartz, Olaf: Der Wissenschaftsrat. Entwicklungslinien der Wissenschaftspolitik in der Bundesrepublik Deutschland 1957–2007, Stuttgart 2007.
Bartz, Olaf: 25 Jahre nach der Wiedervereinigung: Rückblick und Resümee aus der Perspektive des Wissenschaftsrates, in: Deutscher Hochschulverband (Hg.): 25 Jahre Wiedervereinigung, Bonn 2015: 27–32.

Bauerkämper, Arnd: Die Sozialgeschichte der DDR, München 2005 (= Enzyklopädie deutscher Geschichte, Bd. 76).

Becker, Peter: Die Europäische Bildungspolitik – Europäisierung und Ökonomisierung eines jungen Politikbereichs, in: Rudolf Hrbek / Martin Große Hüttmann / Josef Schmid (Hg.): Bildungspolitik in Föderalstaaten und der Europäischen Union: Does Federalism Matter? Tagungsband zum Jahrbuch-Autorenworkshop in Tübingen vom 13. bis 15. Oktober 2011, Baden-Baden 2012: 183–198.

Berg, Matthias u. a.: Die versammelte Zunft. Historikerverband und Historikertage in Deutschland 1893–2000, Göttingen 2018.

Berger, Claudia u. a.: Einleitung, in: Jan-Hendryk de Boer (Hg.): Praxisformen. Zur kulturellen Logik von Zukunftshandeln, Frankfurt a. M. 2019: 15–20.

Bertram, Hans: Editoral, in: Wendelin Strubelt (Hg.): Jena, Dessau, Weimar. Städtebilder der Transformation, Berlin 1997: 6–7.

Bertram, Hans (Hg.): Soziologie und Soziologen im Übergang. Beiträge zur Transformation der außeruniversitären soziologischen Forschung in Ostdeutschland, Hemsbach 1997 (= KSPW: Transformationsprozesse).

Blasius, Anke: Der politische Sprachwitz in der DDR. Eine linguistische Analyse, Hamburg 2003.

Bleek, Wilhelm: Geschichte der Politikwissenschaft in Deutschland, Darmstadt 2001.

Blicke, Gerhard / Solga, Marc: Einflusskompetenz, Konflikte, Mikropolitik, in: Heinz Schulzer / Uwe Peter Kanning (Hg.): Lehrbuch der Personalpsychologie, 3. Aufl. Göttingen 2014: 985–1030.

Block, Hans-Jürgen: Die Realität im Blick. Die Neugestaltung der Hochschulen – Prinzipien und Ergebnisse, in: Stifterverband für die deutsche Wissenschaft e. V. (Hg.): 10 Jahre danach. Zur Entwicklung der Hochschulen und Forschungseinrichtungen in den neuen Ländern und Berlin, Essen 2002: 14–18.

Block, Hans-Jürgen / Krull, Wilhelm: What are the consequences? Reflections on the impact of evaluation conducted by a science policy advisory body, in: Scientometrics (1990): 427–437.

Bocks, Philipp B.: Mehr Demokratie gewagt? Das Hochschulrahmengesetz und die sozial-liberale Reformpolitik 1969–1976, Bonn 2012.

Boer, Jan-Hendryk de: Praktiken, Praxen und Praxisformen, oder: Von Serienkillern, verrückten Wänden und der ungewissen Zukunft, in: Ders. (Hg.): Praxisformen. Zur kulturellen Logik von Zukunftshandeln, Frankfurt a. M. 2019: 21–43.

Ders (Hg.): Praxisformen. Zur kulturellen Logik von Zukunftshandeln, Frankfurt a. M. 2019 (= Kontingenzgeschichten, Bd. 6).

Ders. / Bubert, Marcel: Absichten, Pläne und Strategien erforschen: Einleitung, in: Dies. (Hg.): Absichten, Pläne, Strategien. Erkundungen einer historischen Intentionalitätsforschung, Frankfurt a. M. 2018a: 9–38.

Ders. / Bubert, Marcel (Hg.): Absichten, Pläne, Strategien. Erkundungen einer historischen Intentionalitätsforschung, Frankfurt a. M. 2018b (= Kontingenzgeschichten, Bd. 5).

Ders. / Schmidt, Anna Maria / Wagner, Helen: Archivieren, in: Jan-Hendryk de Boer (Hg.): Praxisformen. Zur kulturellen Logik von Zukunftshandeln, Frankfurt a. M. 2019: 87–92.

Böick, Marcus: Die Treuhand. Idee-Praxis-Erfahrung, Göttingen 2018.

Böick, Marcus / Goschler, Constantin / Jessen, Ralph: Die deutsche Einheit als Geschichte der Gegenwart. Einleitung, in: Dies. (Hg.): Jahrbuch Deutsche Einheit 2020, Berlin 2020: 9–23.

Böick, Marcus / Schmeer, Marcel (Hg.): Im Kreuzfeuer der Kritik. Umstrittene Organisationen im 20. Jahrhundert, Frankfurt a. M., New York 2020.

Boll, Friedhelm: Paul, Hermann und Dorothee Kreutzer, in: Karl Wilhelm Fricke / Peter Steinbach / Johannes Tuchel (Hg.): Opposition und Widerstand in der DDR. Politische Lebensbilder, München 2002: 102–109.

Bösch, Frank (Hg.): Geteilte Geschichte. Ost- und Westdeutschland 1970–2000, Bonn 2015 (= Schriftenreihe, Bd. 1636).

Bösch, Frank / Gieseke, Jens: Der Wandel des Politischen in Ost und West, in: Frank Bösch (Hg.): Geteilte Geschichte. Ost- und Westdeutschland 1970–2000, Bonn 2015: 39–78.

Brill, Ariane: Von der ‚Blauen Liste' zur gesamtdeutschen Wissenschaftsorganisation. Die Geschichte der Leibniz-Gemeinschaft, Leipzig 2017.

Brinkel, Teresa: Volkskundliche Wissensproduktion in der DDR. Zur Geschichte eines Faches und seiner Abwicklung, Wien u. a. 2012 (= Studien zur Kulturanthropologie / Europäischen Ethnologie, Bd. 6).

Bröckling, Ulrich: Evaluation, in: Ulrich Bröckling / Susanne Krasmann / Thomas Lemke (Hg.): Glossar der Gegenwart, Frankfurt a. M. 2004: 76–81.

Brunner, Detlev / Grashoff, Udo / Kötzing, Andreas (Hg.): Asymmetrisch verflochten? Neue Forschungen zur gesamtdeutschen Nachkriegsgeschichte, Berlin 2013 (= Forschungen zur DDR-Gesellschaft).

Bundesministerium für innerdeutsche Beziehungen (Hg.): Bericht der Bundesregierung und Materialien zur Lage der Nation 1971, Bonn 1971.

Bundesministerium für innerdeutsche Beziehungen (Hg.): Bericht der Bundesregierung und Materialien zur Lage der Nation 1972, Bonn 1972.

Bundesministerium für innerdeutsche Beziehungen (Hg.): Materialien zum Bericht zur Lage der Nation 1974, Bonn 1974.

Bundesministerium für innerdeutsche Beziehungen (Hg.): DDR-Handbuch, Köln 1975.

Bundesregierung: Bericht der Bundesregierung. Status und Perspektiven der Großforschungseinrichtungen, Bonn 1984.

Bundesrepublik Deutschland: Grundgesetz für die Bundesrepublik Deutschland (24.05.1949).

Bundesrepublik Deutschland und Deutsche Demokratische Republik: Vertrag zwischen der Bundesrepublik Deutschland und der Deutschen Demokratischen Republik über die Herstellung der Einheit Deutschlands vom 31.08.1990, Einigungsvertrag 1990.

Bundeszentrale für politische Bildung (Hg.): Aus Politik und Zeitgeschichte. 60 Jahre Grundgesetz 18–19 (2009).

Cordes, Mechthild: Gleichstellungspolitiken. Von der Frauenförderung zum Gender Mainstreaming, in: Ruth Becker / Beate Kortendiek (Hg.): Handbuch Frauen- und Geschlechterforschung. Theorie, Methoden, Empirie, 3. Aufl. Wiesbaden 2010: 924–932.

Daniel, Hans-Dieter / Fisch, Rudolf (Hg.): Messung und Förderung von Forschungsleistung. Person-Team-Institution, Konstanz 1986 (= Konstanzer Beiträge zur sozialwissenschaftlichen Forschung, Bd. 2).

Daniel, Ute: ‚Kultur' und ‚Gesellschaft'. Überlegungen zum Gegenstandsbereich der Sozialgeschichte, in: Geschichte und Gesellschaft 19 (1993): 69–99.

Deutsche Forschungsgemeinschaft: Jahresberichte der DFG, Bonn 1980–1990.

Deutsche Forschungsgemeinschaft: Sonderforschungsbereiche. Grundlagen des Förderprogramms und Verfahrensregeln, Bonn 1983.

Deutsche Forschungsgemeinschaft: Merkblatt. Vorbereitung einer Begutachtung im Programm Sonderforschungsbereiche, Bonn 2016.

Die Bundesregierung: Wissenschaftsrat stellt Strukturempfehlungen zur Stiftung Preußischer Kulturbesitz vor – Staatsministerin Grütters: ‚Beginn eines substanziellen Neubeginns', Pressemitteilung 205 (13.07.2020).

Dipper, Christof: Die Gegenwart aus vier Perspektiven (Erscheint 2023).
Droit, Emmanuel / Rudloff, Wilfried: Vom deutsch-deutschen ‚Bildungswettlauf' zum internationalen ‚Bildungswettbewerb', in: Frank Bösch (Hg.): Geteilte Geschichte. Ost- und Westdeutschland 1970–2000, Bonn 2015: 321–368.
Eckert, Rainer: Die Westbeziehungen der Historiker im Auge der Staatssicherheit, in: Georg G. Iggers u. a. (Hg.): Die DDR-Geschichtswissenschaft als Forschungsproblem, München 1998: 93–106.
Eichler, Wolfgang / Uhlig, Christa: Die Akademie der Pädagogischen Wissenschaften der DDR. Was sie wollte, was sie war und wie sie abgewickelt wurde, in: Peter Dudek / Heinz-Elmar Tenorth (Hg.): Transformationen der deutschen Bildungslandschaft. Lernprozeß mit ungewissem Ausgang, Weinheim u. a. 1993: 115–126.
Erhardt, Manfred: Der Erneuerungsprozess – Stärken und Schwächen, in: Stifterverband für die deutsche Wissenschaft e. V. (Hg.): 10 Jahre danach. Zur Entwicklung der Hochschulen und Forschungseinrichtungen in den neuen Ländern und Berlin, Essen 2002: 6–11.
Felt, Ulrike / Nowotny, Helga / Taschwer, Klaus: Wissenschaftsforschung. Eine Einführung, Frankfurt a. M., New York 1995.
Foemer, Ulla: Zum Problem der Integration komplexer Sozialsysteme am Beispiel des Wissenschaftsrates, Berlin 1981 (= Sozialwissenschaftliche Schriften, Bd. 2).
Fraunholz, Uwe / Schramm, Manuel: Innovation durch Konzentration? Schwerpunktbildung und Wettbewerbsfähigkeit im Hochschulwesen der DDR und der Bundesrepublik, 1949–1990, Dresden 2005.
Fricke, Karl Wilhelm: Die DDR-Staatssicherheit, Köln 1982.
Fricke, Karl Wilhelm: Akten-Einsicht. Rekonstruktion einer politischen Verfolgung, Berlin 1996.
Fricke, Karl Wilhelm: 40 Jahre ‚Deutschland Archiv'. Eine Zeitschrift im Dienst von DDR-Forschung und Wiedervereinigung, in: Deutschland Archiv (DA) 41 (2008): 217–225.
Friedrich, Walter: Geschichte des Zentralinstituts für Jugendforschung, in: Walter Friedrich / Peter Förster / Kurt Starke (Hg.): Das Zentralinstitut für Jugendforschung Leipzig 1966–1990. Geschichte, Methoden, Erkenntnisse, Berlin 1999: 13–69.
Fuchs, Hans-Werner: Bildung und Wissenschaft seit der Wende. Zur Transformation des ostdeutschen Bildungssystems, Opladen 1997.
Geisthövel, Alexa / Hess, Volker (Hg.): Medizinisches Gutachten. Geschichte einer neuzeitlichen Praxis, Göttingen 2017.
Gerber, Stefan: Der ‚Hochschulumbau Ost' in universitätsgeschichtlicher Perspektive, in: Jens Blecher / Jürgen John (Hg.): Hochschulumbau Ost. Die Transformation des DDR-Hochschulwesens nach 1989/90 in typologisch-vergleichender Perspektive, Stuttgart 2021: 95–114.
Gethmann, Carl Friedrich / Langewiesche, Dieter / Mittelstraß, Jürgen / Simon, Dieter / Stock, Günter: Manifest Geisteswissenschaften, Berlin 2005.
Gieseke, Jens: Die Stasi 1945–1990, München 2011.
Glaeßner, Gert-Joachim: Die Mühen der Ebene – DDR-Forschung in der Bundesrepublik, in: Ders. (Hg.): Die DDR in der Ära Honecker. Politik – Kultur – Gesellschaft, Opladen 1988: 111–119.
Gläser, Jochen / Meske, Werner: Anwendungsorientierung von Grundlagenforschung? Erfahrungen der Akademie der Wissenschaften der DDR, Frankfurt a. M. 1996 (= Schriften des Max-Planck-Instituts für Gesellschaftsforschung Köln, Bd. 25).
Gloe, Markus: Planung für die deutsche Einheit. Der Forschungsbeirat für Fragen der Wiedervereinigung Deutschlands 1952–1975, Wiesbaden 2005.

Gorny, Hildegard: Feministische Sprachkritik, in: Georg Stötzel / Martin Wengeler (Hg.): Kontroverse Begriffe. Geschichte des öffentlichen Sprachgebrauchs in der Bundesrepublik Deutschland, Berlin, New York 1995: 517–562.

Görtemarker, Manfred: Der Weg zur Einheit, in: Informationen zur politischen Bildung 250 (2015).

Goschler, Constantin / Wala, Michael: ‚Keine neue Gestapo'. Das Bundesamt für Verfassungsschutz und die NS-Vergangenheit, Reinbeck bei Hamburg 2015.

Grau, Conrad: Reflexionen über die Akademie der Wissenschaften der DDR, in: Jürgen Kocka (Hg.): Die Berliner Akademien der Wissenschaften im geteilten Deutschland 1945–1990, Berlin 2002: 81–90.

Großbölting, Thomas / Lorke, Christoph (Hg.): Deutschland seit 1990. Wege in die Vereinigungsgesellschaft, Stuttgart 2017 (= Nassauer Gespräche der Freiherr-vom-Stein-Gesellschaft, Bd. 10).

Dies.: Vereinigungsgesellschaft. Deutschland seit 1990, in: Dies. (Hg.): Deutschland seit 1990. Wege in die Vereinigungsgesellschaft, Stuttgart 2017: 9–32.

Grothe, Benedikt: Nachruf Prof. Dr. Dr. h. c. Gerhard Neuweiler (1935–2008), in: Neuroforum 4 (2008), S. 286.

Grothe, Ewald: Zwischen Geschichte und Recht. Deutsche Verfassungsgeschichtsschreibung 1900–1970, München 2005 (= Ordnungssysteme. Studien zur Ideengeschichte der Neuzeit, Bd. 16).

Grundsatzausschuss: Empfehlungen des Grundsatzausschusses für Grundsätze und Arbeitsweisen der Wissenschaftsgemeinschaft Blaue Liste (WBL), Berlin 1995.

Habermas, Jürgen / Heinrich, Dieter / Taubes, Jacob (Hg.): Theorie der Gesellschaft oder Sozialtechnologie – Was leistet die Systemtheorie? Frankfurt a. M. 1971.

Hartmann, Michael: Die Exzellenzinitiative. Ein Paradigmenwechsel in der deutschen Hochschulpolitik, in: Leviathan. Zeitschrift für Sozialwissenschaft 4 (2006): 447–465.

Helling-Moegen, Sabine: Forschen nach Programm. Die programmorientierte Förderung in der Helmholtz-Gemeinschaft: Anatomie einer Reform, Marburg 2009.

Hellmann, Manfred W.: Das ‚kommunistische Kürzel BRD'. Zur Geschichte des öffentlichen Umgangs mit den Bezeichnungen für die beiden deutschen Staaten, in: Irmhild Barz / Marianne Schröder (Hg.): Nominationsforschung im Deutschen. Festschrift für Wolfgang Fleischer zum 75. Geburtstag, Frankfurt a. M. 1997: 93–107.

Hepp, Adalbert / Löw, Martina (Hg.): M. Rainer Lepsius. Soziologie als Profession, Frankfurt a. M. 2008.

Hepp, Gerd F.: Bildungspolitik in Deutschland. Eine Einführung, Wiesbaden 2011.

Herbert, Ulrich: Drei politische Generationen im 20. Jahrhundert, in: Jürgen Reulecke (Hg.): Generationalität und Lebensgeschichte im 20. Jahrhundert, München 2003: 95–114.

Herzig, Martin: Ein ganz normaler Vorgang? In: Spectrum 22 (1991): 1.

Hirschi, Casper: Wie die Peer Review die Wissenschaft diszipliniert, in: Merkur 72 (2018): 5–19.

Hoffmann, Arnd: Kontingenzerfahrung und Kontingenzbewusstsein aus historischer Perspektive, in: Katrin Toens / Ullrich Willems (Hg.): Politik und Kontingenz, Wiesbaden 2012: 49–64.

Hoffmann, Dierk / Schwartz, Michael / Wentker, Hermann: Die DDR als Chance. Desiderate und Perspektiven künftiger Forschungen, in: Ulrich Mählert (Hg.): Die DDR als Chance. Neue Perspektiven auf ein altes Thema, Berlin 2016: 23–70.

Hoffmann, Dieter / Trischler, Helmuth: Die Helmholtz-Gemeinschaft in historischer Perspektive, in: Hermann von Helmholtz-Gemeinschaft Deutscher Forschungszentren (Hg.): 20 Jahre Helmholtz-Gemeinschaft, München 2015: 9–48.

Hohn, Hans-Willy: ‚Big Science' als angewandte Grundlagenforschung. Probleme der informationstechnischen Großforschung im Innovationssystem der ‚langen' siebziger Jahre, in: Gerhard A. Ritter / Margit Szöllösi-Janze / Helmuth Trischler (Hg.): Antworten auf die amerikanische Herausforderung. Forschung in der Bundesrepublik und der DDR in den ‚langen' siebziger Jahren, Frankfurt a. M. u. a. 1999: 50–80.

Ders./Schimank, Uwe: Konflikte und Gleichgewichte im Forschungssystem. Akteurskonstellationen und Entwicklungspfade in der staatlich finanzierten außeruniversitären Forschung, Frankfurt a. M. 1990.

Höhne, Thomas: Ökonomisierung und Bildung. Zu den Formen ökonomischer Rationalisierung im Feld der Bildung, Wiesbaden 2015.

Hörz, Herbert: Wissenschaftsforschung: Konfrontation oder Kooperation? Deutschlandsberger Symposien von 1979 bis 1991, in: Leibniz Online 28 (2017): 1–16.

Hüttmann, Jens: DDR-Geschichte und ihre Forscher. Akteure und Konjunkturen der bundesdeutschen DDR-Forschung, Berlin 2008.

Jacobs, Olaf / Bundesstiftung zur Aufarbeitung der SED-Diktatur (Hg.): Die Staatsmacht, die sich selbst abschaffte. Die letzte DDR-Regierung im Gespräch, Halle (Saale) 2018.

Jarausch Konrad H.: Das Humboldt-Syndrom: Die westdeutschen Universitäten 1945–1989 – Ein akademischer Sonderweg? In: Mitchell G. Ash (Hg.): Mythos Humboldt. Vergangenheit und Zukunft der deutschen Universitäten, Wien u. a. 1999: 58–79.

Ders.: Aufbruch der Zivilgesellschaft: zur Einordnung der friedlichen Revolution von 1989, in: Totalitarismus und Demokratie 3 (2006): 25–46.

Ders.: Säuberung oder Erneuerung? Zur Transformation der Humboldt-Universität 1985–2000, in: Michael Grüttner u. a. (Hg.): Gebrochene Wissenschaftskulturen. Universität und Politik im 20. Jahrhundert, Köln 2010: 327–351.

Jesse, Eckhard (Hg.): Totalitarismus im 20. Jahrhundert. Eine Bilanz der internationalen Forschung, Baden-Baden 1996.

Jessen, Ralph: Diktatorische Herrschaft als kommunikative Praxis. Überlegungen zum Zusammenhang von ‚Bürokratie' und Sprachnormierung in der DDR-Geschichte, in: Alf Lüdtke / Peter Becker (Hg.): Akten. Eingaben. Schaufenster. Die DDR und ihre Texte, Berlin 1997: 57–78.

Ders.: Wissenschaftsfreiheit und kommunistische Diktatur in der DDR, in: Rainer Albert Müller / Rainer Christoph Schwinges (Hg.): Wissenschaftsfreiheit in Vergangenheit und Gegenwart, Basel 2008: 185–206.

Ders.: Konkurrenz in der Geschichte – Einleitung, in: Ders. (Hg.): Konkurrenz in der Geschichte. Praktiken – Werte – Institutionalisierungen, Frankfurt a. M. u. a. 2014: 7–32.

John, Jürgen: Grundfragen einer vergleichenden Typologie des ‚Hochschulumbaus Ost', in: Jens Blecher / Jürgen John (Hg.): Hochschulumbau Ost. Die Transformation des DDR-Hochschulwesens nach 1989/90 in typologisch-vergleichender Perspektive, Stuttgart 2021: 19–44.

Kaase, Max: Der Wissenschaftsrat und die Reform der außeruniversitären Forschung der DDR nach der deutschen Vereinigung, in: Karl-Heinz Reuband / Franz Urban Pappi / Heinrich Best (Hg.): Die deutsche Gesellschaft in vergleichender Perspektive. Festschrift für Erwin K. Scheuch zum 65. Geburtstag, Opladen 1995: 305–341.

Ders. u. a. (Hg.): Politisches System, Opladen 1996 (= Berichte der Kommission für die Erforschung des sozialen und politischen Wandels in den neuen Bundesländern e. V. (KSPW), Bd. 3).

Ders.: Integration gelungen, in: Stifterverband für die deutsche Wissenschaft e. V. (Hg.): 10 Jahre danach. Zur Entwicklung der Hochschulen und Forschungseinrichtungen in den neuen Ländern und Berlin, Essen 2002: 96–98.

Ders.: Die International University Bremen (IUB) – ein deutsches Hochschulexperiment, in: Dorothee Kimmich / Alexander Thumfart (Hg.): Universität ohne Zukunft? Frankfurt a. M. 2004: 183–201.

Kaiser, Tobias: Planungseuphorie und Hochschulreform in der deutsch-deutschen Systemkonkurrenz, in: Michael Grüttner u. a. (Hg.): Gebrochene Wissenschaftskulturen. Universität und Politik im 20. Jahrhundert, Köln 2010: 247–260.

Ders.: Staat und Wissenschaft in der DDR. Zu den Organisationsformen von Forschung und Wissenschaft in einer modernen Diktatur, in: Axel C. Hüntelmann / Michael C. Schneider (Hg.): Jenseits von Humboldt. Wissenschaft im Staat 1850–1990, Frankfurt a. M. 2010: 287–300.

Kaminsky, Anna: Frauen in der DDR, Berlin 2016.

Klar, Richard: Zur Entstehung und zum Verständnis von Art. 38 Abs. 2 des Einigungsvertrages, in: Sitzungsberichte der Leibniz-Sozietät (2005): 85–98.

Klinkmann, Horst: Die radikale Lösung. Von der Gelehrtensozietät zur Leibniz-Sozietät, in: Sitzungsberichte der Leibniz-Sozietät (2019): 241–253.

Knabe, Hubertus: Die unterwanderte Republik. Stasi im Westen, Berlin 1999.

Kocka, Jürgen: Geisteswissenschaftliche Zentren: Die umstrittene Innovation, in: Das Hochschulwesen (1994): 122–124.

Ders.: Wissenschaft und Politik in der DDR, in: Jürgen Kocka / Renate Mayntz (Hg.): Wissenschaft und Wiedervereinigung. Disziplinen im Umbruch, Berlin 1998: 435–459.

Ders./Mayntz, Renate (Hg.): Wissenschaft und Wiedervereinigung. Disziplinen im Umbruch, Berlin 1998 (= Interdisziplinäre Arbeitsgruppen Forschungsberichte, Bd. 6).

Köhler, Helmut: Zensur, Leistung und Schulerfolg in den Schulen der DDR, in: Zeitschrift für Pädagogik 47 (2001): 847–857.

Kollmorgen, Raj: Soziologen in der DDR der 80er Jahre und nach der Vereinigung: einige quantitative Analysen, in: Hans Bertram (Hg.): Soziologie und Soziologen im Übergang. Beiträge zur Transformation der außeruniversitären soziologischen Forschung in Ostdeutschland, Hemsbach 1997: 27–44.

Ders. / Lohr, Karin / Simon, Dagmar / Sparschuh, Vera: Ohne Netz und doppelten Boden. Lage und Zukunftsaussichten freier sozialwissenschaftlicher Institute und Vereine in den neuen Bundesländern, in: Hans Bertram (Hg.): Soziologie und Soziologen im Übergang. Beiträge zur Transformation der außeruniversitären soziologischen Forschung in Ostdeutschland, Hemsbach 1997: 141–164.

Koselleck, Reinhart: Vergangene Zukunft. Zur Semantik geschichtlicher Zeiten, Frankfurt a. M. 1979.

Ders.: Begriffsgeschichten. Studien zur Semantik und Pragmatik der politischen und sozialen Sprache, Frankfurt a. M. 2006.

Kowalczuk, Ilko-Sascha: Die Hochschulen und die Revolution 1989. Ein Tagungsbeitrag und seine Folgen, in: Benjamin Schröder / Jochen Staadt (Hg.): Unter Hammer und Zirkel. Repression, Opposition und Widerstand an den Hochschulen der SBZ / DDR, Frankfurt a. M. 2011: 365–408.

Krätzner, Anita: Politische Denunziation in der DDR-Strategien kommunikativer Interaktion mit den Herrschaftsträgern, in: Totalitarismus und Demokratie 11 (2014): 191–206.

Krätzner-Ebert, Anita: Der Einfluss des Ministeriums für Staatssicherheit auf die Universitäten und Hochschulen in der DDR, in: Deutscher Hochschulverband (Hg.): 25 Jahre Wiedervereinigung, Bonn 2015: 77–86.

Krenz, Egon: Rede des Genossen Egon Krenz, in: Neues Deutschland (19.10.1989).

Kreyenberg, Peter: Die Rolle der Kultusministerkonferenz im Zuge des Einigungsprozesses, in: Renate Mayntz (Hg.): Aufbruch und Reform von oben. Ostdeutsche Universitäten im Transformationsprozeß, Frankfurt a. M. 1994: 191–204.

Kroll, Frank-Lothar / Zehnpfennig, Barbara (Hg.): Ideologie und Verbrechen. Kommunismus und Nationalsozialismus im Vergleich. München 2014.

Krull, Wilhelm: Neue Strukturen für Wissenschaft und Forschung. Ein Überblick über die Tätigkeit des Wissenschaftsrates in den neuen Ländern, in: Aus Politik und Zeitgeschichte (APuZ) (1992): 15–28.

Ders.: Im Osten wie im Westen – nichts Neues? Zu den Empfehlungen des Wissenschaftsrates für die Neuordnung der Hochschulen auf dem Gebiet der ehemaligen DDR, in: Renate Mayntz (Hg.): Aufbruch und Reform von oben. Ostdeutsche Universitäten im Transformationsprozeß, Frankfurt a. M. u. a. 1994: 205–226.

Ders.: Forschungsförderung in Deutschland. Bericht der internationalen Kommission zur Systemevaluation der Deutschen Forschungsgemeinschaft und der Max-Planck-Gesellschaft, Hannover 1999.

Ders.: Die Wiedervereinigung vorausdenken, in: Stifterverband für die deutsche Wissenschaft e. V. (Hg.): 10 Jahre danach. Zur Entwicklung der Hochschulen und Forschungseinrichtungen in den neuen Ländern und Berlin, Essen 2002: 44–47.

Ders.: Eckpunkte eines zukunftsfähigen deutschen Wissenschaftssystems. Zwölf Empfehlungen, Hannover 2005.

Ders.: Die vermessene Universität. Ziel, Wunsch und Wirklichkeit, Wien 2017 (= Wissenschaft – Transformation – Politik).

Ders. / Sommer, Simon: Die deutsche Vereinigung und die Systemevaluation der deutschen Wissenschaftsorganisationen, in: Peter Weingart / Niels C. Taubert (Hg.): Das Wissensministerium. Ein halbes Jahrhundert Forschungs- und Bildungspolitik in Deutschland, Göttingen 2006: 200–235.

Kuczynski, Thomas: Erinnerung an den ‚alten' René-Kuczynski-Preis, in: 1999. Zeitschrift für Sozialgeschichte des 20. und 21. Jahrhunderts (1997): 154–158.

Lange, Stefan / Schimank, Uwe: Hochschulpolitik in der Bund-Länder-Konkurrenz, in: Peter Weingart / Niels C. Taubert (Hg.): Das Wissensministerium. Ein halbes Jahrhundert Forschungs- und Bildungspolitik in Deutschland, Göttingen 2006: 311–346.

Dies.: Zwischen Konvergenz und Pfadabhängigkeit: New Public Management in den Hochschulsystemen fünf ausgewählter OECD-Länder, in: Katharina Holzinger / Helge Jorgens / Christoph Knill (Hg.): Transfer, Diffusion und Konvergenz von Politiken. Sonderheft der Politischen Vierteljahresschrift, Wiesbaden 2007: 522–548.

Lanzendorfer, Ute / Pasternack, Peer: Landeshochschulpolitiken, in: Achim Hildebrandt / Frieder Wolf (Hg.): Die Politik der Bundesländer. Staatstätigkeit im Vergleich, Wiesbaden 2008: 43–66.

Latsch, Gunther: Eifrig zu Diensten, in: Der Spiegel 18 (2004).

Lauterbach, Günter: Bilanz des WTZ-Abkommens mit der ehemaligen DDR, in: IGW-Report 5 (1991): 15–24.

Lenhardt, Gero: Hochschulen in Deutschland und in den USA. Deutsche Hochschulpolitik in der Isolation, Wiesbaden 2005.

Lepsius, M. Rainer: Zum Aufbau der Soziologie in Ostdeutschland, in: Kölner Zeitschrift für Soziologie und Sozialpsychologie (KZfSS) 45 (1993): 305–337.

Ders. / Friedrichs, Jürgen / Mayer, Karl-Ulrich (Hg.): Die Diagnosefähigkeit der Soziologie, in: Kölner Zeitschrift für Soziologie und Sozialpsychologie (KZfSS), Sonderheft 38 (1998).

Liebig, Renate / Trinczek, Rainer: Experteninterviews, in: Stefan Kühl / Petra Strodtholz / Andreas Taffertshofer (Hg.): Handbuch Qualitative Methoden der Organisationsforschung. Quantitative und qualitative Methoden, Wiesbaden 2009: 32–56.

Lindner, Bernd: Begriffsgeschichte der Friedlichen Revolution. Eine Spurensuche, in: Aus Politik und Zeitgeschichte (APuZ) 64 (2004): 33–39.

Lindner, Sebastian: Zwischen Öffnung und Abgrenzung. Die Geschichte des innerdeutschen Kulturabkommens 1973–1986, Berlin 2015 (= Forschungen zur DDR-Gesellschaft).

Luhmann, Niklas: Legitimation durch Verfahren, Frankfurt a. M. 1983.

Lüst, Reimar: Zum Abschied des Vorsitzenden des Wissenschaftsrats. Brüderliche Härte, in: Die Zeit (04.02.1994).

Ders.: Blaue Listen. Ein Provisorium der Forschungsförderung droht zur festen Einrichtung zu werden, in: Frankfurter Allgemeine Zeitung (27.03.1993).

Macha, Hildegard / Gruber, Susanna / Struthmann, Sandra: Die Hochschule strukturell verändern. Gleichstellung als Organisationsentwicklung an Hochschulen, Opladen 2011.

Macrakis, Kristie: Die Stasi-Geheimnisse. Methoden und Techniken der DDR-Spionage, München 2009.

Maetzke, Ernst-Otto: Die ‚De-De-Errologen' sind unfreundlich zueinander. Vorwürfe und Rechtfertigungen auf einer Zonen-Forschertagung, in: Frankfurter Allgemeine Zeitung (25.09.1967).

Malycha, Andreas: ‚Produktivkraft Wissenschaft'. Eine dokumentierte Geschichte des Verhältnisses von Wissenschaft und Politik in der SBZ / DDR 1945–1990, in: Clemens Burrichter / Gerald Diesener (Hg.): Auf dem Weg zur ‚Produktivkraft Wissenschaft', Leipzig 2002: 39–105.

Ders.: Geplante Wissenschaft. Eine Quellenedition zur DDR-Wissenschaftsgeschichte 1945–1961, Altenburg 2003 (= Beiträge zur DDR-Wissenschaftsgeschichte, Bd. 1).

Ders.: Wissenschaft und Politik in der DDR 1945–1990. Ansätze zu einer Gesamtansicht, in: Deutschland Archiv (DA) (2005): 650–659.

Ders.: Bildungsforschung für Partei und Staat? Zum Profil und zur Struktur der APW, in: Sonja Häder und Ulrich Wiegmann (Hg.): Die Akademie der Pädagogischen Wissenschaften der DDR im Spannungsfeld von Wissenschaft und Politik, Frankfurt a. M. 2007: 39–76.

Ders.: Die Akademie der Pädagogischen Wissenschaften der DDR 1970–1990, Leipzig 2008.

Ders.: Der Schein der Normalität (1971 bis 1982), in: Informationen zur politischen Bildung 312 (2011).

Ders.: Biowissenschaften / Biomedizin im Spannungsfeld von Wissenschaft und Politik in der DDR in den 1960er und 1970er Jahren, Leipzig 2016 (= Beiträge zur DDR-Wissenschaftsgeschichte, Bd. 2).

Mälzer, Moritz: Auf der Suche nach der neuen Universität. Die Entstehung der ‚Reformuniversitäten' Konstanz und Bielefeld in den 1960er Jahren, Göttingen 2016.

Mau, Steffen / Huschka, Denis: Die Sozialstruktur der Soziologie: Professorenschaft in Deutschland, in: WZB Discussion Paper (2010).

Mayer, Alexander: Universitäten im Wettbewerb. Deutschland von den 1980er Jahren bis zur Exzellenzinitiative, Stuttgart 2019 (= Wissenschaftskulturen Reihe III, Bd. 52).

Mayntz, Renate (Hg.): Aufbruch und Reform von oben. Ostdeutsche Universitäten im Transformationsprozeß, Frankfurt a. M. u. a. 1994.

Dies.: Deutsche Forschung im Einigungsprozeß. Die Transformation der Akademie der Wissenschaften der DDR 1989 bis 1992, Frankfurt a. M. 1994.

Meteling, Wencke: Internationale Konkurrenz als nationale Bedrohung. Zur politischen Maxime der ‚Standordsicherung' in den neunziger Jahren, in: Ralph Jessen (Hg.): Konkurrenz in der Geschichte. Praktiken – Werte – Institutionalisierungen, Frankfurt a. M. u. a. 2014: 289–316.

Meyer, Hans Joachim: Nach 30 Jahren. Die ostdeutschen Hochschulen im Vereinigungsprozess, in: Forschung & Lehre 27 (2020): 668–670.

Meyer, Petra: Waren Sie zu kritisch, Herr Neuweiler? Interview zwischen Petra Meyer und Gerhard Neuweiler, in: Süddeutsche Zeitung (31.01.1994): 36.

Middell, Matthias: Auszug der Forschung aus der Universität? In: Michael Grüttner u. a. (Hg.): Gebrochene Wissenschaftskulturen. Universität und Politik im 20. Jahrhundert, Köln 2010: 279–302.

Miethe, Ingrid: Bildung und soziale Ungleichheit in der DDR. Möglichkeiten und Grenzen einer gegenprivilegierten Bildungspolitik, Hemsbach 2007.

Mittelstraß, Jürgen: Unfähig zur Reform, in: Die Zeit (11.06.1993).

Ders.: Unverzichtbar, schwer kontrollierbar. Die Strukturkommission – Alibi oder zeitgemäßes Instrument der Hochschulpolitik? In: Stifterverband für die deutsche Wissenschaft e. V. (Hg.): 10 Jahre danach. Zur Entwicklung der Hochschulen und Forschungseinrichtungen in den neuen Ländern und Berlin, Essen 2002: 29–32.

Ders.: ‚des Wercks künftigen grossen Nutzen'. Zwei Etüden über die Akademie und warum sie sich verändern muss, in: Rainer Maria Kiesow / Regina Ogorek / Spiros Simitis (Hg.): Summa. Dieter Simon zum 70. Geburtstag, Frankfurt a. M. 2005: 435–446.

Moses, A. Dirk: Die 45er. Eine Generation zwischen Faschismus und Demokratie, in: Die Neue Sammlung 40 (2000): 211–232.

Mühlberg, Felix: Bürger, Bitten und Behörden. Geschichte der Eingaben in der DDR, Berlin 2004.

Müntz, Klaus / Wobus, Ulrich: Das Institut Gatersleben und seine Geschichte. Genetik und Kulturpflanzenforschung in drei politischen Systemen, Heidelberg 2013.

Mutert, Susanne: Großforschung zwischen staatlicher Politik und Anwendungsinteresse der Industrie (1969–1984). Frankfurt a. M. 2000 (= Studien zur Geschichte der deutschen Großforschungseinrichtungen, Bd. 14).

Neller, Katja: DDR-Nostalgie. Dimensionen der Orientierungen der Ostdeutschen gegenüber der ehemaligen DDR, ihre Ursachen und politischen Konnotationen, Wiesbaden 2006.

Nettelbeck, Joachim: Verwalten von Wissenschaft, eine Kunst. Preprint Nr. 497 (2019).

Neumann, Ariane: Die Exzellenzinitiative. Deutungsmacht und Wandel im Wissenschaftssystem, Wiesbaden 2015.

Neuner, Gerhart: Das Einheitsprinzip im DDR-Bildungswesen, in: Zeitschrift für Pädagogik 43 (1997): 261–278.

Neuweiler, Gerhard: Absolutistische Machtbefugnisse, in: Die Zeit (28.10.1967).

Niederhut, Jens: Die Reisekader. Auswahl und Disziplinierung einer privilegierten Minderheit in der DDR, Halle (Saale) 2005.

Ders.: Wissenschaftsaustausch im Kalten Krieg. Die ostdeutschen Naturwissenschaftler und der Westen, Köln u. a. 2007 (= Kölner Historische Abhandlungen, Bd. 45).

Niehaus, Michael / Schmidt-Hannisa, Hans-Walter (Hg.): Das Protokoll. Kulturelle Funktionen einer Textsorte, Frankfurt a. M. 2005.

Nötzoldt, Peter: Die Deutsche Akademie der Wissenschaften zu Berlin in Gesellschaft und Politik. Gelehrtengesellschaft und Großorganisation außeruniversitärer Forschung 1946–1972, in: Jürgen Kocka (Hg.): Die Berliner Akademien der Wissenschaften im geteilten Deutschland 1945–1990, Berlin 2002: 39–80.

O. A.: Reform der Stiftung Preußischer Kulturbesitz. Kritische Reaktionen auf das Gutachten zur SPK, in: Der Tagesspiegel (08.07.2020).

Obertreis, Julia (Hg.): Oral History, Stuttgart 2012.

Orth, Karin: Autonomie und Planung der Forschung. Förderpolitische Strategien der Deutschen Forschungsgemeinschaft 1949–1968, Kempten 2011 (= Studien zur Geschichte der Deutschen Forschungsgemeinschaft, Bd. 8).

Osganian, Vanessa / Trischler, Helmuth: Die Max-Planck-Gesellschaft als wissenschaftspolitische Akteurin in der Allianz der Wissenschaftsorganisationen, Berlin 2022 (= Ergebnisse des Forschungsprogramms Geschichte der Max-Plack-Gesellschaft, Preprint 16).

Paletschek, Sylvia: Die Erfindung der Humboldtschen Universität. Die Konstruktion der deutschen Universitätsidee in der ersten Hälfte des 20. Jahrhunderts, in: Historische Anthropologie 2002 (2002): 183–205.

Parzinger, Hermann: Reform als Chance. Die Stiftung Preußischer Kulturbesitz nach der Evaluation durch den Wissenschaftsrat, in: Politik & Kultur 10 (2020): 6.

Pasternack, Peer: Wissenschaftspersonal als Transformationsproblem. Resümee eines unverdauten Vorgangs, in: Mitteilungen des Deutschen Germanistenverbandes 52 (2005): 494–509.

Ders.: Erneuerung durch Anschluss? Der ostdeutsche Fall ab 1990, in: Michael Grüttner u. a. (Hg.): Gebrochene Wissenschaftskulturen. Universität und Politik im 20. Jahrhundert, Köln 2010: 309–326.

Pasternack, Peer: Der Wandel an den Hochschulen seit 1990 in Ostdeutschland, in: Bundeszentrale für politische Bildung Dossier (28.10.2020).

Ders.: Die vier Dimensionen des ostdeutschen Wissenschaftsumbaus, in: Jens Blecher / Jürgen John (Hg.): Hochschulumbau Ost. Die Transformation des DDR-Hochschulwesens nach 1989/90 in typologisch-vergleichender Perspektive, Stuttgart 2021: 45–66.

Paulus, Stefan: Vorbild USA? Amerikanisierung von Universität und Wissenschaft in Westdeutschland 1945–1976, München 2010 (= Studien zur Zeitgeschichte, Bd. 81).

Pollack, Detlef: Die Friedliche Revolution: Strukturelle und ereignisgeschichtliche Bedingungen des Umbruchs 1989 in der DDR, in: Clemens Vollnhals (Hg.): Jahre des Umbruchs. Friedliche Revolution in der DDR und Transition in Ostmitteleuropa, Göttingen 2011: 119–140.

Radkau, Joachim: Geschichte der Zukunft. Prognosen, Visionen, Irrungen in Deutschland von 1945 bis heute, München 2017.

Raether, Manfred: Polens deutsche Vergangenheit. Das Gebiet zwischen Oder und Memel im Ablauf der deutschen und der polnischen Geschichte, Schöneck 2004.

Raphael, Lutz: Die Verwissenschaftlichung des Sozialen als methodische und konzeptionelle Herausforderung des 20. Jahrhunderts, in: Geschichte und Gesellschaft 22 (1996): 165–193.

Ders.: Zwischen Sozialaufklärung und radikalem Ordnungsdenken. Die Verwissenschaftlichung des Sozialen im Europa der ideologischen Extreme, in: Gangolf Hübinger (Hg.): Europäische Wissenschaftskulturen und politische Ordnungen in der Moderne (1890–1970), München 2014: 29–50.

Ders.: Ordnungsmuster und Deutungskämpfe. Wissenspraktiken im Europa des 20. Jahrhunderts, Göttingen 2018 (= Kritische Studien zur Geschichtswissenschaft, Bd. 227).

Reckwitz, Andreas: Grundelemente einer Theorie sozialer Praktiken. Eine sozialtheoretische Perspektive, in: Zeitschrift für Soziologie (2003): 282–301.

Reichardt, Sven: Praxeologische Geschichtswissenschaft. Eine Diskussionsanregung, in: Sozial. Geschichte 22 (2007): 43–65.

Reinhard, Wolfgang: Amici e creature. Politische Mikrogeschichte der römischen Kurie im 17. Jahrhundert, in: Quellen und Forschungen aus italienischen Archiven und Bibliotheken 76 (1996): 308–334.

Ders.: Einleitung, in: Ders. (Hg.): Römische Makropolitik unter Papst Paul V. Borghese (1605–1621) zwischen Spanien, Neapel, Mailand und Genua, Tübingen 2004: 1–20.

Reinhard, Wolfgang: Makropolitik und Mikropolitikin den Außenbeziehungen Roms unter Papst Paul V. Borghese 1605–1621, in: Alexander Koller (Hg.): Die Außenbeziehungen der römischen Kurie unter Paul Broghese (1605–1621), Tübingen 2008: 67–82.

Reitmayer, Morten: Comeback der Elite. Die Rückkehr eines politisch-gesellschaftlichen Ordnungsbegriffs, in: Archiv für Sozialgeschichte 52 (2012): 429–454.

Ders.: Deutsche Konkurrenzkulturen nach dem Boom, in: Ralph Jessen (Hg.): Konkurrenz in der Geschichte. Praktiken – Werte – Institutionalisierungen, Frankfurt a. M. u. a. 2014: 261–288.

Reulecke, Jürgen: Einführung. Lebensgeschichten des 20. Jahrhunderts – im ‚Generationencontainer'? In: Jürgen Reulecke (Hg.): Generationalität und Lebensgeschichte im 20. Jahrhundert, München 2003: VII–XV.

Richter, Hedwig: Die Effizienz bürokratischer Normalität. Das ostdeutsche Berichtswesen in Verwaltung, Parteien und Wirtschaft, in: Anita Krätzner (Hg.): Hinter vorgehaltener Hand. Studien zur historischen Denunziationsforschung, Göttingen 2015: 127–136.

Röbbecke, Martina / Simon, Dagmar: Reflexive Evaluation. Ziele, Verfahren und Instrumente der Bewertung von Forschungsinstituten, Berlin 2001.

Roessler, Isabel: Check – Universitätsleitung in Deutschland, Gütersloh 2018.

Röhl, Hans Christian: Der Wissenschaftsrat. Kooperation zwischen Wissenschaft, Bund und Ländern und ihre rechtlichen Determinanten, Baden-Baden 1994.

Rohstock, Anna: Von der ‚Ordinarienuniversität' zur ‚Revolutionszentrale'? Hochschulreform und Hochschulrevolte in Bayern und Hessen 1957–1976, München 2010 (= Quellen und Darstellungen zur Zeitgeschichte, Bd. 78).

Rother, Bernd (Hg.): Willy Brandts Außenpolitik, Wiesbaden 2014 (= Akteure der Außenpolitik).

Rüttgers, Jürgen: Fünf Jahre deutsche Einheit: Die blühenden Landschaften sind überall im Kommen, in: Hochschule Ost 5 (1996): 182–186.

Sabrow, Martin: Der vergessene ‚Dritte Weg', in: Aus Politik und Zeitgeschichte (APuZ) 11 (2010): 6–13.

Salheiser, Axel: Parteitreu, plangemäß, professionell? Rekrutierungsmuster und Karriereverläufe von DDR-Industriekadern, Wiesbaden 2009.

Sarasin, Philipp: Was ist Wissensgeschichte? In: Internationales Archiv für Sozialgeschichte der deutschen Literatur 36 (2011): 159–172.

Schäuble, Wolfgang: Der Vertrag. Wie ich über die deutsche Einheit verhandelte, Stuttgart 1991.

Scheer, Klaus-Dieter: Hochschulen zwischen Bildung und Autonomie, in: Wilfried Kürschner / Hermann von Laer / Volker Schulz (Hg.): Humboldt adieu? Hochschule zwischen Autonomie und Fremdbestimmung, Münster 2000: 15–22.

Schlegel, Uta: Ostdeutsche Jugendforschung in der Transformation: Forschungsfelder. Wissenschaftler, Institutionen, in: Hans Bertram (Hg.): Soziologie und Soziologen im Übergang. Beiträge zur Transformation der außeruniversitären soziologischen Forschung in Ostdeutschland, Hemsbach 1997: 75–114.

Schleiermacher, Sabine / Schagen, Udo (Hg.): Wissenschaft macht Politik. Hochschule in den politischen Systembrüchen 1933 und 1945, Stuttgart 2009 (= Wissenschaft, Politik und Gesellschaft, Bd. 3).

Schmidt, Rudi: Von der KSPW zum SFB 580. Vorgeschichte und Basiskonzept des Sonderforschungsbereich, in: Heinrich Best / Everhardt Holtmann (Hg.): Aufbruch der entsicherten Gesellschaft. Deutschland nach der Wiedervereinigung, Frankfurt a. M. 2012: 43–60.

Scholz, Anna-Lena / Timm, Tobias: Das war's Preußen. Die Stiftung Preußischer Kulturbesitz sei handlungsfähig, unterfinanziert und solle aufgelöst werden, sagt ein lange erwartetes Gutachten. Diese Kritik birgt eine historische Chance, in: Zeit Online 29 (08.07.2020).

Schönstädt, Marie-Christin: ‚Eine neue, gesamtdeutsche zukunftsweisende Wissenschaftswelt'. Über ein implizites Versprechen des Wissenschaftsrates infolge der ‚Wende', in: Jan-Hendryk de Boer (Hg.): Praxisformen. Zur kulturellen Logik von Zukunftshandeln, Frankfurt a. M. 2019: 392–406.

Dies.: Transformation der Wissenschaft. Die Evaluation des ostdeutschen Wissenschaftssystems als Impuls für den Westen, in: Marcus Böick / Constantin Goschler / Ralph Jessen (Hg.): Jahrbuch Deutsche Einheit 2021, Berlin 2021: 215–242.

Schramm, Manuel: Von Asymmetrien und Parallelen. Die wechselseitige Wahrnehmung von Technik in der DDR und der Bundesrepublik Deutschland, in: Deutschland Archiv (DA) 1 (2008): 59–68.

Ders.: Wirtschaft und Wissenschaft in DDR und BRD. Die Kategorie Vertrauen in Innovationsprozessen, Köln u. a. 2008 (= Wirtschafts- und Sozialhistorische Studien, Bd. 17).

Schröder, Richard / Misselwitz, Hans (Hg.): Die 10. Volkskammer zwischen DDR-Verfassung und Grundgesetz. Mandat für die deutsche Einheit, Opladen 2000.

Schröter, Anja: Eingaben im Umbruch. Ein politisches Partizipationselement im Verfassungsgebungsprozess der Arbeitsgruppe ‚Neue Verfassung der DDR' des Zentralen Runden Tisches 1989/90, in: Deutschland Archiv (DA) (2012).

Schubert, Klaus / Klein, Martina: Das Politiklexikon. Begriffe, Fakten, Zusammenhänge, Bonn 2018.

Schuster, Ferdinand: Die Chance der Stunde Null gab es eigentlich nicht, in: Welt (12.08.1997).

Schütze, Wolfgang: Lebendigkeit der Wissenschaftsforschung – zum Beitrag des Instituts für Theorie, Geschichte und Organisation der Wissenschaft (ITW) der AdW der DDR, in: Hans Bertram (Hg.): Soziologie und Soziologen im Übergang. Beiträge zur Transformation der außeruniversitären soziologischen Forschung in Ostdeutschland, Hemsbach 1997: 115–126.

Schwitzer, Klaus-Peter: Das Institut für Soziologie und Sozialpolitik der Akademie der Wissenschaften der DDR (ISS) in und nach der Wende, in: Hans Bertram (Hg.): Soziologie und Soziologen im Übergang. Beiträge zur Transformation der außeruniversitären soziologischen Forschung in Ostdeutschland, Hemsbach 1997: 45–74.

Seibel, Wolfgang / Benz, Arthur / Mäding, Heinrich (Hg.): Verwaltungsreform und Verwaltungspolitik im Prozeß der deutschen Einigung, Baden-Baden 1993.

Seifert, Gottfried: Das Wissenschaftler-Integrations-Programm: Ein Instrument zum Aufbau einer blühenden Hochschul- und Forschungslandschaft in den neuen Ländern? In: Hochschule Ost 5 (1996): 179–190.

Simon, Dieter: Die Kommission, in: Rechtshistorisches Journal 7 (1988): 275–280.

Ders.: Ihr habt viel niedergemäht, in: Der Spiegel (01.07.1991)

Ders.: Evaluationssplitter, in: Rechtshistorische Zeitschrift 10 (1991): 397–425.

Ders.: Die Quintessenz. Der Wissenschaftsrat in den neuen Bundesländern, in: Aus Politik und Zeitgeschichte (APuZ) B51 (1992): 29–36.

Ders.: Akademie der Wissenschaften. Das Berliner Projekt, Berlin 1999.

Ders.: Das Märchen von Berlin. Wie reagiert die Hochschul- und Wissenschaftspolitik? In: Stifterverband für die deutsche Wissenschaft e. V. (Hg.): 10 Jahre danach. Zur Entwicklung der Hochschulen und Forschungseinrichtungen in den neuen Ländern und Berlin, Essen 2002: 106–108.

Ders.: Rollenspiel: Die Wiedervereinigung der Wissenschaft, in: Peter Weingart / Niels C. Taubert (Hg.): Das Wissensministerium. Ein halbes Jahrhundert Forschungs- und Bildungspolitik in Deutschland, Göttingen 2006: 288–291.

Spittmann-Rühle, Ilse: Drei Jahrzehnte Deutschland Archiv, in: Wolfgang Thierse, Ilse Dies. / Johannes L. Kuppe (Hg.): Zehn Jahre Deutsche Einheit. Eine Bilanz, Opladen 2000: 301–316.

Stark, Isolde: Der Runde Tisch der Akademie und die Reform der Akademie der Wissenschaften der DDR nach der Herbstrevolution 1989. Ein gescheiterter Versuch der Selbsterneuerung, in: Geschichte und Gesellschaft 23 (1997): 423–445.

Steiner, André: Von Plan zu Plan. Eine Wirtschaftsgeschichte der DDR, München 2004.

Ders.: Wirtschaftsgeschichte, Version: 1.0, in: Docupedia-Zeitgeschichte (15.10.2013).

Stengel, Eckhard: Jacobs-Universität in Bremen in Existenznot, in: Der Tagesspiegel (10.07.2020).

Stifterverband für die deutsche Wissenschaft e. V. (Hg.): 10 Jahre danach. Zur Entwicklung der Hochschulen und Forschungseinrichtungen in den neuen Ländern und Berlin, Essen 2002.

Süß, Dietmar / Woyke, Meik: Schimanskis Jahrzehnt? Die 1980er Jahre in historischer Perspektive, in: Archiv für Sozialgeschichte 52 (2012): 3–20.

Szöllösi-Janze, Margit: Geschichte der Arbeitsgemeinschaft Großforschungseinrichtungen, 1958–1980, Frankfurt a. M. 1990.

Dies.: Wissensgesellschaft – ein neues Konzept zur Erschließung der deutsch-deutschen Zeitgeschichte? In: Hans-Günter Hockerts (Hg.): Koordinaten deutscher Geschichte in der Epoche des Ost-West-Konflikts, München 2004: 277–305.

Dies.: ‚Der Geist des Wettbewerbs ist aus der Flasche!' Der Exzellenzwettbewerb zwischen den deutschen Universitäten in historischer Perspektive, in: Jahrbuch für Universitätsgeschichte 14 (2011): 49–73.

Dies.: ‚Eine Art pole position im Kampf um die Futtertröge'. Thesen zum Wettbewerb zwischen Universitäten im 19. und 20. Jahrhundert, in: Ralph Jessen (Hg.): Konkurrenz in der Geschichte. Praktiken – Werte – Institutionalisierungen, Frankfurt a. M. u. a. 2014: 317–351.

Teichler, Ulrich: Wandel der Hochschulstrukturen im internationalen Vergleich, Kassel 1988 (= Werkstattberichte, Bd. 20).

Ders.: Zur Rolle der Hochschulstrukturkommission der Länder im Transformationsprozeß, in: Renate Mayntz (Hg.): Aufbruch und Reform von oben. Ostdeutsche Universitäten im Transformationsprozeß, Frankfurt a. M. 1994: 227–257.

Ther, Philipp: Die neue Ordnung auf dem alten Kontinent. Eine Geschichte des neoliberalen Europa, 3. Aufl. Berlin 2014.

Thijs, Krijn: Geschichte im Umbruch. Lebenserfahrung und Historiker-Begegnungen nach 1989, in: Franka Maubach / Christina Morina (Hg.): Das 20. Jahrhundert erzählen. Zeiterfahrung und Zeiterforschung im geteilten Deutschland, Göttingen 2016: 386–448.

Ders.: Die Evaluierer aus dem Westen und der Schein der Routine. Zur Begutachtung durch den Wissenschaftsrat am Beispiel der historischen Akademie-Institute in Ost-Berlin, in: Jens Blecher / Jürgen John (Hg.): Hochschulumbau Ost. Die Transformation des DDR-Hochschulwesens nach 1989/90 in typologisch-vergleichender Perspektive, Stuttgart 2021: 169–198.

Ders.: Vier Wege in das Aus der Einheit. Strategien ostdeutscher Institutsdirektoren gegenüber der Evaluation des Wissenschaftsrates, in: Marcus Böick / Constantin Goschler / Ralph Jessen (Hg.): Jahrbuch Deutsche Einheit 2021, Berlin 2021: 243–271.

Trischler, Helmuth: Die ‚amerikanische Herausforderung' in den ‚langen' siebziger Jahren: Konzeptionelle Überlegungen, in: Gerhard A. Ritter / Margit Szöllösi-Janze / Helmuth Trischler (Hg.): Antworten auf die amerikanische Herausforderung. Forschung in der Bundesrepublik und der DDR in den ‚langen' siebziger Jahren, Frankfurt a. M. u. a. 1999: 11–18.

Van der Heyden, Ulrich: Anspruch und Wirklichkeit beim Umbau der außeruniversitären Forschung nach der Wende. Das Beispiel des Forschungsschwerpunkts Moderner Orient, in: Leviathan. Berliner Zeitschrift für Sozialwissenschaft 41 (2013): 511–527.

Ders.: ‚Nie zuvor wurde so viel Humankapital auf den Müll geworfen', in: Berliner Zeitung (12.08.2020).

Walther, Peter Th.: Bildung und Wissenschaft, in: Matthias Judt (Hg.): DDR-Geschichte in Dokumenten. Beschlüsse, Berichte, interne Materialien und Alltagszeugnisse, Bonn 1998: 225–292.

Weber, Hermann: Die DDR 1945–1990, 5. aktualisierte Aufl. München 2012 (= Grundriss der Geschichte, Bd. 20).

Weil, Francesca: Die Runden Tische der Bezirke in der DDR 1989/90 – Instrumente der Demokratisierung in den Regionen? In: Clemens Vollnhals (Hg.): Jahre des Umbruchs. Friedliche Revolution in der DDR und Transition in Ostmitteleuropa, Göttingen 2011: 327–344.

Dies.: Verhandelte Demokratisierung. Die Runden Tische der Bezirke 1989/90 in der DDR. Göttingen 2011.

Weinert, Franz E.: Vergleichende Leistungsmessung in Schulen – eine umstrittene Selbstverständlichkeit, in: Ders. (Hg.): Leistungsmessungen in Schulen, Weinheim u. a. 2001: 17–32.

Wiegmann, Ulrich: Agenten – Patrioten – Westaufklärer. Staatssicherheit und Akademie der Pädagogischen Wissenschaften der DDR, Berlin 2015.

Wirsching, Andreas: Der Preis der Freiheit. Geschichte Europas in unserer Zeit, München 2012.

Wissenschaftsrat: Empfehlungen zur Neuordnung des Studiums an den wissenschaftlichen Hochschulen, Bonn 1966.

Ders.: Empfehlungen zur Struktur und zum Ausbau des Bildungswesens im Hochschulbereich nach 1970, Bonn 1970.

Ders.: Empfehlungen des Wissenschaftsrates zu Organisation, Planung und Förderung der Forschung, Bonn 1975.

Ders.: Empfehlung zur Förderung besonders Befähigter, Berlin 1981.

Ders.: Stellungnahme zu erziehungswissenschaftlichen Einrichtungen außerhalb der Hochschulen, Köln 1984.

Ders.: Empfehlungen zum Wettbewerb im deutschen Hochschulsystem, Köln 1985.

Ders.: Stellungnahme zum Institut für Arterioskleroseforschung an der Universität Münster, Berlin 1987.

Ders.: Empfehlungen des Wissenschaftsrates zu den Perspektiven der Hochschulen in den 90er Jahren. Kurzfassung der wichtigsten Ergebnisse und Empfehlungen, Köln 1988.

Ders.: Perspektiven für Wissenschaft und Forschung auf dem Weg zur deutschen Einheit. Zwölf Empfehlungen, Berlin 1990.

Ders.: Empfehlungen zum Aufbau der Wirtschafts- und Sozialwissenschaften an den Universitäten / Technischen Hochschulen in den neuen Bundesländern und im Ostteil von Berlin, [o. O.] 1991.

Ders.: Empfehlungen zur Zusammenarbeit von Großforschungseinrichtungen und Hochschulen, Berlin 1991.

Ders.: Stellungnahme zu den außeruniversitären Forschungseinrichtungen der ehemaligen Akademie der Wissenschaften der DDR auf dem Gebiet der Geisteswissenschaften, Düsseldorf 1991.

Ders.: Stellungnahme zu den außeruniversitären Forschungseinrichtungen in den neuen Ländern und in Berlin-Sektion Wirtschafts- und Sozialwissenschaften, Mainz 1991.

Ders.: Stellungnahme zu den außeruniversitären Forschungseinrichtungen in der ehemaligen DDR im Bereich ‚Biowissenschaften und Medizin', Düsseldorf 1991.

Ders.: Empfehlungen zu den Geisteswissenschaften an den Universitäten der neuen Länder, Bremen 1992.

Ders.: Stellungnahme zu den mathematisch-naturwissenschaftlichen Fachbereichen an den Universitäten der neuen Länder, Bremen 1992.

Ders.: Stellungnahmen zu den außeruniversitären Forschungseinrichtungen in den neuen Ländern und in Berlin – Allgemeiner Teil, Köln 1992.

Ders.: 10 Thesen zur Hochschulpolitik, Berlin 1993.
Ders.: Empfehlungen zur Neuordnung der Blauen Liste, Wiesbaden 1993.
Ders.: Empfehlungen zur Stärkung der Lehre in den Hochschulen durch Evaluation, Berlin 1996.
Ders.: Empfehlungen zur Chancengleichheit von Frauen in Wissenschaft und Forschung, Mainz 1998.
Ders.: Systemevaluation der Blauen Liste. Stellungnahme des Wissenschaftsrates zum Abschluß der Bewertung der Einrichtungen der Blauen Liste, Leipzig 2000.
Ders.: Stellungnahme zur vorläufigen Akkreditierung der International University Bremen (IUB), Berlin 2001.
Ders.: Systemevaluation der HGF. Stellungnahme des Wissenschaftsrates zur Hermann von Helmholtz-Gemeinschaft Deutscher Forschungszentren, Berlin 2001.
Ders.: Verwaltungsabkommen zwischen Bund und Ländern über die Errichtung eines Wissenschaftsrates vom 5. September 1957 in der ab 1. Januar 2008 geltenden Fassung, 2008.
Ders.: Strukturempfehlungen zur Stiftung Preußischer Kulturbesitz (SPK), Berlin 2020.
Ders.: Pressemitteilung. Herausragendes Potenzial für Kultur und Wissenschaft heben. Wissenschaftsrat empfiehlt grundlegende Neuordnung der Stiftung Preußischer Kulturbesitz (13.07.2020).
Wolf, Hans-Georg: Organisationsschicksale im deutschen Vereinigungsprozeß. Die Entwicklungswege der Institute der Akademie der Wissenschaften der DDR, Frankfurt a. M. 1996 (= Schriften des Max-Planck-Instituts für Gesellschaftsforschung Köln, Bd. 27).
Wöltge, Herbert: Das letzte Jahrbuch der DDR-Akademie, in: Sitzungsberichte der Leibniz-Sozietät 10 (1995): 113–131.
Zacher, Hans: Wüste. Kritik an der DDR-Wissenschaft, in: Frankfurter Allgemeine Zeitung (21.06.1990).
Zechlin, Lothar: New Public Management an Hochschulen: wissenschaftsadäquat? In: Aus Politik und Zeitgeschichte (APuZ) 18–19 (2015): 31–38.
Ziegler, Hansvolker: Sozialwissenschaften und Politik bei der deutschen Wissenschafts-Vereinigung. Der Fall der ‚Kommission für die Erforschung des sozialen und politischen Wandels in den neuen Bundesländern' (KSPW), Berlin 2005.

Personenregister

Benz, Winfried 170 f., 230
Bergmann-Pohl, Sabine 94
Bertram, Hans 214
Bierwisch, Manfred 97, 249
Blaschke, Karlheinz 115
Block, Hans-Jürgen 89, 100, 256–258
Borchardt, Knut 150
Brandt, Willy 39, 71
Breitenbach, Dieter 230
Burrichter, Clemens 36 f., 53, 95–97
Daxner, Michael 115
Erhardt, Manfred 248 f.
Erichsen, Hans-Uwe 231
Ernst, Friedrich 32
Fink, Heinrich 169
Förster, Wolfgang 38
Förtsch, Eckart 36
Fricke, Karl-Wilhelm 41 f.
Frühwald, Wolfgang 127 f., 199, 229
Gabriel, Helmut 230
Gotschlich, Helga 162 f., 180, 191 f., 208
Gradl, Johann Baptist 32
Grübel, Hartmut 219 f.
Grütters, Monika 9 f.
Gysi, Jutta 212
Hager, Kurt 52 f., 57
Hempel, Gotthilf 117
Herrmann, Joachim 157
Hess, Gerhard 229
Hoffmann, Karl-Heinz 230
Hoffmann-Nowotny, Hans-Joachim 150
Honecker, Erich 53, 74, 159
Honecker, Margot 66, 109
Hörz, Herbert 37

Kaase, Max 89, 98, 141, 149, 156–174, 193, 210–213, 244, 254–256
Kaiser, Jakob 32
Kern, Horst Franz 89, 113
Kielmansegg, Peter Graf von 111, 149 f., 270
Klinkmann, Horst 81, 88, 107, 163
Kocka, Jürgen 115, 139, 156–159, 198, 275
Kohl, Helmut 82, 88, 228
König, Heinz 141, 149, 271
Krause, Günter 106
Krenz, Egon 74
Kreutzer, Hermann 38
Kreyenberg, Peter 101 f., 120
Krull, Wilhelm 88–91, 100, 155, 160 f., 165, 172, 234 f., 237, 245–247, 258–260
Kuczynski, Jürgen 159 f., 187
Kuczynski, Thomas 146 f., 157–159, 188 f.
Lauterbach, Günter 45 f., 49
Lepsius, M. Rainer 40 f., 149–151, 202, 212 f., 267
Leussink, Hans 71, 229
Lutz, Burkart 212–216
Ludz, Peter Christian 35–43, 53, 141, 151
Lüst, Reimar 140, 229–232
Maiziere, Lothar de 81, 84, 93, 99
Markl, Hubert 96, 244, 253
Markmann, Heinz 40 f., 141, 151
Markusch, Dieter 249
Meyer, Hans-Joachim 13, 95, 105, 113, 143, 164
Mittelstraß, Jürgen 37, 199, 250 f., 254
Möller, Rolf 87
Müller-Böling, Detlef 232
Neuweiler, Gerhard 225–232, 270
Parthier, Benno 249

Ders.: 10 Thesen zur Hochschulpolitik, Berlin 1993.
Ders.: Empfehlungen zur Neuordnung der Blauen Liste, Wiesbaden 1993.
Ders.: Empfehlungen zur Stärkung der Lehre in den Hochschulen durch Evaluation, Berlin 1996.
Ders.: Empfehlungen zur Chancengleichheit von Frauen in Wissenschaft und Forschung, Mainz 1998.
Ders.: Systemevaluation der Blauen Liste. Stellungnahme des Wissenschaftsrates zum Abschluß der Bewertung der Einrichtungen der Blauen Liste, Leipzig 2000.
Ders.: Stellungnahme zur vorläufigen Akkreditierung der International University Bremen (IUB), Berlin 2001.
Ders.: Systemevaluation der HGF. Stellungnahme des Wissenschaftsrates zur Hermann von Helmholtz-Gemeinschaft Deutscher Forschungszentren, Berlin 2001.
Ders.: Verwaltungsabkommen zwischen Bund und Ländern über die Errichtung eines Wissenschaftsrates vom 5. September 1957 in der ab 1. Januar 2008 geltenden Fassung, 2008.
Ders.: Strukturempfehlungen zur Stiftung Preußischer Kulturbesitz (SPK), Berlin 2020.
Ders.: Pressemitteilung. Herausragendes Potenzial für Kultur und Wissenschaft heben. Wissenschaftsrat empfiehlt grundlegende Neuordnung der Stiftung Preußischer Kulturbesitz (13.07.2020).
Wolf, Hans-Georg: Organisationsschicksale im deutschen Vereinigungsprozeß. Die Entwicklungswege der Institute der Akademie der Wissenschaften der DDR, Frankfurt a. M. 1996 (= Schriften des Max-Planck-Instituts für Gesellschaftsforschung Köln, Bd. 27).
Wöltge, Herbert: Das letzte Jahrbuch der DDR-Akademie, in: Sitzungsberichte der Leibniz-Sozietät 10 (1995): 113–131.
Zacher, Hans: Wüste. Kritik an der DDR-Wissenschaft, in: Frankfurter Allgemeine Zeitung (21.06.1990).
Zechlin, Lothar: New Public Management an Hochschulen: wissenschaftsadäquat? In: Aus Politik und Zeitgeschichte (APuZ) 18–19 (2015): 31–38.
Ziegler, Hansvolker: Sozialwissenschaften und Politik bei der deutschen Wissenschafts-Vereinigung. Der Fall der ‚Kommission für die Erforschung des sozialen und politischen Wandels in den neuen Bundesländern' (KSPW), Berlin 2005.

Personenregister

Benz, Winfried 170f., 230
Bergmann-Pohl, Sabine 94
Bertram, Hans 214
Bierwisch, Manfred 97, 249
Blaschke, Karlheinz 115
Block, Hans-Jürgen 89, 100, 256–258
Borchardt, Knut 150
Brandt, Willy 39, 71
Breitenbach, Dieter 230
Burrichter, Clemens 36f., 53, 95–97
Daxner, Michael 115
Erhardt, Manfred 248f.
Erichsen, Hans-Uwe 231
Ernst, Friedrich 32
Fink, Heinrich 169
Förster, Wolfgang 38
Förtsch, Eckart 36
Fricke, Karl-Wilhelm 41f.
Frühwald, Wolfgang 127f., 199, 229
Gabriel, Helmut 230
Gotschlich, Helga 162f., 180, 191f., 208
Gradl, Johann Baptist 32
Grübel, Hartmut 219f.
Grütters, Monika 9f.
Gysi, Jutta 212
Hager, Kurt 52f., 57
Hempel, Gotthilf 117
Herrmann, Joachim 157
Hess, Gerhard 229
Hoffmann, Karl-Heinz 230
Hoffmann-Nowotny, Hans-Joachim 150
Honecker, Erich 53, 74, 159
Honecker, Margot 66, 109
Hörz, Herbert 37

Kaase, Max 89, 98, 141, 149, 156–174, 193, 210–213, 244, 254–256
Kaiser, Jakob 32
Kern, Horst Franz 89, 113
Kielmansegg, Peter Graf von 111, 149f., 270
Klinkmann, Horst 81, 88, 107, 163
Kocka, Jürgen 115, 139, 156–159, 198, 275
Kohl, Helmut 82, 88, 228
König, Heinz 141, 149, 271
Krause, Günter 106
Krenz, Egon 74
Kreutzer, Hermann 38
Kreyenberg, Peter 101f., 120
Krull, Wilhelm 88–91, 100, 155, 160f., 165, 172, 234f., 237, 245–247, 258–260
Kuczynski, Jürgen 159f., 187
Kuczynski, Thomas 146f., 157–159, 188f.
Lauterbach, Günter 45f., 49
Lepsius, M. Rainer 40f., 149–151, 202, 212f., 267
Leussink, Hans 71, 229
Lutz, Burkart 212–216
Ludz, Peter Christian 35–43, 53, 141, 151
Lüst, Reimar 140, 229–232
Maiziere, Lothar de 81, 84, 93, 99
Markl, Hubert 96, 244, 253
Markmann, Heinz 40f., 141, 151
Markusch, Dieter 249
Meyer, Hans-Joachim 13, 95, 105, 113, 143, 164
Mittelstraß, Jürgen 37, 199, 250f., 254
Möller, Rolf 87
Müller-Böling, Detlef 232
Neuweiler, Gerhard 225–232, 270
Parthier, Benno 249

Peters, Jan 191,
Raiser, Ludwig 229
Riesenhuber, Heinz 44, 84, 94 f., 101–106, 138, 143, 206 f.
Rilling, Rainer 187
Röseberg, Ulrich 49
Rüsen, Jörn 37, 46
Rüttgers, Jürgen 255 f.
Schaumann, Fritz 95, 102, 230, 256
Schäuble, Wolfgang 106
Scheler, Werner 50, 78–81
Schipanski, Dagmar 149, 227, 241 f., 249
Schlegel, Jürgen 223
Schmidt, Rudi 212
Schröder, Richard 249

Simon, Dieter 84, 87–102, 113–119, 145–147, 160, 168 f., 176, 181, 188 f., 203–207, 210, 223, 225, 229, 251–254, 267
Spittmann-Rühle, Ilse 35
Staab, Heinz A. 50
Terpe, Frank 85, 94, 99, 102–107, 143
Thalheim, Karl Christian 32, 38
Vierhaus, Rudolf 147, 156–158
Wagner, Dorothea 10
Weber, Hermann 31, 41, 162 f., 164, 179
Weinert, Franz Emmanuel 149
Ziegler, Hansvolker 213
Ziegler, Rolf 147
Ziller, Gebhard 44 f., 102
Zimmermann, Hartmut 35, 41, 43

Andreas Neumann

Gelehrsamkeit und Geschlecht

Das Frauenstudium zwischen deutscher Universitätsidee und bürgerlicher Geschlechterordnung (1865–1918)

WISSENSCHAFTSKULTUREN | REIHE III – BAND 56
2022. 420 Seiten mit 8 Farb- und 3 s/w-Abbildungen sowie 14 Tabellen
978-3-515-13165-0 GEBUNDEN
978-3-515-13166-7 E-BOOK

Weshalb durften Frauen an deutschen Universitäten im internationalen Vergleich erst spät studieren? Wieso entbrannte in Deutschland um das Thema ein Streit, der ein halbes Jahrhundert andauerte? Und wie wurde eine Einigung erzielt? Mit Antworten auf diese Fragen fügt Andreas Neumann der Geschichte des Frauenstudiums ein wichtiges Kapitel hinzu. Seine wissenssoziologische Diskursanalyse steht auf breiter Quellenbasis und entschlüsselt Machtpotenziale beteiligter Interessengruppen sowie verhandelte Wissensbestände. Der Mixed-Methods-Zugang verbindet die qualitative Analyse von Deutungen und Narrativen mit der quantitativen Analyse von sozialen Strukturen. Dieser Ansatz geht über deskriptive Darstellungen hinaus, weil er Erklärungen liefert: Deutlich wird, wie sich die Männeruniversität dynamisch stabilisierte. Bei der Zulassung von Frauen zum Studium handelte es sich deshalb um keine reine Fortschrittsgeschichte. Es gelang der bürgerlichen Frauenbewegung zwar, die Bildungspolitik über die Öffentlichkeit zu beeinflussen – hier zeigt sich das deutsche Kaiserreich von seiner fortschrittlichen Seite. Grenzen dieser Modernität liegen jedoch in der Voreingenommenheit gegenüber „der akademischen Frau", die schon die „gläserne Decke" für Akademikerinnen im Wissenschaftsbetrieb erkennen lässt.

DER AUTOR
Andreas Neumann ist wissenschaftlicher Mitarbeiter an der Universitätsgeschichtlichen Forschungsstelle am Universitätsarchiv Jena und Lehrbeauftragter am Lehrstuhl für Geschlechtergeschichte an der FSU Jena. Seine Forschungsinteressen liegen auf dem Gebiet der Sozial- und Kulturgeschichte des 19. und 20. Jahrhunderts mit Schwerpunkt auf Universitäts- und Geschlechtergeschichte. Zur Zeit forscht er zu akademischen Ehrungen an der Schnittstelle zwischen Wissenschaft, Gesellschaft und Politik.

Hier bestellen:
service@steiner-verlag.de